高等学校应用型特色规划教材

HTML + CSS + JavaScript
网页设计简明教程

贺春雷　编著

清华大学出版社
北　京

内 容 简 介

本书从初学者的角度出发，以通俗易懂的语言、丰富多彩的案例，详细介绍如何使用 HTML、CSS 和 JavaScript 设计直观、漂亮、功能强大的网页。

全书共分为 16 章，主要内容包括 HTML 发展历史、开发工具、文档语法、头部内容和主体内容的常用标记、网页注释，文本标记和列表标记，表格设计和表单输入，层和框架，HTML 5 中的新增元素、新增表单、文件应用、数据存储对象、本地数据库、Web 离线应用、WebWork 处理线程、跨文档消息通信、地理位置信息的获取，CSS 发展历史、CSS 注释、CSS 选择器、CSS 关键字和字符串，基本单位、字体属性、文本属性、背景属性、边框属性、间隙和填充属性，CSS 3 中新增的选择器、颜色和文本属性、边框属性、背景属性、盒布局和多列布局属性、用户界面属性、渐变效果、过渡属性、转换和动画属性，JavaScript 历史、数据类型、变量、常用运算符，选择语句、循环语句、break 语句、continue 语句、return 语句、异常处理语句，系统对象、内置函数、自定义对象和函数，以及 JavaScript 中的正则表达式和事件处理等。在本书最后一章的综合案例中，通过 3 个完整的案例，演示 HTML、CSS 和 JavaScript 的使用。

本书所有的知识点都结合具体的示例进行介绍，涉及到的程序代码都给出了详细的注释，能够使读者轻松领会使用 HTML、CSS 和 JavaScript 开发网页的精髓，快速提高开发技能。

本书可供从事网页设计的初学者阅读，也可作为非计算机专业学生的参考资料。

图书在版编目(CIP)数据

HTML+CSS+JavaScript 网页设计简明教程/贺春雷编著. --北京：清华大学出版社，2015(2020.2 重印)
(高等学校应用型特色规划教材)
ISBN 978-7-302-38967-5

Ⅰ. ①H…　Ⅱ. ①贺…　Ⅲ. ①超文本标记语言—程序设计—高等学校—教材 ②网页制作工具—高等学校—教材 ③JAVA 语言—程序设计—高等学校—教材　Ⅳ. ①TP312 ②TP393.092

中国版本图书馆 CIP 数据核字(2015)第 005623 号

责任编辑：杨作梅　宋延清
封面设计：杨玉兰
责任校对：周剑云
责任印制：杨　艳
出版发行：清华大学出版社
　　网　址：http://www.tup.com.cn, http://www.wqbook.com
　　地　址：北京清华大学学研大厦 A 座　　邮　编：100084
　　社 总 机：010-62770175　　邮　购：010-62786544
　　投稿与读者服务：010-62776969, c-service@tup.tsinghua.edu.cn
　　质量反馈：010-62772015, zhiliang@tup.tsinghua.edu.cn
印 装 者：三河市少明印务有限公司
经　销：全国新华书店
开　本：185mm×260mm　　印　张：26.75　　字　数：650 千字
(附 DVD 1 张)
版　次：2015 年 4 月第 1 版　　印　次：2020 年 2 月第 4 次印刷
定　价：49.00 元

产品编号：056202-01

前　言

随着 Web 2.0 的广泛应用，标准化的设计方式正逐渐取代传统的布局方式，网页开发者必须掌握新知识和新技术。HTML(Hyper Text Markup Language，超文本标记语言)是用来描述网页的一种语言，它提供了一系列的标记来描述网页；CSS(Cascading Style Sheets，层叠样式表)样式定义了如何显示 HTML 中的标记；JavaScript 是世界上最流行的一种轻量级的编程语言，它不仅可用于 HTML 和 Web，还可以广泛用于服务器、PC、笔记本电脑、平板电脑以及智能手机等设备。

HTML + CSS + JavaScript 构建网页已经成为标准化的设计方式，它们扮演着各自的角色。HTML 是基础架构；CSS 是元素格式、页面布局的灵魂；而 JavaScript 是实现网页的动态性、交互性的点睛之笔。本书将向读者介绍 HTML、CSS 和 JavaScript 的相关知识，它们是相对独立的，但是在内容上又是依次递进的。

1. 本书内容

本书共分为 16 章，主要内容如下。

第 1 章：HTML 基础语法。内容包括 HTML 概念、发展历史、开发工具、基础语法、注释，以及文本头部和文档主体常用的一些标记等。

第 2 章：文本标记和列表标记。详细介绍 HTML 中常用的文本标记和列表标记。另外，还介绍了列表标记的嵌套。

第 3 章：表格设计和表单输入。包含表格和表单两部分内容。其中表格包括基本语法、常用属性以及如何分组显示等内容；表单包括概念、基本语法以及常用元素等内容。

第 4 章：层和框架。首先从层的基础知识开始介绍，接着介绍框架的基础知识，然后介绍框架标记和内联框架，最后介绍框架集。

第 5 章：HTML 5 的新增元素。先介绍 HTML 5 的语法和浏览器兼容情况，然后详细介绍 HTML 5 中新增加的元素，包括结构元素、语义元素、多媒体元素、绘图元素以及命令元素等。

第 6 章：HTML 5 新增表单及其应用。包括表单和文件两大部分，详细介绍新增的表单属性、表单元素、表单输入类型，与文件有关的 multiple 属性、file 对象、FileReader 接口，以及拖拽事件和 dataTransfer 对象等。

第 7 章：HTML 5 的高级功能。对 HTML 5 中新增加的一些高级功能进行介绍，例如数据存储对象、本地数据库存储、Web 离线应用、WebWork 处理线程以及跨文档消息通信和地理位置的获取等。

第 8 章：CSS 基础语法。将向读者介绍 CSS 的发展历史、特点、注释规范、CSS 2 使用的选择器以及如何在网页中插入 CSS 样式等多个内容。

第 9 章：CSS 的常用属性。着重介绍 CSS 规范中提供的一些常用属性，包括字体属性、文本属性、背景属性、边框属性以及填充和间距属性等。

第 10 章：CSS 3 的新增属性。向读者介绍 CSS 3 中新增的一些内容，包括新增选择器、新增颜色和文本属性、新增边框和背景属性、新增盒布局和多列布局属性、用户界面属性，以及过渡、转换、动画和渐变属性等。

第 11 章：JavaScript 基础语法。从 JavaScript 的概念开始介绍，接着介绍 JavaScript 的代码位置和注释代码，然后分别介绍 JavaScript 中常用的数据类型、变量及运算符。

第 12 章：JavaScript 的常用语句。主要介绍流程控制语句和异常处理语句。其中，流程控制语句包括选择语句、循环语句、break 语句和 continue 语句等。

第 13 章：系统对象和函数。介绍 JavaScript 的对象和函数，包括对象的组成、对象属性和方法的获取、浏览器对象、内置对象、自定义对象、系统函数以及自定义函数等多个内容。

第 14 章：正则表达式。从正则表达式的基本内容开始介绍，然后依次介绍其匹配规则、常用的正则表达式、RegExp 对象以及支持正则表达式的 String 对象的方法等多个内容。

第 15 章：JavaScript 的事件处理。着重介绍 JavaScript 中的事件，包括事件概述、原始事件模型、标准事件模型和 IE 事件模型等。

第 16 章：综合案例实践。将 HTML、CSS 和 JavaScript 结合起来，实现 3 个简单的、比较完整的综合案例。这 3 个案例分别是音乐网页、贪吃蛇游戏和俄罗斯方块游戏。

2. 本书特色

本书中的大量内容来自于实际的开发项目，针对初学者和中级读者量身定做，由浅入深地介绍与 HTML、CSS 和 JavaScript 有关的知识。

本书具有以下特色。

(1) 知识全面，内容丰富

本书紧密围绕 HTML、CSS 和 JavaScript 中常用的知识点展开讲解，涵盖了实际开发中所遇到的页面标记、高级开发(例如 Web 离线程序、获取地理位置信息)、样式设计、脚本处理等多种知识点。

(2) 基于理论，注重实践

本书不仅介绍理论知识，而且在合适位置安排综合实验指导或者小型应用程序，将理论知识应用到实践中，以加强读者的实际应用能力，巩固基础知识。

(3) 提供案例，清晰实用

对于大多数的精选案例，都向读者提供了详细步骤，结构清晰简明，分析深入浅出，而且有些程序能够直接在项目中使用，可避免读者进行二次开发。

(4) 配备光盘，利于学习

本书为示例配备了视频教学文件，读者可以通过视频文件更加直观地学习与 HTML、CSS 和 JavaScript 有关的技术知识。

(5) 贴心提示，方便周到

为了便于读者阅读，全书还穿插着一些技巧、提示等小贴士，体例约定如下。

提示：通常是一些贴心的提醒，让读者加深印象，或者获得解决问题的方法。

注意：提出学习过程中需要特别注意的一些知识点和内容，或者相关的信息。

技巧：通过简短的文字，指出知识点在应用时的一些小窍门。

3. 读者对象

本书适合作为软件开发入门者的自学用书，也适合作为高等院校相关专业的教学参考书，还可供开发人员查阅和参考。

4. 编写人员

除了本书的封面作者之外，参与本书编写的人员还有侯政云、刘利利、郑志荣、肖进、侯艳书、崔再喜、侯政洪、李海燕、祝红涛、刘俊强等。在本书的编写过程中，我们力求精益求精，但难免存在一些不足之处，恳请广大读者批评指正。

目　　录

第 1 章　HTML 基础语法

自从网页技术诞生以来，构建网页的语言一直在不断地演化。现在，一系列最佳实践已经出现，用户在设计网页时，通常会将 HTML、CSS 和 JavaScript 技术结合运用：使用 HTML 创建一些基本的网页内容，使用 CSS 控制网页内容的外观，让它们更加引人注目，使用 JavaScript 添加具有很强动态感的功能。本书会详细地向读者介绍 HTML、CSS 和 JavaScript 的知识。本章将主要介绍 IITML 语言。

通过对本章的学习，读者不仅可以了解 HTML 的特点、发展历史和开发工具，还可以掌握 HTML 的语法结构、一些常用的标记，以及编写 HTML 的注意事项。

本章学习目标如下：

- 熟悉 HTML 的特点和发展历史。
- 了解 HTML 的编辑器。
- 掌握 Dreamweaver 工具的使用。
- 掌握 HTML 的标记语法和属性语法。
- 了解 HTML 中常用的全局属性。
- 掌握头部内容的一些常用标记。
- 掌握 bgcolor 属性的使用。
- 熟悉与页面边距有关的属性设置。
- 掌握段落标记和超链接标记的使用。
- 掌握图像标记和标题显示标记。
- 掌握 HTML 文件中的注释。
- 了解编写 HTML 文件的注意事项。

1.1　了解 HTML 语言

HTML 是 HyperText Markup Language 的缩写，通常被译为“超文本标记语言”，它是标准通用标记语言下的一个应用。“超文本”就是指页面内可以包含图片、链接，甚至是音乐和程序等的非文字元素。

下面我们来简单了解 HTML 语言的基本知识，包括 HTML 语言的特点、发展历史和编辑工具等内容。

1.1.1　HTML 概述

HTML 是用来描述网页的一种标记语言，它使用标记来描述网页。例如，下面的代码是一段简单的 HTML 内容：

```
<html>
   <body>
```

```
        <h1>我的 HTML 网页示例</h1>
        <p>第一次进行测试，谢谢大家包容。</p>
    </body>
</html>
```

将上述内容复制到一个记事本文件中，并且将记事本文件的后缀名更改为“.html”或者是“.htm”，然后在浏览器(例如 Chrome 浏览器)的地址栏中输入路径进行测试，效果如图 1-1 所示。

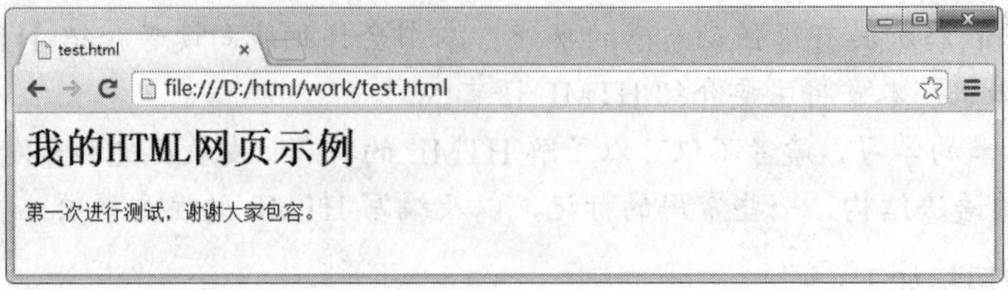

图 1-1　简单的 HTML 例子

从上面的例子可以看出，HTML 网页的制作很简单。

HTML 有多种特点，说明如下。

- 升级简单性：HTML 版本升级采用超集方式，从而更加灵活、方便。所谓超集，可以这样理解，如果一个集合 V1 中的每一个元素都在集合 V2 中，且集合 V2 中可能包含 V1 中没有的元素，则集合 V2 就是 V1 的一个超集。若 V2 是 V1 的超集，则 V1 是 V2 的真子集。
- 可扩展性：HTML 的应用非常广泛，它带来了加强的功能。HTML 采取子类元素的方式，为系统扩展带来保证。
- 平台无关性：虽然个人计算机被广泛应用，但是使用其他计算机(例如 Mac)的也大有人在。HTML 可以广泛应用在多种平台上，都能获得一致的效果。
- 通用性：HTML 是网络的通用语言，它允许网页制作者建立文本与图片相结合的复杂页面，这些页面可以被网上的任何用户浏览到，无论使用的是什么类型的计算机或者浏览器。

1.1.2　HTML 发展历史

在整个 20 世纪 90 年代，网络呈爆炸式增长，越来越多的网页设计者和浏览器开发者参与到网络中来，每一个人都有不同的想法和目标，每一个人都会按照自己的想法和目标参与到网络中来。网页设计者会按照自己的想法和目标去编写网页，而浏览器的开发者则可能与网页设计者的想法不同，它会按照自己的方式去呈现网页。

当网页的设计者和浏览器的开发者发生分歧时，必然会带来非常不同的呈现。这时，设计者要面向所有的用户，就必须为每种浏览器创作不同的网页，来实现相同的呈现。这就必然要增加创作的成本，从而导致万维网的分裂。因此，只有网页的设计者和浏览器的开发者都按照同一个规范来编写和呈现网页时，才会避免万维网的分裂。正是这个原因促使各浏览器开发商协调起来，共同实现了同一个 HTML 规范。

HTML 没有 1.0 版本，这是因为一开始有多种不同版本的 HTML，当时 W3C 还没有成立，HTML 在 1993 年 6 月作为互联网工程工作小组(Internet Engineering Task Force，IETF)的第一份草案发布，但是并未被推荐为正式规范。

在 IETF 的支持下，根据以往的通用实践，在 1995 年整理和发布了 HTML 2.0。

但 HTML 2.0 是作为 RFC(Request For Comments)1866 发布的，其后又经过了多次修改。后来的 HTML+和 HTML 3.0 也提出了很多好的建议，并且增加了大量的内容，然而这些版本还未能上升到创建一个规范的程度，许多商家实际上并未严格遵守这些版本的格式。

1996 年，W3C 的 HTML 工作组编撰了通用的实践，并在第二年公布了 HTML 3.2 规范。同期，IETF 宣布关闭 HTML 工作组，开始由 W3C 负责开发和维护 HTML 规范。

1997 年 12 月，HTML 4.0 被 W3C 正式推荐为规范，并且在 1999 年 12 月推出了一个修订版——HTML 4.01，该版本引入了样式表、脚本、框架、嵌入对象、表格以及表单等多种内容。

此后，W3C 解散了 HTML 工作组，HTML 规范长时间处于停滞状态，并转而开发 XHTML，直到发布 XHTML 1.0 规范和 XHTML 2.0 规范。但由于 XHTML 规范越来越复杂，这导致其长期不能被浏览器商家接受。

与此同时，WHATWG 认为 XHTML 并不是用户所需要的，于是继续开发 HTML 的后续版本，并将其定名为 HTML 5.0。随着万维网的发展，WHATWG 的工作取得了很多厂商的支持，并最终使 W3C 认可，终止了 XHTML 的开发，重新启动了 HTML 工作组，在 WHATWG 工作的基础上开发 HTML 5，并最终发布了 HTML 5 规范。

1.1.3　HTML 编辑器

编辑 HTML 代码时可以使用记事本，通过记事本，可以按照以下几个步骤来创建网页。

(1)　启动记事本。启动记事本最简单的一种办法是，直接单击计算机“开始”菜单中的“运行”命令，然后在弹出的对话框中输入“notepad”，即可直接打开记事本窗口。

(2)　在打开的记事本窗口中可以编写 HTML 代码。

(3)　需要把 HTML 代码保存为 HTML 格式的网页文件。在记事本窗口的菜单栏中选择“文件”→“另存为”命令，在弹出的“另存为”对话框中设置保存类型为“所有文件”；设置 HTML 文件的扩展名为“.html”或者“.htm”，这两种扩展名没有区别，可以根据读者的喜好进行选择。

经过上述步骤编辑并保存好 HTML 文件后，即可在浏览器中运行了。

上面的例子只是说明了如何在记事本中编写 HTML 代码。其实，任何文本编辑器都可以编写 HTML 代码，例如写字板、Word、WPS 等编辑程序。除了这些程序外，还可以使用更加专业化的工具来编辑 HTML。

表 1-1 对各种 HTML 开发工具进行了分类。

表 1-1　HTML 开发工具分类

分　类	说　明	代表工具	不　足
所见即所得的工具	所谓“所见即所得”，是指在编辑网页时即能同步地看到效果，与使用浏览器时看到的效果基本一致	Drumbeat、NetobjectFusion	容易产生废代码

续表

分 类	说 明	代表工具	不 足
HTML 代码编辑工具	用纯粹的 HTML 代码编辑工具，用户可以对页面进行完全的控制	记事本等	用户必须掌握 HTML 语言
混合型工具	介于上述两种工具之间，混合型工具可以在所见即所得的工作环境下完成主要的工作，同时也能切换到代码编辑器	Adobe Dreamweaver、FrontPage、CutePage、QuickSiteaver	通常也不能完全控制 HTML 页面的代码，也容易产生废代码

1.1.4 认识 Dreamweaver 工具

Adobe Dreamweaver，简称 DW，是美国 Macromedia 公司开发的集网页制作和管理网站于一身的所见即所得型的网页编辑器，它是一种为专业的网页设计师特别开发的可视化网页设计工具，利用它，可以轻而易举地制作出跨平台、跨浏览器的充满动感的网页。

1. Dreamweaver 的版本

Dreamweaver 1.0 版本于 1997 年 12 月由 Macromedia 公司发布。目前，Dreamweaver CC 是其最新版本。

表 1-2 给出了 Dreamweaver 版本发布的历史情况。

表 1-2 Dreamweaver 的历史版本

所处时期	版 本
Macromedia 时期	Dreamweaver 1.0、Dreamweaver 2.0、Dreamweaver 2.01、Dreamweaver 3、Dreamweaver 4、Dreamweaver 5、Dreamweaver MX、Dreamweaver MX 2004 和 Dreamweaver 8.0
Adobe 时期	Dreamweaver CS3、Dreamweaver CS4、Dreamweaver CS5、Dreamweaver CS5.5 和 Dreamweaver CS6
2013	Dreamweaver Creative Cloud，即 Dreamweaver CC

2. 系统要求

对于 Windows 操作系统来说，使用 Dreamweaver 工具时，需要满足以下几个要求：

- Intel Pentium 4 或者 AMD Athlon 64 处理器。
- Microsoft Windows XP(带有 Service Pack 2，推荐 Service Pack 3)；Windows Vista Home Premium、Business、Ultimate 或 Enterprise(带有 Service Pack 1)；Windows 7 和 Windows 8。
- 512MB 内存。
- 1GB 可用硬盘空间，用于安装；安装过程中还需要额外的可用空间(无法安装在可移动闪存设备上)。

- 1024×768 屏幕，16 位显卡。
- DVD-ROM 驱动器。
- 在线服务需要宽带 Internet 连接，并不断验证订阅版本(如果适用)。

3．操作界面

虽然 Dreamweaver CC 是最新的版本，但是目前 Dreamweaver CS4 和 Dreamweaver CS5 版本经常使用。本书以 Dreamweaver CS5 工具进行编辑，使用该工具之前，需要从网络下载，下载成功后进行安装，由于很简单，这里不再给出具体的安装步骤。

安装成功后，直接打开，初始界面如图 1-2 所示。

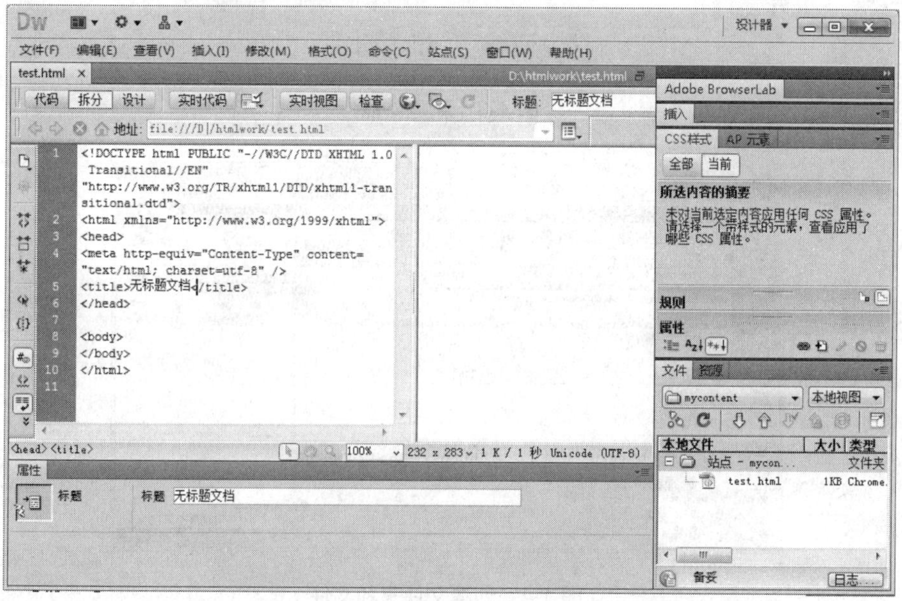

图 1-2　Dreamweaver 的界面效果

用户可以在如图 1-2 所示的界面中编辑 HTML 代码，也可以执行其他的操作。通常情况下，为了利于 HTML 文件的维护和修改，可以首先在 Dreamweaver 中创建一个站点，然后在该站点下创建其他文件(例如.html 文件、.txt 文件和文件夹等)。

【例 1-1】

本例演示如何创建一个站点，以及如何向站点中添加文件。实现步骤如下。

(1) 在打开的 Dreamweaver 界面的菜单栏中选择“站点”→“新建站点”命令，这时会弹出如图 1-3 所示的对话框。在该对话框中，输入站点名称并选择或输入站点文件夹，然后单击“保存”按钮即可。

(2) 创建成功后，会在“文件”选项卡中显示站点名称，然后选择当前站点，并单击鼠标右键，从快捷菜单中选择要执行的命令，例如“新建文件”、“新建文件夹”、“打开”等多个命令。

(3) 直接选择要执行的命令。这里在新站点下添加一个 image 文件夹和一个 test.html 文件，效果如图 1-4 所示。

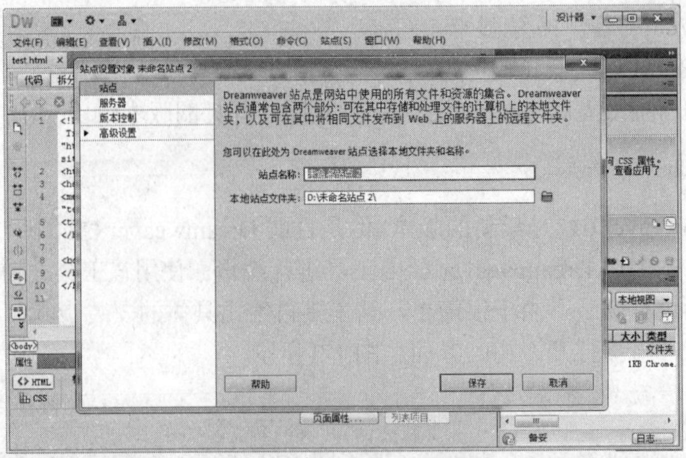

图 1-3　新建站点

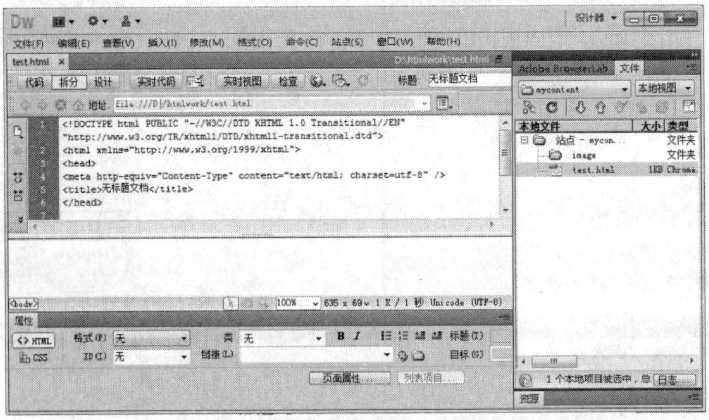

图 1-4　创建文件夹和文件

(4) 向 test.html 文件中添加一段文本字符串，添加完毕后，单击如图 1-5 所示的按钮，选择在浏览器中浏览网页效果。在图 1-5 中，用户选择“编辑浏览器列表”命令可以添加或者编辑浏览器。

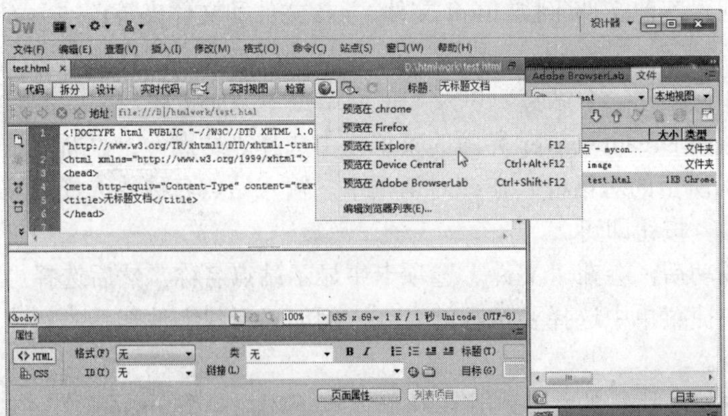

图 1-5　选择在浏览器中预览/调试

1.2　HTML 的语法

上一节已经对 HTML 的概念、特点、发展历史以及编辑工具进行了介绍，本节将开始介绍 HTML 的语法，包括基本形式、标记、属性以及命名规范等内容。

1.2.1　HTML 文档

一个完整的 HTML 文档由头部内容和主体内容两部分组成。头部内容包含标题、样式和脚本等多个标记，描述 HTML 网页的基本信息；主体内容显示在<body>开始标记和</body>结束标记之间，在该标记中可添加各种 HTML 标记，用以设置内容的显示样式。

【例 1-2】

下面的代码显示了一个 HTML 文档的基本格式，在以后的章节中，编写 HTML 代码时都要遵循该格式。代码如下：

```
<!DOCTYPE html PUBLIC "-//W3C//DTD XHTML 1.0 Transitional//EN"
  "http://www.w3.org/TR/xhtml1/DTD/xhtml1-transitional.dtd">
<html xmlns="http://www.w3.org/1999/xhtml">
    <head>
        <meta http-equiv="Content-Type"
          content="text/html; charset=utf-8" />
        <title>无标题</title>
    </head>
    <body>
    </body>
</html>
```

在上述代码中，第一行代码通过 DOCTYPE 关键字来声明文档类型，它表示该文档是一个 HTML 文档，然后通过<html>和</html>来定义 HTML 文档的开始和结束，<head>和</head>及其中间的内容构成了文档的头部内容，<body>和</body>及其中间的内容构成了文档的主体部分。

1.2.2　标记语法

HTML 用于描述功能的符号称为“标记”，例如<html>、<head>、<title>和<body>等都是标记。标记在使用时必须使用尖括号括起来，有些标记必须成对出现，以开头无斜杠(例如<html>)的标记开始，以有斜杠的标记(例如</html>)结束。例如，<table>表示一个表格的开始标记，</table>表示一个表格的结束标记。

在 HTML 文档中，标记的大小写作用相同，例如<TABLE>和<table>都表示一个表格的开始。通常情况下，会将标记分为单标记和双标记，说明如下。

1. 单标记

之所以称为“单标记”，是因为它只需单独使用，就能完整地表达意思。这类标记的语法很简单，格式为：

```
<标记名称>
```

或者：

```
<标记名称/>
```

最常用的单标记是换行标记，例如
，或
。

2. 双标记

“双标记”由“开始标记”和“结束标记”两部分组成，必须成对使用。开始标记告诉 Web 浏览器从此处开始执行该标记所表示的功能。结束标记告诉 Web 浏览器在这里结束该功能，开始标记前加一个正斜杠(/)即可成为结束标记。

双标记的基本语法如下：

```
<标记>内容</标记>
```

在上述语法中，“内容”部分就是要被这对标记施加作用的部分。

【例 1-3】

下面的代码演示了双标记的基本使用，在<body>开始标记和</body>结束标记之间添加一个表单，在表单中添加一个一行两列的表格。代码如下：

```
<html xmlns="http://www.w3.org/1999/xhtml">
<head>
    <meta http-equiv="Content-Type" content="text/html; charset=GBK" />
    <title>双标记示例</title>
</head>
<body>
    <form>
        <table>
            <tr>
                <td>用户名：</td>
                <td><input name="username" type="text" size="20" /></td>
            </tr>
        </table>
    </form>
</body>
</html>
```

提示： 一般情况下，将开始标记、结束标记以及标记之间的内容称为元素。以例 1-2 中的 title 元素为例，该元素包含的是“<title>无标题</title>”，而<title>是元素的开始标记，</title>是元素的结束标记，“无标题”是元素的文本内容。

1.2.3 属性语法

属性一般出现在 HTML 的开始标记中，HTML 属性是 HTML 标记的一部分，它在 HTML 标记中经常会被用到。标记可以包含多个属性，这些属性包含了额外的信息。一般情况下，将属性的值放在双引号中。

HTML 属性是由属性名称和值成对出现的，基本语法如下：

```
<标记名 属性名 1="属性值" 属性名 2="属性值" ... 属性名 N="属性值"></标记名>
```

在为 HTML 标记添加属性时，如果某些属性有默认值，在设置属性时可以不进行设置，这时浏览器会使用其默认值。但是，有些属性没有默认值，因此不能省略属性值。

例如，在例 1-3 的代码中，<input>标记中的 name、type 和 size 就是它的属性，这些属性的值分别是 username、text 和 20。

1.2.4 全局属性

大体来分，可以将 HTML 标记的属性分为两类，表 1-3 给出了一些常用属性，这些属性可以定义在任何标记上，因此称为全局属性。

表 1-3 HTML 标记常用的全局属性

属性名称	值	说 明
class	类名	定义元素的类名
contenteditable	true | false	定义是否允许用户编辑元素的内容
contextmenu	menu_id	定义元素上的上下文菜单
dir	ltr、rtl	定义元素中内容的文本方向
draggable	true | false | auto	定义是否允许用户拖动元素
id	id	定义元素唯一的 id
lang 和 xml:lang	自然语言代码	定义元素中内容的自然语言代码
spellcheck	true | false	定义是否必须对元素进行拼写或语法检查
style	样式定义	定义元素的行内样式
tabindex	数字	定义元素的 Tab 键控制顺序
title	文本	定义元素的相关描述信息

除了表 1-3 列出的全局属性外，HTML 标记还包含事件属性，这些事件属性也可以定义在任何元素上，因此也是全局属性。例如，表 1-4 中列出了一些常用的事件属性，并对这些属性进行了说明。

表 1-4 HTML 标记常用的全局事件属性

属性名称	值	说 明
onabort	JavaScript 代码	当元素的内容被取消加载时触发
onblur	JavaScript 代码	当元素失去焦点时触发该事件
onchange	JavaScript 代码	当元素的值发生变化时触发
onclick	JavaScript 代码	当定位设备(例如鼠标指针)在一个元素上单击时触发
ondrag	JavaScript 代码	当元素被拖拽时触发
ondragend	JavaScript 代码	当元素从拖拽状态结束时，即释放时，该事件被触发
ondragenter	JavaScript 代码	当另一个被拖拽的元素进入当前元素时，该事件被触发

续表

属性名称	值	说明
ondragleave	JavaScript 代码	当另一个被拖拽的元素离开当前元素时，该事件被触发
ondragover	JavaScript 代码	当另一个被拖拽的元素经过当前元素时(位于元素上)，该事件被触发
ondrop	JavaScript 代码	当元素从拖拽状态结束时，即释放时，该事件被触发
onerror	JavaScript 代码	当与此元素相关联的对象有错误发生时，就会触发该事件
onfocus	JavaScript 代码	当元素获取焦点时触发
onformchange	JavaScript 代码	当表单改变时触发
onforminput	JavaScript 代码	当表单获得用户输入时触发
oninput	JavaScript 代码	当元素获得用户输入时触发
onload	JavaScript 代码	在元素的内容完成加载后被触发
onmousedown	JavaScript 代码	当元素处于焦点状态下在其上单击鼠标时，触发该事件
onmousemove	JavaScript 代码	当鼠标指针在该元素上移动时，触发该事件
onmouseout	JavaScript 代码	当鼠标指针离开该元素时，触发该事件
onmouseover	JavaScript 代码	当鼠标指针进入该元素时，触发该事件
onreadystatechange	JavaScript 代码	当元素的准备状态发生变化时，触发该事件
onselect	JavaScript 代码	当元素被选定时触发
onsubmit	JavaScript 代码	当数据被提交时触发
onpause	JavaScript 代码	当视频或音频中止播放时触发
onplay	JavaScript 代码	当调用 play()方法开始播放时触发
onplaying	JavaScript 代码	当视频或音频已经正在播放时触发
ontimeupdate	JavaScript 代码	当 media 改变其播放位置时触发
onvolumechange	JavaScript 代码	当 media 改变音量或当音量被设置为静音时触发
onwaiting	JavaScript 代码	当 media 已停止播放但打算继续播放时触发

提示： 表 1-4 只列出了部分常用的全局事件属性，其他的事件属性这里没有一一列出。虽然这些事件属性可以应用于所有元素，但是属性并不一定会发生作用。例如，只有多媒体类型的标记才会触发 volumechange 事件属性所定义的事件。

1.3 头部内容

超文本标记语言的结构包括头部和主体部分，其中头部提供关于网页的信息，主体部分提供网页的具体内容。

网页的头部信息都存放在<head></head>标记之间，在该标记中可以添加元数据、样式和脚本等多个标记。本节将详细介绍 HTML 文件头部内容中的常用标记，包括<title>标记、<base>标记和<meta>标记等。

1.3.1　<title>标记

使用过浏览器的人可能都会注意到浏览器窗口顶部显示的文本信息，那些信息一般是网页的“标题”，要将网页的标题显示到浏览器的顶部，其实很简单，只要在<title></title>标记之间加入要显示的文本即可，该标记只能放在<head></head>标记之间。

例如，在前面图 1-1 显示的效果中，并没有为网页设置标题。我们在页面 HTML 代码中添加一个标题，代码如下：

```
<head>
    <title>网页测试页面</title>
</head>
```

重新刷新页面或者浏览网页，效果如图 1-6 所示。

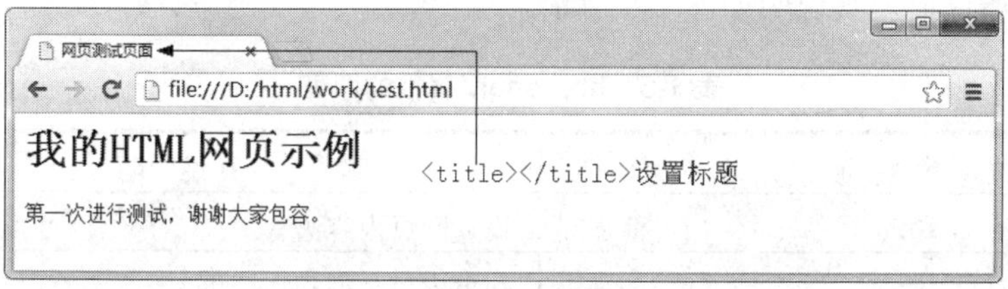

图 1-6　为 HTML 网页添加标题

1.3.2　<base>标记

<base>标记为页面上的所有链接指定默认地址或者默认目标。通常情况下，浏览器会从当前文档的 URL 中提取相应的元素来填写相对 URL 中的空白。使用<base>标记可以改变这一点，浏览器随后将不再使用当前文档的 URL，而使用指定的基本 URL 来解析所有的相对 URL。

<base>标记包含两个常用属性：href 属性和 target 属性，其中前者是必需的，后者是可选的。href 属性用于设置网页文件链接的地址；target 用于设置页面显示的目标窗口，它的值可以是_blank、_parent、_self 和_top。

【例 1-4】

下面简单演示<base>标记的用法：

```
<html>
<head>
    <base href="http://www.w3school.com.cn/i/" />
    <base target="_blank" />
</head>
<body>
    <img src="eg_smile.gif" />
    <a href="http://www.w3school.com.cn">W3School</a>
</body>
</html>
```

1.3.3 <meta>标记

META(元数据)是用来描述 HTML 文档的信息，它使用<meta>标记来完成此工作，该标记没有结束标记，它位于<head></head>标记之间。

元数据总是以名称/值的形式被成对传递的，<meta>标记包含一个必需属性和 3 个可选属性，说明如下。

- content：必需属性，定义与 http-equiv 或者 name 属性相关的元信息。
- schema：可选属性，定义用于翻译 content 属性值的格式。
- http-equiv：可选属性，把 content 属性关联到 HTTP 头部。该属性的值有 5 个，其说明如表 1-5 所示。
- name：可选属性，它把 content 属性关联到一个名称。name 属性的值有多个，常用的属性值及其说明如表 1-6 所示。

表 1-5　http-equiv 属性的取值

属 性 值	说　明
content-language	设置网页内容语言
content-type	网页内容类型和字符集
expires	设置默认样式表
refresh	设置定时跳转
set-cookie	设置网页 Cookie

表 1-6　name 属性的取值

属 性 值	说　明
author	描述 HTML 文档的作者
description	对文档做一个概要描述
keywords	向搜索引擎说明网页的关键词
generator	创建网页所使用的工具
application-name	网页的 Web 应用程序名

【例 1-5】

本例通过定义<meta>标记的属性值来设置元素的数据信息。如下代码描述了 HTML 文档的作者：

```
<meta name="author" content="Lucy" />
```

如下代码将 name 属性值设置为 keywords，可以用来向搜索引擎说明网页的关键词：

```
<meta name="keywords" content="电视节目,频道,直播频道" />
```

content 属性的属性值一般可以书写 15 个关键字左右，关键字之间使用逗号分隔。

又如，下面内容设置 http-equiv 属性的值，将其设置为 content-type 时，就可以设置网页的内容类型和所使用的字符集：

```
<meta http-equiv="content-type" content="text/html; charset=gb2312" />
```

将 http-equiv 属性的值设置为 refresh 时，就可以设置网页的定时跳转。如下定义的内容表示浏览器将在 10 秒后，自动跳转到 new.html 页面：

```
<meta http-equiv="refresh" content="60; url=new.html" />
```

当 http-equiv 属性的值为 expires 时，可以设置网页的到期时间，一旦过期则必须到服务器上重新调用。需要注意的是，必须使用 GMT 时间格式。代码如下：

```
<meta http-equiv="expires" content="Tue, 20 Aug 2014 14:25:27 GMT" />
```

1.3.4　<style>标记

<style>标记用于为 HTML 文档定义样式信息，在该标记中，设计者可以指定在浏览器中如何呈现 HTML 文档。在该标记中，包含名称为 type 的属性，该属性是必需的，它唯一的值是“text/css”。

【例 1-6】

下面的内容简单演示了<style>标记的使用，在该标记中指定了 h1 元素和 p 元素的样式效果。代码如下：

```
<head>
   <style type="text/css">
   h1 {color: red}
   p {color: blue}
   </style>
</head>
```

1.3.5　<script>标记

<script>标记用于定义客户端脚本(例如 JavaScript 代码)，它既可以包含脚本语句，也可以通过 src 属性指向外部脚本文件。该标记中包含一个 type 必需属性，它指定脚本的 MIME 类型。

【例 1-7】

<script>标记的使用很简单，下面在<head></head>标记中添加一段 JavaScript 脚本，在浏览网页时直接弹出一个对话框提示：

```
<script type="text/javascript">
   document.write("Hello World!")
</script>
```

提示： JavaScript 的功能非常强大，本小节只简单认识一个<script>标记的基本使用，在后面的章节中会详细介绍 JavaScript 的知识。

1.4 主体内容

<body></body>是 HTML 文档的主体部分，该标记之间可以包含<p></p>、<h1></h1>、
、<hr>、<a>和<input>等多种标记，对于可视化浏览器，可以将<body></body>之间的内容作为一个画布，文本、图像和颜色等都将会在其中显示出来。

本节及后面的章节中会重点介绍 HTML 主体内容<body></body>标记中的常用标记，本节只介绍一些常用的基本标记。介绍这些标记之前，首先介绍<body>标记的常用属性。

1.4.1 页面背景

<body>标记中包含多个属性，这些属性可以用于设置不同的内容。其中，通过 bgcolor 属性，可以设置网页的背景颜色。

基本语法如下：

```
<body bgcolor="">
```

一般情况下，bgcolor 属性的值有两种情况：一种是使用英文表示，例如 yellow(黄色)、red(红色)、white(白色)和 green(绿色)等；另一种是使用十六进制数表示，例如#00FF00。

【例 1-8】

本例向<body>标记中添加 bgcolor 属性，指定该属性的值为“#CC0033”。

代码如下：

```
<body bgcolor="#CC0033">
    <h1>我的 HTML 网页示例</h1>
    <p>第一次进行测试，谢谢大家包容。</p>
</body>
```

在浏览器中运行网页，查看效果，如图 1-7 所示。

图 1-7　bgcolor 属性的效果

1.4.2 页面边距

<body>标记中可以添加设置页面边距的属性，它们分别是 topmargin 属性、leftmargin 属性、rightmargin 属性和 bottommargin 属性。基本语法如下：

```
<body topmargin=value leftmargin=value rightmargin=value bottommargin=value>
```

在上述语法中，不同的属性值用来设置显示内容与浏览器边缘的距离，其属性的具体说明如下所示。

- topmargin：该属性设置内容到顶端的距离。
- leftmargin：该属性设置内容到左边的距离。
- rightmargin：该属性设置内容到右边的距离。
- bottommargin：该属性设置内容到底边的距离。

【例 1-9】

在上个例子的基础上为<body>标记添加页面边距属性，并为这些属性指定属性值。代码如下：

```
<body bgcolor="#CC0033" topmargin="50" leftmargin="50" rightmargin="20"
  bottommargin="200">
    <h1>我的 HTML 网页示例</h1>
    <p>第一次进行测试，谢谢大家包容。</p>
</body>
```

在浏览器中运行上述代码，查看效果，如图 1-8 所示。

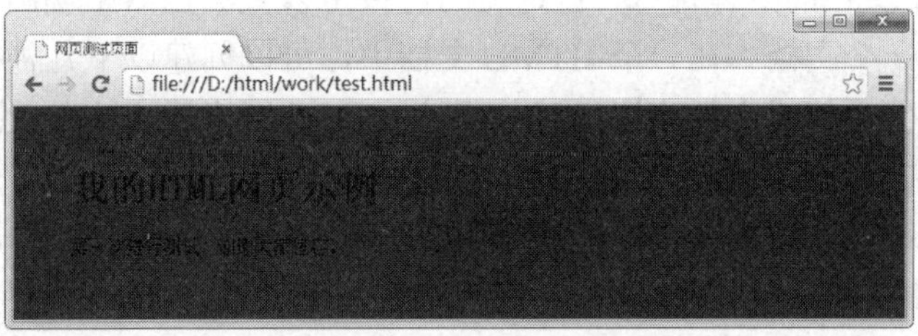

图 1-8　设置页面边距属性的效果

1.4.3　段落标记

在 HTML 中，可以通过<p></p>标记定义段落，它类似于人们常说的“自然段”。与标题类似，浏览器也会在段落的开始之前和结束之后各加一行空白。虽然<p></p>标记表示一个段落，但是它不能包含一个“块级元素”，可以省略结束标记，然后开始第二个封闭级的开始标记。

【例 1-10】

本例演示段落标记的使用，向<body></body>标记间添加 3 个段落标记。代码如下：

```
<body>
    <p>清晨，走出久居的家门，我来到乡村外的原野上散步。清风拂面，携着泥土的芬芳，新鲜清凉。树木兀立。田间碧绿的麦叶上，晶莹剔透的露珠在晃动。</p>
    <p>我静静地伫立着。原野静极了。风，似乎不忍吹落叶子上透明的露珠。草虫不语。我亦不敢叹息心中的无奈和孤寂。闭上眼，任思绪在原野里飘荡，在清风里游弋。</p>
    <p>当我睁开眼，发现雾不知什么时候已经慢慢遮住了身后的乡村，且越来越浓。不一会儿，整个乡村便匿藏在弥漫的浓雾里若隐若现。我眼前的树木、原野不见了，只有这一丝丝、一缕缕、一束束的浓浓淡淡的雾，像一条条白色绸带，飞舞着、缠绕着、飘逸着......</p>
</body>
```

在浏览器中运行上述代码，查看效果，如图 1-9 所示。

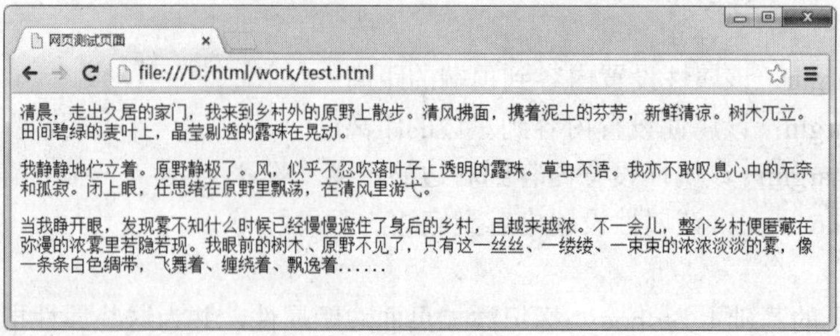
网页测试页面
file:///D:/html/work/test.html
清晨，走出久居的家门，我来到乡村外的原野上散步。清风拂面，携着泥土的芬芳，新鲜清凉。树木兀立。田间碧绿的麦叶上，晶莹剔透的露珠在晃动。
我静静地伫立着。原野静极了。风，似乎不忍吹落叶子上透明的露珠。草虫不语。我亦不敢叹息心中的无奈和孤寂。闭上眼，任思绪在原野里飘荡，在清风里游弋。
当我睁开眼，发现雾不知什么时候已经慢慢遮住了身后的乡村，且越来越浓。不一会儿，整个乡村便匿藏在弥漫的浓雾里若隐若现。我眼前的树木、原野不见了，只有这一丝丝、一缕缕、一束束的浓浓淡淡的雾，像一条条白色绸带，飞舞着、缠绕着、飘逸着……

图 1-9　使用段落标记的效果

1.4.4　超链接标记

链接在网页制作中是一个必不可少的部分，在浏览网页时，单击一张图片或者一段文字，就可以弹出一个新的网页，这些功能都是通过超链接来实现的，在 HTML 文件中，超链接的建立是很简单的，它通过<a>标记来实现。

<a>标记出现于文档的主体部分，它定义的链接可以被浏览器呈现出来，并可以使用鼠标单击，跳转到另一个文档。在一个 HTML 文档中，可以创建以下几种类型的链接：

- 链接到其他文档或文件(例如图像、影片、PDF 或者声音文件)的链接。
- 命名锚点链接，此类链接跳转至文档内的特定位置。
- 电子邮件链接，此类链接新建一个收件人地址已经填好的空白电子邮件。
- 空链接和脚本链接，此类链接使用户能够在对象上附加行为，或者创建执行 JavaScript 代码的链接。

1．使用 href 属性定义链接的目标 URI

<a>标记中包含多个属性，其中 href 属性定义链接的目标。为<a>标记添加 href 属性之后，该标记之间的文本就会成为网页中的超文本内容。在浏览器窗口，如果这些超文本被访问者单击，就会切换至链接文本的目标 URI。目标 URI 可能是另一个文档，也可能是该文档的其他位置。

例如，下面的代码定义了一个链接到百度首页的<a>标记：

```
<a href="http://www.baidu.com">Baidu</a>
```

2．用 target 属性定义链接的目标窗口

使用 target 属性可以定义链接打开的目标窗口或框架，例如，可以指定一个新的浏览器窗口打开链接，或者就在当前窗口打开链接。例如，下面的代码定义打开一个新窗口，导航到百度首页：

```
<a href="http://www.baidu.com" target="_blank">Baidu</a>
```

在浏览器中运行当前网页，单击该页面中的 Baidu 链接，这时，会在浏览器中打开一个新窗口，效果如图 1-10 所示。

target 属性包含多个属性值，表 1-7 对这些属性值进行了说明。如果在网页内定义了框架，还可以为框架窗口进行命名，这样做就可以要求链接目标在指定的框架窗口中打开。

图 1-10　将 target 属性指定为_blank

表 1-7　target 属性的取值

target 属性值	说　明
_blank	将链接的文档载入一个新的、未命名的浏览器窗口
_parent	将链接的文档载入包含该链接的框架的父框架集或者窗口。如果包含链接的框架没有嵌套，则相当于_top；链接的文档载入整个浏览器窗口
_self	将链接的文档载入链接所在的同一框架或窗口。此目标是默认的，所以通常不需要指定它
_top	将链接的文档载入整个浏览器窗口，从而删除所有框架

3．用 title 属性定义链接的提示信息

使用 title 属性可定义链接的信息，当鼠标指到该链接时，会出现一个提示框，显示该链接的说明；或者，如果用户配备有屏幕阅读程序，那么当聚焦到该链接时，屏幕阅读程序就会读出该链接的说明。

例如，下面为<a>标记定义 title 属性：

```
<a href="http://www.baidu.com" target="_blank" title="链接到百度首页">Baidu</a>
```

4．链接到电子邮件

设置 href 属性的值可以指向一个电子邮件地址的链接，该链接将在网站访问者的默认电子邮件程序中创建一个新的电子邮件。单击电子邮件链接时，该链接打开一个新的空白信息窗口。在电子邮件消息窗口中，“收件人”文本框会自动更新为显示电子邮件链接中指定的地址。

例如，下面通过定义<a>标记链接到一个电子邮件地址。代码如下：

```
<a href="mailto:sfsfsdfsf@hotmail.com">给自己发邮件</a>
```

1.4.5　图像标记

为了能制作图文并茂的 Web 页面，往往要在网页中插入图像。图像的使用对 Web 技术的发展起到了重要的作用。在网络上，比较常见的图像格式有 JPEG、GIF 和 PNG 等，它们都是通过<img>图像标记嵌入 Web 页面中的。

<img>标记是一个空标记，没有内容，通常它的内容由 src 属性指定的图像来填充。除了该属性外，该标记还有其他的属性，常用属性及其说明如表 1-8 所示。

表 1-8　<img>标记的常用属性

属性名称	说　明
alt	用于指定当图像不能被显示时呈现的替换文本
src	指定显示图像的 URL 地址
align	用于指定图像和文本的对齐方式。其值有 top、middel、bottom、left 和 right
border	用于给图像添加边框效果
height	定义图像的高度。其值可以用像素表示，也可以用一个百分数表示
width	定义图像的宽度。其值可以用像素表示，也可以用一个百分数表示
hspace	用于设置图像和文本之间的水平距离
vspace	用于设置图像和文本之间的垂直距离

【例 1-11】

本例演示<img>标记的基本使用，向 HTML 网页中插入一张图像，并且对该图像进行设置。代码如下：

```
<body>
    <img src="image/be.jpg" width="200px" height="200px" border="5"
      alt="天空"  hspace="30" align="left" />
        为了图文并茂的 Web 页面，往往要在网页中插入图像。图像的
    使用对 Web 技术的发展起到了重要的作用。在网络上比较常见的图像格式有 JPEG、GIF 和 PNG 等，
    它们都是通过 img 图像标记嵌入 Web 页面中的。
</body>
```

运行上述代码，查看效果，如图 1-11 所示。

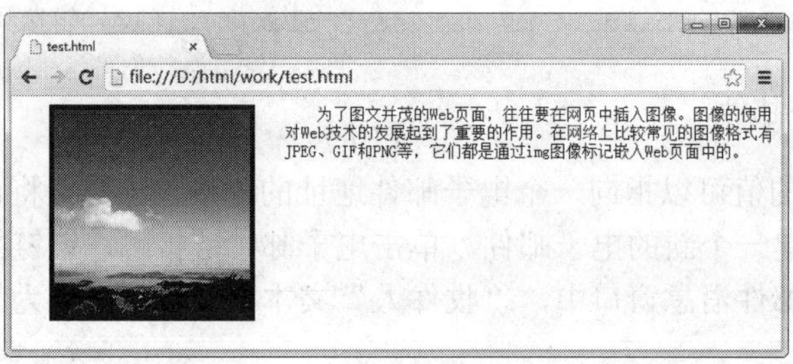

图 1-11　<img>标记的效果

1.4.6　其他常用标记

除了前面介绍的标记外，HTML 网页的主体部分还包含许多标记，后面的章节中还会对标记进行介绍。本节介绍一些比较简单的标记，例如换行、空格、回车以及居中显示文字等。

1．空格

细心的读者可以发现，在图 1-9 显示的效果中，虽然使用<p></p>标记定义了段落，但是每段段落开头并没有空格。在 HTML 文件中，添加空格需要使用代码“ ”控制，需要多少个空格就需要添加多少个“ ”。

【例 1-12】

对例 1-10 的代码进行更改，在每个段落标记的后面添加 4 个 ，用于显示空格。部分代码如下：

```
<body>
    <p>    清晨，走出久居的家门，我来到乡村外的原野上散步。清
风拂面，携着泥土的芬芳，新鲜清凉。树木兀立。田间碧绿的麦叶上，晶莹剔透的露珠在晃动。</p>
    <!-- 省略其他内容 -->
</body>
```

重新运行本例的代码，查看效果，如图 1-12 所示。

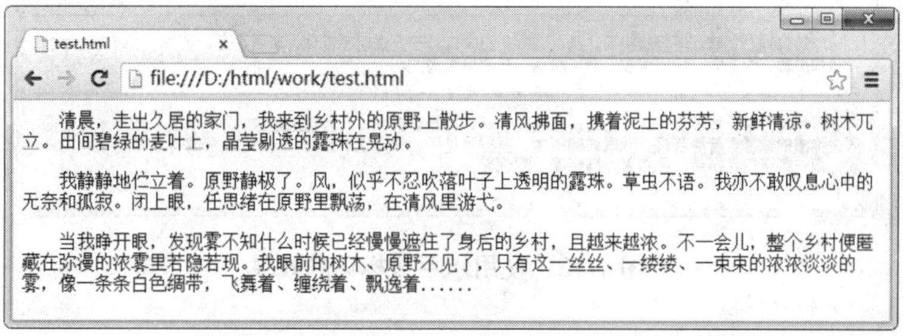
test.html
file:///D:/html/work/test.html
清晨，走出久居的家门，我来到乡村外的原野上散步。清风拂面，携着泥土的芬芳，新鲜清凉。树木兀立。田间碧绿的麦叶上，晶莹剔透的露珠在晃动。
我静静地伫立着。原野静极了。风，似乎不忍吹落叶子上透明的露珠。草虫不语。我亦不敢叹息心中的无奈和孤寂。闭上眼，任思绪在原野里飘荡，在清风里游弋。
当我睁开眼，发现雾不知什么时候已经慢慢遮住了身后的乡村，且越来越浓。不一会儿，整个乡村便匿藏在弥漫的浓雾里若隐若现。我眼前的树木、原野不见了，只有这一丝丝、一缕缕、一束束的浓浓淡淡的雾，像一条条白色绸带，飞舞着、缠绕着、飘逸着......

图 1-12　空格的使用效果

2．换行符

如果同一段内容中过多地使用段落标记进行换行，会显得不合适，因为它会在段落的开始之前和结束之后各加上一行空白。这时可以使用
或
标记，利用该标记可以插入换行符。

例如，将例 1-12 中的第一段内容进行换行分隔。代码如下：

```
<p>    清晨，走出久居的家门，我来到乡村外的原野上散步。<br/>
清风拂面，携着泥土的芬芳，新鲜清凉。树木兀立。<br/>田间碧绿的麦叶上，晶莹剔透的露珠在
晃动。</p>
```

3．水平线

在 HTML 文件中，通过使用<hr>或者<hr/>标记可以插入水平线，同时，利用水平线标记本身的属性，可以对水平线进行一些简单设置。

【例 1-13】

例 1-12 通过 3 个段落标记显示内容，本例在前面的基础上进行更改。在两个段落标记之间分别添加水平线标记，并设置属性。

代码如下：

```
<p>    清晨，走出久居的家门，我来到乡村外的原野上散步。清风拂
面，携着泥土的芬芳，新鲜清凉。树木兀立。田间碧绿的麦叶上，晶莹剔透的露珠在晃动。</p>
<hr width="100%" color="blue"size="1">
<p>    我静静地伫立着。原野静极了。风，似乎不忍吹落叶子上透明
的露珠。草虫不语。我亦不敢叹息心中的无奈和孤寂。闭上眼，任思绪在原野里飘荡，在清风里游
弋。</p>
<hr size="3" color="#000033" />
<p>    当我睁开眼，发现雾不知什么时候已经慢慢遮住了身后的乡村，
且越来越浓。不一会儿，整个乡村便匿藏在弥漫的浓雾里若隐若现。我眼前的树木、原野不见了，
只有这一丝丝、一缕缕、一束束的浓浓淡淡的雾，像一条条白色绸带，飞舞着、缠绕着、飘逸
着......</p>
```

在浏览器中运行该文件，查看水平线标记的效果，如图 1-13 所示。

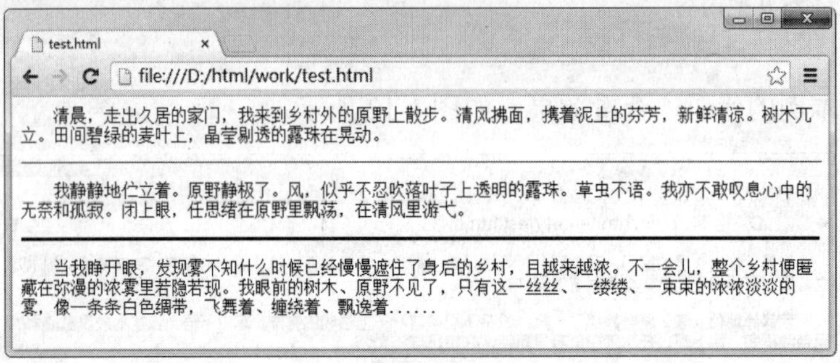
test.html
file:///D:/html/work/test.html
清晨，走出久居的家门，我来到乡村外的原野上散步。清风拂面，携着泥土的芬芳，新鲜清凉。树木兀立。田间碧绿的麦叶上，晶莹剔透的露珠在晃动。
我静静地伫立着。原野静极了。风，似乎不忍吹落叶子上透明的露珠。草虫不语。我亦不敢叹息心中的无奈和孤寂。闭上眼，任思绪在原野里飘荡，在清风里游弋。
当我睁开眼，发现雾不知什么时候已经慢慢遮住了身后的乡村，且越来越浓。不一会儿，整个乡村便匿藏在弥漫的浓雾里若隐若现。我眼前的树木、原野不见了，只有这一丝丝、一缕缕、一束束的浓浓淡淡的雾，像一条条白色绸带，飞舞着、缠绕着、飘逸着......

图 1-13　使用水平线标记的效果

4．预格式化标记

在 HTML 文件中，利用<pre>标记，不仅可以定义网页文字中的段落，还可以对段落格式进行定义。

简单地说，<pre>标记可定义预格式化的文本，被包围在该标记中的文本通常会保留空格和换行符，而文本也会呈现为等宽字体。

5．文本居中标记

在 HTML 文件中，可以利用<center></center>标记对其所包括的文本进行水平居中，对齐标记之间的内容将会在网页中居中显示。

【例 1-14】

下面将预格式化标记和文本居中标记结合起来显示一段文本，将文本的标题居中：

```
<pre>
    <center><h3>我相信</h3></center>
    想飞上天 和太阳肩并肩<br/>
        世界等着我去改变<br />
    想做的梦 从不怕别人看见<br/>
        在这里我都能实现<br/>
</pre>
```

在浏览器中运行上述代码，查看效果，如图 1-14 所示。

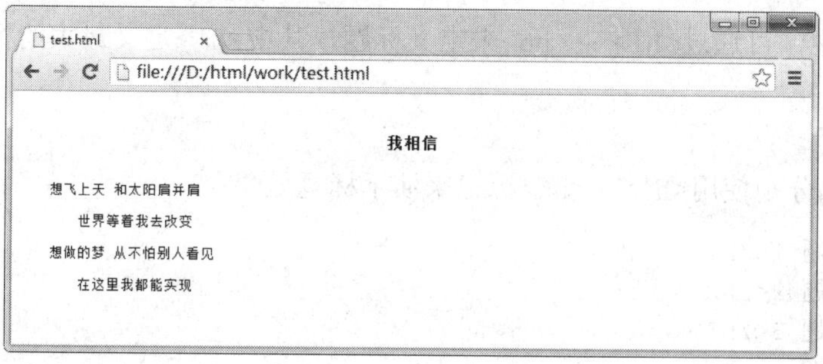

图 1-14　预格式化标记和文本居中标记的效果

6．段落缩进标记

HTML 文件中可以使用段落缩进标记，利用<blockquote></blockquote>标记对网页中的文字进行缩进，可以更好地体现网页文字的层次结构。使用<blockquote>标记时，在该标记之间的所有文本都会从常规文本中分离出来，经常会在左、右两边进行缩进(增加外边距)，而且有时会使用斜体。

【例 1-15】

<blockquote>标记之间可以进行嵌套，下面的代码演示了该标记的使用：

```
<blockquote>
    小说人物
    <blockquote>唐僧<blockquote>唐僧，俗家姓陈，名祎，小名江流，法号玄奘，号三藏，原为佛祖第二弟子金蝉子投胎。与真实历史人物不同。</blockquote></blockquote>
    <blockquote>孙悟空<blockquote>孙悟空又名孙行者、悟空、外号美猴王、号称"齐天大圣"。</blockquote></blockquote>
</blockquote>
<blockquote>
    创建背景<blockquote>《西游记》是由吴承恩写的，写于明朝中期</blockquote>
</blockquote>
```

在浏览器中运行该 HTML 文件，查看效果，如图 1-15 所示。

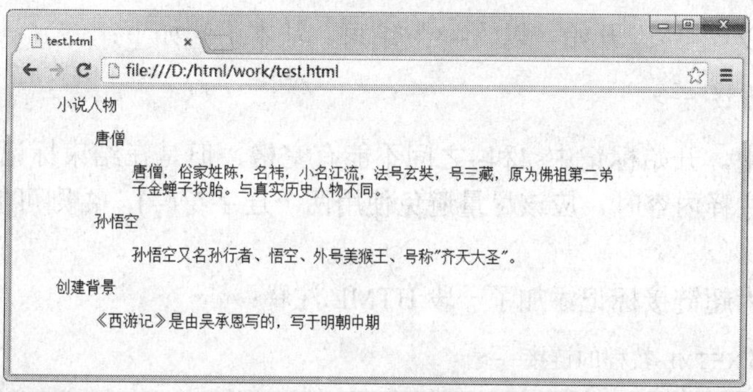

图 1-15　使用段落缩进标记的效果

7．标题显示标记

细心的读者可以发现，在前面不止一次提到和使用到<h1>标记，该标记用来定义标题。

在 HTML 文件中，可通过<h1> ~ <h6>来定义标题，其中<h1>定义最大的标题、<h6>定义最小的标题。

【例 1-16】

下面的代码分别使用<h1> ~ <h6>标记来演示标题效果：

```
<h1>这是标题 1</h1>
<h2>这是标题 2</h2>
<h3>这是标题 3</h3>
<h4>这是标题 4</h4>
<h5>这是标题 5</h5>
<h6>这是标题 6</h6>
```

运行上述代码，查看效果，如图 1-16 所示。

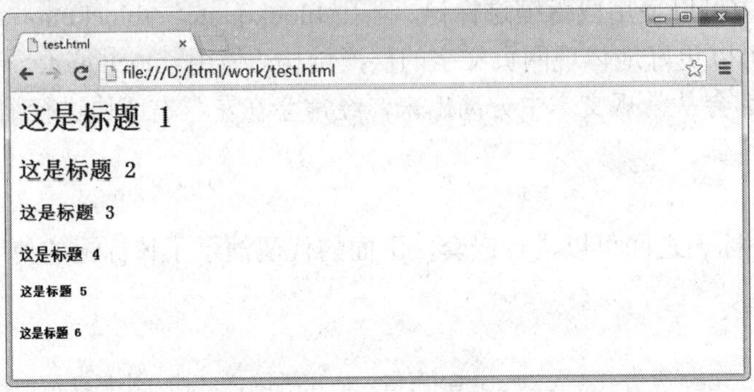

图 1-16　使用标题标记的效果

1.5　为 HTML 添加注释

当 HTML 文件的内容非常多时，为了阅读方便，可以使用注释语句为某些段落添加注释，注释不会被浏览器显示出来，而且添加注释有助于合作者更好地理解所编写的文档，从而提高工作效率。

HTML 注释以“<!--”开始，以“-->”结束。基本语法如下：

```
<!-- 注释的内容 -->
```

在上述语法中，开始标记中<!和--之间不能有空格，但是在结束标记中--和>之间可以有空格。在定义注释内容时，应该尽量避免使用两个连字符(--)，否则可能会导致错误。

【例 1-17】

下面的代码为超链接标记添加了一段 HTML 注释：

```
<!--到梦之都 XHTML 教程的链接-->
<a href="http://www.dreamdu.com/xhtml/">
    学习 XHTML
</a>吧!
<!--链接结束-->
```

1.6 实验指导——显示一篇完整的文章

本章简单介绍了 HTML 的基础知识，包括对基本标记的介绍。本节实验指导将前面的内容结合起来，显示一篇完整的文章。

向新建的站点中添加 HTML 文件，并在文件中编写内容。主要步骤如下。

(1) 打开 HTML 文件并找到<title>标记，为 HTML 网页指定标题，这里将其指定为“七月荷花香”。

(2) 向 HTML 文件的主体部分添加内容，首先通过<h1>元素定义标题，并且将标题内容居中显示。

代码如下：

```
<center>
    <h1>七月荷花香</h1>
</center>
```

(3) 添加一个段落标记，并向该标记之间插入内容。首先在段落开始处为其添加多个空格，并且通过换行符标记实现换行。

代码如下：

```
<p>
        "江南可采莲，莲叶何田田，鱼戏莲叶间......"很小的时候，我时常背诵这首古诗。只觉朗朗上口满嘴余香，于是就一直记着，老也没能忘记。稍大一点的时候觉得这好像不是一首诗，而是一幅很美很美的图画；是每每浮现在眼前的生动的自然美景，有一种美的说不出的意境。
<br/>
        很幸运，小城中就有这样一处美妙的地方，叫"莲花池"。这里原是陕北土皇帝井岳秀建起的后花园。解放后，成了游人如织的公园。也是我们童年、少年时期的天堂。
</p>
```

(4) 添加一个图像标记，设置图像居右显示，文本在左侧进行绕排。代码如下：

```
<img src="image/flower.jpg" width="200px" height="200px"
 hspace="30" align="right" />
```

(5) 继续添加显示文章的其他段落标记，部分内容如下：

```
<p>
        回想起那个年代，好像很遥远，又好像是昨天......那是一个民风纯朴，路不拾遗的年代；小城古朴典雅，小巷宁静幽深；四合小院青砖灰瓦，翘脊飞檐。更绝的是城中有六楼骑街，别具风情。居中的钟楼上，钟声每天都按时敲响。点刻分明、悠悠于耳。每当夏日的午后，随着这钟声，小城上空炊烟袅袅；落日余辉下，小城人家便三三两两来到了"莲花池"畔。
</p>
<!-- 省略其他内容 -->
```

(6) 在所有的内容添加完毕后，在浏览器中运行 HTML 文件来查看效果，最终效果如

图 1-17 所示。

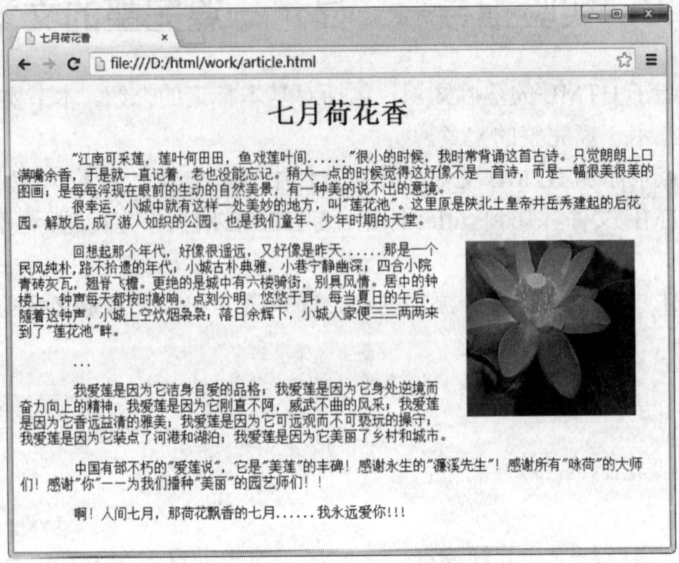

图 1-17　实验指导例子的最终效果

1.7　习　题

一、填空题

1. HTML 的英文全称是__________。

2. 一般情况下，将 HTML 的开发工具分为 3 类，它们分别是所见即所得工具、HTML 代码编辑工具以及__________。

3. 为页面设置背景时，可以指定__________属性。

4. 在 HTML 文件的全局事件属性中，当元素的值发生变化时，会触发__________事件属性。

二、选择题

1. HTML 文件的头部元素不包括__________。

A. title　　B. img　　C. meta　　D. script

2. <meta>标记用来描述 HTML 文档的信息，当我们将该标记的 http-equiv 属性值设置为__________时，表示用于设置网页内容类型和字符集。

A. content-language　　B. content-type

C. expires　　D. refresh

3. 在超链接标记中，该标记的 target 属性的默认值是__________。

A. _self　　B. _parent　　C. _top　　D. _blank

4. 在下面所示的标记中，__________是一个段落缩进标记。

A. <p>　　B. <pre>　　C. <base>　　D. <blockquotc>

三、简答题

1. 简单描述 HTML 的发展历史。
2. 超链接标记<a>具有哪些属性？这些属性的作用是什么？
3. HTML 文件的头部内容可以包含哪些标记？这些标记分别是用来干什么的？

第 2 章　文本标记和列表标记

在 HTML 中，可以使用文本标记、段落标记和列表标记等对文本进行各种各样的格式化工作，它们都是文本级的标记，不仅可以应用于一段文本，也可以应用于文本中的单个字符。在第 1 章中已经介绍了常用的段落标记，本章将向读者介绍 HTML 中常用的文本标记和列表标记。

通过本章的学习，读者不仅可以掌握常用的<font>标记和<ruby>标记，也可以了解文本修饰标记，还可以掌握 HMTL 中列表标记的使用。

本章学习目标如下：

- 掌握<font>标记的使用。
- 了解<ruby>标记的使用。
- 熟悉常用的物理样式标记。
- 熟悉常用的逻辑样式标记。
- 掌握如何实现无序列表。
- 掌握如何实现有序列表。
- 熟悉如何实现解说列表。
- 掌握不同列表之间的嵌套。

2.1　文 本 标 记

文本标记用于 HTML 网页正文内容的文本部分，这些文本标记被用于引用、定义、强调文本/段落/行等文本模块。通过使用这些文本标记，可以使网页中的文本显示不同的样式，从而吸引浏览者注意到该文本的内容。

下面将简单了解常用的文本标记。

2.1.1　<font>标记

<font>标记指定文本的字体、字体尺寸和字体颜色等内容。

<font>标记并不被推荐使用，但是该标记在 Web 上的使用还是非常广泛的。如今，一些流行的网页制作工具仍然能生成包含<font>标记的代码。W3C 推荐使用 CSS 代替<font>标记来格式化文本。

<font>标记的基本格式如下：

```
<font 属性="属性值"></font>
```

<font>标记中包含多个属性，其常用属性及其说明如表 2-1 所示。

表 2-1 <font>标记的常用属性

属性名称	属性取值	说　明
size	0~7	设置文本的字体大小，数字越大，文本字体显示得越大。如果在数字的前面加上“+”，则代表比预设的字体大小还大几级；如果是加上“-”，则代表比预设的文字大小还小几级。通常情况下，默认值是 3，可以使用<basefont>来设置该值的大小
color	十六进制或英文名称	设置文本的颜色
face	字体名称	设置文本采用的字体名称

【例 2-1】

下面来演示<font>标记及其属性的使用方法：

```
<font size="-2">&lt;font&gt;标记 size 属性值前加上-</font><br/>
<font size="+3">&lt;font&gt;标记 size 属性值前加上+</font><br/>
<font>&lt;font&gt;标记的默认显示</font><br/>
<font size="5">&lt;font&gt;标记的 size 属性值设置为 5</font><br/>
<font size="+2" color="#0000FF" face="Verdana, Geneva, sans-serif">
  设置 size、color 和 face 属性</font><br/>
<font size="+2" color="#0000FF" face="隶书">设置 size、color 和 face 属性</font>
```

在浏览器中运行上述代码，查看效果，如图 2-1 所示。

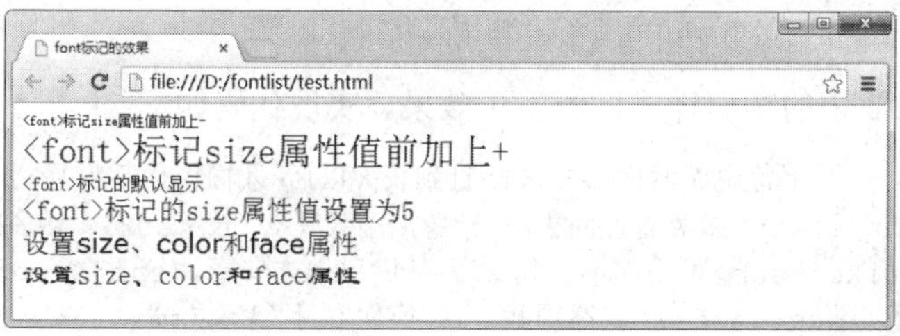

图 2-1 使用<font>标记的效果

2.1.2 <ruby>标记

<ruby>标记定义 ruby 注释(中文注音或者字符)，这是 HTML 5 新增加的一个标记。在东亚使用时，显示的是东亚字符的发音。一般情况下，<ruby>标记会与<rt>标记一块使用，它们结合起来，可以对网页中的文字进行标注。

【例 2-2】

下面简单给出使用<ruby>标记和<rt>标记的代码：

```
<ruby>
    你<rt>ni</rt>
    知道<rt>zhidao</rt>
    吗<rt>ma</rt>
    当代最可爱的人<rt>志愿军</rt>
</ruby>
```

2.1.3 物理样式标记

通常情况下，会将物理样式标记称为字体样式元素或者实体字符控制标记，这是因为它们为浏览器提供了特定的字体指令。

物理样式标记的使用非常普遍，并且网页编辑工具中都会生成这些标记。例如，表 2-2 列出了常用的物理样式标记，并且对这些标记进行了具体的说明。

表 2-2 常用的物理样式标记

标 记	说 明
<b></b>	将文本显示为粗体
<i></i>	将文本设置为斜体
<strike></strike>	为文本添加删除线(建议使用<del>标记来代替)
<tt></tt>	设置为电报字体
<u></u>	为文本添加下划线
	将文本变小，低于基线显示
	将文本变大，高于基线显示
<small></small>	将文本显示为比正常字体小
<big></big>	将文本显示为比正常字体大

【例 2-3】

本例使用表 2-2 中的物理样式标记演示效果。实现代码如下：

```
<b>总是向你索取 却不曾说谢谢你</b><i>直到长大以后 才懂得你不容易</i><u>每次离开总是
装作轻松的样子</u><tt>微笑着说回去吧 转身泪湿眼底</tt><strike>多想和从前一样 牵你
温暖手掌</strike><sub>可是你不在我身旁 托清风捎去安康</sub><sup>时光时光慢些吧 不
要再让你变老了</sup><small>我愿用我一切 换你岁月长留</small><big>一生要强的爸爸
我能为你做些什么</big>
```

在浏览器中运行上述代码，查看效果，如图 2-2 所示。

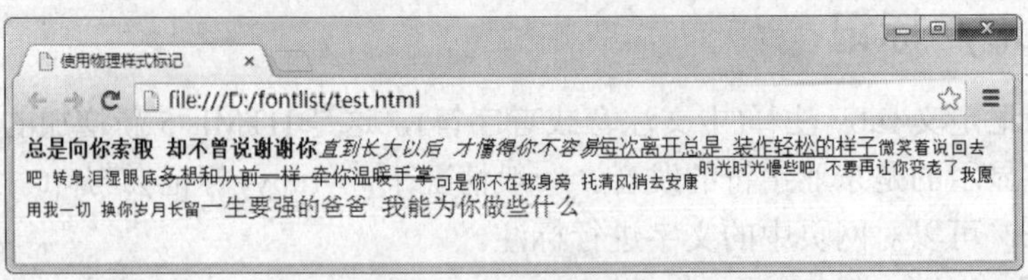

图 2-2 物理样式标记的效果

2.1.4 逻辑样式标记

逻辑样式标记通常会被称为短语元素或语义字符控制标记，用来标明窗口标记中文本的逻辑样式。逻辑样式标记可以增加 HTML 文件的可读性，在文本显示功能方面与物理样式标记没有什么不同，都是用来强调某些文本的显示。不同的浏览器对这些样式标记的体现可能会有所不同，表 2-3 中列出了一些常用的逻辑样式标记，并且对这些标记进行了简单说明。

表 2-3　常用的逻辑样式标记

标　记	说　明
<abbr></abbr>	表示缩写字
<address></address>	表示地址
<blockquote></blockquote>	设置一段被引用的文本
<cite></cite>	标记文本是引用或引言，通常以斜体表示
<code></code>	标记文本是程序代码，通常使用等宽字体表示
<dfn></dfn>	标记文本是词汇或术语的定义，通常以斜体显示
<em></em>	使文本区别于其他文本强调显示，通常以斜体显示
<kbd></kbd>	标记要用户输入的文本，通常用等宽字体表示
<strong ></strong >	使文本强调或突出于周围文本，通常加粗显示
<samp></samp>	标记是程序输出的文本，通常用等宽字体显示
<var></var>	标识并显示变量或输出程序，通常以斜体显示

提示： 在如表 2-3 所示的逻辑样式标记中，部分标记(例如<cite>)是 HTML 5 中新增的标记，在后面的章节中会详细介绍。另外，本节不再对上述表中的标记一一举例说明，感兴趣的读者可以自己进行尝试。

2.2　列 表 标 记

使用 HTML 可以方便地创建列表形式来呈现文本内容，列表项目是以项目符号开始的，这样有利于将不同的内容分类呈现，并且体现出重点。使用 HTML 也可以设置编号样式、重置计数，或者设置个别列表项目或整个列表项目的符号样式选项。

本节将向读者介绍 HTML 中常用的列表标记，在介绍这些标记之前，会对列表标记进行说明。

2.2.1　列表标记的用途

许多信息数据本身就具有条理，信息数据之间还具有层次性，有些甚至还有顺序。例如电视节目单、图书目录和每周的工作记录等。通常情况下，可以使用一种有条理的样式来排版这样的信息，并给每一个信息数据项配备一个项目符号或者编号，使其能反映信息本身所具有的那种条理性，或称为层次性、有序性等，这就是通常所说的清单或列表。

HTML 为 Web 程序设计者提供了指定信息清单的多个机制，在 HTML 中，所有的列表必须包含一个或多个列表项，HTML 列表可以用来容纳下列信息：

- 有条理但无序的信息。
- 有序信息。

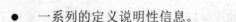

- 一系列的定义说明性信息。
- 有层次的信息。

HTML 的列表标记便于创建包含上述信息的网页，列表标记在 HTML 文档中的编码很容易，并且它们可以被嵌套。

HTML 有三种形式的列表：无序列表、有序列表和解说列表(即定义列表)。

2.2.2 无序列表

当一些信息相互之间有条理但是没有顺序时，可以使用无序列表来容纳这些信息。简单地说，无序列表不用数字标记每个列表项，而采用一个符号标记每个列表项，例如黑色的圆点。

在 HTML 中，使用<ul></ul>来实现无序列表，每个列表项由<li></li>标记实现，该标记的结束标记并不是必需的。基本格式如下：

```
<ul>
    <li>第一个无序列表项</li>
    <li>第二个无序列表项</li>
    <li>第三个无序列表项</li>
</ul>
```

在上述格式中，li 元素显示列表项，通常情况下列表项不能只有一项，而是有许多项。另外，ul 元素中只能包含 li 元素，而不能包含其他的内容。

【例 2-4】

在每周工作之前，李萍女士都会为自己制订一个详细的计划，而且会把每周重要的事情记录下来。本例通过无序列表标记显示她所记录的列表项，代码如下：

```
<h2>本周任务计划</h2>
<ul>
    <li>去书店买本书：《世间曾有三毛》</li>
    <li>去逛街：给爸爸妈妈买衣服</li>
    <li>周六早上 9 点钟要去见客户</li>
    <li>周日带着乐乐去公园画画</li>
</ul>
```

在浏览器中运行上述代码，查看无序列表的效果，如图 2-3 所示。

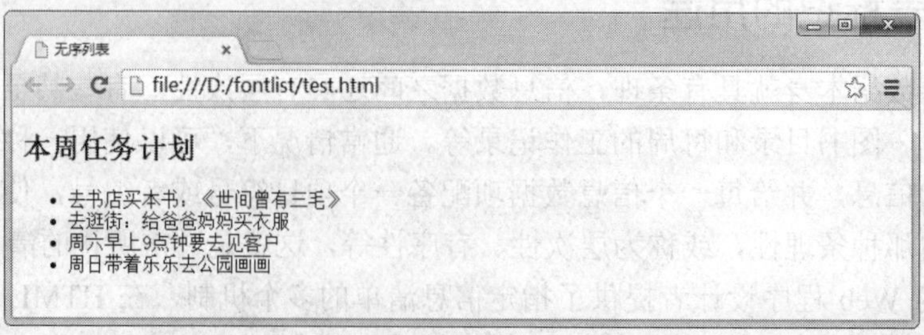

图 2-3　无序列表的效果

type 属性是<ul>标记的常用属性，该属性用于定义显示的项目符号，如表 2-4 所示。

表 2-4　type 属性的取值

属性取值	说　明
disc	默认值，项目符号是实心圆点
circle	项目符号是空心圆点
square	项目符号是实心方块

【例 2-5】

在例 2-4 代码的基础上进行添加，再添加两个无序列表标记，并且将 type 属性的值分别指定为 circle 和 square。代码如下：

```
<h2>本周上榜图书</h2>
<ul type="circle">
    <li>《花非花 雾非雾》</li>
    <li>《黑道皇后》</li>
    <li>随遇而安</li>
</ul>
<h2>友情链接</h2>
<ul type="square">
    <li>购书指南</li>
    <li>账户管理</li>
    <li>配送方式</li>
</ul>
```

运行上述代码，查看无序列表效果，如图 2-4 所示。

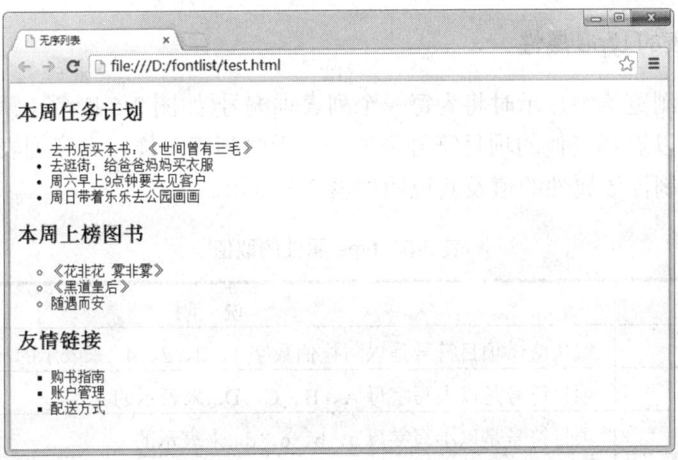

图 2-4　使用<ul>标记的 type 属性

2.2.3　有序列表

当一些信息相互之间有顺序时，可以使用 HTML 的有序列表来容纳这些信息。有序列表中的每个列表项前标有数字，表示顺序。有序列表由<ol></ol>实现，每个列表项由<li>标记开始。基本格式如下：

```
<ol>
    <li>第一个有序列表项</li>
    <li>第二个有序列表项</li>
    <li>第三个有序列表项</li>
</ol>
```

【例 2-6】

下面代码演示了一段有序列表：

```
<h2>销售图书排名</h2>
<ol>
    <li>《随遇而安》</li>
    <li>《看见》</li>
    <li>《唯爱与美食不可辜负》</li>
</ol>
```

在浏览器中运行上述代码，查看效果，如图 2-5 所示。

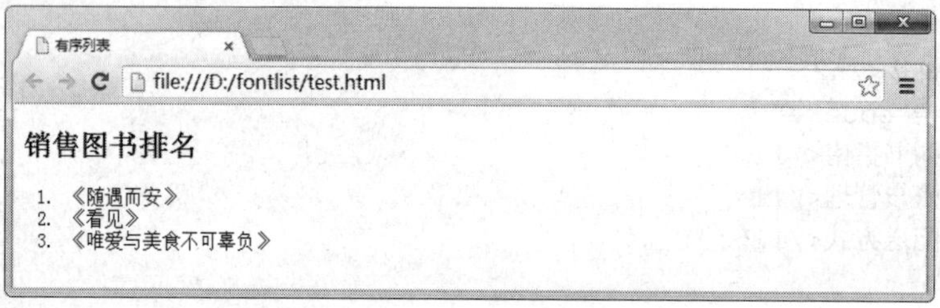

图 2-5　有序列表的效果

1. 有序列表的 type 属性

有序列表在浏览器中显示时将为每一个列表项编号(如图 2-5 所示)，默认值从 1 开始连续编号。用户可以选择其他的项目符号类型，与无序列表一样，有序列表的项目符号通过 type 属性进行控制，该属性的值及其说明如表 2-5 所示。

表 2-5　type 属性的取值

属性取值	说　明
1	默认值，项目符号是以阿拉伯数字 1、2、3、4...来表示的
A	项目符号是以大写字母 A、B、C、D...来表示的
a	项目符号是以小写字母 a、b、c、d...来表示的
I	项目符号是以大写罗马 I、II、III...来表示的
i	项目符号是以小写罗马 i、ii、iii...来表示的

【例 2-7】

在前面示例的基础上添加有序列表的实现代码，分别将 type 属性的值设置为 I 和 B。代码如下：

```
<h2>成功的三要素</h2>
```

```
<ol type="I">
    <li>坚持</li>
    <li>不要脸</li>
    <li>坚持不要脸</li>
</ol>
<h2>你想去哪里？</h2>
<ol type="A">
    <li>北京</li>
    <li>深圳</li>
    <li>上海</li>
</ol>
```

在浏览器中运行上述代码，查看效果，如图 2-6 所示。

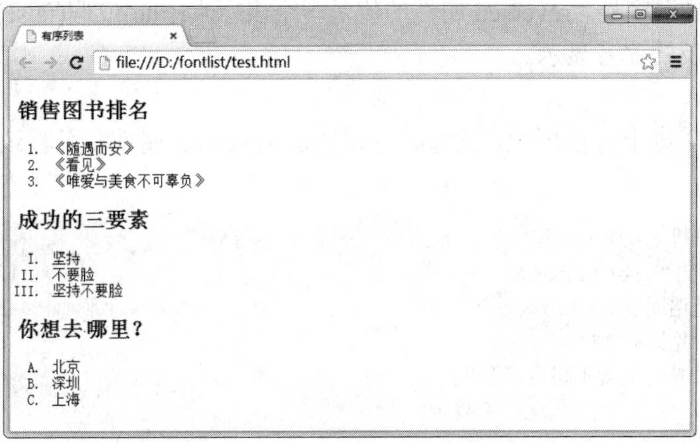

图 2-6　<ol>标记的 type 属性

2．有序列表的 start 属性

<ol>标记除了常用的 type 属性外，还包含一个 start 属性，该属性用来定义一个有序列表中的开始的条目序号，默认的开始序号为 1。基本格式如下：

```
<ol start="开始的序号值"></ol>
```

【例 2-8】

本例演示<ol>标记的基本使用，并且除了为该标记指定 type 属性的值外，还需要指定 start 属性的值。代码如下：

```
<h2>销售图书排名</h2>
<ol start="3">
    <li>《随遇而安》</li>
    <li>《看见》</li>
    <li>《唯爱与美食不可辜负》</li>
</ol>
```

将<ol>标记的 start 属性值设置为 3 以后，该列表中的项目序号就不再从 1 开始了，而是从 3 开始。在浏览器中的运行效果如图 2-7 所示。

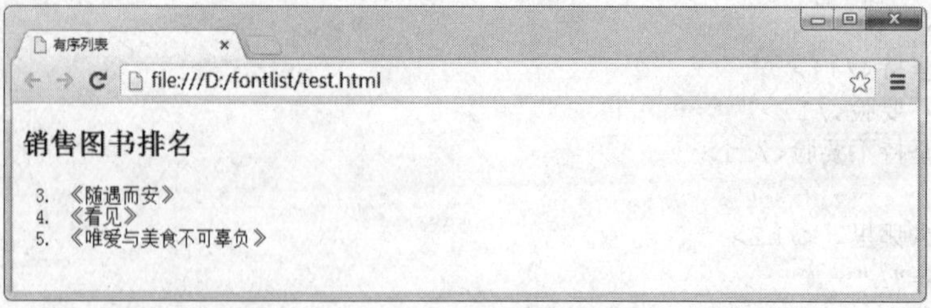

图 2-7　使用 start 属性

3．有序列表内容反转

在 HTML 5 中新增加了一个 reversed 属性，该属性用来表示有序列表是否反转序号显示，即按照降序显示序号。reversed 属性的值是一个表示真(true)或假(false)的逻辑值，设置为 true 时，表示反转序号显示。

【例 2-9】

在例 2-8 的基础上进行更改，为<ol>标记添加 reversed 属性，并将该属性的值指定为 true。代码如下：

```
<h2>销售图书排名</h2>
<ol start="1" reversed>
    <li>《随遇而安》</li>
    <li>《看见》</li>
    <li>《唯爱与美食不可辜负》</li>
</ol>
```

上述代码中将 start 属性的值设置为 1，这时反转序号时会自动将序号减 1。另外，由于 reversed 属性是 HTML 5 中新增的，部分浏览器并不提供对该属性的支持，因此，这些浏览器中可能不会显示效果。图 2-8 显示了在谷歌浏览器中的反转效果，从该图中可以看出，列表序号分别为 1、0 和-1。

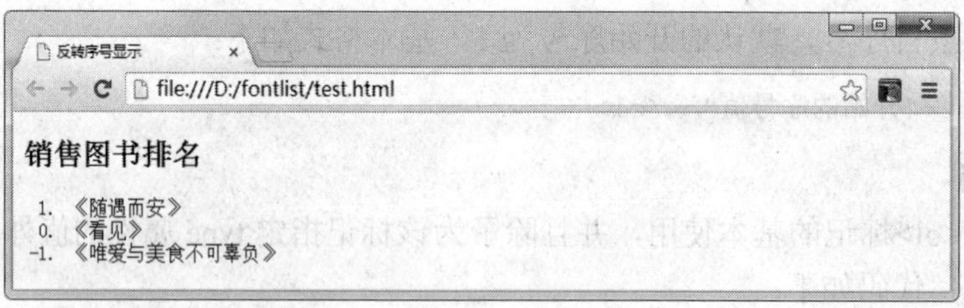

图 2-8　使用 reversed 属性的效果

4．指定列表项序号的数值

在有序列表中，不可能从一个先前的列表来继续列表编号或者隐藏对一些列表项的编号。但是可以通过设置列表项的 value 属性来对列表项的编号复位，编号以新的起始来继续后面的列表项。

value 属性仅仅适用于<li>标记，属性的值用来指定当前列表项的序号，例 2-10 显示了 value 属性的基本使用。

【例 2-10】

在本例中定义一个有序列表，并且在第 3 个列表项中直接将 value 属性的值指定为 5，不显示第 3 个和第 4 个列表项。代码如下：

```
<h2>我最喜欢的老歌</h2>
<ol>
    <li>张韶涵《隐形的翅膀》</li>
    <li>张雨生《我的未来不是梦》</li>
    <li value="5">动力火车《雨蝶》</li>
    <li>蔡依林《特务 J》</li>
</ol>
```

在浏览器中运行上述代码，查看效果，如图 2-9 所示。

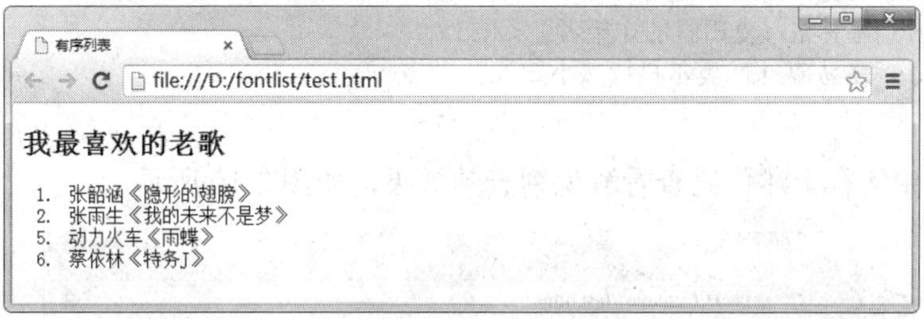

图 2-9 为列表项指定序号

2.2.4 解说列表

解说列表通常会被称为定义列表，它用来组织术语和它们的定义。术语可被突出，而定义根据解释的需要可以无限长。解说列表可以方便地用来组织常见问题解答(FAQ)，问题和答案之间通过缩进相互区分。术语独占一行并且从页边开始显示，定义从另一行开始并且缩进。

解说列表包含 3 个元素：dl 元素、dt 元素和 dd 元素。dl 元素用于定义一个定义式列表；dt 元素用于定义一个定义式列表中的术语或者项目；dd 元素用于定义一个定义式列表中的术语或者项目的描述或者项目的内容。

基本使用格式如下：

```
<dl>
    <dt>第一项</dt>
        <dd>第一个列表项</dd>
        <dd>第二个列表项</dd>
    <dt>第二项</dt>
        <dd>第一个列表项</dd>
        <dd>第二个列表项</dd>
</dl>
```

【例 2-11】

本例演示<dl>、<dt>和<dd>标记的使用，其中<dl>标记包含两个<dt>标记，每个<dt>标记下又包含多个<dd>标记。

代码如下：

```
<h2>世界名著</h2>
<dl>
    <dt>中国名著</dt>
        <dd>《西游记》：作者-吴承恩，内容分为三大部分：第一部分(一到七回)介绍孙悟空的神通广大，大闹天宫；第二部分(八到十二回)叙三藏取经的缘由；第三部分(十三到一百回)是全书故事的主体，写悟空等降伏妖魔，最终到达西天取回真经。</dd>
        <dd>《红楼梦》：中国古代四大名著之首，章回体长篇小说，原名《石头记》，又名《情僧录》、《风月宝鉴》、《金陵十二钗》等，梦觉主人序本正式题为《红楼梦》。</dd>
        <dd>《水浒传》：又名《忠义水浒传》，简称《水浒》</dd>
        <dd>《三国演义》</dd>
    <dt>国外名著</dt>
        <dd>马克·吐温《哈克贝里·芬历险记》</dd>
        <dd>塞林格《麦田里的守望者》</dd>
        <dd>路易莎.梅.奥尔科特《小妇人》</dd>
</dl>
```

在浏览器中运行上述代码查看解说列表的效果，如图 2-10 所示。

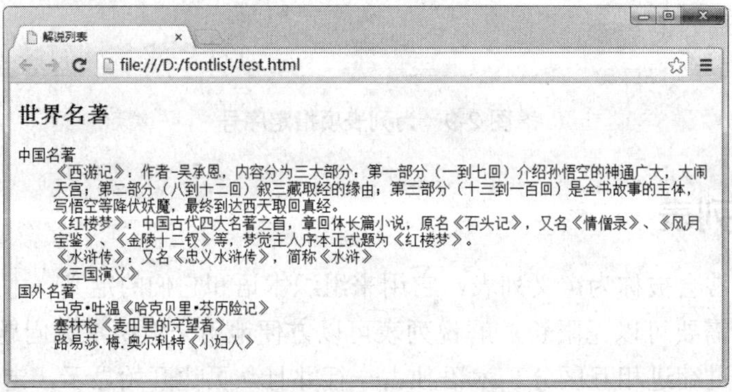

图 2-10　解说列表的效果

实现解说列表时，以<dl>标记开始，以</dl>结束，每个要定义的术语以<dt>开始，以</dt>结束，每项定义的内容要以<dd>开始，以</dd>结束。使用这些标记定义解说列表时需要注意以下几点：

- <dl>标记的内容至少包含一个<dt>或者<dd>标记，这是它的最小内容模型。<dl>标记的直接子标记只有<dt>和<dd>，因此在<dl>标记中不能出现这两个标记以外的内容。
- <dt>标记只允许包含文本级的内容。
- <dd>标记允许流内容，可以嵌入其他列表。
- 在<dl>标记中，<dt>标记和<dd>标记并不一定成对出现，可以只包含一种标记。
- <dt>和<dd>标记的父标记只有<dl>标记，因此它们都只能出现在<dl>标记中，即只允许出现在<dl>和</dl>标记之间。
- 浏览器在显示解说列表时，通常将<dt>的内容(例如术语)与<dd>标记的内容(例如术语的解释)分行显示，并且<dd>标记的内容有缩进。

2.3 列表嵌套

列表可以是简单或复杂的，通常情况下，可以将多种类型的列表组合在一起，并进行嵌套。有序列表和无序列表可以有不同层，同种类型的列表可以嵌套，不同类型的列表也可以嵌套在一起使用。用户不仅可以在有序列表中包括有序列表，也可以包括无序列表，即可以组合<ul>、<ol>、<li>、<dl>、<dt>以及<dd>标记来产生嵌套列表。

简单地说，嵌套列表是包含其他列表的列表，即列表中可以包含子列表。通常用这种嵌套列表反映层次较多的内容，例如希望编号或项目列表嵌套在其他编号列表中。

2.3.1 标记自身嵌套

标记自身嵌套非常容易理解，例如，使用<ul>标记显示无序列表时，还可以在列表中嵌套无序标记，再次实现无序列表。

【例 2-12】

本例通过 ul 元素实现无序列表，并且向第一个列表中再次嵌套无序标记，显示无序列表。代码如下：

```
<h2>我喜欢的一些水果</h2>
<ul>
    <li>香蕉
        <ul>
            <li>高脚顿地雷——它属高杆型香蕉，为广东省高州市优良品种之一。</li>
            <li>齐尾——它属高杆型香蕉，主要分布在广东高州市，为高州市的优良品种。
            </li>
            <li>大种高把香——它属高杆型香蕉，又称青身高把、高把香蕉，福建称高种天宝蕉，
为广东省东莞市的优良品种。</li>
        </ul>
    </li>
    <li>苹果</li>
    <li>哈密瓜</li>
</ul>
```

运行上述代码，查看效果，如图 2-11 所示。

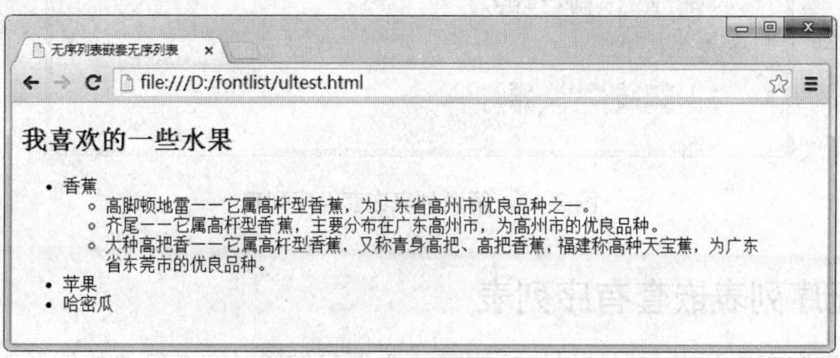

图 2-11　无序列表嵌套无序列表

2.3.2 解说列表嵌套无序列表

上一小节通过例 2-12 介绍了如何向无序列表中嵌套无序列表，本小节介绍列表的嵌套功能。解说列表嵌套无序列表是指将解说列表作为外层内容，无序列表作为内层内容。

【例 2-13】

本例实现解说列表和无序列表的嵌套，将无序列表嵌套到解说列表中。代码如下：

```
<h2>解说列表嵌套无序列表示例</h2>
<dl>
    <dt>唐宋八大家</dt>
        <dd>苏轼的代表作
            <ul>
                <li>古文(例如《荀卿论》、《范增论》、《留侯论》、《贾谊论》、《石钟山记》、《记承天寺夜游》)</li>
                <li>诗歌(例如《赤壁赋》、《后赤壁赋》、《东栏梨花》)</li>
                <li>词作(例如《少年游·去年相送》)</li>
            </ul>
        </dd>
    <dt>唐宋八大家</dt>
        <dd>王安石
            <ul>
                <li>诗(例如《登飞来峰》、《浣溪沙》)</li>
                <li>词(例如《渔家傲》、《菩萨蛮》)</li>
            </ul>
        </dd>
</dl>
```

在浏览器中运行上述代码，查看效果，如图 2-12 所示。

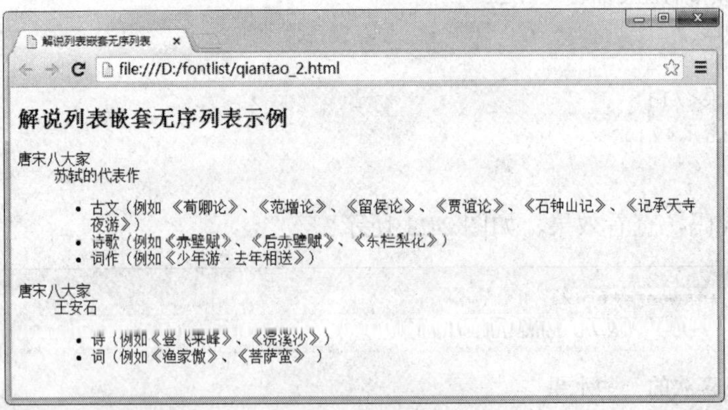

图 2-12　解说列表嵌套无序列表

2.3.3 无序列表嵌套有序列表

无序列表和有序列表之间可以进行嵌套，下面我们通过一个简单的例子来演示如何进行嵌套。

【例 2-14】

本例实现无序列表嵌套有序列表，其中在有序列表中又嵌套了一个有序列表。

代码如下：

```
<h2>无序列表嵌套有序列表演示</h2>
<ul>
    <li>本章练习题
        <ol>
            <li>HTML 中文被称为？
                <ol type="A">
                    <li>可扩展性标记语言</li>
                    <li>超文本标记语言</li>
                    <li>统一建模语言</li>
                    <li>可扩展超文本标记语言</li>
                </ol>
            </li>
            <li>HTML 网页显示无序列表时需要使用到()标记。</li>
        </ol>
    </li>
    <li>2013 年北京市高考题
        <ol type="I">
            <li>填空题</li>
            <li>单选题</li>
            <li>多选题</li>
        </ol>
    </li>
    <li>2014 年度第一学期期中测试题</li>
</ul>
```

在浏览器中运行上述代码，查看效果，如图 2-13 所示。

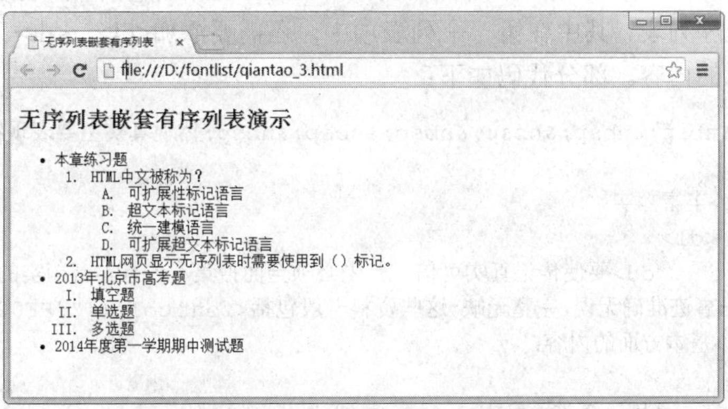

图 2-13　无序列表嵌套有序列表

提示： 嵌套列表可以简单，可以复杂，它们之间可以相互进行嵌套(例如有序列表嵌套无序列表和解说列表)，而不仅仅是所介绍的这些。关于这些列表的嵌套，我们不再进行详细的解释，读者可以亲自动手试一试。

2.4 实验指导——实现多层列表嵌套

本章主要介绍了两部分内容：第一部分介绍了 HTML 中常用的文本标记；第二部分介绍了 HTML 中常用的列表标记。在 2.3 节中已经提到过列表嵌套，本节实验指导将前面的知识点结合起来，完成一个列表的多重嵌套。

实现步骤如下。

(1) 首先在网页的主体部分添加一个<h2>标记，该标记用于显示标题。代码如下：

```
<h2>人物传记</h2>
```

(2) 在上个步骤的基础上添加一个段落标记，该标记显示一段文本。代码如下：

```
<p>       人物传记是通过对典型人物的生平、
生活、精神等领域进行系统描述、介绍的一种文学作品形式。作品要求"真、信、活"，以达到对人
物特征和深层精神的表达和反映。人物传记是后人或人物资料的有效记录形式，对历史和时代的变
迁等方面的研究具有重要意义。</p>
```

(3) 继续定义一个有序列表，该列表的部分内容如下：

```
<ol>
    <li>定义特征<p>       人物传记是通过
对典型人物的生平、生活、精神等领域进行系统描述、介绍的一种文学作品形式。作品要求"真、信、
活"，以达到对人物特征和深层精神的表达和反映。人物传记是后人或人物资料的有效记录形式，对
历史和时代的变迁等方面的研究具有重要意义。</p>
    </li>
    <li>体现真实</li>
    <li>传记分类</li>
</ol>
```

(4) 在上个步骤的基础上添加代码，为第二个列表项(即第二个<li>标记)添加包含两个无序列表项的无序列表。其中在第一个列表项中，还需要添加<dl>、<dt>、<dd>以及<pre>等标记指定显示的内容。部分代码如下：

```
<p>       体现真实主要表现在以下几个方面：
    <ul>
        <li>丰富翔实
            <dl>
                <dd>要使传记真实可信，首先必须全面搜集、占有丰富翔实的资料，使传记所反
映的人物生平事迹准确无误，完整无缺。这些资料一般包括<font color="#FF0000" size="+2">
五个</font>基本方面的内容：
<pre>
(1)人物的姓名、性别、籍贯、民族。
(2)人物的生卒年月。
(3)人物的学历、简历、党派、职务。
(4)人物的贡献功绩、科技成果、著作。
(5)能反映人物思想风貌本质特征的典型事件。
</pre>
                </dd>
```

```
            </dl>
        </li>
        <!-- 省略第二个列表项 -->
    </ul>
</p>
```

(5) 根据需要添加其他的内容，这里不再显示代码。

(6) 在浏览器中运行上述代码，查看效果，如图 2-14 所示。

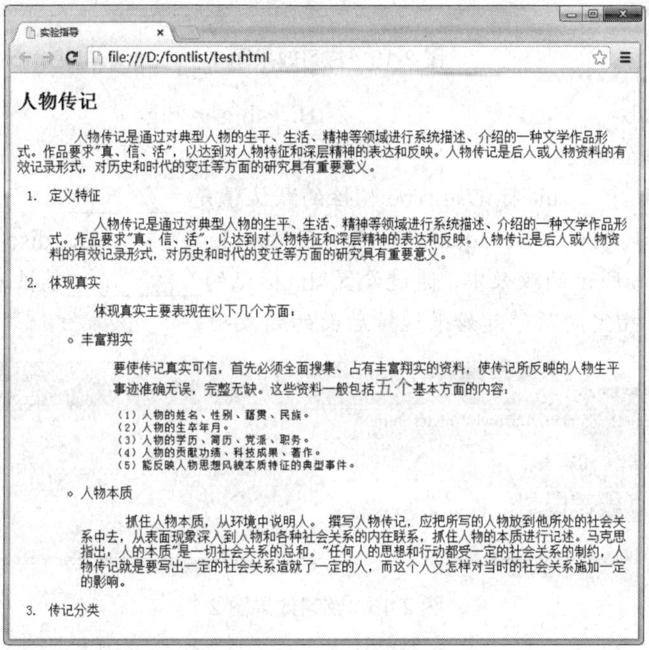

图 2-14　列表的多重嵌套

2.5　习　　题

一、填空题

1. <font>标记的__________属性用来设置文本的颜色。

2. HTML 有三种形式的列表，它们分别是__________、有序列表和解说列表。

3. 当一些信息相互之间有顺序时，可以使用 HTML 的__________来容纳这些信息，该列表中的每个列表项前都标有数字。

4. 在有序列表中，可以通过__________属性来定义有序列表中开始的条目序号。

二、选择题

1. <font>标记 size 属性的默认值是__________。

   A. 1　　B. 2　　C. 3　　D. 4

2. 在如图 2-15 所示的效果中，一定没有使用到__________标记。

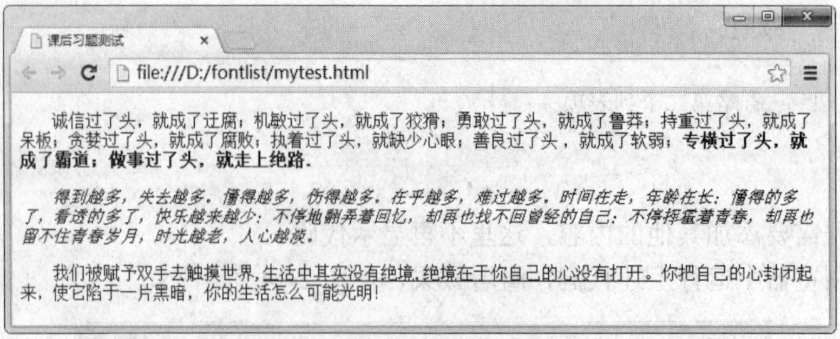

图 2-15　练习效果图 1

A. <b></b>　　B. <big></big>

C. <u></u>　　D. <i></i>

3. 在无序列表中，<ul>标记的 type 属性的默认值是＿＿＿＿＿。

A. I　　B. square　　C. circle　　D. disc

4. 在如图 2-16 所示的效果中，通过设置<li>标记的＿＿＿＿＿属性来对列表项的编号复位，即编号会以指定的新的起始来继续后面的列表项。

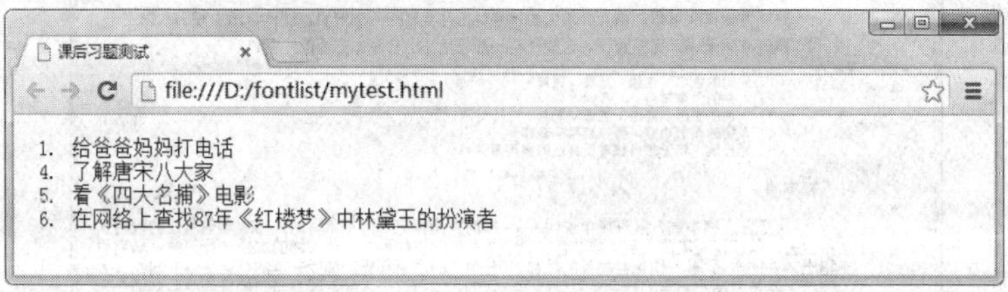

图 2-16　练习效果图 2

A. value　　B. start　　C. reverse　　D. type

5. ＿＿＿＿＿标记不是解说列表包含的标记。

A. <dl>　　B. <dt>　　C. <dd>　　D. <dm>

三、简答题

1. HTML 中包含哪些物理样式标记，它们分别是用来做什么的？(至少说出 5 个)
2. HTML 中包含哪些逻辑样式标记，它们分别是用来做什么的？(至少说出 5 个)
3. 解说列表标记是指哪些标记，使用这些标记时有哪些注意事项？

第 3 章　表格设计和表单输入

表格是指按所需的内容项目画成格子，分别填写文字或数字的书面材料，方便读者统计查看。在现实生活中，表格应用于各种软件，它是最常用的数据处理方式之一，例如 Office Word 和 Excel 等都是经常使用的表格软件。随着互联网的发展，已经能够在网上做表格了。

HTML 提供了表格标记，通过该标记，可以对网页进行布局。表单用于提交个人注册信息、购物信息、发表的评论和留言等内容，它是用户与网站之间交互的重要途径。

本章向读者详细介绍 HTML 的表格和表单，通过本章的学习，读者不仅可以了解表格和表单的基础知识，还能够熟练地使用表格和表单标记来设计网页。

本章学习目标如下：

- 掌握如何创建表格的结构。
- 熟悉单元格和标题的设置。
- 掌握如何设置表格的宽度和高度。
- 掌握表格背景和边框设置。
- 熟悉表格的单元格和行内容设置。
- 掌握表格跨行跨列的实现。
- 了解表格的 summary 属性。
- 熟悉表格的行分组和列分组。
- 掌握表格嵌套功能的实现。
- 了解表单的概念和基本格式。
- 掌握表单中常用的表单元素。

3.1　了 解 表 格

表格是由行和列排列而成的单元格组成的，数据单元格可以包含文本、图片、列表、段落、表单、水平线和表格等内容。使用 HTML 表格有两个重要原因，第一个原因是在表格中安排数据，从而可以呈现数据间的关系；另一个原因是在网页上组织图形和文本，也就是用于网页布局。

3.1.1　表格结构

HTML 中，通过<table>标记定义表格，在该标记中可以使用<tr>、<th>和<td>等标记。一个基本的表格由 4 个元素组成，说明如下。

- table 元素：该元素用来定义表格，整个表格包含在<table></table>标记中。
- tr 元素：该元素用来定义表格中的一行，它是单元格的容器，每行可以包含多个单元格，由<tr></tr>标记来表示。

- th 和 td 元素：这两个元素用来定义单元格，所有的单元格都在行标记中，每个单元格由一对<th></th>标记或者<td></td>标记来表示。如果单元格有数据，则需要在这两个标记间插入数据。

【例 3-1】

下面的代码用于生成一个两行两列的表格：

```
<table border="1">
    <tr>
        <td>row 1, cell 1</td>
        <td>row 1, cell 2</td>
    </tr>
    <tr>
        <td>row 2, cell 1</td>
        <td>row 2, cell 2</td>
    </tr>
</table>
```

注意： 在创建表格时，结束标记</tr>、</td>、</th>是可以省略的。但是建议读者保留它们，这会使得 HTML 文档显得十分整齐。

3.1.2 设置单元格

单元格是表格中最小的单位，可以拆分和合并，它是表格中行与列的交叉部分，也是组成表格的最小单位。在上一小节中已经提到，<th>和<td>都可以用来创建单元格，但是这两种标记也存在着一些差别。

一般情况下，HTML 表单中有两种类型的单元格：表头单元格和标准单元格。表头单元格由<th>标记创建，该标记内部的文本通常会呈现为居中的粗体文本；而标准单元格则由<td>创建，该标记内的文本通常是左对齐的普通文本。

【例 3-2】

为了更好地演示<th>和<td>标记的使用，本例将创建一个 7 行 9 列的表格。其中第一行显示基本信息，第二行到第七行显示某班级的学生成绩。HTML 部分代码如下：

```
<center>
    <h2>某小学 3 年级学生的考试成绩</h2>
    <table>
        <tr>
            <td>姓名</td>
            <th scope="rowgroup">期中语文成绩</th>
            <th scope="col">期中数学成绩</th>
            <th>期中总分</th>
            <th>期末语文成绩</th>
            <th>期末数学成绩</th>
            <th>期末总分</th>
            <th>期末排名</th>
        </tr>
```

```
        <tr>
            <td>杜小萌</td>
            <td>95</td>
            <td>90</td>
            <td>185</td>
            <td>93</td>
            <td>99</td>
            <td>192</td>
            <td>1</td>
        </tr>
        /* 省略其他行 */
    </table>
</center>
```

运行上述代码，观察效果，如图 3-1 所示。从中可以看出，使用<th>标记表示的表头信息被加粗显示。

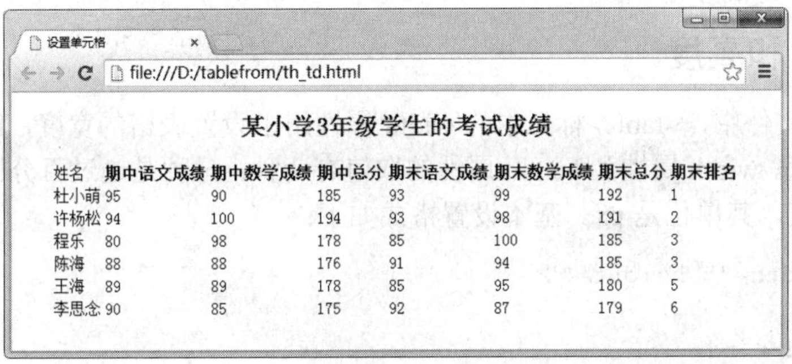

图 3-1　例 3-2 的运行效果

3.1.3　表格的标题

每一个表格都可以通过添加<caption>标记来设置表格的标题。简单地说，该标记对表格的目的做一个简单说明，它的内容用来描述表格的特征，并且该标记必须紧接着<table>开始标记后被定义。在一个表格中，只能包含一个<caption>标记，通常该标记设置的标题会被居于表格之上。

【例 3-3】

在例 3-2 中，通过<h2>标记进行了简短说明，本例更改例 3-2 中的代码，通过<caption>标记来设置标题。

主要代码如下：

```
<table>
    <caption>某小学 3 年级学生的考试成绩</caption>
    <!-- 省略其他内容 -->
</table>
```

重新在浏览器中运行本例的代码，查看效果，如图 3-2 所示。

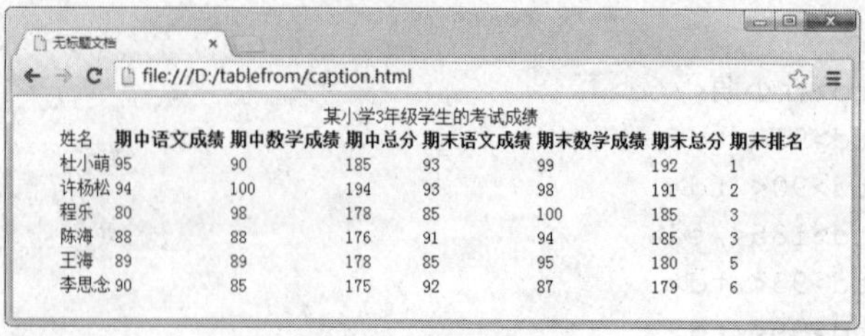

某小学3年级学生的考试成绩

姓名	期中语文成绩	期中数学成绩	期中总分	期末语文成绩	期末数学成绩	期末总分	期末排名
杜小萌	95	90	185	93	99	192	1
许杨松	94	100	194	93	98	191	2
程乐	80	98	178	85	100	185	3
陈海	88	88	176	91	94	185	3
王海	89	89	178	85	95	180	5
李思念	90	85	175	92	87	179	6

图 3-2　为表格设置标题

3.2　表格标记的属性

表格标记包含多个属性(例如边框属性、文本属性和背景属性等)，一般情况下，可以通过设置这些属性来控制表格的外观。本节利用表格标记的常用属性来设置表格，例如表格的宽度和高度、背景颜色、边框以及跨行跨列等。

3.2.1　宽度和高度

在 HTML 文件中，<table>标记中的 width 属性用于设置表格的宽度，height 属性用于设置表格的高度。width 属性和 height 属性的取值有两种：一种是通过百分比指定；另一种是通过数值指定，其单位是 px。基本设置格式如下：

```
<table width="" height="">
    <tr>
        <td></td>
    </tr>
</table>
```

【例 3-4】

在例 3-3 的基础上添加 width 属性和 height 属性，其中 width 属性的值通过百分比指定，height 属性的值通过数值指定。部分代码如下：

```
<table width="100%" height="250px">
    <caption>某小学 3 年级学生的考试成绩</caption>
    <!-- 省略其他内容 -->
</table>
```

在浏览器中运行上述代码，查看 width 属性和 height 属性的效果，如图 3-3 所示。

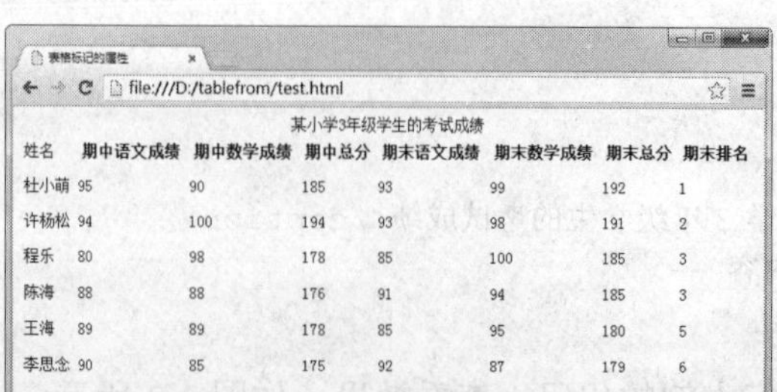

某小学3年级学生的考试成绩

姓名	期中语文成绩	期中数学成绩	期中总分	期末语文成绩	期末数学成绩	期末总分	期末排名
杜小萌	95	90	185	93	99	192	1
许杨松	94	100	194	93	98	191	2
程乐	80	98	178	85	100	185	3
陈海	88	88	176	91	94	185	3
王海	89	89	178	85	95	180	5
李思念	90	85	175	92	87	179	6

图 3-3　设置表格的宽度和高度

3.2.2 背景颜色

<table>标记中包含 bgcolor 属性，通过设置该属性可以设置表格的背景颜色。bgcolor 属性的值可以是十六进制或者英文。其语法非常简单，直接在<table>标记中添加该属性即可，这里不再给出其语法格式。

【例 3-5】

为表格添加一个 bgcolor 属性，将该属性的值指定为 lightyellow。部分代码如下：

```
<table width="100%" height="250px" bgcolor="lightyellow">
    <caption>某小学 3 年级学生的考试成绩</caption>
    <!-- 省略其他内容 -->
</table>
```

在浏览器中运行上述代码，查看效果，如图 3-4 所示。

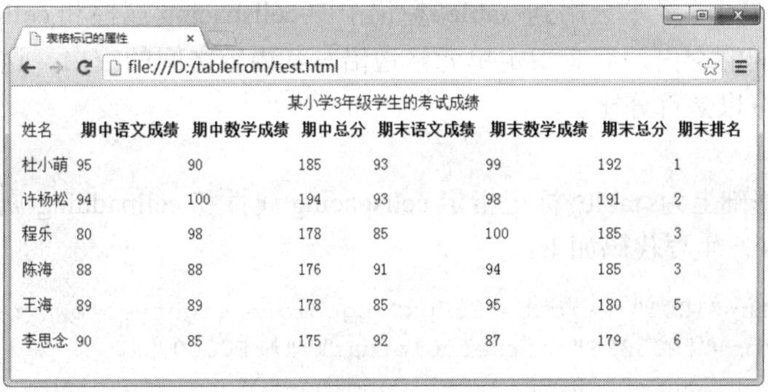

某小学3年级学生的考试成绩

姓名	期中语文成绩	期中数学成绩	期中总分	期末语文成绩	期末数学成绩	期末总分	期末排名
杜小萌	95	90	185	93	99	192	1
许杨松	94	100	194	93	98	191	2
程乐	80	98	178	85	100	185	3
陈海	88	88	176	91	94	185	3
王海	89	89	178	85	95	180	5
李思念	90	85	175	92	87	179	6

图 3-4　设置表格的背景颜色

3.2.3 边框设置

在 HTML 文件中，<table>标记提供了 4 个设置边框的属性，说明如下。

- border：设置边框的粗细。
- bordercolor：设置边框的颜色。
- bordercolorlight：设置亮边框的颜色。
- bordercolordark：设置暗边框的颜色。

【例 3-6】

继续在例 3-5 的基础上设置表格的边框属性，分别设置边框的粗细、边框颜色、亮边框颜色和暗边框颜色。代码如下：

```
<table width="100%" height="250px" bgcolor="lightyellow" border="2"
  bordercolor="#0033FF" bordercolordark = "#FF0000"
  bordercolorlight="#00FFFF">
    <!-- 省略其他内容 -->
</table>
```

在浏览器中运行上述代码，查看效果，如图 3-5 所示。

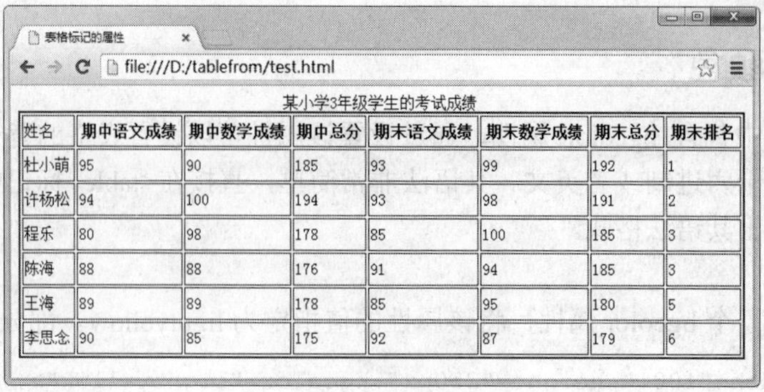
表格标记的属性
file:///D:/tablefrom/test.html

某小学3年级学生的考试成绩

姓名	期中语文成绩	期中数学成绩	期中总分	期末语文成绩	期末数学成绩	期末总分	期末排名
杜小萌	95	90	185	93	99	192	1
许杨松	94	100	194	93	98	191	2
程乐	80	98	178	85	100	185	3
陈海	88	88	176	91	94	185	3
王海	89	89	178	85	95	180	5
李思念	90	85	175	92	87	179	6

图 3-5　表格边框的设置

3.2.4　单元格间距

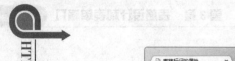

在 HTML 文件中，经常会用到<table>标记中的 cellspacing 属性和 cellpadding 属性。前者指定单元格之间的空白，后者指定单元格边沿与其内容之间的空白。这两个属性的取值可以是数值，也可以是百分比。

【例 3-7】

在例 3-6 的基础上为<table>标记指定 cellspacing 属性和 cellpadding 属性，将这两个属性的值都设置为 0。主要代码如下：

```
<table width="100%" height="250px" bgcolor="lightyellow" border="2"
 bordercolor="#0033FF" bordercolordark="#FF0000"
 bordercolorlight="#00FFFF" cellpadding="0" cellspacing="0">
    <!-- 省略其他内容 -->
</table>
```

在浏览器中运行上述代码，观察效果，具体效果图不再给出。

3.2.5　行内容水平对齐

观察图 3-5 可以发现：表格中的所有内容(包括标题、表头和数据信息)都是居中显示的，这是因为使用了<center>标记控制显示的样式。<table>标记中包含一个 align 属性，通过该属性，可以设置行内容水平对齐方式。align 属性的取值包含 left、right 和 center 三个，说明如下。

- left：设置内容左对齐。
- right：设置内容右对齐。
- center：设置内容居中对齐。

【例 3-8】

根据例 3-7 的内容，去掉网页中的<center>标记，同时为<table>标记指定 align 属性，该属性的值设置为 left。代码如下：

```
<table width="100%" height="250px" bgcolor="lightyellow" border="2"
 bordercolor="#0033FF" bordercolordark="#FF0000"
 bordercolorlight="#00FFFF" cellpadding="0" cellspacing="0" align="left">
```

```
    <!-- 省略其他内容 -->
</table>
```

在浏览器中运行上述内容，查看 align 属性的效果，如图 3-6 所示。

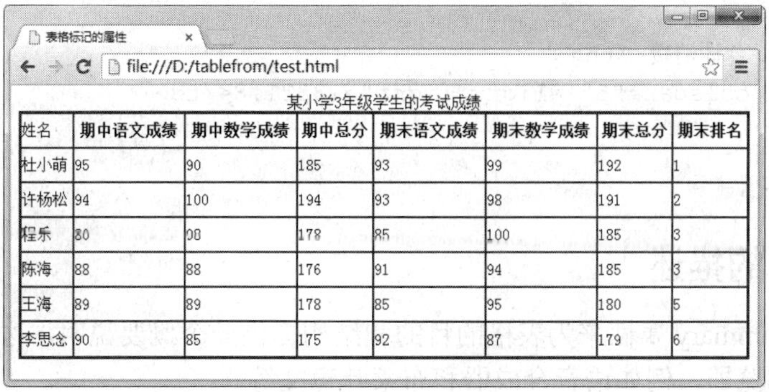

姓名	期中语文成绩	期中数学成绩	期中总分	期末语文成绩	期末数学成绩	期末总分	期末排名
杜小萌	95	90	185	93	99	192	1
许杨松	94	100	194	93	98	191	2
程乐	80	08	178	85	100	185	3
陈海	88	88	176	91	94	185	3
王海	89	89	178	85	95	180	5
李思念	90	85	175	92	87	179	6

图 3-6　行内容水平对齐

3.2.6　跨行和跨列

单元格可以跨越过多个横行和竖列的单元格，跨越横行和竖列的数量通过 rowspan 属性和 colspan 属性来对<th>或者<td>标记进行设置。

【例 3-9】

本次示例显示 2013 年度某个用户的信用卡消费情况，通过 colspan 属性跨越多列单元列，最终的实现效果如图 3-7 所示。

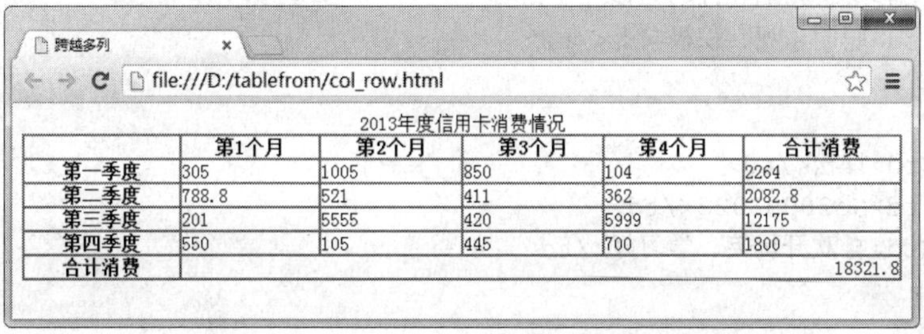

	第1个月	第2个月	第3个月	第4个月	合计消费
第一季度	305	1005	850	104	2264
第二季度	788.8	521	411	362	2082.8
第三季度	201	5555	420	5999	12175
第四季度	550	105	445	700	1800
合计消费	18321.8				

图 3-7　跨行显示数据

分析图 3-7 的数据，可以发现这是一个 6 行 6 列的表格，其中每一行的第 1 列和第 1 行的第 2 列到第 5 列都是表头，最后一行包含两列，第 2 列是通过多个列合并得到的。根据图中的内容添加表格标记，主要代码如下：

```
<table border="1" bordercolor="#0099CC" cellpadding="0" cellspacing="0"
  width="100%">
    <caption>2013 年度信用卡消费情况</caption>
    <tr>
        <td></td>
        <th>第 1 个月</th>
        <th>第 2 个月</th>
        <th>第 3 个月</th>
```

```
        <th>第 4 个月</th>
        <th>合计消费</th>
    </tr>
    <!-- 省略其他内容 -->
    <tr>
        <th>合计消费</th>
        <td colspan="5" align="right">18321.8</td>
    </tr>
</table>
```

3.2.7 表格的描述

可以使用 summary 属性来为表格的目的和结构提供一个概要说明，这个概要说明一般用于非可视化浏览器，例如语音合成器和布莱叶盲文等。

【例 3-10】

本例显示一个 3 行 3 列的表格，并且为表格指定 summary 属性。代码如下：

```
<table summary="显示三一班的前 2 名同学">
    <tr>
        <td>姓名</td>
        <td>编号</td>
        <td>同学评价</td>
    </tr>
    <tr>
        <td>陈海洋</td>
        <td>No20091001</td>
        <td>聪明乐观、积极向上</td>
    </tr>
    <tr>
        <td>许松</td>
        <td>No20091023</td>
        <td>喜欢开玩笑、学习好</td>
    </tr>
</table>
```

3.3 表格分组显示

表格可以进行分组显示，一般情况下，可以为表格添加标记，使表格按行分组或者按列分组。本节将介绍表格分组功能的实现，包含两个小节，第一小节介绍行分组，第二小节介绍列分组。

3.3.1 按行分组显示

行的分组显示可以有效地提示给用户相关的表格结构信息，表格中的行可以分开组织成表格头、表格尾和表格主体三部分。表格头和表格尾一般包含着列的说明信息，表格主体显示数据。

提示： 如果浏览器支持行分组显示，那么在表格数据行较多的情况下，用户可以仅滚动表格主体，而保持表格头和表格尾不动，这样用户的体验也就更棒，因为可以与列的说明信息对照。

在 HTML 文件中，通过<thead>标记定义表格头，<tbody>标记定义表格主体，<tfoot>标记定义表格尾。基本格式如下：

```
<table>
    <thead><tr><td></td></tr></thead>
    <tbody><tr><td></td></tr></tbody>
    <tfoot><tr><td></td></tr></tfoot>
</table>
```

在呈现时，每一个<thead>、<tbody>和<tfoot>都必须包含一个或多个行，并且它们必须包含相同的列。<thead>、<tbody>和<tfoot>必须位于表格标记内，一个表格中可以包含多个<tbody>标记，但是只能包含一个<thead>标记和<tfoot>标记。

【例 3-11】

本例分别通过<thead>、<tbody>和<tfoot>标记定义表格的头部信息、主体信息和尾部信息。主要步骤如下。

(1) 创建一个多行多列的表格，首先通过<caption>标记为其指定标题。内容如下：

```
<caption>各利润中心人员饱和程度统计表</caption>
```

(2) 添加<thead>标记，为其指定头部信息。内容如下：

```
<thead>
    <tr>
        <td></td>
        <th colspan="4">部门人员情况</th>
        <th colspan="4">外包人员情况</th>
    </tr>
    <tr>
        <td></td>
        <th>人数</th><th>计划饱和度</th><th>绝对饱和度</th><th>相对饱和度</th>
        <th>人数</th><th>计划饱和度</th><th>绝对饱和度</th><th>相对饱和度</th>
    </tr>
</thead>
```

(3) 添加<tfoot>标记，跨越多个列并指定结尾信息。内容如下：

```
<tfoot>
    <tr><td colspan="9" align="right">全部信息显示完毕</td></tr>
</tfoot>
```

(4) 添加<tbody>标记，该标记中包含 8 行 9 列，其中每一行的第一列都通过<th>设置表头。以第一行内容为例，代码如下：

```
<tbody>
    <tr>
        <th>信息系统开发部</th>
```

```
        <td>30</td>
        <td>100%</td>
        <td>100%</td>
        <td>100%</td>
        <td>5</td>
        <td>100%</td>
        <td>100%</td>
        <td>100%</td>
    </tr>
    <!-- 省略其他行内容 -->
</tbody>
```

(5) 在浏览器中运行本例，查看效果，如图 3-8 所示。

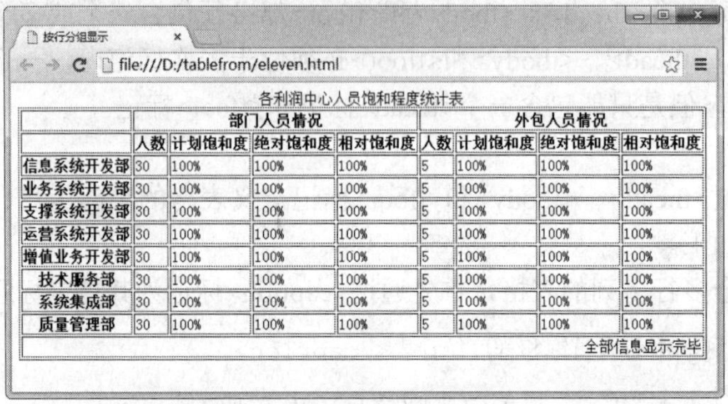

	部门人员情况				外包人员情况			
	人数	计划饱和度	绝对饱和度	相对饱和度	人数	计划饱和度	绝对饱和度	相对饱和度
信息系统开发部	30	100%	100%	100%	5	100%	100%	100%
业务系统开发部	30	100%	100%	100%	5	100%	100%	100%
支撑系统开发部	30	100%	100%	100%	5	100%	100%	100%
运营系统开发部	30	100%	100%	100%	5	100%	100%	100%
增值业务开发部	30	100%	100%	100%	5	100%	100%	100%
技术服务部	30	100%	100%	100%	5	100%	100%	100%
系统集成部	30	100%	100%	100%	5	100%	100%	100%
质量管理部	30	100%	100%	100%	5	100%	100%	100%
全部信息显示完毕								

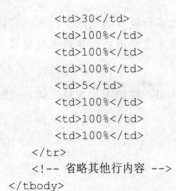

图 3-8　按行分组显示的效果

在行分组显示时，如果满足以下几个条件，<thead>、<tfoot>和<tbody>标记的结束标记则可以省略：

- 当一个表格只包含一个表格主体并且没有表格头和表格尾部分时，<tbody>的开始标记和结尾标记都可以省略。
- 不论何时，tbody 元素的结束标记都可以省略。
- 当表格中包含表格头和表格尾时，thead 和 tfoot 元素的开始标记都是必需的，但是它们的结束标记都可以省略。

3.3.2　按列分组显示

表格的按列分组可以将表格结构化地分隔成多个部分，每个部分都可以应用不同的设置，而同一个组内的部分可以定义相同的设置。在 HTML 文件中，向表格标记添加<colgroup>标记，可以创建一个显式的“列分组”，可以为每个分组定义列宽，这表示该分组中所有的列都使用这个列宽定义。

每一个列分组中的数量可以使用两种方法来定义，这两种方法是相互排斥的，因此只能从以下两个方法中选取一个。

1. 使用<colgroup>的 span 属性

<colgroup>标记用于对表格中的列进行组合，此标记只能在表格标记中使用，它包含

多个属性，最常用的是 span 属性，该属性指定列组应该横跨的列数。例如，下面的代码创建一个 9 列的表格，前 5 列为一组，后 4 列为一组：

```
<colgroup span="5"></colgroup>
<colgroup span="4"></colgroup>
```

一个表格标记可以包含多个<colgroup>标记，每一个该标记都可以定义一个列分组。

【例 3-12】

下面创建一个 4 行 5 列的表格，并通过 3 个<colgroup>标记为表格中的列指定不同的对齐方式和样式，其中第 2 个<colgroup>标记横跨 3 列。部分代码如下：

```
<table width="100%" border="1">
    <colgroup align="center" style="color:red"></colgroup>
    <colgroup span="3" align="left"></colgroup>
    <colgroup align="right" style="color:#0000FF;"> </colgroup>
    <tr>
        <th>图书编号</th>
        <th>图书名称</th>
        <th>作者</th>
        <th>出版日期</th>
        <th>网络点击率</th>
    </tr>
    <tr>
        <td>ISBN1001</td>
        <td>《随遇而安》</td>
        <td>孟非</td>
        <td>2013-10-1</td>
        <td>358240</td>
    </tr>
    <!-- 省略其他内容 -->
</table>
```

在浏览器中运行上述代码，查看效果，如图 3-9 所示。

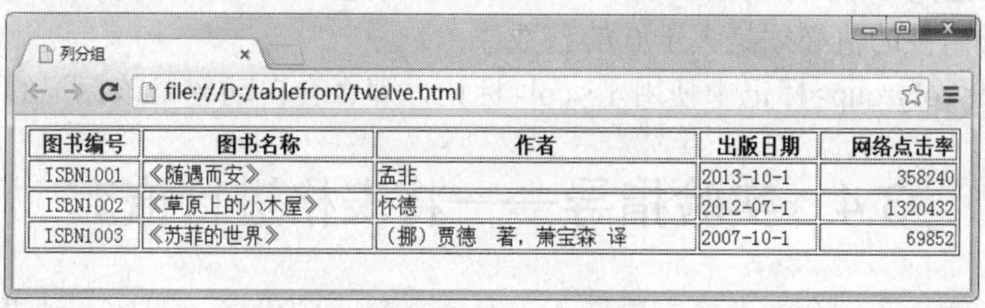

图 3-9　按列分组显示的效果(1)

2．使用<col>标记

<col>标记为表格中的一个或多个列定义属性值，该标记只能在<table>或者<colgroup>标记中使用。如果开发者希望在 colgroup 内部为每个列规定不同的属性值时，可以使用此标记，如果没有该标记，列会从 colgroup 那里继承所有的属性值。

注意：<col>标记中仅包含属性，如果需要创建列，那么必须在<tr>标记内部指定<td>标记。

【例 3-13】

从例 3-12 和图 3-9 可以看出，通过<colgroup>标记将表格指定了 3 列，其中第 2 个<colgroup>标记包含了 3 列。本例在前面的基础上添加内容，为<colgroup>标记添加 3 个<col>子标记，这些标记分别指定不同列的样式。相关代码如下：

```
<colgroup align="center" style="color:red"></colgroup>
<colgroup span="3" align="left">
    <col style=" font-size:12px; color:orange;" />
    <col style=" color:white; background-color:black;" />
    <col style=" font-weight:bold; text-align:center;" />
</colgroup>
<colgroup align="right" style="color:#0000FF;"></colgroup>
```

在浏览器中运行上述代码，查看效果，如图 3-10 所示。

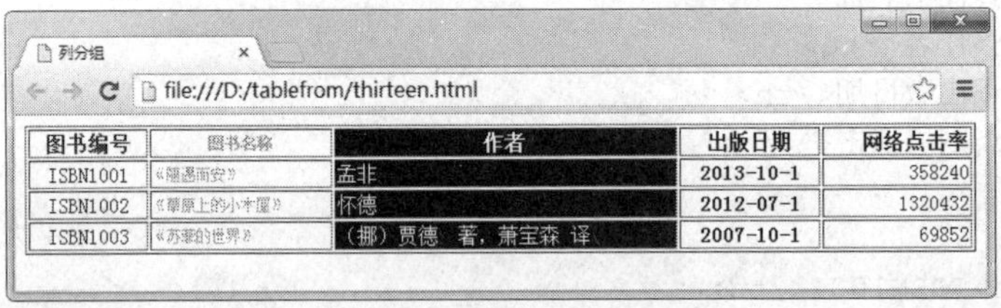

图 3-10　按列分组显示的效果(2)

<col>标记与<colgroup>标记一样，也可以通过指定 span 属性再次分组，它们的功能基本相同。注意：

- 如果<colgroup>标记不指定 span 属性，那么就会创建一个单列分组，它仅包含一个列；如果<col>标记不定义 span 属性，那么该标记也会创建一个单列分组，并且也是仅包含一个列。
- 如果定义一个正整数 N，那么就会创建一个包含 N 个列的分组。
- span 属性的值必须是大于 0 的整数。
- 如果<colgroup>标记中使用了<col>标记，那么会自动忽略该标记的 span 属性。

3.4　实验指导——将表格进行嵌套

表格嵌套就是在一个大表格中再嵌入一个或多个小的表格，即插入到表格单元格中的表格。如果使用一个表格布局页面，并希望使用另一个表格组织信息，那么可以插入一个嵌套表格。表格的嵌套一方面是为了使页面(帖子)的外观更加美观，利用表格嵌套来编辑出复杂而精美的效果；另一方面是出于布局需要，用一些嵌套方式的表格来做精确的编排，或者二者兼而有之。

本节实验指导演示表格的嵌套应用，实现步骤如下。

(1)　创建一个新的 HTML 网页，在网页主体部分添加一个一行两列的表格，每一列中又嵌套一个空表格。代码如下：

```
<table borderColor=#ccffcc width="100%" border=4>
    <tbody>
        <tr>
            <td width="50%">
                <table borderColor=#666666 height=300 width="100%" border=4>
                </table>
            </td>
            <td width="50%">
                <table borderColor=#666666 height=300 width="100%" border=4>
                </table>
            </td>
        </tr>
    </tbody>
</table>
```

(2) 第一个嵌套表格显示 6 行 4 列的数据信息，这些信息是某些班级的考试平均成绩，并且通过两个<col>标记进行分组。部分代码如下：

```
<table borderColor=#666666 height=300 width="100%" border=4>
    <col />
    <col span="3" align="right" />
    <tbody>
        <tr>
        <tdalign="center" colspan="5"><h2>2013 年 XX 中学各班级平均分</h2></td>
        </tr>
        <tr>
          <th>班级</th>
          <th>语文</th>
          <th>数学</th>
          <th>英语</th>
        </tr>
        <tr>
          <th>一一班</th>
          <td>82</td>
          <td>87.5</td>
          <td>80.5</td>
        </tr>
        <!-- 省略其他行和列的内容 -->
    </tbody>
</table>
```

(3) 与第一个嵌套的表格相比，第二个表格要简单得多，它只包含一个<h2>标记和图片标记。代码如下：

```
<table borderColor=#666666 height=300 width="100%" border=4>
    <tbody>
        <tr align="center">
            <td>
```

```
                <h2>海南岛图片</h2>
                <img src="img.jpg" width="300" height="220" />
            </td>
        </tr>
    </tbody>
</table>
```

(4) 在浏览器中运行上述代码，查看表格的嵌套效果，如图 3-11 所示。

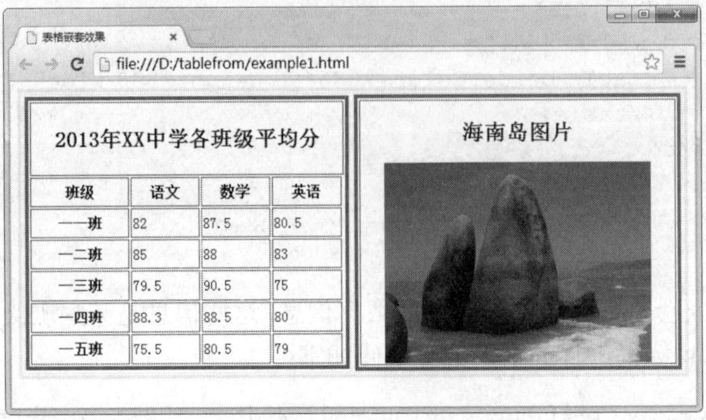

图 3-11　表格嵌套效果

3.5　了 解 表 单

表单会经常在 HTML 网页中遇到，例如，网络上经常见到的用户注册和登录页面都提供了相应的表单，它是通过表单标记嵌入 Web 页面中的。下面简单了解表单的基础知识。

3.5.1　表单概述

表单不仅可以用来在网页上显示特定的信息，还可以用来收集用户信息，并将收集的信息发送给服务器端处理程序处理。可以说，表单是客户端和服务器端传递数据的桥梁，是实现用户和服务器互动的最主要方式。一般地，网站管理者要实现与浏览者之间的沟通，就必须借助于表单这个桥梁，表单通常的应用是调查表、订单和搜索界面等。

用户通常所说的表单就是指 HTML 表单，一个 HTML 表单是 HTML 文档的一部分。目前，HTML 网页表单的交互功能主要表现在几个方面：输入单行文本；输入多行文本；输入密码；传送文件；从各列项中选择一项或者多项；从下拉列表中进行单项选择；取消所做的操作；提交最终的操作等。

例如，图 3-12 为 QQ 账号注册页面。

一般情况下，表单的设计取决于用户要收集的信息，但是过长的表单容易使访问者感到厌烦，因此在设计表单时，需要注意以下几个原则：

- 尽量使用下拉列表供用户进行选择，因为列表容易使用，信息也容易处理。
- 如果不能以列表形式提供，那么应该让用户输入尽量少的文本，这样，用户只需花费很少的时间，易于接受，提供的数据也容易处理。

- 只有在必要时，才要求用户输入大量文本，因为大量的文本将花费用户很多的时间去填写，也将花费更多的时间去处理。一般情况下，用户是不愿意填写这么多信息的。

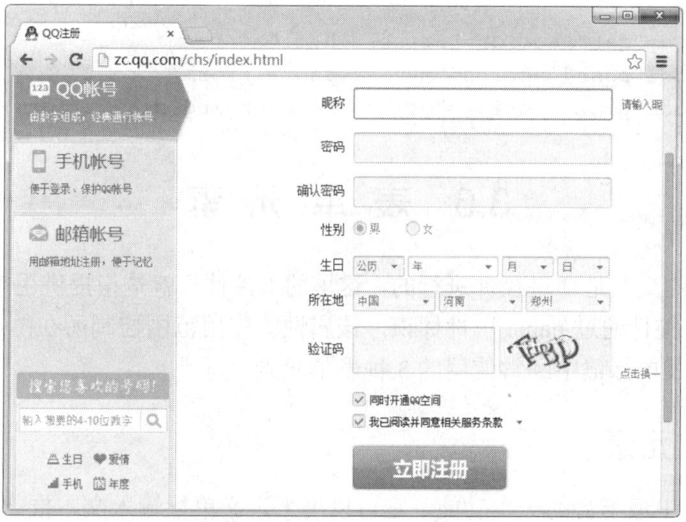

图 3-12　QQ 账号注册页面

3.5.2　表单语法

form 是表单的容器，用于包含其他的表单标记。根据需要将表单设计好以后，可以使用表单标记将该表单嵌入 Web 页面中，为用户输入信息创建一个表单。

HTML 表单标记的使用形式如下：

```
<form method="get|post" action="URL">
    ...
</form>
```

从上述形式中可以看出，表单标记是由一对<form></form>组成的，在该标记内可以存放基本表单标记，例如文本输入框、密码框、复选框和下拉列表框等。

<form>标记中可以放置多个属性，最常用的是 method 属性和 action 属性，说明如下。

- method：该属性用来指定表单中的数据以何种方式传递给服务器的相关处理程序。它的取值包含 get 和 post。
    - ◆ get：默认值，将输入数据加在 action 指定的地址后面传送到服务器，即把输入的数据按照 HTTP 传输协议中的 GET 传输方式传送到服务器。
    - ◆ post：将输入数据按照 HTTP 传输协议中的 POST 传输方式传送到服务器。
- action：该属性用来指定当表单提交时要采取的动作。该属性的值一般是要对表单数据进行处理的相关程序地址，也可以是收集表单数据的 E-mail 地址，该 URL 所指向的服务器并不一定要与包含表单的网页是同一服务器，它可以是位于任何另外地方的一台服务器，只要给出绝对 URL 地址即可。

【例 3-14】

下面的代码展示了<form>标记的 method 属性和 action 属性的不同取值：

```
<form method="post" action="http://www.example.com/test/register.html">
</form>
<form method="get" action="D:\test.html"></form>
<form method="post" action="mytest.php"></form>
<form method="post" action="mailto:loveme@ying.net"></form>
```

3.6 表单元素

用户与表单的交互是通过控件进行的，这里的“控件”就是指提供用户输入的元素(有时也称为标记)，控件通过 name 属性标识，该属性的作用范围控制所在的<form>标记。

下面将介绍表单标记中经常使用的 3 种表单元素

3.6.1 input 元素

input 是表单中最丰富的一个功能，它可以用来定义单行输入文本框、输入密码框、单选按钮、复选框、隐藏控件、重置按钮以及提交按钮等。<input>与<img>一样，它本身是一个空标记，Web 开发者通过设置该标记的 type 属性实现上述功能。表 3-1 列出了 type 属性的常用取值。

表 3-1 type 属性的常用取值

属性值	说明
button	表示普通按钮
checkbox	表示复选框
file	表示插入一个文件，由一个单行文本框和一个“浏览”按钮组成
hidden	表示隐藏文本框
image	表示插入一个图像，作为图形按钮
password	表示单行显示文本框，但输入的数据用星号表示
radio	表示单选按钮
reset	表示重置按钮，将重置表单数据，以便重新输入
submit	表示提交按钮，将把数据发送到服务器
text	表示单行显示文本框

向<input>标记中添加 type 属性并将该属性的值设置为 text，将会创建一个普通文本输入框。代码如下：

```
<input type="text" name="username" />
```

实际上，<input>标记除了 type 属性外，还经常会使用其他的一些属性，这些属性的说明如表 3-2 所示。

表 3-2 <input>标记的常用属性

属性名称	说 明
name	为标记定义一个名称标识，这个名称将与标记的当前值形成“名称/值”对，一同随表单提交
value	用于设置初始值，它是可选的
checked	该属性是针对复选框和单选按钮来说的，它的值是一个布尔值。这个布尔值指定了复选框或单选按钮被选中的状态
size	给定浏览器当前标记的初始长度
maxlength	指定可以输入的字符的最大数量，仅对 type 属性的值是 text 或 password 有用
readonly	指定内容是只读的，不能输入

【例 3-15】

本例向表单中添加多个<input>标记，分别设置该标记的 type 属性和 name 属性。代码如下：

```
<form method="post" action="http://www.example.com/test/register.html">
    普通文本框：<input type="text" name="username" /><br/><br/>
    密码输入框：<input type="password" name="userpass" /><br/><br/>
    复  选  框：
      <input type="checkbox" name="userpass" /><br/><br/>
    单选按钮框：<input type="radio" name="userpass" /><br/><br/>
    文件选择框：<input type="file" name="selectPhoto" /><br/><br/>
    <input type="button" name="btn1" value="button 按钮" />
    <input type="submit" name="btn1" value="submit 按钮" />
    <input type="reset" name="btn1" value="reset 按钮" />
</form>
```

在浏览器中运行上述代码，查看 type 属性设置的效果，如图 3-13 所示。

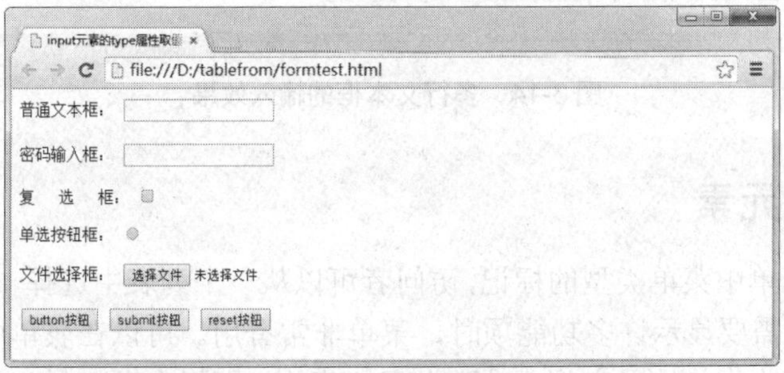

图 3-13 type 属性的取值效果

3.6.2 textarea 元素

textarea 用来创建多行文本框(文本区域)，它不像单行输入文本框(再多的文本数据也只能在同一行中输入)，而是用于接收访问者输入的多于一行的文本，即它可以同时呈现多行数据。基本格式如下：

```
<textarea cols="设置长度" rows="设置宽度">
    ...
</textarea>
```

使用 textarea 元素创建多行文本框，不仅可以让用户输入多行文本数据，还可以使 Web 开发者能够通过设置<textarea>标记的 cols 属性和 rows 属性控制多行文本框在网页中的宽度和高度。除了这两个属性外，还可能会使用到其他属性，简单说明如下。

- name：定义多行文本框的名称。
- readonly：仅允许文本显示，而不允许修改，是只读的。
- wrap：设置文本输入区内的换行模式，包括 hard、off、soft、physical 和 virtual。

为了更好地演示<textarea>标记及其属性，下面通过一个简单的例子进行说明。

【例 3-16】

在创建的 HTML 网页中创建供用户输入的<textarea>标记，它是一个 10 行 60 列的多行输入框。内容如下：

```
<form method="get" action="#">
    请写下你最想说的话：<br/>
    <textarea cols="60" rows="10" id="contactus" name="contactus"></textarea>
</form>
```

在浏览器中运行上述代码，并输入内容，查看效果，如图 3-14 所示。

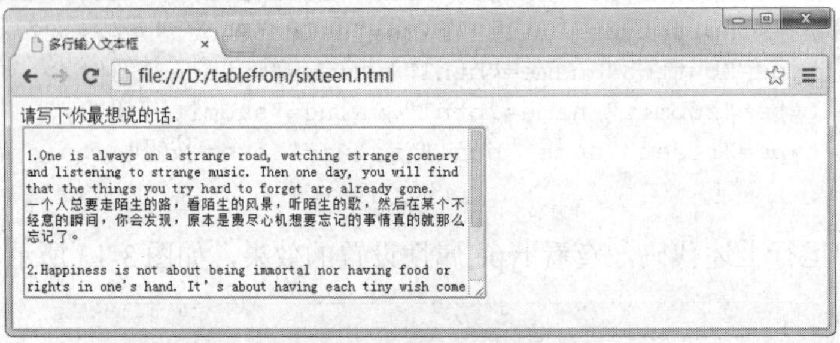

图 3-14　多行文本框的输入效果

3.6.3　select 元素

通过 HTML 表单中菜单类型的标记，访问者可以从一个列表中选择一个或者多个选项，当空间有限，但是需要显示许多功能项时，菜单非常有用。可以在表单中插入两种类型的菜单：第一种类型的菜单是用户单击时弹出下拉菜单，即组合框；另一种菜单则显示为一个列表项目的可滚动列表，用户可以从该列表中选择项目，即列表框或下拉列表框。

在 HTML 网页中使用<select>标记，用于创建组合框和列表框，该标记至少包含一个<option>标记。由于菜单框和列表框的每个选项都需要一个<option>标记来呈现，因此一般情况下，<select>将包含两个或两个以上的<option>标记。基本格式如下：

```
<select name="select" size="size" multiple="multiple">
    <option selected="selected" value="value1">item1</option>
```

```
    <option selected="selected" value="value2">item2</option>
    <option selected="selected" value="value3">item3</option>
</select>
```

上述格式列出了<select>标记和<option>标记的常用属性。

(1) <select>标记用来创建列表框或组合框，常用属性的说明如下。

- name：该属性为列表框或组合框定义一个名称标识。
- size：如果<select>呈现为列表框，该属性被用来指定列表框中行的显示数量。如果可选项多于这个数量，就会出现垂直滚动条。如果没有定义该属性，<select>则被呈现为菜单。
- multiple：当设置此属性时，允许同时选择多个项；如果不设置 multiple 属性，则只允许选择单个选项。

(2) <option>标记用来定义<select>的选项，它只能出现在<select>标记中，该标记的两个常用属性的说明如下。

- selected：该属性指定选项(在首次显示在列表中时)表现为选中状态。
- value：该属性指定选项的取值。

【例 3-17】

向表单标记中添加两个<select>标记，这两个标记分别用于创建组合框和列表框，并且为它们添加选项。相关代码如下：

```
<form action="#" method="#">
    组合框：<br/><br/>
    <select name="select1" multiple="multiple" >
        <option >《呼啸山庄》</option>
        <option selected="selected">《大卫·科波菲尔》</option>
        <option >《双城记》</option>
        <option >《雾都孤儿》</option>
        <option >《傲慢与偏见》</option>
        <option >《鲁滨孙漂流记》</option>
    </select>
    列表框：
    <select name="select2">
        <option>英国名著</option>
        <option>法国名著</option>
        <option>俄国名著</option>
        <option selected="selected">中国名著</option>
        <option>其他国家的名著</option>
    </select>
</form>
```

在浏览器中运行上述代码，查看效果，如图 3-15 所示。

<optgroup>标记定义组合选项，当开发者使用一个过长的选项列表时，对相关的选项进行组合使处理变得更加容易。该标记必须在<select>标记中直接指定，不允许嵌套，这就意味着不能进行二级分组。为该标记添加 label 属性可以定义分组显示的名称，但是该名称不能作为选择项。

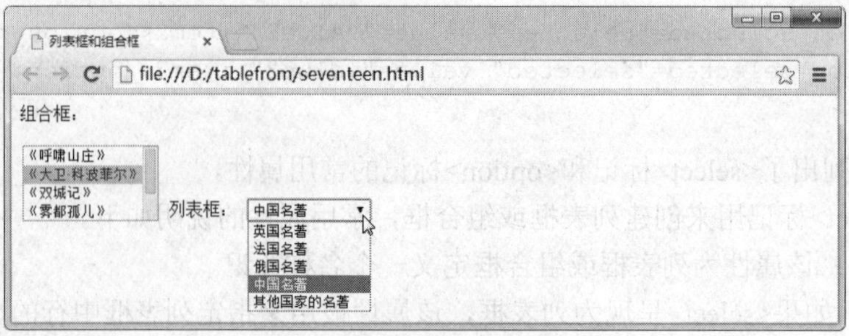

图 3-15　组合框和列表框的效果

【例 3-18】

如下代码演示了<optgroup>标记的基本使用：

```
<select>
   <optgroup label="洛阳">
      <option>龙门石窟</option>
      <option>白云山</option>
      <option>白马寺</option>
      <option>花果山</option>
   </optgroup>
   <optgroup label="开封">
      <option>开封府</option>
      <option>清明上河园</option>
      <option>包公祠</option>
      <option>大相国寺</option>
   </optgroup>
</select>
```

运行上述代码，查看效果，如图 3-16 所示。

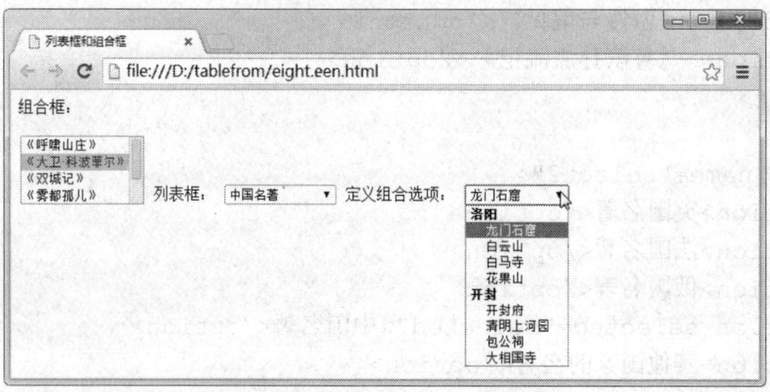

图 3-16　<optgroup>标记的效果

3.7　实验指导——设计用户资料修改页面

前面已经详细介绍了 HTML 中的表格和表单，本节将前面介绍的内容结合起来，设计一个用户资料修改页面。

实现步骤如下。

(1) 创建一个表单元素，并为<form>标记分别指定 name、method 和 action 属性。代码如下：

```
<form name="usermodify" action="#" method="post">
</form>
```

(2) 创建一个 11 行 2 列的表格标记，首先指定表格的边框、宽度和高度等属性，接着通过<caption>标记为其指定标题。代码如下：

```
<table border="1" bordercolor="#B3B6EE" width="60%" align="center"
  height="350" cellpadding="0" cellspacing="0">
    <caption>用户资料修改页面</caption>
</table>
```

(3) 表格的第一行用于显示用户的真实姓名，创建 type 类型是 text 的<input>标记，并指定 value、readonly 和 disabled 等属性。内容如下：

```
<tr>
    <th width="40%" align="right">真实姓名：</th>
    <td width="60%">
        <input name="realname" type="text" value="许菲菲"
          readonly="readonly" disabled="disabled" />
    </td>
</tr>
```

(4) 表格的第二行显示用户名称，添加<input>标记并指定 name、type 和 value 属性，其中 value 属性的值为 nickname，代码不再显示。

(5) 创建提供用户输入的密码框和确认密码框，将<input>标记的 type 属性的值指定为 password。以密码框为例，代码如下：

```
<tr>
    <th align="right">密码：</th>
    <td><input name="pass" type="password" /></td>
</tr>
```

(6) 分别创建表示男和女的性别框，将<input>标记的 type 属性的值指定为 radio。代码如下：

```
<tr>
    <th align="right">性别：</th>
    <td>
        <input name="gender" type="radio" />男
        <input name="gender" type="radio" checked="checked" />女
    </td>
</tr>
```

(7) 创建供用户输入身份证号的输入框，将<input>标记的 type 属性的值设置为 text，并指定 maxlength 属性的值为 18，具体代码这里不再给出。

(8) 分别创建供用户输入联系电话和手机号码的输入框，具体代码不再给出。

(9) 创建提供用户选择的复选框，将<input>标记的 type 属性的值设置为 checkbox。代码如下：

```
<tr>
    <th align="right">兴趣爱好：</th>
    <td>
        <input type="checkbox" name="sing" value="唱歌" />唱歌
        <input type="checkbox" name="sing" value="跳舞" />跳舞
        <input type="checkbox" name="sing" value="画画" />画画
        <input type="checkbox" name="sing" value="爬山" />爬山
    </td>
</tr>
```

(10) 创建提供用户选择的下拉列表框，代码如下：

```
<tr>
    <th align="right">民族：</th>
    <td>
        <select name="zu">
            <option>汉族</option>
            <option>蒙古族</option>
            <option>维吾尔族</option>
            <option>其他民族</option>
        </select>
    </td>
</tr>
```

(11) 创建执行提交和重置操作的两个按钮，并且通过 colspan 属性将<td>标记的两列合并成一列。代码如下：

```
<tr>
    <td colspan="2" align="center">
        <input type="submit" value="修 改" />
        <input type="reset" value="重置" />
    </td>
</tr>
```

(12) 运行本节实验指导的代码，查看效果，如图 3-17 所示。

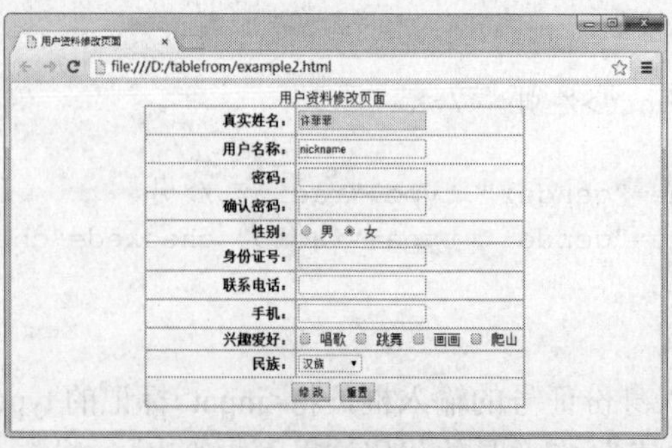

图 3-17　实验指导程序的效果

3.8 习 题

一、填空题

1. ________是组成表格的最小单位。
2. 一般情况下，HTML 表单中包含________和标准单元格两种类型。
3. 通过设置表格标记的________属性可以指定表格的背景颜色。
4. <form>标记包含 method 属性，该属性的默认值是________。
5. 在与表格标记有关的属性中，可以通过________属性设置边框的粗细。

二、选择题

1. 在 HTML 网页中，定义表单需要使用________元素。
   A. table　B. caption　C. form　D. option
2. 通过设置单元格<td>标记的________属性可以跨越多行。
   A. colspan　B. rowspan　C. cellpadding　D. cellspacing
3. 表格可以使用________属性为表格的目的和结构提供一个概要说明。
   A. th　B. cellpadding　C. caption　D. summary
4. 对表格进行分组显示时，以下________标记与行分组显示无关。
   A. <colgroup>　B. <thead>　C. <tbody>　D. <tfoot>
5. 在如图 3-18 所示的表格效果中，一定没有使用到________元素。

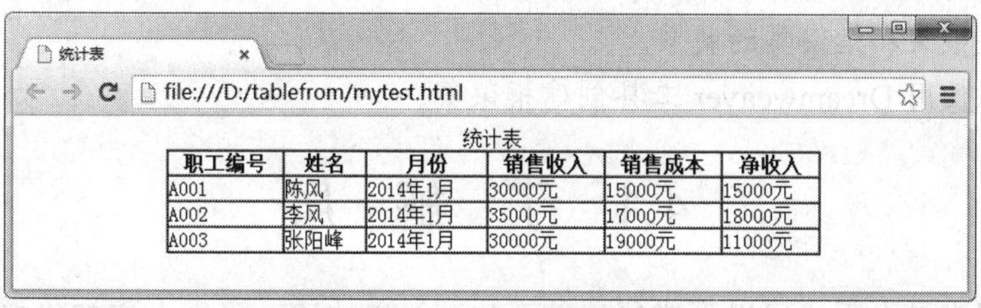

职工编号	姓名	月份	销售收入	销售成本	净收入
A001	陈风	2014年1月	30000元	15000元	15000元
A002	李风	2014年1月	35000元	17000元	18000元
A003	张阳峰	2014年1月	30000元	19000元	11000元

图 3-18　表格效果

   A. th　B. td　C. caption　D. colgroup
6. 向表单中添加<input>标记，将该标记的 type 属性的值设置为________，该值表示复选框。
   A. radio　B. submit　C. checkbox　D. reset
7. 向表单中添加多行文本框时，需要使用________标记。
   A. <col>　B. <select>　C. <input>　D. <textarea>

三、简答题

1. 创建表格时涉及到哪些标记，这些标记是用来做什么的？
2. 如何对表格进行行分组和列分组？举例说明。
3. 如何创建一个表单，使用表单时应该注意哪些事项？

第4章 层和框架

网页布局通常有两种方法：一种是DIV+CSS(标准叫法是HTML+CSS或XHTML+CSS)布局，这是Web设计标准；另一种是传统的表格布局，它可以实现网页页面内容与表现分离。第3章已经向读者介绍了常用的表格，以及表格的使用，因此本章将向读者介绍DIV布局，而CSS会在后面章节中进行详细介绍。

本章除了介绍层DIV外，还会介绍框架技术。使用框架，可以给Web开发带有很大的便利，例如应用于聊天室程序，可以防止对整个浏览器窗口同时进行刷新。通过本章的学习，读者可以熟练地使用层和框架设计HTML网页。

本章学习目标如下：

- 掌握<div>标记的常用属性。
- 掌握并列图层的遮挡关系。
- 了解使用框架的优缺点。
- 熟悉使用框架的步骤。
- 掌握如何创建框架结构。
- 掌握<frameset>和<frame>的常用属性。
- 熟悉<noframes>标记的使用。
- 掌握内联框架的实现。
- 掌握框架和框架集的关系。
- 熟练使用Dreamweaver工具创建框架集。

4.1 了解层

表格布局容易上手，可以形成复杂的变化，简单快速，表现上更加“严谨”，在不同的浏览器中都能得到很好的兼容；但是，如果网站有布局变化的需要时，表格布局就需要重新设计，再加上表格分行分列，页面变化的比例会稍微大一些，这样会影响前期做好的一些排名和搜索效果。但使用DIV就不一样了，可以把大部分更新内容写在CSS样式中，页面的布局和改动不会太大，对搜索引擎的影响也就不大了。

本节将向读者介绍HTML网页设计中常用的层，这里的层即<div>标记，通过该标记的相关属性进行控制。

4.1.1 div元素

在HTML网页中包含了div元素，该元素定义HTML文档中的分隔或部分，它常用于组合块级元素，以便通过样式表来对这些元素进行格式化。使用div元素可以把文档分隔为独立的、不同的部分，它可以用作严格的组织工具，并且不使用任何格式及关联。

如果使用id或class来标记<div>，那么它的作用会变得更加有效。div的使用与其他元素的使用一样，但是如果单独使用<div>标记，而不加任何样式属性，那么它在网页中的使用效果都是一样的。

【例 4-1】

下面的 HTML 内容模拟了一个新闻网站的结构，其中每个<div>标记把每条新闻的标题和摘要组合在一起，也就是说，它为文档添加了额外的结构。代码如下：

```
<body>
    <h1>NEWS WEBSITE</h1>
        <p>some text. some text. some text...</p>
        <!-- 省略其他内容 -->
    <div class="news">
        <h2>News headline 1</h2>
        <p>some text. some text. some text...</p>
        <!-- 省略其他内容 -->
    </div>
    <div class="news">
        <h2>News headline 2</h2>
        <p>some text. some text. some text...</p>
        <!-- 省略其他内容 -->
    </div>
    <!-- 省略其他内容 -->
</body>
```

4.1.2　div 的属性

<div>标记支持 HTML 的全局属性和事件属性，它最常用的属性有 3 个，这些属性的说明如下所示。

- id：该属性指定<div>标记的唯一 id。
- class：该属性指定层的类名。
- style：该属性指定层的行内样式，使用该属性将覆盖任何全局的样式设置。

使用 style 属性时，其值是一个或多个由分号分隔的 CSS 属性和值，其常用的 CSS 属性及说明如表 4-1 所示。

表 4-1　style 属性经常设置的 CSS 属性和值

CSS 属性	说　明
position	对层进行定位，常用的取值说明如下。 absolute：生成绝对定位的元素，相对于 static 定位以外的第一个父元素进行定位。 fixed：生成绝对定位的元素，相对于浏览器窗口进行定位。元素的位置通过 left、top、right 和 bottom 属性进行指定。 relation：生成相对定位的元素，相对于其正常位置进行定位。 static：默认值，没有定位，元素出现在正常的流中，忽略 top、bottom、left、right 或者 z-index 的声明。 inherit：指定应该从父元素继承 position 属性的值

续表

CSS 属性	说 明
height	图层高度
width	图层宽度
left	图层左边距
top	图层顶端间距
right	图层右边距
bottom	图层底部间距
display	用于定义建立布局时元素生成的显示框类型
float	设置图层在哪个方向浮动
z-index	设置图层的堆叠顺序。拥有更高堆叠顺序的元素总是会处于堆叠顺序较低的元素的前面。即值越大越在前面

为了演示表 4-1 中的属性，下面通过一个简单的例子进行说明。

【例 4-2】

本例中，根据用户选择的单选按钮获取图层定位的方式并进行定位。主要步骤如下。

(1) 向页面中添加 4 个单选按钮，并为这些按钮添加 onclick 事件属性。代码如下：

```
请选择定位方式:
<input type="radio" name="mystyle" value="absolute"
  onclick="changeCheck()" />absolute
<input type="radio" name="mystyle" value="relative"
  onclick="changeCheck()" />relative
<input type="radio" name="mystyle" value="fixed"
  onclick="changeCheck()" />fixed
<input type="radio" name="mystyle" value="static"
  checked="checked" onclick="changeCheck()"/>static
```

(2) 分别创建两个<div>标记，并为第二个<div>标记指定 id 属性。内容如下：

```
<div> In your life, there will at least one time that you forget yourself
for someone, asking for no result, no company, no ownership nor love. Just
ask for meeting you in my most beautiful years. (翻译)一生至少该有一次，为了
某个人而忘了自己，不求有结果，不求同行，不求曾经拥有，甚至不求你爱我。只求在我最美的年
华里，遇到你。</div>
<div id="div1"> When you feel hurt and your tears are gonna to drop. Please
look up and have a look at the sky once belongs to us. If the sky is still
vast,clouds are still clear, you shall not cry because my leave doesn't take
away the world that belongs to you. (翻译)当你的心真的在痛，眼泪快要流下来的时候，
那就赶快抬头看看，这片曾经属于我们的天空；当天依旧是那么的广阔，云依旧那么的潇洒，那就
不应该哭，因为我的离去，并没有带走你的世界。 </div>
```

(3) 向页面的头部信息中添加<style>标记，为 id 属性值是 div1 的<div>标记定义 CSS 样式。代码如下：

```
<style>
#div1 {
```

```
    margin:20px 50px 0px 60px;
}
</style>
```

(4) 向头部添加 JavaScript 脚本代码，在这段代码中获取所有的单选按钮并遍历，判断当前项是否选中，如果选中，则获取当前项的值，并重新为 id 属性值是 div1 的<div>标记赋值。脚本代码如下：

```
<script>
function changeCheck() {
    var styles = document.getElementsByName("mystyle"); //获取所有的单选按钮
    for(i=0; i<styles.length; i++) {                    //遍历单选按钮
        if(styles[i].checked) {                         //如果选中当前项
            document.getElementById("div1").style.position =
              styles[i].value;
        }
    }
}
</script>
```

(5) 在浏览器中运行上述代码进行测试，初始效果如图 4-1 所示。

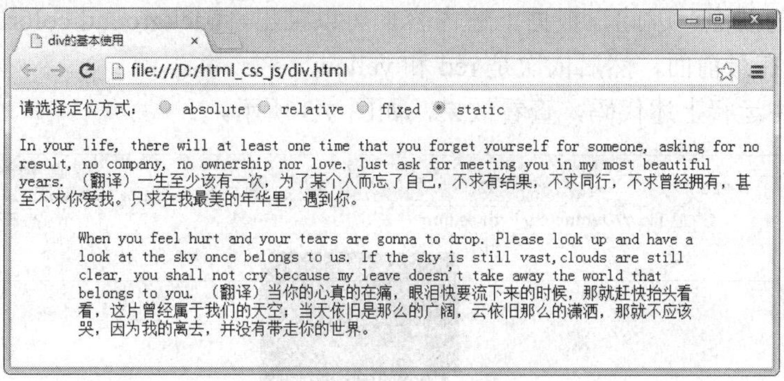

图 4-1 例 4-2 的初始效果

(6) 单击图 4-1 中的其他单选按钮项进行测试，图 4-2 是以 fixed 方式定位的效果。

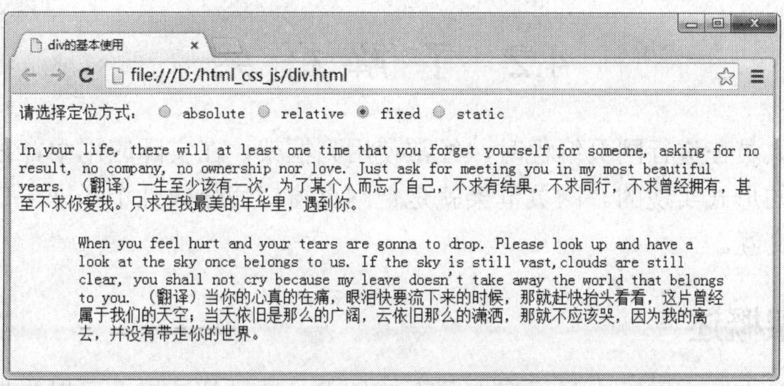

图 4-2 单击 fixed 时的效果

4.1.3 并列图层的遮挡

一个<div>标记表示一个图层，并列图层之间也可以进行遮挡。实现遮挡时，只要为每个<div>标记设置 z-index 属性即可。

【例 4-3】

本例向页面中添加 3 个<div>标记，并且分别为这些标记添加 id 属性和 style 属性。代码如下：

```
<body>
    <div id="Layer1" style="position:absolute; z-index:2; left:319px;
background-color:red; top:12px; width:185px; height:114px;"></div>
    <div id="Layer2" style="position:absolute; z-index:3; left:329px;
background-color:blue; top:22px; width:185px; height:114px;"></div>
    <div id="Layer3" style="position:absolute; z-index:1; left:339px;
background-color:yellow; top:32px; width:185px; height:114px;"></div>
</body>
```

上述代码中分别指定<div>标记的 id 属性值是 Layer1、Layer2 和 Layer3，并且在 style 属性中分别指定 z-index 属性的值为 2、3、1。对于<div>标记来说，z-index 属性值大的会排在属性值小的前面。因此，根据上述内容，可以推出，background-color 属性值为 blue 的<div>标记会在最前面，然后依次是 red 和 yellow。

在浏览器中运行上述代码，查看效果，如图 4-3 所示。

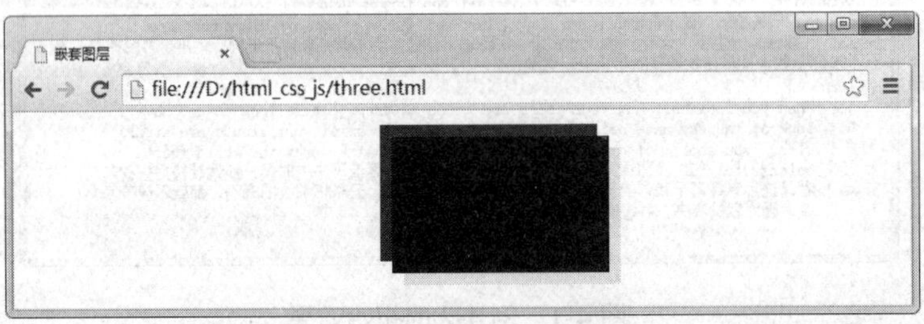

图 4-3 并列图层的遮挡效果

4.2 了 解 框 架

网页设计人员在进行网页编程时，经常使用到框架。在实际应用中，很多站点后台也都是采用框架的形式实现的。网页框架就是把网页窗口切分成几个子框窗口，可以同时进行独立浏览和交互。

4.2.1 框架概述

框架是一种在一个网页中显示多个网页的技术，通过超链接，可以为框架之间建立内容之间的联系，从而实现页面导航的功能。一个浏览器窗口可以通过几个页面的组合来显示，可以使用框架来完成这项工作。框架通常用于将窗口分成两个或多个部分，较大的部分用于包含内容，较小的部分用于包含网站 Logo 和导航链接等。框架的外观取决于开发者如何进行设计，图 4-4 显示了一个 T 型框架。

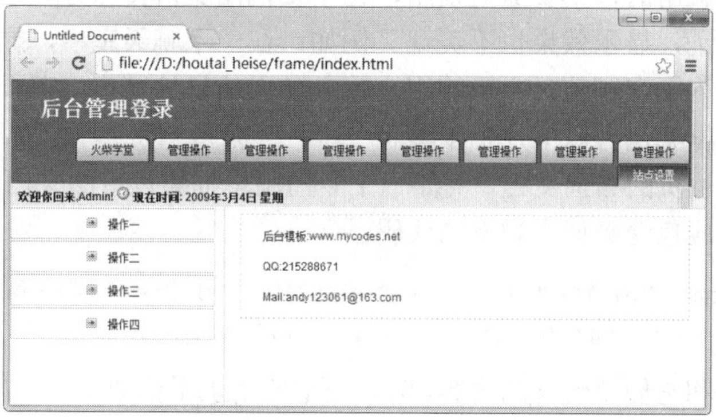

图 4-4　T 型框架

1．框架的优点

使用 HTML 框架有多个优点，这些优点如下所示：

- 框架广泛应用于网络上，许多大型的网站都采用框架，框架技术十分成熟。
- 框架降低了下载时间。在使用框架时，用户只需要下载相应的内容即可，例如网站 Logo 和导航菜单。用户在第一次访问时已经下载，后面就无须再进行下载。
- 框架可以提升网站的使用性能。在独立的框架中内容发生变化时，导航仍然是可用的。
- 由于框架内容与导航菜单和其他静态元素分开，因此当用户改变当前网页时，不会对其他部分造成影响。

2．框架的缺点

虽然使用框架有不少优点，但也存在着一些缺点，说明如下：

- 不容易打印。
- 会产生很多页面，不容易管理。
- 浏览器的后退按钮无效。
- 代码复杂，无法被一些搜索引擎搜索到。
- 多数小型的移动设备(PDA 手机)无法完全显示框架。
- 多框架的页面会增加服务器的 HTTP 请求。

举例来说，当用户在带框架的网站浏览了多个页面后，本想单击浏览器后退按钮返回上一个页面，但是有些浏览器却返回到一个不带框架的页面，这根本就不是用户想要的结果。虽然不断更新的浏览器已经解决了这些问题，但是 Web 开发者还是应该为用户提供明显可见的链接，使用户能够方便地访问各个页面。

注意： 使用框架有许多缺点，因此不符合标准网页设计的理念，已经被标准网页设计抛弃。目前框架所有的优点完全可以用 Ajax 来实现。但即使这样，了解和使用框架还是很有必要的。

3. 使用框架的步骤

框架不是想用就用的，不要随便使用，也不要把浏览器窗口分成过多的部分，否则会导致页面看起来很乱，显示效果也不美观。例如，在一个聊天室中，显示聊天内容的页面要经常进行刷新，为了在刷新时不影响用户输入聊天信息的窗口，在页面中使用框架是个不错的选择。使用框架包含以下几个步骤。

(1) 确定框架网页的布局文档，例如一个专门用于框架设置的文档，即FramesetDTD。因此，框架页面中应包含类似于如下的代码：

```
<!DOCTYPE html PUBLIC "-//W3C//DTD XHTML 1.0 Transitional//EN"
  "http://www.w3.org/TR/xhtml1/DTD/xhtml1-frameset.dtd">
```

(2) 确定框架和它们要包含的内容，例如确定使用水平框架(即左右框架)、垂直框架(即上下框架)还是T型框架(水平框架和垂直框架的组合)，以及各个框架部分要包含的内容。

(3) 格式化框架，主要用于设置各个框架部分的大小、显示形式和边框显示效果等。

(4) 处理浏览器不支持框架时的情况。

4.2.2 框架的结构

HTML框架使用frameset元素把浏览器的窗口分为多个行与列的框架页，每个页面又使用了frame元素定义，同时还可以使用noframes元素定义浏览器不支持框架时显示的内容。在框架网页中，需要将<frameset>标记置于<head>结束标记之后，以取代<body>的位置，典型的框架分割有水平框架、垂直框架和T型框架。

1. 水平框架分割

水平框架需要通过<frameset>标记的cols属性进行设置。其分割示例代码如下：

```
<frameset cols="20%,*">
   <frame name="lnav" src="leftnav.html">
   <frame name="rmain" src="home.html">
</frameset>
```

2. 垂直框架分割

垂直框架需要通过<frameset>标记的rows属性进行设置。其分割示例代码如下：

```
<frameset rows="200,*">
   <frame name="top" src="top.html">
   <frame name="main" src="home.html">
</frameset>
```

3. T型框架分割

T型框架是水平框架和垂直框架的组合，在设计T型框架时，可以先执行垂直分割，然后再进行水平分割。其分割示例代码如下：

```
<frameset rows="200,*">
```

```
    <frame name="top" src="top.html" />
    <frameset cols="20%,*">
        <frame name="lnav" src="leftnav.html" />
        <frame name="rmain" src="home.html" />
    </frameset>
</frameset>
```

在以上分割代码中，可以对框架的参数进行增加或修改。name 属性指定了框架部分的名称，一个清晰的名称使开发者容易理解。一般情况下，使用 top 表示上方；lnva 或 left 表示左侧；rmain、home 或 main 表示主体部分。

【例 4-4】

本例通过使用 frameset 元素、frame 元素和 noframes 元素定义一个垂直框架。

代码如下：

```
<frameset rows="120, *, 80">
    <frame src="http://www.baidu.com" />
    <frame src="http://www.mogujie.com" />
    <frame src="http://www.taobao.com" />
    <noframes>
    <body>
        目前的浏览器不支持框架，很抱歉。
    </body>
    </noframes>
</frameset>
```

上述代码<frameset>标记的 rows 属性(其值 120,*,80)定义了一个三行的框架，第一行 120 像素，第三行 80 像素，第二行是整个页面减去第一行与第三行剩下的像素。在<frameset>标记中包含了 3 个<frame>标记，每个标记都使用 src 属性定义框架页所包含的页面。另外，通过<noframes>标记定义浏览器不支持框架时所显示的内容。

在浏览器中运行上述代码查看效果，如图 4-5 所示。

图 4-5　例 4-4 的效果

4.3 框架标记

从例 4-4 中可以看出如何定义一个框架，定义框架时，需要涉及到 frameset 元素、noframes 元素和 frame 元素，下面将简单了解这些元素。

4.3.1 frameset 元素

frameset 元素用来设置框架网页结构开头与结束的声明，在框架中使用该元素会代替 body 元素，因此框架中不能包含 body 元素。框架网页是按照行和列来组织的，Web 开发者使用<frameset>标记的属性对框架网页的结构进行设置，以使其呈现不同的效果。

<frameset>标记的常用属性如表 4-2 所示。

表 4-2 <frameset>标记的常用属性

属性名称	说明
cols	用于设置垂直框架各个部分的列宽度，其值可以是像素、百分比或相对尺寸(*)
rows	用于设置水平框架各个部分的行高度，其值可以是像素、百分比或相对尺寸(*)
frameborder	用于指定框架页面周围是否显示边框。取值为 1 表示 yes，即显示，这是默认值；取值为 0 则表示不显示
framespacing	用于指定框架部分之间的间隔，如果不设置该属性，则框架之间没有间隔。其单位是像素

在表 4-2 列出的属性中，cols 属性和 rows 属性经常被用到。以 cols 属性为例，如果 cols="100,300,50"，则表示设置宽度分别是 100、300 和 50 像素的三个框架部分。如果 cols="*,*,*"，则表示将浏览器窗口分成三个等宽的框架部分。如果 cols="*,2*,3*"，则表示左边的框架部分占浏览器窗口宽度的 1/6，中间的框架占浏览器窗口宽度的 1/3，右边的框架占浏览器窗口宽度的 1/2。

注意： 不能为<frameset>标记同时设置 cols 属性和 rows 属性，如果要创建水平框架和垂直框架的组合框架页面，则应该使用 T 型框架。

4.3.2 noframes 元素

当浏览器不支持框架时，可以使用 noframes 元素，该元素为那些不支持框架的浏览器显示文本，它位于 frameset 元素的内部。如果浏览器有能力处理框架(即浏览器支持框架)，那么就不会显示出 noframes 元素开始标记与结束标记之间的文本信息。

noframes 元素的基本格式如下：

```
<noframes>
    <body>
        ...
    </body>
</noframes>
```

noframes 元素的标记必须成对出现，以<noframes>开始，以</noframes>结束。由于 frameset 元素内不能包含 body 元素，因此，noframes 内部必须包含 body 元素。

【例 4-5】

下面的代码创建一个水平框架，左侧框架部分为 250 像素，当浏览器不支持框架时，需要添加一段文本提示。代码如下：

```
<frameset cols="250,*">
    <frame src="div.html" />
    <frame src="div.html" />
    <noframes>
        <body>
        <p><font size="+3" color="#0000FF">当前浏览器不支持框架</font></p>
        </body>
    </noframes>
</frameset>
```

4.3.3　frame 元素

使用 frame 元素可以定义 frameset 中的一个特定的框架，即窗口。<frame>标记用于设置框架部分的属性，包括框架名称、框架是否可以滚动以及在框架中显示什么页面等。

表 4-3 对<frame>标记的常用属性进行了说明。

表 4-3　<frame>标记的常用属性

属性名称	说　明
src	用于指定框架部分要显示的页面。其值是 URL，指向一个绝对地址或相对地址
name	用于指定框架部分的名称，以便它能被其他部分使用，或者作为显示的目标。其值是一个字符串数据，区分大小写
frameborder	指定框架部分周围是否显示边框。取值为 1 表示显示，为默认值；取值为 0 不显示
marginheight	指定框架部分的高度。单位是像素
marginwidth	指定框架部分的宽度。单位是像素
noresize	指定是否能调整框架部分的大小。如果指定了该属性，则表示不能调整框架部分的大小
scrolling	指定框架是否可以滚动，取值说明如下。 yes：框架可以滚动。 no：框架不能滚动。 auto：在需要时添加滚动条

4.4　实验指导——搭建用户信息管理系统的框架

在前面两节已经详细介绍了框架的概念、优缺点、基本结构以及常用的元素，本节将通过一个完整的例子，来演示如何使用框架。

实现步骤如下。

(1) 一个网页的头部可以包含网站 Logo、相关图片、文本说明以及导航菜单等多个内容。创建用于整个网页头部说明的 head.html 页面，该页面只包含一张背景图片和一些文本信息。具体代码如下：

```
<!DOCTYPE html PUBLIC "-//W3C//DTD XHTML 1.0 Transitional//EN"
 "http://www.w3.org/TR/xhtml1/DTD/xhtml1-transitional.dtd">
<html xmlns="http://www.w3.org/1999/xhtml">
    <head>
        <meta http-equiv="Content-Type" content="text/html;
         charset=utf-8" />
        <title>搭建用户信息管理系统的框架</title>
    </head>
    <body background="images/header_bei.gif">
        <center>
            <div style="position:absolute; font-weight:bold; font-size:20px;
             left:287px; top:7px; text-align:center">
                <img src="images/header01.gif" height="30" width="30" />
                系统注册用户信息管理
            </div>
        </center>
    </body>
</html>
```

在上述代码的<body>标记中，通过 background 属性指定背景图片，然后向<div>标记中添加文本信息。

(2) 创建左侧用于显示导航菜单的 left.html 页面，如果 head.html 网页中包含导航菜单，则该页面显示基本操作，否则设计完整的导航菜单即可。具体代码如下：

```
<!DOCTYPE html PUBLIC "-//W3C//DTD XHTML 1.0 Transitional//EN"
 "http://www.w3.org/TR/xhtml1/DTD/xhtml1-transitional.dtd">
<html xmlns="http://www.w3.org/1999/xhtml">
    <head>
        <meta http-equiv="Content-Type" content="text/html;
         charset=utf-8" />
        <title>左侧列表</title>
        <style>
        li a {
            color:blue; text-decoration:none;
        }
        li a:hover {
            color:red; text-decoration:underline;
        }
        </style>
    </head>
    <body bgcolor="#f4f5eb">
        <ul>
            <li id="first">用户信息管理
                <ul>
                    <li>
```

```
                    <a href="userinfo.html" target="main">用户信息查询</a>
                    </li>
                    <li>
                    <a href="userpass.html" target="main">用户密码管理</a>
                    </li>
                </ul>
            </li>
            <li>用户分析
                <ul>
                    <li>用户注册统计</li>
                    <li>用户登录统计</li>
                    <li>用户激活统计</li>
                </ul>
            </li>
            <li>用户过滤
                <ul>
                    <li>过滤 IP(段)</li>
                    <li>过滤用户名</li>
                </ul>
            </li>
            <li>系统管理
                <ul>
                    <li>权限管理</li>
                    <li>用户组管理</li>
                    <li>操作日志</li>
                </ul>
            </li>
        </ul>
    </body>
</html>
```

在上述代码中，为<ul>标记的第一个<li>子标记的列表项添加了超链接，通过 href 属性链接到 URL 地址，target 属性指定内容在框架中的显示位置。另外，从页面的头部信息中可以看出，还为超链接<a>标记指定了初始样式和悬浮时的样式。

(3) 创建 main.html 页面，用于显示框架右部页面的信息。具体代码如下：

```
<!DOCTYPE html PUBLIC "-//W3C//DTD XHTML 1.0 Transitional//EN"
 "http://www.w3.org/TR/xhtml1/DTD/xhtml1-transitional.dtd">
<html xmlns="http://www.w3.org/1999/xhtml">
    <head>
        <meta http-equiv="Content-Type" content="text/html;
         charset=utf-8" />
        <title>显示主体信息</title>
    </head>
    <body bgcolor="#f4f5eb">
        这显示的是主体信息，蓝色字体表示已经为导航菜单项添加了超链接，单击链接可以跳转
到相应的页面。
    </body>
</html>
```

(4) 创建 index.html 框架页面，它的各个框架部分用于包含上面创建的页面。框架页面的具体代码如下：

```
<!DOCTYPE html PUBLIC "-//W3C//DTD XHTML 1.0 Transitional//EN"
 "http://www.w3.org/TR/xhtml1/DTD/xhtml1-transitional.dtd">
<html xmlns="http://www.w3.org/1999/xhtml">
<head>
    <meta http-equiv="Content-Type" content="text/html; charset=utf-8" />
    <title>搭建用户信息管理系统的框架</title>
</head>
<frameset rows="60,*" frameborder="yes" border="5" bordercolor="#0000FF"
  framespacing="0" style = "width:964px; vertical-align:middle">
    <frame src="head.html" name="top" scrolling="no" noresize="noresize"
      id="top" title="top" />
    <frameset cols="25%,*" frameborder="yes" border="5"
     bordercolor="#0000FF" framespacing= "0">
        <frame src="left.html" name="left" scrolling="yes"
          noresize="noresize" id="left" title= "top" />
        <frame src="main.html" name="main" id="main" title="main" />
    </frameset>
</frameset>
<noframes>
    <body>
    <center>
        <h2>当前浏览器不支持框架</h2>
    </center>
    </body>
</noframes>
</html>
```

在上述代码中，通过<frameset>、<frame>和<noframes>标记搭建框架，并且为这些标记指定相应的属性。例如<frameset>标记的 rows 属性、frameborder 属性、border 属性、bordercolor 属性、framespacing 属性、style 属性和 cols 属性等；<frame>标记的 src 属性、name 属性和 scrolling 属性等。

(5) 至此，已经完成了创建框架并使用框架的基本过程，在浏览器中打开 index.html 页面查看效果，如图 4-6 所示。

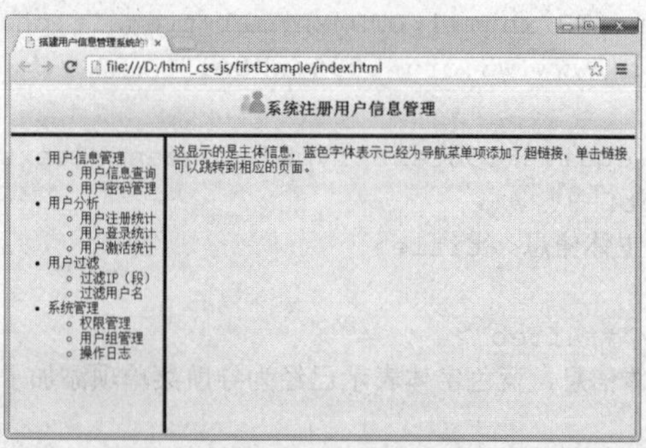

图 4-6　index.html 页面的初始效果

(6) 在如图 4-6 所示的 index.html 页面中，单击左侧的导航菜单，它所链接的页面将在右边框架中显示，效果如图 4-7 所示。

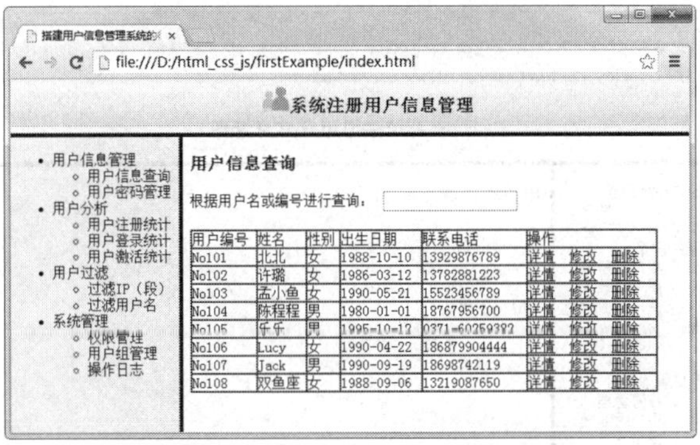

图 4-7　单击左侧导航链接的效果

(7) 右侧框架的内容中也可以包含链接内容，例如重新更改 main.html 页面中的内容，在该页面中添加左侧导航部分的链接页面。代码如下：

```
<body bgcolor="#f4f5eb">
    这显示的是主体信息，蓝色字体表示已经为导航菜单项添加了超链接，单击链接<br/>
可以跳转到相应的页面。
    <dl>
        <dt>用户信息管理
            <dd><a href="userinfo.html" target="_self">用户信息查询</a></dd>
            <dd><a href="userpass.html" target="_self">用户密码管理</a></dd>
        </dt>
        <dt>用户分析
            <dd><a href="#" target="_self">用户注册统计</a></dd>
            <dd><a href="#" target="_self">用户登录统计</a></dd>
            <dd><a href="#" target="_self">用户激活统计</a></dd>
        </dt>
    </dl>
</body>
```

(8) 重新打开浏览器，运行 index.html 页面，查看效果，如图 4-8 所示。

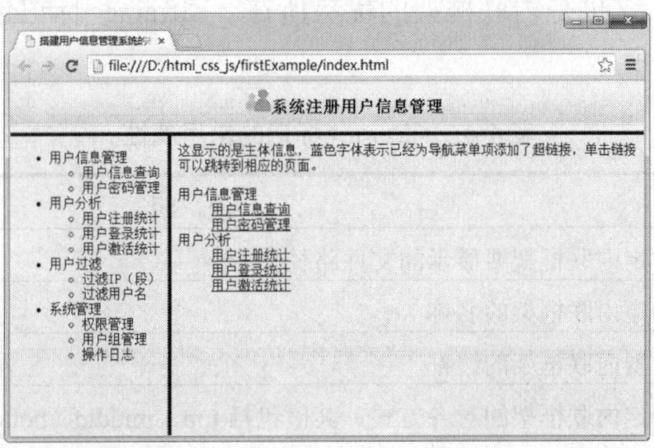

图 4-8　修改后的 index.html 页面的初始效果

(9) 单击图 4-8 中的右侧导航菜单链接，这时将会在本框架部分显示所链接的页面，如图 4-9 所示为单击“用户密码管理”链接后的效果。

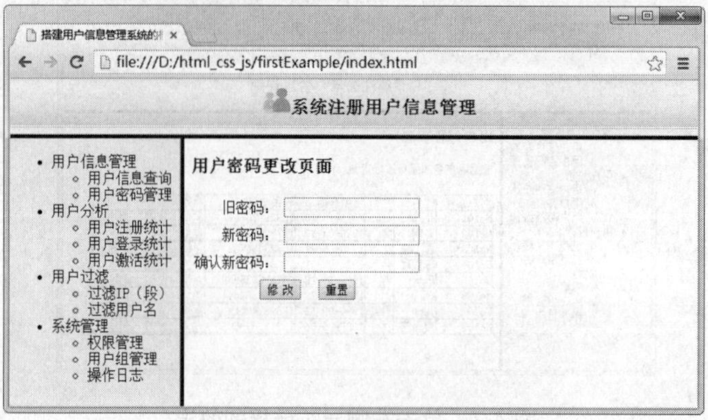

图 4-9 单击“用户密码管理”链接的效果

4.5 内 联 框 架

内联框架通常又被称为行内框架，它就像图像显示在 HTML 页面中的方式一样，它允许用户在另一个页面中的某个区域插入一个 HTML 页面，因此从这一点上来看，可以说内嵌框架结合了传统的 HTML 页面和框架应用，并且与框架页面相比，内联框架更容易对网站的导航进行控制，因为它更灵活。

4.5.1 iframe 元素

在 HMTL 页面中加入内联框架应该使用 iframe 元素，该元素经常会被用到，如果把需要的文本放置在<iframe>开始标记和</iframe>结束标记之间，就可以应对无法解析 iframe 元素的浏览器。换句话说，将文本放置在<iframe>和</iframe>标记之间时，如果浏览器不支持该标记，那么将会显示标记之间的文本信息。

通过设置<iframe>标记的属性，可以指定内联框架的样式，从而可以使内联框架与所嵌入的页面整体结合，这也是内联框架的优势所在。<iframe>标记包含多个属性，其常用属性及其说明如表 4-4 所示。

表 4-4 <iframe>标记的常用属性

属性名称	说 明
src	指定内联框架要显示的文件路径
name	指定内联框架的名称
frameborder	设置内联框架的边框
align	指定内联框架的对齐方式。其值包括 top、middle、bottom、left 或 right
width	指定内联框架的宽度
height	指定内联框架的高度

续表

属性名称	说 明
scrolling	指定内联框架的滚动条是否显示，可取值为 yes、no 或 auto
marginwidth	指定内联框架中内容距离左边和右边边框的像素数
marginheight	指定内联框架中内容距离上边和下边边框的像素数

4.5.2 使用 iframe 元素

无论是使用 frameset 元素创建框架，还是使用 iframe 元素创建内联框架，都不得不提到一个 target 属性，该属性在 4.4 节的实验指导中已经使用过。它并不是框架的属性，但是它的使用常常与框架有关。例如，可以在一个框架中单击相应链接，却在另一个框架中显示页面内容，还可以在一个框架中单击相应链接，并在相同框架中显示页面内容。target 属性的取值有多个，说明如下。

- _self：该值指定在当前框架中打开链接。
- _blank：该值指定在新窗口中打开链接。
- _parent：该值指定在当前页面的父框架中打开链接，如果只有一个框架设置，那么它将删除框架设置。
- _top：该值指定在浏览器窗口中打开链接，打开的页面将不再是框架页面。
- target_name：指定在框架名称为 target_name 的窗口中打开链接。

【例 4-6】

本例使用 iframe 元素演示内联框架的使用，它使用到了 4.4 节实验指导使用过的页面。实现步骤如下。

(1) 创建一个新的 index.html 页面，通过内联框架实现 head.html、left.html 和 main.html 页面的整合。具体代码如下：

```
<!DOCTYPE html PUBLIC "-//W3C//DTD XHTML 1.0 Transitional//EN"
  "http://www.w3.org/TR/xhtml1/DTD/xhtml1-transitional.dtd">
<html xmlns="http://www.w3.org/1999/xhtml">
    <head>
        <meta http-equiv="Content-Type" content="text/html;
         charset=utf-8" />
        <title>搭建用户信息管理系统的框架</title>
    </head>
    <body>
        <iframe src="head.html" name="top"></iframe>
        <iframe src="left.html" name="left"></iframe>
        <iframe src="main.html" name="main"></iframe>
    </body>
</html>
```

从上述代码中可以看出，多个 iframe 元素直接嵌套在了 body 元素的开始标记和结束标记之间，而不是取代 body 元素。

(2) 在浏览器中运行 index.html 页面查看效果，如图 4-10 所示。

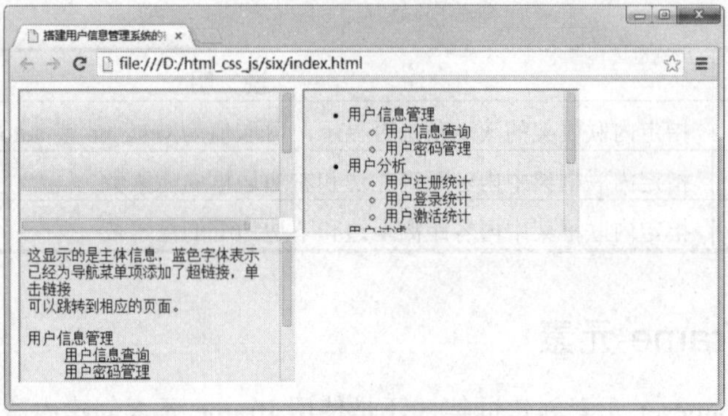

图 4-10　使用内联框架默认属性的显示效果

从图 4-10 中可以看出，iframe 元素包含的页面以并排的方式进行显示，当一行不能再容纳包含的页面时，将会自动换行，在新的一行显示，这样一直排序下去，直到显示完所有 iframe 元素包含的页面。简单地说，iframe 元素在显示包含的页面时，其显示方式是从左到右，从上到下。

(3) 显然图 4-10 的效果并不是读者想要的，这时可以通过为<iframe>标记添加属性进行更改。更改后的代码如下：

```
<body>
    <iframe src="head.html" name="top" align="middle" scrolling="no"
      frameborder="0" width="100%" height="60"></iframe>
    <iframe src="left.html" name="left" id="left" align="middle"
      scrolling="auto" frameborder="0" width="25%"></iframe>
    <iframe src="main.html" name="main" id="main" align="middle"
      scrolling="auto" frameborder="0" width="75%"></iframe>
    <script type="text/javascript">
        var height = document.body.scrollHeight;
        document.getElementById("left").height = height;
        document.getElementById("main").height = height;
    </script>
</body>
```

从上述代码中可以看出，分别为 3 个<iframe>标记设置了 align 属性、scrolling 属性、frameborder 属性和 width 属性等。另外，在上述代码中还创建了一段 JavaScript 脚本，这段脚本用于将内联框架随包含页面的高度自动调整，其中 left 和 main 是<iframe>标记的 id 属性的值。

(4) 在浏览器中运行上述代码查看效果，如图 4-11 所示。

本章的例子都是通过设置 target 属性链接到目标框架，实际上，还有其他的方法将指定标记链接到目标框架(例如常用的<base>标记的 target 属性)，因此，这时会有一个优先级的问题。如下所示给出了 HTML 中如何规定优先级：

- 如果标记定义了 target 属性，并将属性值设置为已知框架的名称，那么当这个标记被鼠标单击，或者以其他方式激活时，该标记指定的文档将被载入目标框架。
- 如果标记没有定义 target 属性，而是指定了<base>标记的 target 属性，并将属性值设置为已知框架的名称，那么<base>标记的 target 属性用来决定目标框架。

- 如果标记和<base>标记都没有定义 target 属性，那么该标记指定的文档将被载入该标记所在的框架。
- 如果标记或<base>标记都定义了 target 属性，但是属性值指向了一个未知的框架(假设框架名为 noname)，那么浏览器将会创建一个新的窗口和框架，并将 noname 赋值给框架作为标识，然后该标记指定的文档将被载入目标框架。

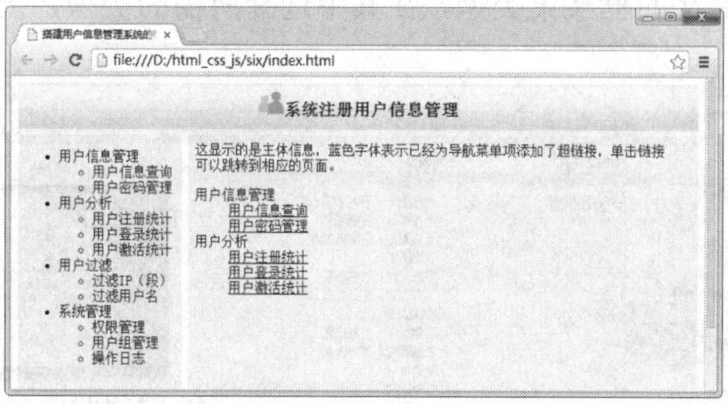

图 4-11　对内联框架进行相关属性的设置效果

4.6　框架和框架集

利用框架，可以把浏览器窗口划分为若干个区域，每个区域就是一个框架，在其中分别显示不同的网页，同时还需要一个文件来记录框架的数量、布局、链接和属性等信息，这个文件就是框架集。

框架集与框架之间的关系就是包含与被包含的关系，下面以图 4-12 为例进行说明。在图 4-12 中，可以说这个 HTML 页面使用了框架集，此框架集中包含了 top、left 和 main 三个框架。

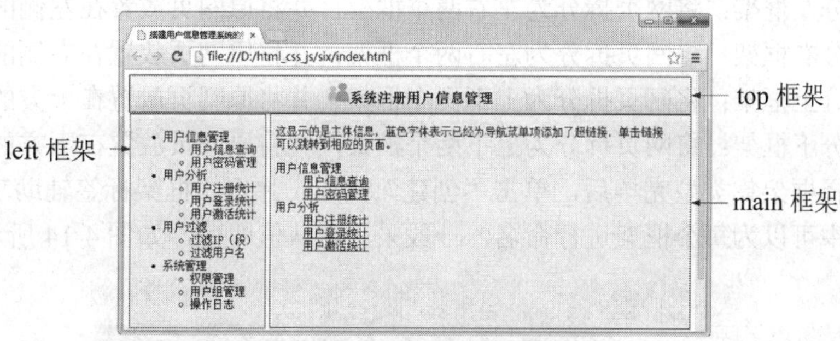

图 4-12　框架集和框架

4.7　实验指导——使用 Dreamweaver 创建框架集

在前面与框架有关的例子中，都是通过手动编写代码的方式实现框架集的创建。实际上，利用 Dreamweaver 工具预定义的框架集功能也可以创建框架集，如果在预定义框架集中没有找到合适的框架集，也可以在预定义框架集的基础上进行修改或手动创建框架集。

本节实验指导通过使用 Dreamweaver CS5 开发工具提供的预定义框架集功能创建框架集。实现步骤如下。

(1) 启动 Dreamweaver CS5 工具，选择“文件”→“新建”菜单命令，会弹出“新建文档”对话框。

(2) 在“新建文档”对话框中，找到“示例中的页”选项，并选中“框架页”选项，最右侧将显示系统预定义的框架集类型，在其中选择所需的类型，例如“左侧固定”选项，效果如图 4-13 所示。

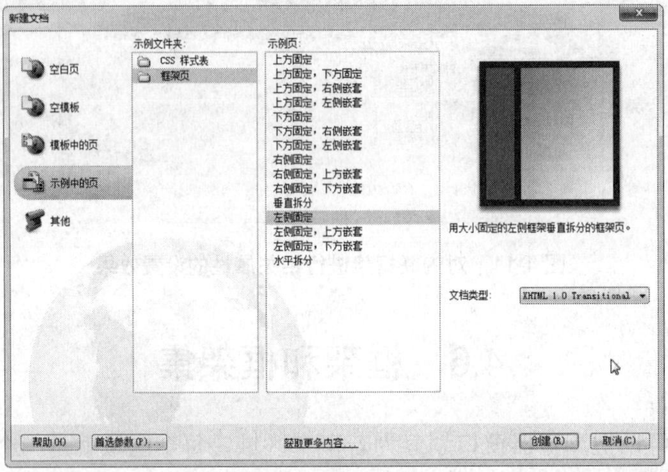

图 4-13 选择框架集类型

如果图 4-13 中提供的框架集不能满足网页的需要，就需要手动创建框架集。

从菜单栏中选择“修改”→“框架集”下的 4 个命令，它们分别是拆分左框架、拆分右框架、拆分上框架和拆分下框架。

- 拆分左框架：将网页拆分为左右两个框架，并将原网页放置在左侧的框架中。
- 拆分右框架：将网页拆分为左右两个框架，并将原网页放置在右侧的框架中。
- 拆分上框架：将网页拆分为上下两个框架，并将原网页放置在上方的框架中。
- 拆分下框架：将网页拆分为上下两个框架，并将原网页放置在下方的框架中。

(3) 选择框架集类型完毕后，单击“创建”按钮，弹出“框架标签辅助功能属性”对话框，在其中可以为每个框架进行命名，一般采用默认值即可，如图 4-14 所示。

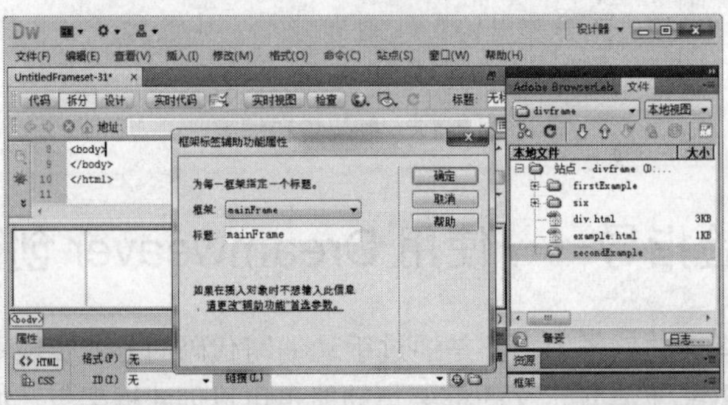

图 4-14 “框架标签辅助功能属性”对话框

(4) 单击“确定”按钮，关闭对话框完成框架集的创建，如图 4-15 所示。

从图 4-15 中可以看出，在浮动面板中显示“框架”面板(即右下方)，在该面板中显示了框架集的结构、每个框架集的名称等信息。如果要在“框架”面板中选择框架，直接在面板中单击需要选择的框架即可，选择的框架以粗黑框显示。

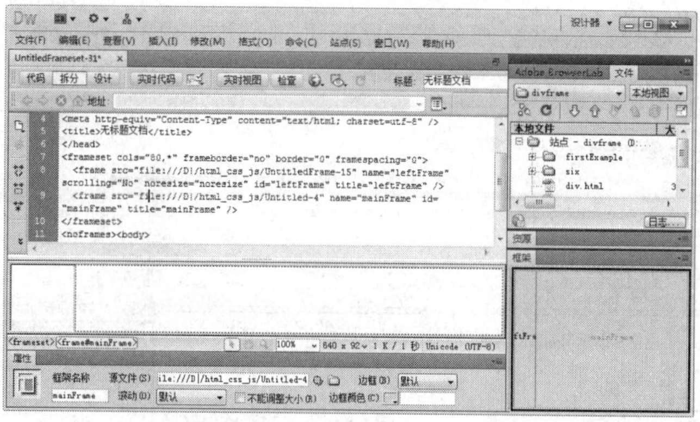

图 4-15　创建的框架集

另外，在图 4-15 左下方的“属性”面板中显示了框架的属性，其说明如下所示。

- “框架名称”文本框：可为选择的框架命名，以方便被 JavaScript 程序引用，也可以作为打开链接的目标框架名。
- “源文件”文本框：显示框架源文件的 URL 地址，单击文本框后面的按钮时，可以在弹出的对话框中重新指定框架源文件的地址。
- “滚动”下拉列表框：该下拉列表框包含“是”、“否”和“默认”3 个选项。选择“是”选项，表示在任何情况下都有滚动条；选择“否”选项，表示在任何情况下都没有滚动条；选择“默认”选项，表示采用浏览器的默认方式。
- “不能调整大小”复选框：选中该复选框，则不能在浏览器中通过拖动框架边框来改变框架的大小。
- “边框”下拉列表框：设置是否显示框架的边框。
- “边框颜色”下拉列表框：设置框架边框的颜色。

(5) 设置各个框架部分的属性，并且向框架的编辑区域添加内容，如图 4-16 所示。

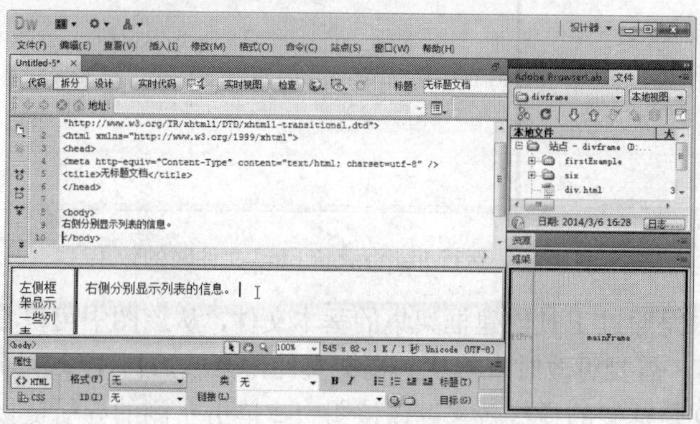

图 4-16　向框架中添加内容

(6) 内容添加完毕后保存内容，在图 4-16 中，光标停留的当前位置是右侧框架。直接按下 Ctrl+S 组合键或者选择“文件”→“保存框架”菜单命令，即可保存当前的框架文件。

(7) 重复上个步骤保存左侧的内容和框架，如图 4-17 所示为保存后的各个框架文件。

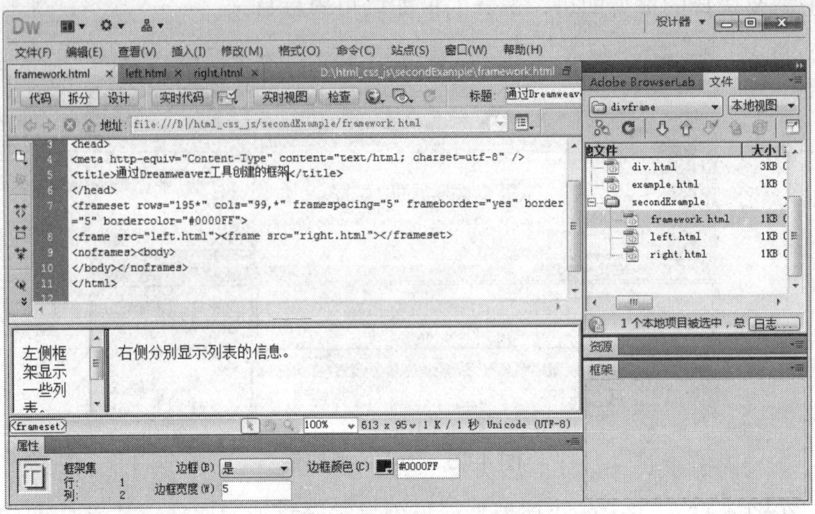

图 4-17　保存后的框架文件

提示： 由于一个框架集页面中有多个文件，因此保存方法与一般网页有所不同，读者可以单独保存某个框架中的网页文件，也可以单独保存框架集文件，还可以同时保存框架集和所有框架中的网页文件。

(8) 如果不需要某个框架，也可以将其删除，删除方法很简单，用鼠标将要删除框架的边框拖到页面外即可，如果被删除的框架中的网页文件没有保存，将会弹出与保存文件相关的对话框提示，单击按钮操作即可。

(9) 在浏览器中打开 framework.html 文件，查看效果，如图 4-18 所示。

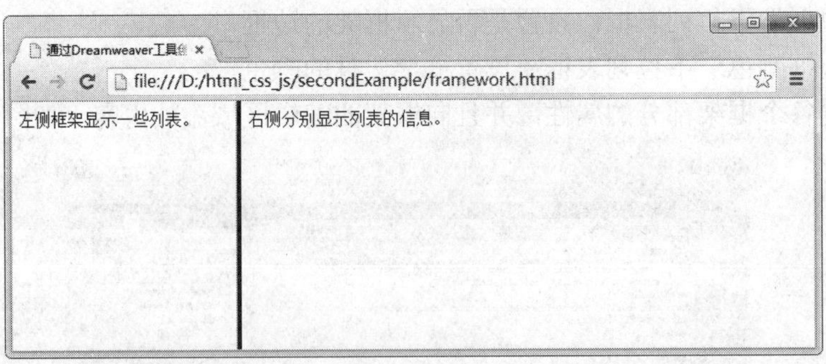

图 4-18　运行 framework.html 文件时的效果

(10) 图 4-18 只是通过工具创建框架集的基本文件，从该图中可以看出，框架中并没有包含实质性的内容，需要更改时直接找到框架文件，修改后再次保存即可。

例如，图 4-19 是框架的最终效果。在该图中，单击左侧的导航链接时，可以在右侧查看当前图书的简介内容。

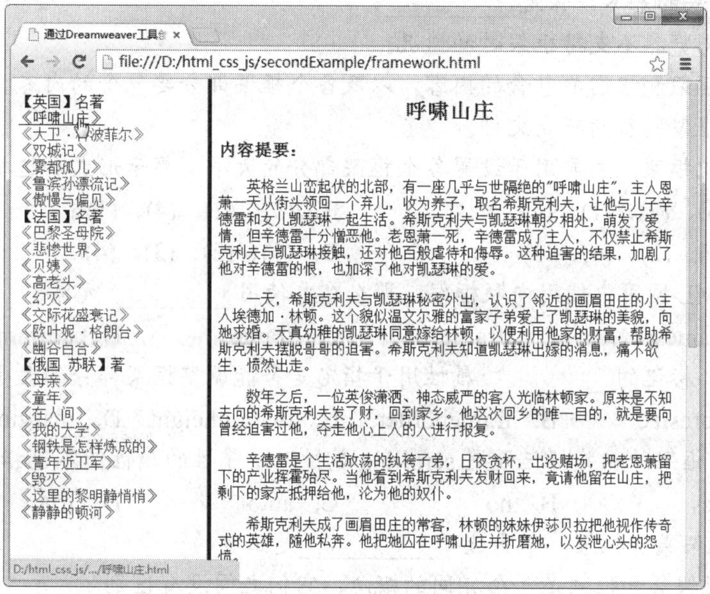

图 4-19 框架的最终显示效果

4.8 习题

一、填空题

1. 一般情况下，网页设计者所提到的“层”是通过__________元素表示的。

2. <div>标记常用的属性是__________，该属性指定层的行内样式，它将覆盖任何全局的样式属性。

3. 通常情况下，可以将框架的布局分为__________、垂直框架和 T 型框架。

4. 水平框架需要通过设置<iframeset>标记的__________属性来实现。

5. 在下面一段代码中的横线处填写相应的内容。

```
<frameset rows="120, *">
    <frame __________="top.html" name="top" />
    <frame __________="main.html" name="main" />
    <noframes>
        <body>
            对不起，您当前的浏览器不支持框架。
        </body>
    </noframes>
</frameset>
```

二、选择题

1. 在 CSS 样式表中，position 属性的默认值是__________。

A. absolute　　B. relation　　C. static　　D. fixed

2. 使用框架的基本步骤是__________。

(1) 处理浏览器不支持框架时的情况。

(2) 确定框架和它们要包含的内容，以及各个框架部分要包含的内容。

(3) 确定框架网页的布局文档。

(4) 格式化框架，主要用于设置各个框架部分的大小、显示形式和边框显示效果等。

A. (3)、(2)、(1)、(4)　　B. (3)、(2)、(4)、(1)

C. (1)、(2)、(4)、(3)　　D. (1)、(2)、(3)、(4)

3. 在 HTML 网页中使用内联框架，那么需要使用__________元素。

A. frameset　　B. iframe　　C. frame　　D. noframes

4. <frame>标记的__________属性用于指定是否能调整框架部分的大小。

A. noresize　　B. frameborder　　C. marginheight　　D. marginwidth

5. 可以为框架的相关标记设置 scrolling 属性，该属性的属性值不包括__________。

A. yes　　B. no　　C. auto　　D. true

6. 关于框架集和框架，下面选项__________是正确的。

A. 框架集和框架是一个相同的概念，它们之间没有区别

B. 框架集和框架是两个完全不同的概念，它们之间没有任何联系

C. 框架集与框架之间的关系是包含与被包含的关系，可以说框架集包含框架

D. 框架集与框架之间的关系是包含与被包含的关系，可以说框架集被框架包含

三、简答题

1. HTML 网页中如何添加层，它的常用属性有哪些？

2. 使用框架有哪些优点和缺点，分别进行说明。

3. frameset、frame 和 noframes 元素分别是用来干什么的，试说明。

4. 在 HTML 网页中如何实现内联框架，与内联框架标记有关的属性有哪些，这些属性都是用来做什么的？

第 5 章 HTML 5 的新增元素

HTML 5 是继 HTML 4.01、XHTML 1.0 和 DOM 2 HTML 后的又一个重要版本，它能够消除富 Internet 程序(RIA)对 Flash、Silverlight 和 JavaFx 等一类浏览器插件的依赖。

HTML 5 一经推出，就受到了各界开发者的欢迎和支持，根据 IT 界知名媒体的评论，Web 开发将迎向 HTML 5 的时代。与先前的版本相比，HTML 5 增加了许多新的功能，本章和下一章将详细介绍 HTML 5 中新增加的元素以及表单应用。

通过本章的学习，读者不仅可以了解 HTML 5 的优点和浏览器支持情况，还可以熟练地使用 HTML 5 中新增的结构元素、语义元素、交互元素以及音频和视频等元素构建 HTML 网页。

本章学习目标如下：

- 了解 HTML 5 的发展和优点。
- 掌握如何测试浏览器的得分。
- 熟悉 HTML 5 的标记方法。
- 熟悉 HTML 5 如何兼容 HTML 的以往版本。
- 掌握结构元素的使用。
- 熟悉块级语义元素。
- 熟悉行内语义元素。
- 掌握 audio 和 video 元素的使用。
- 熟悉 source 元素的使用。
- 熟悉 canvas 元素的使用。
- 了解 HTML 5 中的其他新增元素。

5.1 了解 HTML 5

HTML 5 是 W3C 与 Web 超文本应用工作组(Web Hypertext Application Technology Working Group，WHATWG)合作的结果，它摒弃了原来版本的多个元素和属性，同时又添加了许多新的功能，网页设计者可以使用 HTML 5 设计出更加简单、方便、灵活、快速的网页。

5.1.1 HTML 5 概述

HTML 5 草案的前身名为 Web Applications 1.0，它于 2004 年被 WHATWG 提出，于 2007 年被 W3C 接纳，并成立了新的 HTML 工作团队。2008 年 1 月 22 日公布了 HTML 5 的第一份草案，目前，许多主流的浏览器已经提供了对它的支持。

近几年来，HTML 5 发展得非常迅速，越来越多的企业开始使用这项新技术。据统计，2013 年全球有 10 亿手机浏览器支持 HTML 5，同时，HTML Web 开发者数量达到 200 万。

毫无疑问，HTML 5 将成为未来 5~10 年内移动互联网领域的主宰者。

HTML 5 有许多的优点，下面对它的优点进行了概括和总结：

- 提高了可用性并改进了用户的友好体验。
- 新增加的标记有助于 Web 开发者定义重要的内容。
- 可以给站点带来更多的多媒体元素(音频和视频)。
- 可以很好地替代 Flash 和 Silverlight 技术。
- 当涉及到网站的抓取和索引的时候，对于 SEO 很友好。
- 将被大量应用于移动应用程序和游戏。
- 可移植性好。

例如，下面的内容显示了一个完整的 HTML 文档：

```
<!DOCTYPE html>
<html>
    <head>
        <meta charset="UTF-8" />
        <title></title>
    </head>
    <body>
        <!-- 主体内容 -->
    </body>
</html>
```

从上述代码中可以看出，HTML 5 文档的格式要求比较简单，而且使用起来更加方便。例如，可以直接通过<!DOCTYPE html>进行文档声明。

5.1.2 浏览器支持情况

目前，许多浏览器厂商已经提供了对 HTML 5 技术的支持，例如主流的 IE 浏览器、谷歌浏览器、火狐浏览器、遨游浏览器、欧朋浏览器和搜狗浏览器等，它们都提供了对 HTML 5 的支持。但是，这些浏览器支持的功能有所不同，有的浏览器支持 HTML 5 的功能更多一些，有些浏览器则少一些。

在使用 HTML 5 开发网页时，必须有一款或者多款浏览器提供对它的支持。通常情况下，会在 HTML 5 test 网站上对浏览器支持的新功能进行测试，测试满分为 555 分(包括附加分)。如果浏览器同时支持那些没有列入 W3C 的标准，将会获得额外的附加分。

【例 5-1】

打开任意一个浏览器，向该浏览器的地址栏中输入 html5test.com 网址后，按下 Enter 键，当前浏览器的测试分数如图 5-1 所示。

从图 5-1 中的红线区域可以看出，当前是在 Windows 7 操作系统中使用 Chrome 浏览器，该浏览器的版本号是 33。单击该图中的 other browsers 链接，可以查看其他浏览器的得分，如图 5-2 所示。

在图 5-2 中显示了 Chrome、Firefox、Internet Explorer、Opera 和 Safari 浏览器当前版本以及旧版本的得分情况。从该图中可以看出，Chrome 浏览器的最新版本(33)得分是 505 分，其次是 Opera 浏览器的最新版本(19)，得分是 494 分。

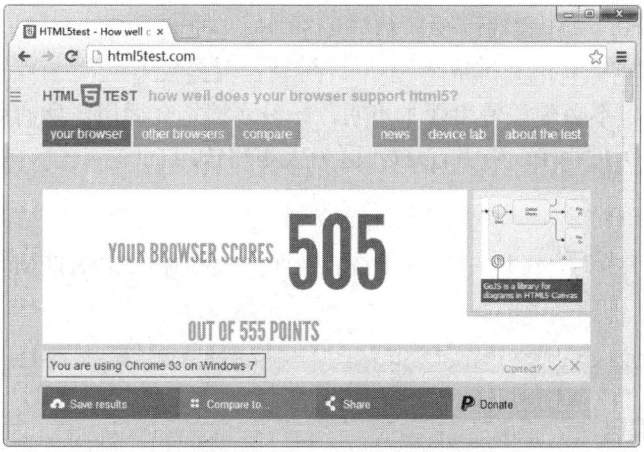

图 5-1　IE 浏览器对 HTML 5 的支持情况

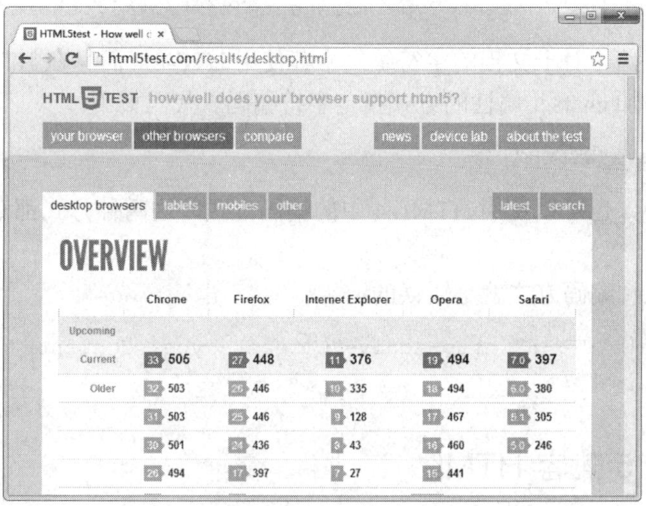

图 5-2　其他浏览器对 HTML 5 的支持情况

5.1.3　HTML 5 的标记方法

与先前的版本相比，HTML 5 在语法中发生了很大的变化，以下从三个方面说明了 HTML 5 中的标记方法。

1．内容类型

HTML 5 的文档扩展名与内容类型保持不变，也就是说，扩展名仍然以“.html”或“.htm”结尾，内容类型仍然为“text/html”。

2．DOCTYPE 声明

DOCTYPE 声明是 HTML 文件中不可缺少的，它位于文件的第一行。在 HTML 4 中，它的声明方法如下：

```
<!DOCTYPE html PUBLIC "-//W3C//DTD XHTML 1.0 Transitional//EN"
  "http://www.w3.org/TR/xhtml1/DTD/xhtml1-transitional.dtd">
```

在 HTML 5 中，不必刻意使用版本声明，一份文档将会适用于所有版本的 HTML。

HTML 5 中的 DOCTYPE 声明方法(不区分大小写)如下：

```
<!DOCTYPE html>
```

另外，当使用工具时，可以在 DOCTYPE 声明方式中加入 SYSTEM 识别符。声明代码如下：

```
<!DOCTYPE HTML SYSTEM "about:legacy-compat">
```

3．指定字符编码

HTML 4 中需要使用<meta>标记指定文件中的字符编码。代码如下：

```
<meta http-equiv="Content-Type" content="text/html; charset=UTF-8" />
```

从 HTML 5 开始，对于文档的字符编码推荐使用 UTF-8，而且在 HTML 5 中可以用直接对<meta>标记追加 charset 属性的方式指定字符编码。代码如下：

```
<meta charset="UTF-8" />
```

在 HTML 5 中，也可以使用 HTML 4 中的编码方式，这两种方式都有效，但是它们不能同时混合使用。

例如，下面这种编码方式就是错误的：

```
<meta charset="UTF-8" http-equiv="Content-Type" content="text/html;
  charset=UTF-8" />
```

5.1.4　HTML 5 兼容 HTML

HTML 5 的语法是为了保证与先前的 HTML 语法达到最大程序的兼容而设计的。例如，在使用<p>标记时，可以不为它添加结束标记，这种情况在 HTML 5 中是允许存在的，不会将它当作错误进行处理，但是明确规定了这种情况如何处理。

针对上述问题，下面分别从可省略的标记、具有布尔值的属性和引号的省略这 3 个方面介绍 HTML 5 是如何确保与先前版本的 HTML 达到兼容的。

1．可省略的标记

具体来划分，可以将 HTML 5 中的标记分为“不允许写结束标记”、“可以省略结束标记”和“开始标记与结束标记均可省略”这三种类型。下面针对这三种类型列出一个清单，如下所示。

(1) 不允许写结束标记

“不允许写结束标记”是指不允许使用开始标记与结束标记将元素扩起来的形式，只允许使用<标记 />的形式进行书写。例如，
不能写成
</br>，当然，在 HTML 5 中也支持先前的
这种形式。

HTML 中不允许写结束标记的元素包括：area、base、br、col、command、embed、hr、img、input、keygen、link、meta、param、source、track 和 wbr。

(2)　可以省略结束标记

“可以省略结束标记”是指结束标记可有可无，可以存在，也可以不存在。HTML 中可以省略结束标记的元素包括 li、dt、dd、p、rt、rp、optgroup、option、colgroup、thead、tbody、tfoot、tr、td 和 th。

(3)　开始标记与结束标记均可省略

“开始标记和结束标记均可省略”是指元素可以完全被忽略，即使标记被省略了，它还是以隐式的方式存在的。例如，将 body 元素的开始标记和结束标记都省略时，它实际上还是在文档中存在的。HTML 中，开始标记和结束标记都可省略的元素包括 html、head、body、colgroup 和 tbody。

2．具有布尔值的属性

布尔值是一个逻辑值，即真(true)/假(false)值，disabled 和 readonly 属性的值都是一个布尔值。对于具有布尔值的属性，只写属性而不指定属性值时，表示属性值为 true；如果想要将属性值设置为 false，那么可以不使用该属性。

总体来说，如果要将具有布尔值的属性值设置为真，有四种方法：只写属性不写属性值；将属性的属性值指定为 true；将属性值指定为空字符串；将属性值指定为当前属性，即属性值等于属性名。

【例 5-2】

以复选框为例，下面分别通过 4 种方式指定布尔属性的值。主要代码如下：

```
2014 年你最想去的国家或地方是：<br/>
<dl>
    <dt>中国：
        <dd>
            <!-- 只写属性不写属性值，结果为真-->
            <input type="checkbox" name="list1" value="北京" checked />
             北京
            <!-- 属性值等于属性名，结果为真 -->
            <input type="checkbox" name="list1" value="杭州"
             checked="checked" />杭州
            <!-- 直接将属性的值指定为 true -->
            <input type="checkbox" name="list1" value="云南"
             checked="true" />云南
            <!-- 属性值等于空字符串，结果为真 -->
            <input type="checkbox" name="list1" value="海南" checked="" />
             海南
            <!-- 不写属性值，结果为假 -->
            <input type="checkbox" name="list1" value="其他地方" />其他地方
        </dd>
        <!-- 省略其他内容 -->
    </dt>
</dl>
```

在浏览器中运行上述代码，查看效果，如图 5-3 所示。

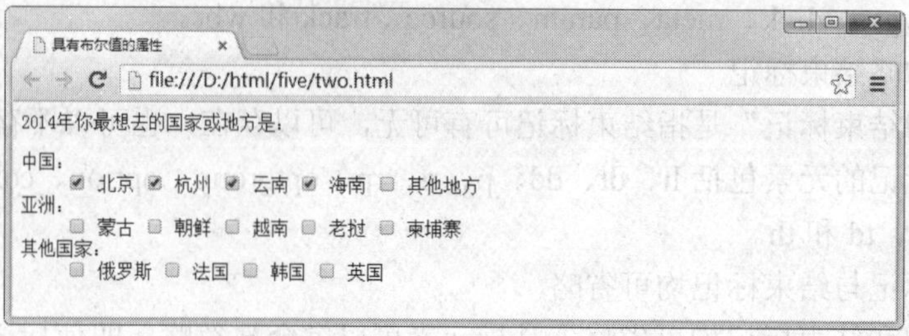

图 5-3　使用具有布尔值的属性

3. 引号的省略

在 HTML 中，为属性指定属性值时，属性值两边既可以用双引号，也可以用单引号。HTML 5 在此基础上进行了更改，当属性值不包括空字符串、“<”、“>”、“=”、单引号、双引号和空格等字符时，属性值两边的引号可以省略。

【例 5-3】

如下所示的代码都是正确的：

```
<input type="text" value="abc" />
<input type=password value=abc />
<input type='radio' value='abc' />
```

5.2 结构元素

上一节已经详细介绍了 HTML 5 的概念、浏览器支持情况、标记方法以及如何确保与 HTML 的兼容，本节及其后面的小节将介绍 HTML 5 中的新增元素。本节首先介绍结构元素，它们分别是 header 元素、footer 元素、section 元素、nav 元素、hgroup 元素以及 article 元素。

5.2.1 header 元素

在 HTML 5 出现之前，网页设计者在定义结构时，一般都是使用万能的<div>标记，然后为该标记指定 id 属性，例如属性值为 header、menu、footer、left、right 和 main 等。

HTML 5 新增加了一些结构元素，使用这些元素可以直接替代 id 命名的<div>标记。

header 是 HTML 5 中新增的一个常用元素，它用于定义文档中的页眉，即文档头部信息。<header>标记替代了<div id=“header”>标记，它的使用与 HTML 4 中的标记一样。基本语法如下：

```
<header>
    ...
</header>
```

【例 5-4】

一个 HTML 网页的头部信息可以很简单(例如只包含标题和文本)，也可以很复杂(包含 Logo、背景、标题和菜单等)，本例简单演示 header 的使用。

(1) 向创建的 HTML 页面中添加一个 header 元素，并在该元素下添加两个显示标题的<h1>标记和<h2>标记，前者显示主标题，后者显示二级标题，即副标题。代码如下：

```
<header>
    <h1><a href="#">城市旅游信息</a></h1>
    <h2>旅游最新动态</h2>
</header>
```

(2) 直接运行上述代码，查看效果，如图 5-4 所示。

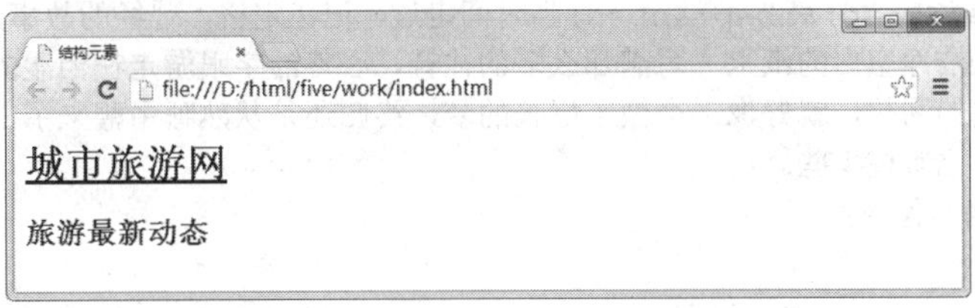

图 5-4　<header>标记的初始效果

(3) 图 5-4 没有为<header>标记及该标记中的子标记添加任何样式，为了演示效果，可以为这些标记添加样式属性。代码如下：

```
<header style=" height: 110px;margin: 0 auto;background: #2E2E2E;">
    <h1 style="margin:0; letter-spacing:-0.05em; text-transform:lowercase;
font-weight:normal; color:#FFFFFF; float:left; padding-top:40px;
font-size:4em;">
    <a href="#" style="text-decoration:none; color:#FFFFFF;">城市旅游网</a>
    </h1>
    <h2 style="margin:0; letter-spacing:-0.05em; text-transform:lowercase;
font-weight:normal; color:#FFFFFF; float:left; padding:67px 0 0
8px;font-size:2em; font-style:italic; color:#858585;">旅游最新动态</h2>
</header>
```

(4) 重新在浏览器中查看效果，或者直接刷新浏览器中的网页，如图 5-5 所示。

图 5-5　为<header>标记添加样式

5.2.2　article 元素

article 元素用来定义独立的内容。在<article></article>标记之间添加内容，可以是普通文本，也可以包含其他标记，这是页面中独立的一块，它是与上下文不相关的独立内容。一个网页中可以出现一个或多个 article 元素，它可以与其他元素(例如 section 元素)结合起来一起使用。article 元素的使用非常广泛，例如在论坛帖子、报纸文章、博客条目以及用户评论中都可以使用到。

【例 5-5】

本例通过 article 元素显示某一篇文章的评论信息。实现步骤如下。

(1) 向创建的 HTML 页面添加 div 元素，该元素用来显示文章标题和文章内容。部分代码如下：

```
<div>
    <center><h1>如果，爱不曾有伤痕</h1></center>
    <p>    当时间走过，记忆定格，曾经的故事，似乎总是竖起了年华的笔，在一张洁净空白的纸上，写满那么多的往昔，心疼的字眼游走在泪湿的字行里，对过去的追思，有着沉痛的回想，就好像一个做了好长的梦，终归还是从熟睡中醒来了，无所适从的找不到一个理由，让自己难过少些。</p>
    <!-- 省略其他内容 -->
</div>
```

(2) 在 div 元素的结束标记之后添加 article 元素，并且指定<article>标记的 CSS 样式，边框颜色设置为蓝色，边框样式是细边框，边框粗度是 1px。向 article 元素中添加 3 个段落标记，每一个段落标记都显示一条评论。代码如下：

```
<article style="border:1px solid blue;">
    <p>    <b>花姑子</b>在<i>2014 年 1 月 10 日</i>发表评论说：这篇文章写得真好，虽然看了一半，可是一直想有看下去的欲望...</p>
    <p>    <b>毛毛虫</b>在<i>2014 年 2 月 3 日</i>发表评论说：加油，希望一直写下去。</p>
    <p>    <b>我是一条小鱼</b>在<i>2014 年 3 月 3 日</i>发表评论说："当时间走过，记忆定格，曾经的故事，似乎总是竖起了年华的笔，在一张洁净空白的纸上，写满那么多的往昔，心疼的字眼游走在泪湿的字行里，对过去的追思"，很有感觉。。。棒！！！</p>
</article>
```

(3) 在浏览器中运行上述代码，查看效果，如图 5-6 所示。

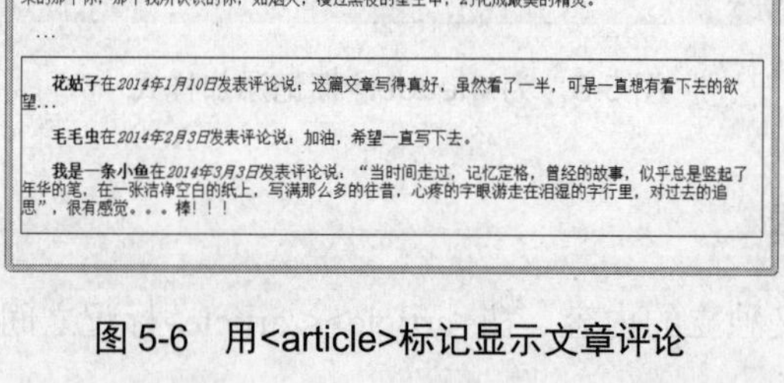

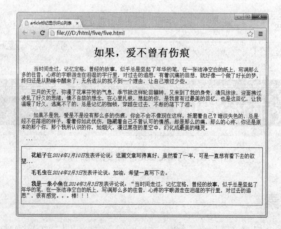

图 5-6 用<article>标记显示文章评论

5.2.3　section 元素

section 元素定义文档中的节(section、区段)，例如章节、页眉、页脚或者文档中的其他部分。一个 section 元素通常是一个有主题的内容组，在 section 元素内，可以包含 header 元素、footer 元素和 article 元素等。

<section>标记新增了一个 cite 属性，该属性的值是一个引用资源的 URL，如果<section>摘自 Web，可以为其指定 cite 属性。

【例 5-6】

本例通过向 section 元素中添加内容，来显示文章列表。完整的实现步骤如下。

(1)　向创建的 HTML 页面中添加头部信息，代码如下：

```
<header>
    <center><font size="+3" color="blue">我最喜欢的一些文章</font></center>
</header>
```

(2)　添加一个 div 元素，该元素用于显示图像。代码如下：

```
<div style="float:left"><img src="Snap3.jpg"></div>
```

(3)　继续添加 div 元素，该元素包含一系列的文章信息，通过 section 进行定义，每个 section 中都包含一个定义文章的 article 元素，而每一个 article 元素中又包含 header 元素和 div 元素。部分代码如下：

```
<div>
    <section cite="http://www.baidu.com">
        <article>
            <header><h2>眸里有芬芳，心内自抽绿</h2></header>
            <div>    部分摘选：看遍炎凉薄寡，听惯蜚短流长，
历尽尘世沧桑，这一场生，我想本就是种修炼吧。无论花败或圆满，我只想以一袭素淡，拂柳分花，
将所有的疼痛与繁复，都一一简化在，眉眼浅笑里。 </div>
        </article>
        <!-- 省略其他代码 -->
    </section>
</div>
```

(4)　在浏览器中运行本例的代码，查看效果，如图 5-7 所示。

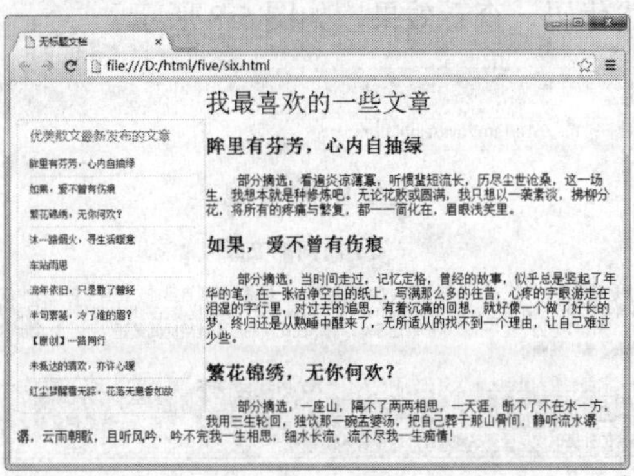

图 5-7　<section>标记的效果

5.2.4 nav 元素

nav 元素定义导航链接部分，如果文档中有“前后”按钮，那么应该把它放到 nav 元素中。一个 HTML 页面中可以包含一个或者多个 nav 元素，但是需要注意的是：并不是将所有的导航链接都要放入到该标记中，需要根据情况而定。例如页面底部的友情链接信息，通常需要将其放入 footer 元素中。

【例 5-7】

如下代码演示了 nav 元素的基本使用：

```
<nav>
    <a href="#">首页</a>
    <a href="#">公司动态</a>
    <a href="#">产品展示</a>
    <a href="#">联系我们</a>
</nav>
```

5.2.5 hgroup 元素

hgroup 元素用于对网页或区段(section)的标题进行组合。在 HTML 网页中，hgroup 元素扮演着一个可以包含一个或多个与标题相关容器的角色。

【例 5-8】

对于某一篇文章来说，该篇文章可能包含两个标题，一个主标题，一个副标题，这时，可以将主标题和副标题放到 hgroup 元素中。部分代码如下：

```
<header>
    <hgroup>
        <center>
            <h1>人生中的赛跑</h1>
            <h2>--关于时间的文章</h2>
        </center>
    </hgroup>
</header>
```

在浏览器中运行上述代码，查看效果，如图 5-8 所示。

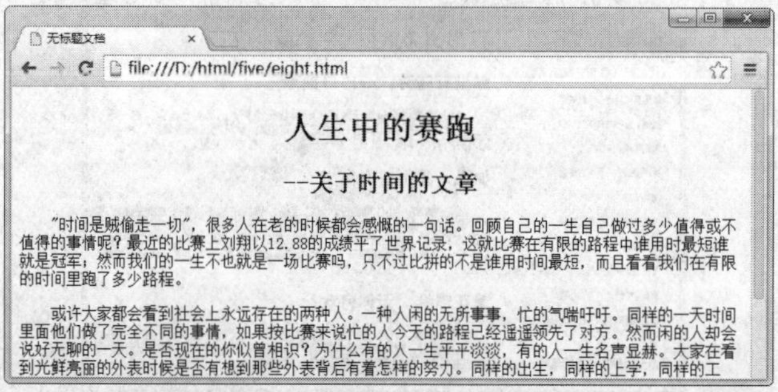

图 5-8 <hgroup>标记的使用

5.2.6　footer 元素

顾名思义，footer 元素定义文档或区域的页脚。在典型的情况下，footer 元素会包含创作者的姓名、文档的创建日期和联系信息等内容。如果使用 footer 元素来插入联系信息，那么应该在 footer 元素内使用 address 元素。

【例 5-9】

向 HTML 网页中添加 footer 元素，该标记中包含一系列的友情链接网站。另外，还包含作者昵称。相关代码如下：

```
<footer>
   <center>
      <a href="#">首页</a>  
       |   <a href="#">关于米折</a>   
       |  <a href = "#">媒体报道</a>  
       |   <a href ="#">人才招聘</a>  
       |   <a href="#">联系我们</a>  
       |   <a href="#">商务合作</a>   
       |   <a href="#">帮助中心</a>  
       |   <a href="#">客服在线</a>  
       |   <a href="#">手机客户端</a>  
       |   <a href="#">网站地图</a>
      <address>网站设计者：会抓鱼的小飞</address>
   </center>
</footer>
```

在浏览器中运行本例的代码，查看效果，如图 5-9 所示。

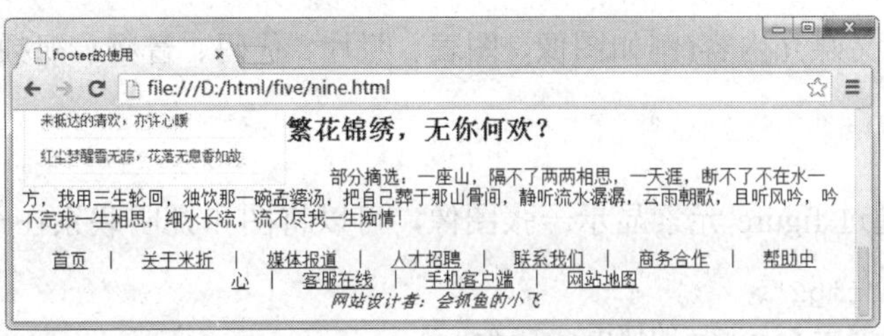

图 5-9　<footer>标记的使用

hgroup 元素通常会对 h1~h6 的元素进行分组，但使用时，需要注意以下三点：

- 如果只有一个标题元素(h1~h6 中的一个)，不建议使用 hgroup 元素。
- 当出现一个或者一个以上的标题与元素时，推荐使用 hgroup 元素作为标题容器。
- 当一个标题有副标题、其他 section 或者 article 的元数据时，建议将 hgroup 元素和元数据放到一个单独的 header 容器中。

5.3　语 义 元 素

语义元素是指一个元素能够为浏览器和开发者清楚地描述其意义。例如，上一节介绍的 header 元素和 footer 元素，都可以看作是一种语义元素，而 div 则是一个无语义元素。

5.3.1 块级语义元素

HTML 5 中增加了三个纯语义性的块级元素，它们分别是 aside 元素、figure 元素以及 dialog 元素。

1. aside 元素

aside 元素表示说明、提示、边栏、引用和附加注释等，也就是叙述主线之外的内容。HTML 5 对该元素的定义是：aside 定义其所处内容之外的内容，它的内容应该与附近的内容有关。

<aside>标记实际上一种特殊的<section>，专门用来容纳与站点主要内容无关、不适合放入主流内容的次要内容。例如，在页面中包含的作者传记、作者的小访谈或者为进一步阅读而设的参与书目等。它也可以是网站的次要内容，类似典型的边栏、滚动博文或站内用户感兴趣的一系列其他博文的列表(即使它们与主内容无关)。

【例 5-10】

如下代码演示了 aside 元素的基本使用：

```
<p>今年夏天我和我的家人参观了 Epcot 中心</p>
<aside>
    <h4>Epcot 中心</h4>
    Epcot 中心是一个主题公园，在迪士尼世界，佛罗里达州。
</aside>
```

2. figure 元素

figure 元素定义媒介内容(例如图像、图表、照片、代码、音频、视频和框架等)的分组，以及它们的标题。

【例 5-11】

下面的代码通过 figure 元素显示一张图像，可以将图和说明联系在一起：

```
<figure id="fig2">
    <legend>演示 figure 的使用</legend>
    <img alt="一张图像" src="pic.jpg" border="0" height="317" hspace="5"
      vspace="5" width="331" />
</figure>
```

上述代码的<legend>标记用于定义<fieldset>标记中的标题，实际上，HTML 5 中还新增加了<figcaption>标记，此标记专门为<figure>标记定义标题。例如，读者可以重新更改上述代码，使用<figcaption>标记代替<legend>标记，具体的代码不再显示。

3. dialog 元素

dialog 元素用于定义对话框或者窗口。该标记中新增了一个 open 属性，该属性指定 dialog 元素是活动的，用户可以与之交互。

【例 5-12】

如下代码演示了 dialog 元素的基本使用：

```
<table border="1">
    <tr>
        <th>一月 <dialog open>这是打开的对话窗口</dialog></th>
        <th>二月</th>
        <th>三月</th>
    </tr>
    <tr>
        <td>31</td>
        <td>28</td>
        <td>31</td>
    </tr>
</table>
```

虽然 Chrome 浏览器对 HTML 5 的支持功能很强大，但是，最新版本的浏览器并不是对所有 HTML 5 中新增的标记和属性都支持，<dialog>标记就是其中之一。例如，图 5-10 显示了 Chrome 对 dialog 元素的支持情况(即不支持)。同时，从该图中还可以看出，该浏览器对 menu 和 time 等元素也都不支持。

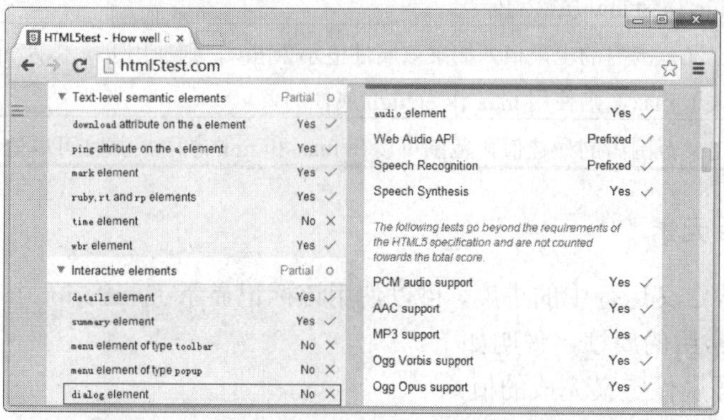

图 5-10　Chrome 浏览器对<dialog>的支持情况

5.3.2 行内语义元素

HTML 5 中新增的行内语义元素包括 mark、time、meter 以及 progress，另外，也可以将 video 和 audio 看作是行内语义元素，这些会在本章的其他小节进行介绍。

1. mark 元素

mark 元素定义带有记号的文本，需要突出显示文本时，可以使用该标记。mark 元素与 HTML 中已经存在的 em 元素有所不同，mark 的作用相当于荧光笔在打印的纸张上标出一些文字，而强调内容时会使用到 em 元素。

2. time 元素

time 元素定义公历的时间(24 小时制)或者日期，时间和时区偏移是可选的。使用 time

元素能够以机器可读的方式对日期和时间进行编码，举例来说，用户代理能够把生日提醒或排定的事件添加到用户日程表中，搜索引擎也能够生成更智能的搜索结果。如下代码使用 time 来定义时间和日期：

```
<p>我们在每天早上 <time>9:00</time> 开始营业。</p>
<p>我在 <time datetime="2008-02-14">情人节</time> 有个约会。</p>
```

3．meter 元素

meter 元素定义度量衡，仅用于已知最大和最小值的度量。<meter>标记包含许多新增属性，其说明如表 5-1 所示。

表 5-1　<meter>元素的新增属性

属性名称	说　明
min	定义允许范围内的最小值，默认值为 0。其值不能小于 0
max	定义允许范围内的最大值，默认值为 1。如果该值小于 min，则将 min 作为最大值
value	定义需要显示在 min 和 max 之间的值。默认值为 0
low	定义范围内的下限值，必须小于或等于 high 属性的值。如果该值小于 min，则使用 min 作为 low 属性的值
high	定义范围内的上限值，如果该属性值小于 low，则使用 low 作为 high 的值。如果该值大于 max，则使用 max 作为 high 属性的值
optimum	定义范围内的最佳值，范围可以在 max 和 min 之间，并且可以处于高值区

4．progress 元素

progress 元素定义运行中的进度，可以使用该标记显示 JavaScript 中耗费时间的函数的进度。它有两个常用的属性，说明如下。

- max：该属性定义完成的值。
- value：属性定义进程的当前值。

5．演示例子

前面已经介绍了 HTML 5 中新增的 4 种常用的行内语义元素，下面将 meter 和 mark 元素结合起来，实现一个例子。

【例 5-13】

本例利用例 5-6 的页面添加新的内容，将 HTML 页面中字符串是“无论”的文本高亮显示，并且为每一篇文章添加热度。部分代码如下：

```
<article>
    <header>
        <h2>眸里有芬芳，心内自抽绿    
            <font size="-1">
                阅读热度：<meter min="0" max="100" value="80">80</meter>
            </font>
        </h2>
```

```
    </header>
    <div>
            部分摘选：看遍炎凉薄寡，听惯蜚短流长，历尽尘世沧桑，
这一场生，我想本就是种修炼吧。<mark>无论</mark>花败或圆满，我只想以一袭素淡，拂柳分花，
将所有的疼痛与繁复，都一一简化在，眉眼浅笑里。
    </div>
</article>
```

在浏览器中运行上述代码，查看效果，如图 5-11 所示。

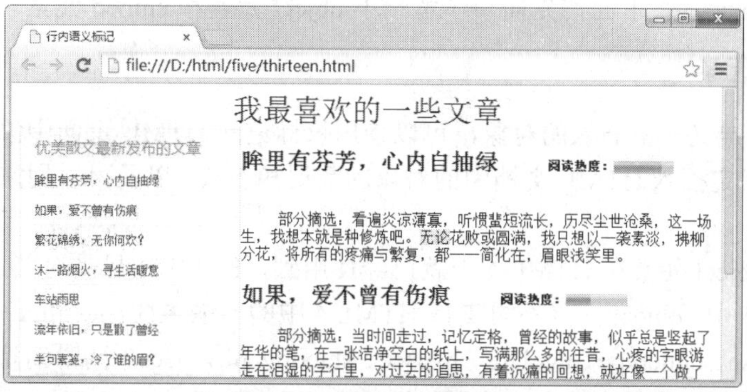

图 5-11　<mark>和<meter>标记的使用

5.4　多媒体元素

多媒体是指把两种或两种以上的媒体综合在一起。它不是多种媒体的简单组合，而是它们的统一合理搭配与协调，通过不同角度、不同形式展示信息，增强人们对信息的理解和记忆。本节将向读者详细介绍 HTML 5 中新增的与多媒体有关的 5 种元素，包括这些标记的概念、属性和使用等内容。

5.4.1　多媒体概述

Multimedia 是多媒体的英文，它是由 Media(媒体)和 Multi-(多)两部分组成的，一般将其理解为多种媒体的综合。

媒体(Media)就是人与人之间实现信息交流的中介，简单地说，就是信息的载体，也称为媒介。多媒体就是多重媒体的意思，可以理解为直接作用于人感官的文字、图形图像、动画、声音和视频等各种媒体的统称，即多种信息载体的表现形式和传递方式。

多媒体即多媒体信息服务(Multimedia Message Service，MMS)，是目前短信技术开发最高标准的一种。它最大的特色就是可以支持多媒体功能，借助高速传输技术 EDGE (Enhanced Data rates for GSM Evolution)和 GPRS，以 WAP 为载体传送视频片段、图片、声音和文字，不仅可以在手机之间进行多媒体传输。而且可以在手机和电脑之间传输；其短消息容量平均为 3 万字节，最高可达 10 万字节；具有 MMS 功能的移动电话内置媒体编辑器，可以编写多媒体信息，如果安装上一个内置或外置的照相机，用户还可以制作并传送 PowerPoint 格式的信息或电子明信片。

多媒体有两种含义：其中一种是指多种媒体简单组合，可以将其称为多媒体教室。例如在一个教室内既放置录音机，又放置电视机等，就是多种媒体。另一种含义是指能综合处理多种媒体信息，例如文本、图形、图像、声音、动画和视频等。

多媒体技术从不同的角度看有着不同的定义，在实际生活中，特别是在计算机领域中，多媒体成了多媒体计算机、多媒体技术的代名词，是指用计算机综合处理多种媒体信息(例如声音、动画和视频等)且使多种信息建立逻辑连接，集成为一个系统并具有交互性。

HTML 5 中新增加了 5 种与之相关的元素：object 元素、embed 元素、audio 元素、video 元素以及 source 元素。下面首先简单了解一下 object 元素和 embed 元素。

1．object 元素

object 元素定义一个嵌入的对象，可以使用该标记向 HTML 页面中添加多媒体。该元素允许设计者指定插入 HTML 文档中的对象的数据和参数，以及可以用来显示和操作数据的代码。

实际上，object 元素在 HTML 4 中就已经使用到，HTML 5 只是对其进行了更新。

在 HTML 5 中，object 元素不再支持 HTML 4 中的一些属性，如 align、archive、border、classid、codebase、codetype、declare、hspace、standby 和 vspace。同时新增加了 form 属性，该属性指定对象所属的一个或多个表单。另外，它还支持 data、height、name、type、usemap 和 width 属性，这些属性在 HTML 4 中已经存在。

【例 5-14】

在使用<object>标记时，必须为该标记定义 data 或者 type 属性。如下代码演示了 object 元素的使用：

```
<object type="application/ogg"data="someaudio.wav">
    <param name="src"value="someaudio.wav">
</object>
```

注意： object 元素可位于 head 或者 body 的内部，object 元素的开始标记和结束标记之间的文本是替换文本，针对不支持此标记的浏览器。param 元素定义用于对象的 run-time 设置。

2．embed 元素

embed 元素定义嵌入的内容，例如插件。<embed>标记是 HTML 5 中新增的内容，它有 4 个新增属性，说明如表 5-2 所示。

表 5-2 <embed>标记的属性

属性名称	说 明
height	设置嵌入内容的高度
src	嵌入内容的 URL
type	定义嵌入内容的类型
width	设置嵌入内容的宽度

【例 5-15】

下面通过 embed 元素嵌入一个 MP3 格式的文件，指定其宽度为 300 像素，高度为 100 像素。代码如下：

```
<embed src="file/天使的指纹.mp3" width="300" height="100"></embed>
```

5.4.2　audio 元素

audio 元素用于定义声音，例如音乐或其他音频流。不同浏览器对于 audio 元素支持的音频格式有所不同，Chrome 浏览器支持的格式最为广泛，如图 5-12 所示为该浏览器的支持情况。

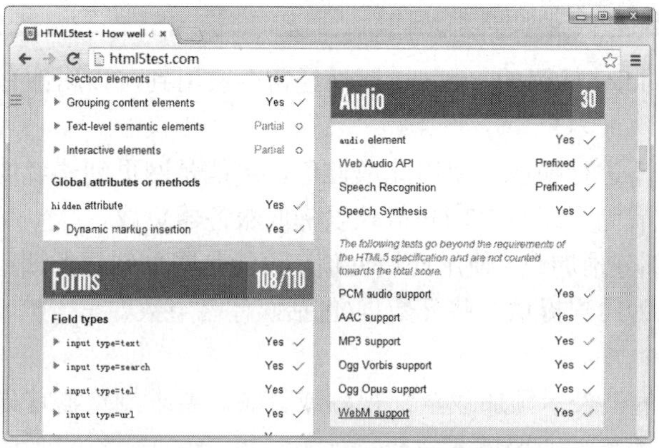

图 5-12　Chrome 浏览器对音频格式的支持

除了 Chrome 浏览器外，还通常会使用到 Firefox 浏览器和 Opera 浏览器，图 5-13 和图 5-14 分别展示了这两个浏览器对 audio 元素的音频格式的支持情况。

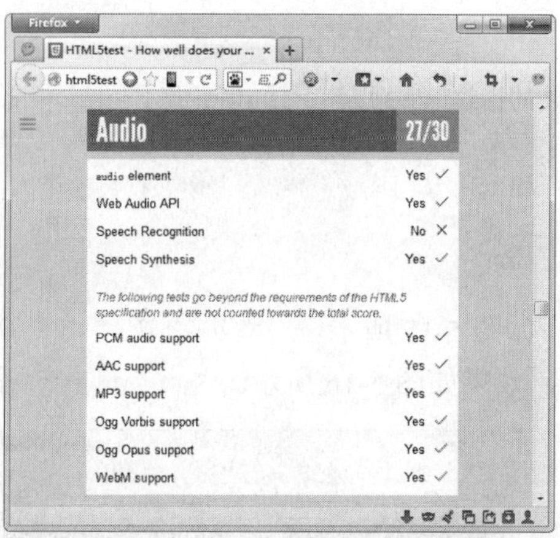

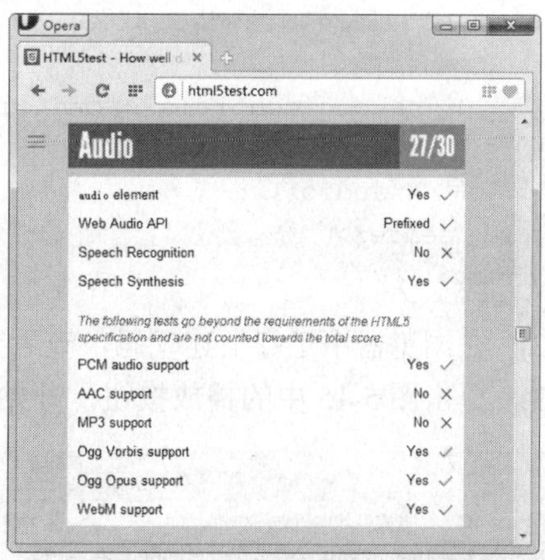

图 5-13　Firefox 浏览器支持的音频格式　　图 5-14　Opera 浏览器支持的音频格式

比较图 5-12、5-13 和 5-14，从这 3 个图中可以看出，Chrome 浏览器对于 audio 元素支持的音频格式最为广泛，Firefox 浏览器除了不支持语音识别(Speech Recognition)外，其他音频格式文件都支持；Opera 浏览器不支持语音识别功能，也不支持 ACC 和 MP3 格式的音频文件。

<audio>标记的使用非常广泛，它支持多种属性，表 5-3 列出了一些常用的属性。

表 5-3　<audio>标记的常用属性

属性名称	说　明
autoplay	媒体是否在网页加载后自动播放。如果出现该属性，则音频马上播放
controls	用来设置是否为音频添加控件。例如播放、暂停、进度条、音量等，控制条的外观可以自定义
loop	设置音频是否循环播放
src	要播放的音频的 URL
preload	定义音频是否预加载

在表 5-3 中，<audio>标记的 preload 属性经常会被用到，该属性有 3 个可选择的值，这些值的说明如下。

- none：表示不进行加载。使用此属性值，可能是网页创建者期望用户并不太需要此音频，或者为了减少 HTTP 请求以降低服务器负载。
- metadata：部分预加载，使用此属性值，可能是网页创建者期望用户并不太需要此音频，但是为用户提供一些元数据(包括媒体字节数、第一帧、播放列表和持续时间等)。
- auto：默认值，表示预加载全部视频或音频。要求浏览器首先把加载音频放在重要的位置，不要关心服务器负载。

【例 5-16】

下面通过具体的步骤演示<audio>标记及其属性的使用。

(1) 向 HTML 页面添加<audio>标记，并指定 controls 属性和 src 属性。代码如下：

```
<body bgcolor="gray">
    <center>
        <audio controls src="file/天使的指纹.mp3">
            不支持 audio 元素
        </audio>
    </center>
</body>
```

(2) 在浏览器中运行上述代码，查看效果，如图 5-15 所示。

(3) 单击图 5-15 中的播放按钮，开始听歌，效果如图 5-16 所示。

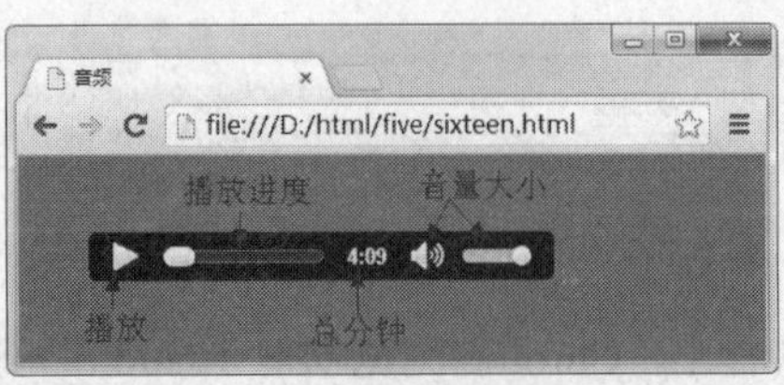

图 5-15　网页初始效果

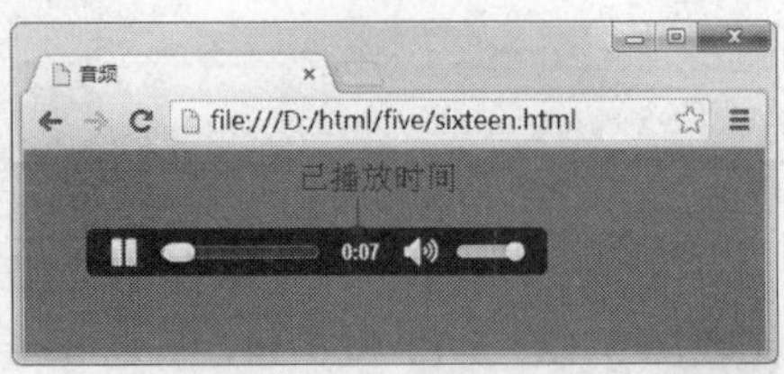

图 5-16　音频播放效果

(4) 在图 5-15 和图 5-16 中，与音量有关的按钮有两个，其中第二个音量条通过拖动控制音量，直接单击第一个按钮时，直接将其设置为静音，再次单击将会按照音量播放。如图 5-17 和图 5-18 所示分别显示了静音时的效果以及拖动进度条时的效果。

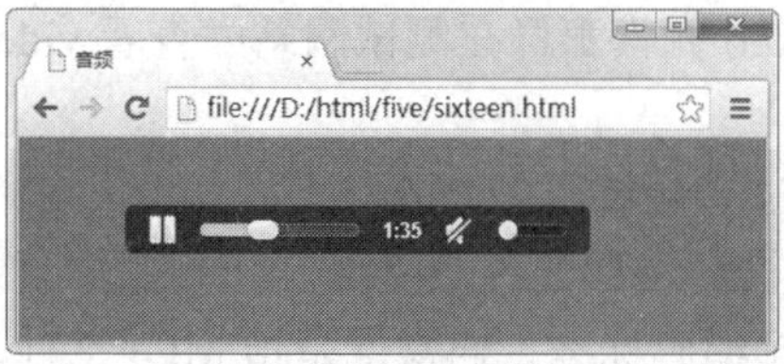

图 5-17　音频静音时的效果

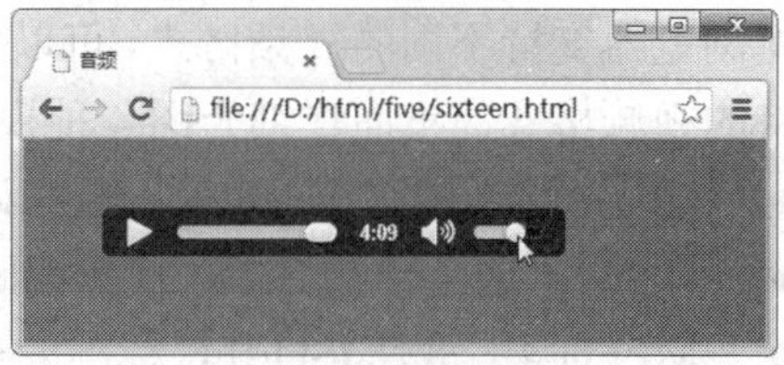

图 5-18　拖动进度条的效果

(5) 默认情况下，preload 属性的值是 auto，重新为该属性指定属性值，将其指定为 none。代码如下：

```
<audio controls src="file/天使的指纹.mp3" preload="none">
    不支持 audio 元素
</audio>
```

(6) 重新在浏览器中运行上述代码，查看效果，如图 5-19 所示。

(7) 继续为<audio>标记指定 loop 属性和 autoplay 属性，页面加载时自动播放音频，并且在播放完毕后会循环播放。代码如下：

```
<audio controls src="file/天使的指纹.mp3" preload="none" loop autoplay>
    不支持 audio 元素
</audio>
```

(8) 重新运行上述代码，浏览器中的效果如图 5-20 所示。

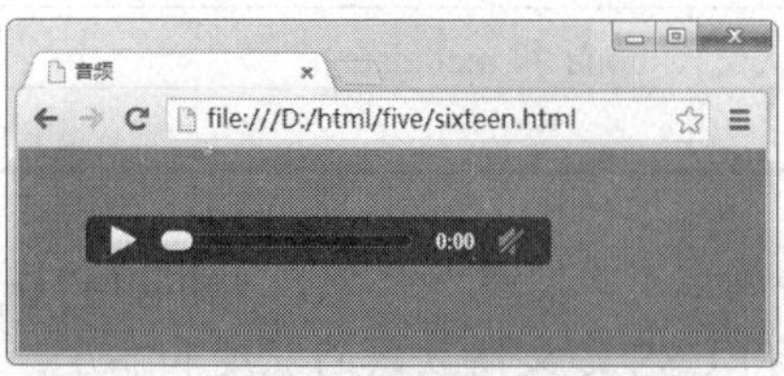

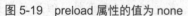

图 5-19　preload 属性的值为 none

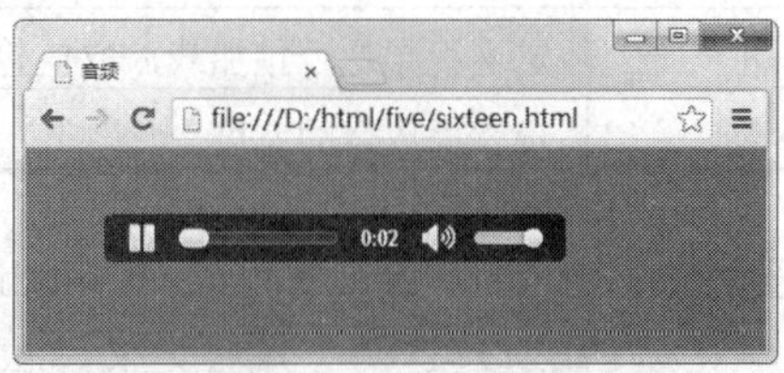

图 5-20　设置<audio>的其他属性

对于支持<audio>标记的浏览器，各种浏览器在网页中呈现播放器时可能具有不同的外观，且默认的宽度和高度都不相同。

如图 5-21 所示为 Firefox 浏览器中例 5-16 中的播放效果。

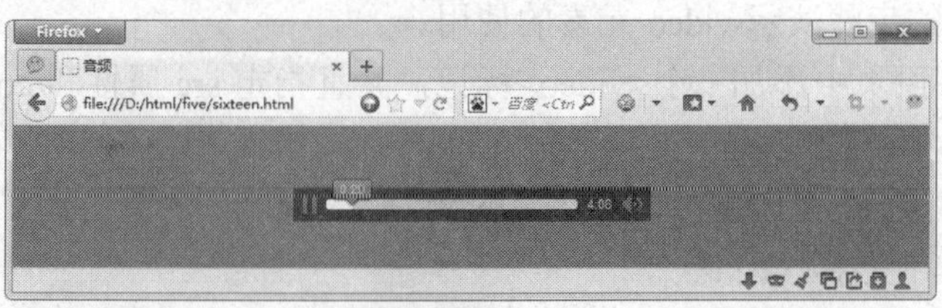

图 5-21　在 Firefox 浏览器中用<audio>标记播放音频

5.4.3 video 元素

video 元素用来定义视频，例如电影片段或者其他视频流。当前视频编码格式有许多种，不同的浏览器支持不同的视频格式。可以像查看 audio 元素那样在测试网站中查看 video 元素支持的视频格式，下面详细介绍 4 种视频格式。

- Ogg：这是带有 Thedora 视频编码和 Vorbis 音频编码的 Ogg 文件。
- H.264：这是带有 H.264 视频编码和 ACC 音频编码的视频文件。
- MPEG-4：这是 ISO/IEC 标准的视频，音频编码标准，通常就是指 MP4 文件。
- WebM：这是 Google 提出的标准，实际上就是 VP8 视频编码加上 Vorbis。

<video>标记包含多个属性，这些属性与<audio>标记大体相似，表 5-4 对这些属性进行了说明。

表 5-4 <video>标记的常用属性

属性名称	说 明
autoplay	设置视频是否在页面加载后自动播放。如果出现该属性，则视频马上播放
controls	用来设置是否为视频添加控件。例如播放、暂停、进度条、音量等。如果视频播放器的宽度无法展开控件的长度，那么就会仅显示“播放”、“暂停”两个控件
height	设置视频播放器的高度
loop	设置视频是否循环播放
poster	用于指定一张图片作为预览图，在当前视频数据无效时显示。视频数据无效可能是视频正在加载，也可能是视频地址错误等
src	要播放的视频的 URL
preload	定义视频是否预加载，取值包括 auto(默认值)、none 和 metadata
width	设置播放器的宽度

注意： <video>标记可以通过 width 和 height 属性定义宽度和高度，而<audio>标记不能通过这两个属性定义，但是可以使用 CSS 定义播放器的宽度和高度。通过 CSS 控制<audio>标记的宽度和高度时，宽度可以任意调整，但是高度最好不要小于 45px，一旦小于 45px，就会仅显示播放和暂停控件，而高度大于 45px 时不会改变播放控件的高度。

【例 5-17】

下面通过具体的步骤演示 video 元素的使用。

(1) 向 HTML 网页中添加一个<video>标记，并且指定 src 属性和 controls 属性。代码如下：

```
<video controls src="file/video.mp4" width="500" height="300">
    当前浏览器不支持视频标记
</video>
```

(2) 各种浏览器在网页中呈现的播放器具有不同的外观，如图 5-22 所示是在 Chrome

浏览器中的效果。

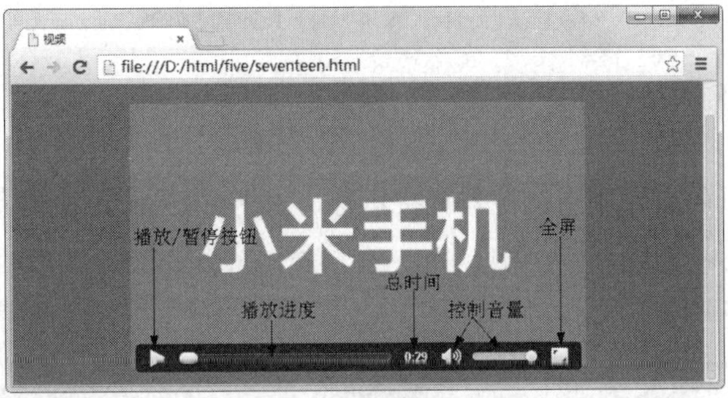

图 5-22　页面初始效果

(3)　单击图 5-22 中的“播放和暂停”按钮，此时的效果如图 5-23 所示。

图 5-23　播放视频时的效果

(4)　向 HTML 页面中继续为<video>标记添加代码，指定视频显示的宽度和高度。代码如下：

```
<video controls src="file/video.mp4" width="300" height="200">
    当前浏览器不支持视频标记
</video>
```

(5)　重新刷新浏览器查看效果，如图 5-24 所示。

图 5-24　指定视频的宽度和高度

(6)　为<video>标记指定 poster 属性的值，它表示当前视频数据无效时需要显示的预览图片。另外，还需要为<video>标记设置 autoplay 属性，指定浏览器加载视频后自动播放。

代码如下：

```
<video controls src="file/video.mp4" width="300" height="200"
  poster="file/novideo.jpg" autoplay>
     当前浏览器不支持视频标记
</video>
```

(7) 重新运行页面或者刷新浏览器直接运行，由于 Firefox 浏览器不支持 MP4 格式的视频文件，此时的效果如图 5-25 所示。

图 5-25 Firefox 浏览器的效果

指定 poster 属性的值与<video>开始标记和</video>结束标记之间的文本不同，poster 属性的值在当前视频无效时显示。而<video>开始标记和</video>结束标记之间的文本则是在浏览器不支持该标记时显示，如图 5-26 所示。

图 5-26 IE 浏览器的效果

5.4.4 source 元素

source 元素为媒介元素(例如 video 元素和 audio 元素)定义媒介资源。该元素本身不代表任何含义，不能单独出现，只能位于 video 元素或者 audio 元素内。由于浏览器支持不同的媒体编码格式，因此，video 元素和 audio 元素会经常使用 source 元素实现浏览器的兼容功能。

浏览器按照 source 元素的顺序检测指定的音频和视频是否能够播放(可能是音频或视频不支持或者不存在等原因)，如果不能播放，则换下一个。

<source>标记常用的属性及这些属性的说明如下。

- src：媒介的 URL，与<audio>标记和<video>标记的 src 属性一样。
- type：用于说明 src 属性指定媒体文件的类型，帮助播放器判断要播放的媒体内容的类型。属性值应为有效的 MIME 类型字符串，例如 video/mp4，该属性值有一

个 codes 参数，它用来指定特定媒体编码解码器，如 mp4.v.20.8。

- media：该属性用于说明媒体在何种介质中使用，不设置时默认值为 all，表示支持所有介质。

【例 5-18】

下面列出了一些常用的 MIME 类型以及常用的 codecs 参数值，由于编码细节的不同，一个 MIME 类型可以对应多个不同 codecs 参数值：

```
<source src='video.mp4' type='video/mp4; codecs="avc1.42E01E, mp4a.40.2"'/>
<source src='video.mp4' type='video/mp4; codecs="avc1.58A01E, mp4a.40.2"'/>
<source src='video.mp4' type='video/mp4; codecs="avc1.4D401E, mp4a.40.2"'/>
<source src='video.mp4' type='video/mp4; codecs="avc1.64001E, mp4a.40.2"'/>
<source src='video.mp4' type='video/mp4; codecs="mp4v.20.8, mp4a.40.2"'/>
<source src='video.mp4' type='video/mp4; codecs="mp4v.20.240, mp4a.40.2"'/>
<source src='video.3gp' type='video/3gpp; codecs="mp4v.20.8, samr"'/>
<source src='video.ogv' type='video/ogg; codecs="theora, vorbis"'/>
<source src='video.ogv' type='video/ogg; codecs="theora, speex"'/>
<source src='audio.ogg' type='audio/ogg; codecs=vorbis'/>
<source src='audio.spx' type='audio/ogg; codecs=speex'/>
<source src='audio.oga' type='audio/ogg; codecs=flac'/>
<source src='video.ogv' type='video/ogg; codecs="dirac, vorbis"'/>
<source src='video.mkv' type='video/x-matroska; codecs="theora, vorbis"'/>
<source src="video.webm" type='video/webm; codecs="vp8, vorbis"'/>
<source src="jasmine.mp3" type="audio/mpeg"/>
```

video 元素和 audio 元素中允许使用多个 source 元素，这些标记可以链接不同的视频或音频文件，浏览器将使用第一个可识别的格式，因此可以实现浏览器的兼容。

【例 5-19】

从例 5-17 中可以看出，Chrome 浏览器支持 MP4 格式的视频文件，但是 Firefox 浏览器并不支持这种格式的视频，为了实现浏览器的兼容，可以向 video 元素中添加多个 source 元素。

重新更改例 5-17 的代码，或者在该例的基础上添加新代码。

内容如下：

```
<video width="300" height="200" controls autoplay
 poster="file/novideo.jpg">
   <source src="file/video.webm" type="video/webm" />
   <source src="file/video.mp4" type="video/mp4" />
   <source src="file/video.ogg" type="video/ogg" />
</video>
```

重新在各个浏览器中运行上述代码，观察是否实现了浏览器的兼容效果，如图 5-27 是 Firefox 浏览器中的效果。

提示： 例 5-19 只显示了向 video 元素中添加 source 元素的情况，如果读者想要实现音频的兼容，可以向 audio 元素中添加 source 元素，这里不再显示具体的实现代码。

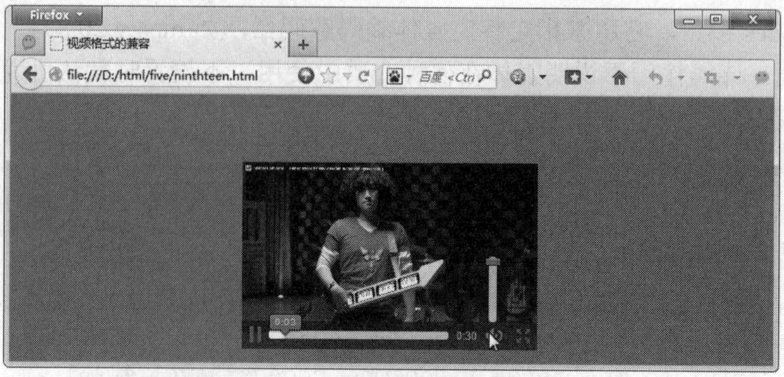

图 5-27　Firefox 浏览器实现兼容

5.4.5　判断浏览器的支持情况

目前，越来越多的网站都提供了音频和视频的播放(非插件)，HTML 5 提供了音频和视频的标准，那么如何检测用户使用的浏览器是否支持音频和视频呢？前面的例子中，通过向音频和视频标记的开始标记与结束标记之间添加代码进行实现。实际上，除了这种方式外，通常会通过 JavaScript 脚本判断浏览器的支持情况。

【例 5-20】

通过 JavaScript 脚本代码判断浏览器是否支持 HTML 5 视频。操作步骤如下。

(1)　向 HTML 网页中添加<div>标记和<button>标记，并且分别为这两个标记添加属性。代码如下：

```
<div id="checkVideoResult" style="margin:10px 0 0 0; border:0; padding:0;">
<button style="font-family:Arial, Helvetica, sans-serif;"
  onclick="checkVideo()">Check</button>
```

(2)　向 HTML 网页中添加 JavaScript 脚本，在脚本中判断浏览器是否支持 HTML 5 视频。完整代码如下：

```
function checkVideo()
{
    if(!!document.createElement('video').canPlayType) {
        var vidTest = document.createElement("video"); //创建 video 元素
        //检测是否可以播放 ogg 格式的视频
        oggTest = vidTest.canPlayType('video/ogg; codecs="theora, vorbis"');
        if (!oggTest) {
            //检测是否可以播放 MP4 格式的视频
            h264Test = vidTest.canPlayType(
              'video/mp4; codecs="avc1.42E01E, mp4a.40.2"');
            if (!h264Test) {
                document.getElementById("checkVideoResult").innerHTML =
                  "Sorry. No video support."
            } else {
                if (h264Test=="probably") {
                    document.getElementById("checkVideoResult").innerHTML =
```

```
                "Yes! Full support!";
            } else {
                document.getElementById("checkVideoResult").innerHTML =
                  "Some support.";
            }
        }
    } else {
        if (oggTest=="probably") {
            document.getElementById("checkVideoResult").innerHTML =
              "Yes! Full support!";
        } else {
            document.getElementById("checkVideoResult").innerHTML =
              "Well. Some support.";
        }
    }
} else {
    document.getElementById("checkVideoResult").innerHTML =
      "Sorry. No video support."
}
}
```

通过脚本检测浏览器是否支持音频和视频文件时，重点涉及到一个 canPlayType 方法，它用来检测浏览器是否能播放指定的音频和视频类型。其返回值有 3 个，说明如下。

- probably：表示浏览器最可能支持该视频或音频。
- maybe：表示浏览器可能支持该视频或音频。
- “”(空字符串)：表示浏览器不支持该视频或音频。

(3) 在浏览器中运行本例的代码，单击网页中的按钮进行测试即可。

5.5 绘 图 元 素

绘图是 HTML 5 中新增的一个功能，它使用 canvas 元素表示，该元素与 JavaScript 脚本结合，可以在网页中绘制出需要的、非常漂亮的图形和图像，从而制作出更加丰富多彩、赏心悦目的 Web 网页。

5.5.1 canvas 元素

canvas 元素是一个图形的容器，在网页中添加 canvas 元素时，相当于在页面中放置了一块画布，Web 开发者可以在画布上绘制任何图形。

<canvas>标记的常用属性有 3 个：id、width 和 height。其中，id 属性用于标识唯一的 canvas 元素；width 属性指定画布的宽度；height 属性指定画布的高度。基本使用格式如下：

```
<canvas id="myCanvas" width="300" height="300">
```

canvas 元素本身不具有任何行为，但是它把一个 API 展现给客户端脚本。因此，在使用 canvas 元素绘图时，需要得到一个渲染上下文对象 Context。简单地说，上下文对象就是把各种各样的具体变成一个统一的抽象，从而减轻开发者的负担。可以说，使用 canvas 绘制图形时，并不是直接绘制到画布上，而是先得到一个上下文对象 Context，然后再刷新到画布上。

一个 canvas 元素中只能有一个唯一的 ID，并且每个上下文对象也都是唯一的，获取渲染上下文对象 Context 非常简单，需要通过 JavaScript 脚本获取。代码如下：

```
var canvas = document.getElementById("myCanvas");
var ctx = canvas.getContext("2d");
```

在上述代码中，首先获取 HTML 网页中的 canvas 元素对象，然后再调用该对象的 getContext()方法。目前，能够向 getContext()方法中传入的唯一合法值是 2d，它指定了二维绘图，并且该方法返回一个环境对象(即渲染上下文对象)，该对象导出一个二维绘图 API，调用 API 的相关方法就可以绘制漂亮的图形了。

5.5.2 使用 canvas 元素

使用 canvas 元素之前，可以首先判断浏览器是否支持该元素。除了在那些不支持 canvas 元素的浏览器上显示替用内容外，还可以通过脚本的方式来检查浏览器是否支持 canvas 元素。在 JavaScript 脚本中判断的方法很简单，判读 getContext 是否存在即可。如果存在，可以创建一个上下文对象 Context，否则执行 else 语句中的内容。代码如下：

```
var canvas = document.getElementById('tutorial');
if (canvas.getContext) {
   var ctx = canvas.getContext('2d');
   // drawing code here
} else {
   // canvas-unsupported code here
}
```

【例 5-21】

canvas 元素可以绘制各种各样的图形，它的功能非常强大，本节演示一个简单的例子——绘制两个交错的矩形，其中一个是 alpha 透明效果。实现步骤如下。

(1) 向 HTML 网页中添加<canvas>标记，并为该标记指定 id 属性、width 属性和 height 属性。代码如下：

```
<canvas id="tutorial" width="150" height="150"></canvas>
```

(2) 向 HTML 网页的头部添加 JavaScript 脚本代码，创建一个 draw()函数。该函数的代码如下：

```
<script type="text/javascript">
    function draw() {
        var canvas = document.getElementById('tutorial');   //获取 canvas 元素
        if (canvas.getContext) {                          //如果浏览器支持 canvas 元素
            var ctx = canvas.getContext("2d");
            ctx.fillStyle = "rgb(200,0,0)";                   //填充样式
            ctx.fillRect (10, 10, 55, 50);                    //绘制矩形
            ctx.fillStyle = "rgba(0, 0, 200, 0.5)";           //填充样式
            ctx.fillRect (30, 30, 55, 50);                    //绘制矩形
```

```
        }
    }
</script>
```

上述代码首先获取网页中的 canvas 元素，接着判断浏览器是否支持该元素。如果支持 canvas 元素，则调用 getContext()创建一个上下文对象，并且调用 fillRect()绘制两个矩形。另外，fillStyle()用于指定图形的填充样式。

(3) 为页面的<body>标记添加 onload 事件属性。代码如下：

```
<body onLoad="draw();">
    <center>
        <canvas id="tutorial" width="150" height="150"></canvas>
    </center>
</body>
```

(4) 运行本例的代码，查看效果，如图 5-28 所示。

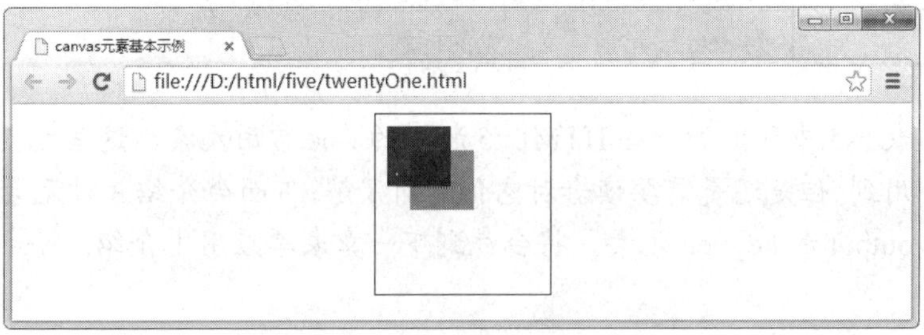

图 5-28　canvas 元素的基本示例

注意：canvas 元素的功能非常强大，使用该元素上下文对象的方法，不仅可以绘制矩形，还可以绘制正方形、圆形、椭圆、五角形，也可以绘制复杂的图形，如不规则的多边形。这里不再详细介绍 canvas 元素的各种图形的绘制，感兴趣的读者可以在网络上查找更多的资料。

5.6　HTML 5 的其他新增元素

在前面的几节中，已经详细介绍了 HTML 5 中新增的结构元素、块级语义元素、行内语义元素、多媒体元素以及绘图元素。

实际上，除了上面介绍的这些元素外，HTML 5 还增加了其他的元素，下面简单了解这些新增的元素。

5.6.1　其他新增元素

前面几节介绍了 HTML 5 新增加的 header、article、section、nav、hgroup、footer、cite、time、meter、progress、video、audio、source、embed 以及 canvas 等多个元素。除了这些元素外，HTML 5 还包含其他的新增元素，这些元素的说明如表 5-5 所示。

表 5-5　HTML 5 中的其他新增元素

元素名称	说　明
bdi	定义文本的文本方向，使其脱离其周围文本的方向设置
command	定义命令按钮
datalist	定义下拉列表
details	定义元素的细节
keygen	定义生成密钥
output	定义输出的一些类型
rp	定义如果浏览器不支持 ruby 元素显示的内容
rt	定义 ruby 注释的解释
ruby	定义 ruby 注释
track	定义用在媒体播放器中的文本轨道
summary	为 details 元素定义可见的标题

提示： 表 5-5 中列出了一些 HTML 5 新增的其他常用元素，这些元素并不会被经常用到，但是还是需要读者对它们有所了解。下面会介绍 3 种元素，至于 datalist、output 和 keygen 元素，将会放到下一章表单应用中介绍。

5.6.2　details 元素

details 元素用于描述文档或者文档某个部分的标题，它与 summary 元素配合使用，可以为 details 定义标题。标题是可见的，用户点击标题时，会显示出 details 元素的内容。

<details>标记涉及到一个 open 属性，该属性用于定义 details 是否可见。

【例 5-22】

下面向 HTML 网页中创建两个 details 元素，并为每一个 details 元素指定标题，然后再为第二个元素指定 open 属性。代码如下：

```
<details>
    <summary>北京</summary>
        北京是中华人民共和国的首都、直辖市和国家中心城市之一，中国的政治、文化、科教和国际交往中心，中国经济、金融的决策和管理中心，也是中华人民共和国中央人民政府和全国人民代表大会的办公所在地，位于华北平原的东北边缘，背靠燕山，有永定河流经老城西南，毗邻天津市和河北省。
</details>
<details open>
    <summary>上海</summary>
        上海简称"沪"或"申"，中国第一大城市，中华人民共和国直辖市之一，中国国家中心城市，中国的经济、金融中心，繁荣的国际大都市，是中国首个自贸区"中国(上海)自由贸易试验区"的所在地。
</details>
```

在浏览器中运行上述代码，查看效果，初始效果如图 5-29 所示。单击图 5-29 中的标题，此时的效果如图 5-30 所示。

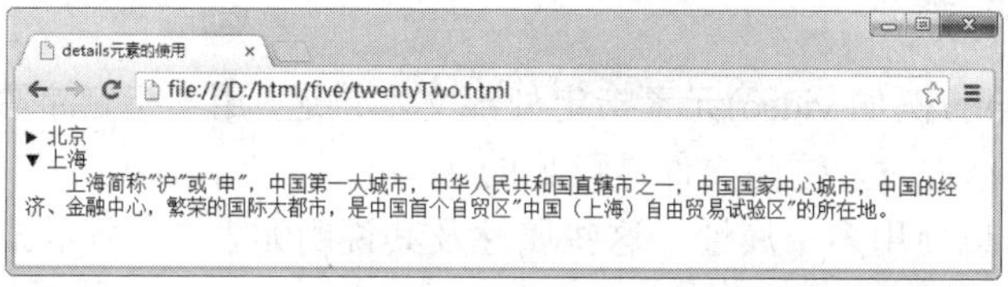

图 5-29　初始效果

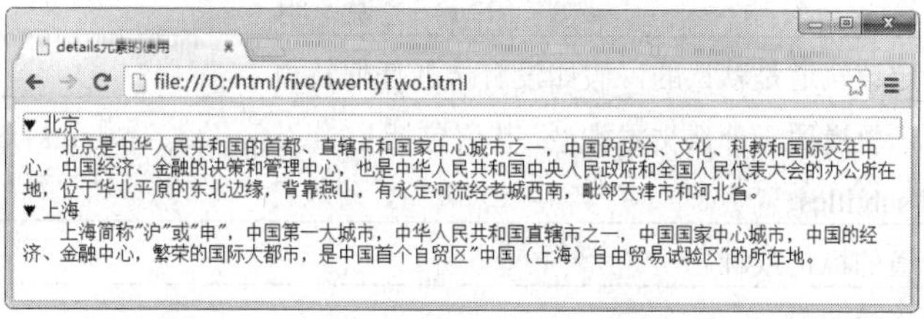

图 5-30　单击 details 元素标题时的效果

5.6.3　command 元素

command 元素表示用户能够调用的命令，通过该元素，可以定义命令按钮，例如单选按钮、复选框和提交按钮等。

只有将 command 元素位于 menu 元素内时，该元素才是可见的，否则不会显示这个元素，但是可以用它指定键盘快捷键。

<command>标记包含多个属性，常用属性及其说明如表 5-6 所示。

表 5-6　<command>标记的常用属性

属性名称	说　明
checked	定义是否被选中。仅用于 radio 或 checkbox 类型
disabled	定义 command 是否可用
icon	定义作为 command 来显示的图像的 url
label	为 command 定义可见的 label
radiogroup	定义 command 所属的组名。仅在类型为 radio 时使用
type	定义该 command 的类型。其值包括 checkbox、command(默认值)和 radio

下面的代码定义了一个按钮：

```
<menu>
    <command onclick="alert('Hello World')">Click Me!</command>
</menu>
```

注意： 目前，常用的主流浏览器(例如 Chrome、Firefox 和 Opera 等)都不提供对 command 元素的支持。

5.6.4 track 元素

track 元素为媒介(例如 video)元素指定外部文本轨道，用于指定字幕文件或其他包含文本的文件，当媒介播放时，这些文件是可见的。

<track>标记可以使用多个属性，这些属性及其说明如表 5-7 所示。

表 5-7　<track>标记的常用属性

属性名称	说　明
default	指定该轨道是默认的，假如没有选择任何轨道
kind	表示轨道属于什么文本类型。其值包括 kind、captions、chapters、descriptions、metadata 和 subtitles
label	轨道的标记或标题
src	轨道的 URL
srclang	轨道的语言，若 kind 属性值是“subtitles”，则该属性必需的

【例 5-23】

下面的代码播放带有字幕的视频：

```
<video width="320" height="240" controls="controls">
    <source src="forrest_gump.mp4" type="video/mp4" />
    <source src="forrest_gump.ogg" type="video/ogg" />
    <track kind="subtitles" src="subs_chi.srt" srclang="zh"
      label="Chinese" />
    <track kind="subtitles" src="subs_eng.srt" srclang="en"
      label="English" />
</video>
```

5.7 实验指导——用 HTML 5 的新增元素构建网页

本章详细介绍了 HTML 5 中新增加的元素，包括常用的结构元素、语义元素、多媒体元素以及绘图元素等。实际上，多媒体元素和绘图元素的功能非常强大，通过它们，可以实现更强大的功能，本节实验指导将这些内容结合起来，构建一个直观、大方的网页。

使用 HTML 5 新增的元素构建网页，最终效果如图 5-31 所示。

根据图 5-31 的效果设计页面，将整个页面的内容分为上侧和底部，上侧又分为左侧和右侧，左侧显示头部信息和文章列表，右侧显示导航链接和有关视频。实现步骤如下。

(1) 首先设计页面左侧的头部信息，页面头部包含一张背景图片、一个主标题、一个副标题以及显示时间的钟表。代码如下：

```
<header>
    <hgroup>
        <h1><a href="#">Flower</a></h1>
        <h2><a href="http://www.freecsstemplates.org/">colorful world</a>
        </h2>
```

```
    </hgroup>
</header>
```

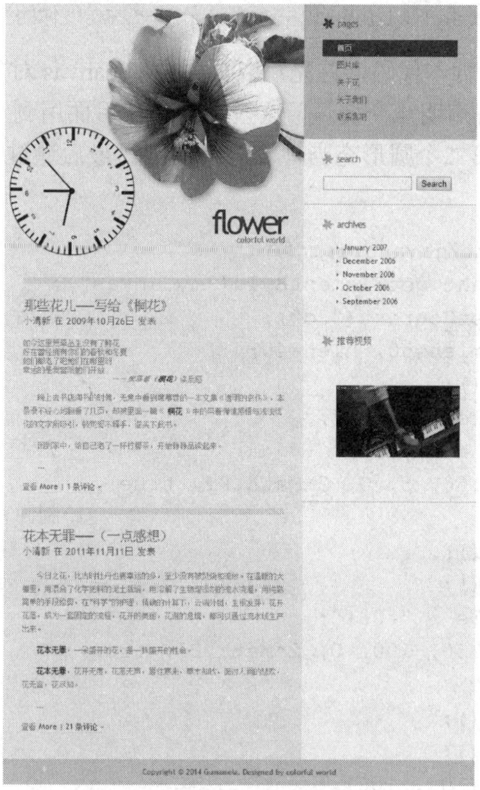

图 5-31 实验指导例子的效果

(2) 为上述内容中的元素指定 CSS 样式代码，如下所示为 header 元素、h1 元素、h2 元素的样式：

```
header {
    height: 430px;
    background: url(images/img1.jpg) no-repeat right top;
}
header h1 {
    padding: 310px 30px 0 0;
    text-align: right;
    letter-spacing: -5px;
    font-size: 4em;
}
header h2 {
    margin: -15px 0 0 0;
    padding: 0 30px 0 0;
    text-align: right;
    letter-spacing: normal;
    font-size: 1em;
}
```

(3) 向头部添加用于显示钟表时间的 canvas 元素，并指定该元素的长度和宽度。页面代码如下：

```
<canvas id="myCanvas" width="250" height="260">你的浏览器还不支持哦</canvas>
```

(4) 添加 JavaScript 脚本代码，首先获取页面中的 canvas 对象，并调用 getContext()方法创建上下文对象。接着声明 4 个变量，这些变量会在后面用到。然后分别绘制两个圆形，第一个圆形充当圆心，第二个圆形充当钟表的外侧圆。最后通过 for 循环语句为钟表添加 60 个时间轴。代码如下：

```
<script type="text/javascript">
   var c = document.getElementById("myCanvas");
   var cxt = c.getContext("2d");
   var slen=60, mlen=50, hlen=40;
   cxt.beginPath();
   cxt.strokeStyle = "#00f";
   cxt.fillStyle = "#00f";                          //填充颜色
   cxt.arc(100, 150, 5, 0, 2*Math.PI, true);        //钟表的圆心
   cxt.fill();                                      //绘制钟表圆心
   cxt.closePath();
   cxt.beginPath();
   cxt.strokeStyle = "#00f";
   cxt.arc(100, 150, 100, 0, 2*Math.PI, true);          //钟表的大圆
   cxt.stroke();
   cxt.closePath();
   cxt.beginPath();
   cxt.translate(100, 150);                                 //平移原点
   cxt.rotate(-Math.PI/2);
   cxt.save();
   for (var i=0; i<60; i++) {                         //绘制钟表
      if (i % 5 == 0) {
         cxt.fillRect(80, 0, 20, 5);
         cxt.fillText("" + (i/5 == 0? 12 : i/5), 70, 0);
      } else {
         cxt.fillRect(90, 0, 10, 2);
      }
      cxt.rotate(Math.PI/30);                        //旋转图形
   }
   cxt.closePath();
</script>
```

(5) 创建 Refresh()函数，该函数用于旋转指针，包括秒针、分针和小时针。代码如下：

```
var ls=0, lm=0, lh=0;
function Refresh() {
   cxt.restore();
   cxt.save();
   cxt.rotate(ls*Math.PI/30);
   cxt.clearRect(5, -1, slen+1, 2+2);
   cxt.restore(); cxt.save();
```

```
    cxt.rotate(lm*Math.PI/30);                          //旋转图形
    cxt.clearRect(5, -1, mlen+1, 3+2);
    cxt.restore(); cxt.save();
    cxt.rotate(lh*Math.PI/6);                           //旋转图形
    cxt.clearRect(5, -3, hlen+1, 4+2);                  //清空指定的区域
    var time = new Date();                              //创建日期和时间对象
    var s = ls=time.getSeconds();                       //秒
    var m = lm=time.getMinutes();                       //分
    var h = lh=time.getHours();                         //小时
    cxt.restore();                                      //恢复图形状态
    cxt.save();                                         //保存图形状态
    cxt.rotate(s*Math.PI/30);                           //旋转图形
    cxt.fillRect(5, 0, slen, 2);                        //绘制矩形
    cxt.restore(); cxt.save();
    cxt.rotate(m*Math.PI/30);                           //旋转图形
    cxt.fillRect(5, 0, mlen, 3);                        //绘制矩形
    cxt.restore(); cxt.save();
    cxt.rotate(h*Math.PI/6);                            //旋转图形
    cxt.fillRect(5, -2, hlen, 4);                       //绘制矩形
}
```

(6) 通过 setInterval()函数进行设置，每隔一秒钟调用一次 Refresh()函数。代码如下：

```
var MyInterval = setInterval("Refresh();", 1000);
```

(7) 在浏览器中运行页面，查看头部内容的显示效果。

(8) 继续向页面中添加左侧内容的设计，从图 5-31 中可以看出，左侧包含两篇文章，每一篇文章的内容格式一致，最外侧通过 article 元素进行控制。页面布局如下：

```
<article>
    <section></section>
    <section></section>
</article>
```

(9) 为上个步骤中的 section 元素添加 CSS 样式，内容如下：

```
section {
    margin: 0 30px;
    padding: 20px 0 10px 0;
    border-top: 10px solid #E0E0E0;
}
```

(10) 向 section 元素中添加内容，包含文章标题、发布日期、内容以及评论信息等多个部分。将文章标题和发布日期作为标题放到 hgroup 元素中，内容和评论信息通过段落元素显示。代码如下：

```
<section>
    <header class="leftheader1">
        <hgroup>
            <h2 class="title">那些花儿——写给《桐花》</h2>
            <h3 class="posted">小清新 在<time>2009 年 10 月 26 日</time>发表</h3>
```

```
        </hgroup>
    </header>
    <div class="story">
        <p>
            <pre>
如今这里荒草丛生没有了鲜花
好在曾经拥有你们的春秋和冬夏
她们都老了吧她们在哪里呀
幸运的是我曾陪她们开放
            ——<cite>席慕蓉《<mark>桐花</mark>》</cite>读后感
            </pre>
        </p>
    <!-- 省略其他内容 -->
    </div>
</section>
```

(11) 为上个步骤中的相关元素重新指定 CSS 样式，具体的样式代码不再显示。

(12) 根据步骤 10 和步骤 11 添加第二篇文章，具体的代码不再给出。

(13) 设计右侧的内容，右侧非常简单，包含一个导航链接、一个搜索框、一个分类列表以及一个视频。导航链接通过 nav 元素显示：

```
<nav>
    <a href="#" style="background: #B22900;color: #FFFFFF;">首页</a>
    <a href="#">图片库</a>
    <a href="#">关于花</a>
    <a href="#">关于我们</a>
    <a href="#">联系我吧</a>
</nav>
```

(14) 设置搜索框，用户可以在搜索框中输入关键字查看指定的文章，将搜索框的类型指定为 search。代码如下：

```
<input type="search" id="textfield1" name="textfield1" value="" size="18" />
```

(15) 添加用于显示视频的 video 元素，在该元素内添加 source 元素，实现浏览器的兼容效果。并且用 width 属性和 height 属性指定视频显示的宽度和高度，autoplay 属性指定页面加载时自动播放该视频。代码如下：

```
<video width="200" height="200" controls autoplay
  poster="../file/novideo.jpg">
    <source src="../file/video.webm" type="video/webm" />
    <source src="../file/video.mp4" type="video/mp4" />
    <source src="../file/video.ogg" type="video/ogg" />
</video>
```

(16) 设计网页的底部内容，底部信息非常简单，通过 footer 元素显示。代码如下：

```
<footer>
    <p>Copyright &copy; 2014 Gumamela. Designed by <a href="#">
      <strong>colorful world</strong></a></p>
```

```
</footer>
```

(17) 为 footer 元素添加 CSS 样式，样式代码如下：

```
footer {
    width: 760px;
    margin: 0 auto;
    background: #D0D1C7;
}
footer p {
    margin: 0;
    padding: 10px 0;
    text-align: center;
}
```

(18) 根据网页的效果添加其他的设计内容。

(19) 所有的代码添加完毕后，运行页面查看效果，最终的效果如图 5-31 所示。

5.8　习　　题

一、填空题

1. 在 HTML 5 中通过 DOCTYPE 声明文档的代码是__________。
2. 新增的__________元素用于定义文档中的头部信息。
3. <section>标记新增加的__________属性用于指定到一个引用资源的 URL。
4. 在 HTML 5 新增的多媒体元素中，__________元素用于定义一个视频。
5. <source>标记的__________属性说明 src 属性指定媒体文件的类型。
6. 获取上下文对象时需要调用 canvas 的__________方法。
7. __________元素为媒介元素指定外部文本轨道，它的__________属性表示轨道的标记或者标题。

二、选择题

1. 在 HTML 网页中，新增加的__________元素扮演着一个可以包含一个或多个与标题相关容器的角色。

    A. header　　B. section　　C. hgroup　　D. footer

2. 本章介绍的 3 个块级语义元素不包括__________。

    A. canvas　　B. aside　　C. figure　　D. dialog

3. meter 元素的__________属性用于定义范围内的最佳值。

    A. optimum　　B. value　　C. low　　D. high

4. 向音频和视频元素中嵌入__________元素，可以达到浏览器兼容的效果。

    A. object　　B. source　　C. embed　　D. audio

5. HTML 5 中提供的绘图元素是__________。

    A. canvas　　B. video　　C. audio　　D. source

6. __________元素经常会与 details 元素一起使用，该元素定义 details 的标题。

A. track　　B. caption　　C. figcaption　　D. summary

三、简答题

1. 说明 HTML 5 的优点，以及如何测试浏览器的得分。
2. HTML 5 中新增加的元素有哪些类型？这些类型包含哪些元素？
3. audio 元素和 video 元素是用来做什么的？它们的常用属性有哪些？
4. 如何通过 canvas 元素获取上下文对象？

第 6 章　HTML 5 新增表单及其应用

表单是客户端和服务器端传递数据的桥梁，是实现用户与服务器互动的最主要方式。HTML 网页在设计时会经常使用到表单，例如用户注册、更改个人资料或者添加/修改收货地址等。在本书的第 3 章中，已经介绍过表单，包括的概念、设计表单时遵循的原则以及表单经常使用的 input、textarea 和 select 元素。本章介绍 HTML 5 中新增加的一些元素、属性和 input 元素的输入类型。

通过本章的学习，读者不仅可以了解 HTML 5 中新增加的表单属性，也能够熟练地使用 HTML 5 新增的元素，还可以掌握 HTML 5 中新增加的表单输入类型。另外，用户还可以掌握 HTML 5 中新增加的与表单有关的文件上传功能。

本章学习目标如下：

- 熟悉 HTML 5 中新增的表单属性。
- 掌握 datalist 元素的使用。
- 熟悉 keygen 和 output 元素。
- 掌握 search、email 和 url 输入类型。
- 掌握新增的日期和时间类型。
- 掌握 number 和 range 类型。
- 熟悉 color 和 tel 类型。
- 掌握 multiple 属性的使用。
- 熟悉 file 对象的常用属性。
- 了解 FileReader 接口的使用。
- 熟悉 HTML 5 中新增的拖拽事件。
- 了解 dataTransfer 对象的常用属性。

6.1　新增的表单属性

属性是 HTML 网页中的标记不可缺少的内容，表单中可以包含多个元素，但最常用的是 form 表单元素和 input 输入元素。HTML 5 对这两个元素都添加了新属性，autocomplete 属性和 novalidate 属性都是针对 form 元素添加的。相对于 form 元素来说，input 元素添加的属性较多，这些属性及其说明如表 6-1 所示。

表 6-1　input 元素新增的属性

属性名称	说　明
autocomplete	指定 input 输入框是否拥有自动完成功能。适用于 text、search、url、tel、email、password、datepickers、range 以及 color 类型的<input>标记
autofocus	指定页面加载后是否自动获取焦点。适用于<input>标记的所有类型

续表

属性名称	说　明
form	指定输入框所属的一个或多个表单。适用于<input>标记的所有类型
formoverrides	允许重写 form 元素的某些属性，适用于<input>标记的 submit 和 image 类型。表单重写属性包括以下几个。 formaction：重写表单的 action 属性。 formenctype：重写表单的 enctype 属性。 formmethod：重写表单的 method 属性。 formnovalidate：重写表单的 novalidate 属性。 formtarget：重写表单的 target 属性
width 和 height	指定用于 image 类型的<input>标记的图像的宽度和高度
list	指定输入框的 datalist 元素的 id 值。适用于类型是 text、search、url、tel、email、datapickers、number、range 以及 color 类型的<input>标记
min、max 和 step	用于为包含数字或日期的 input 类型指定限定约束，其中 max 指定允许的最大值；min 指定允许的最小值；step 指定合法的数字间隔。适用于类型是 datapickers、number 和 range 的<input>标记
multiple	指定输入框中可以选择多个值。适用于类型是 email 和 file 的<input>标记
pattern	用于验证 input 框的模式，模式是正则表达式。适用于类型是 text、search、url、tel、email 和 password 的<input>标记
placeholder	提供一种提示，描述输入框所期待的值。适用于类型是 text、search、url、tel、email 以及 password 的<input>标记
required	指定必须在提交之前填写输入框

提示： 表 6-1 中只介绍了 HTML 5 中新增加的与 input 元素有关的属性。这些属性会在后面使用到，这里不再详细解释。

6.2 新增的表单元素

HTML 5 中新增加了三个与表单相关的元素，本节将介绍这三个元素，它们分别是 datalist 元素、keygen 元素和 output 元素。

6.2.1 datalist 元素

datalist 元素定义输入框的选项列表，列表是通过 datalist 内的 option 元素创建的。datalist 元素类似于选择框(select)，但是当用户想要设置的值不在选择列表之内时，允许其自行输入。

datalist 元素本身并不显示，而是当文本框获得焦点时，以提示输入的方式显示。如果需要把 datalist 绑定到输入框，则用输入框的 list 属性引用 datalist 的 id。

【例 6-1】

用户向 NickName 输入框中输入内容时，会自动显示 datalist 元素提供的列表。实现步骤如下。

(1) 向页面中添加 datalist 元素，该元素指定 3 个列表选项。代码如下：

```
<datalist id="username">
    <option>小丸子</option>
    <option>Hope</option>
    <option>不吃于的小猫猫</option>
</datalist>
```

(2) 向页面中添加 text 类型的 input 元素，并且为该元素指定 list 属性，该属性的值指向上个步骤创建的 datalist 元素的 id 属性值。代码如下：

```
NickName: <input type="text" list="username" name="usernick" />
```

(3) 在浏览器中运行上述代码，查看效果，如图 6-1 所示为 Chrome 浏览器的效果，如图 6-2 所示为 Firefox 浏览器的效果。

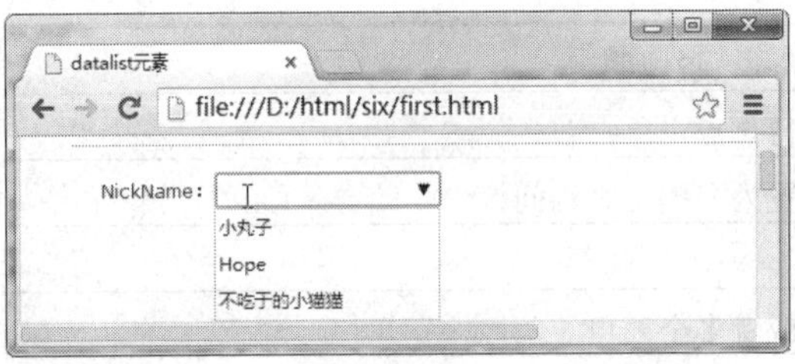

图 6-1　Chrome 浏览器的效果

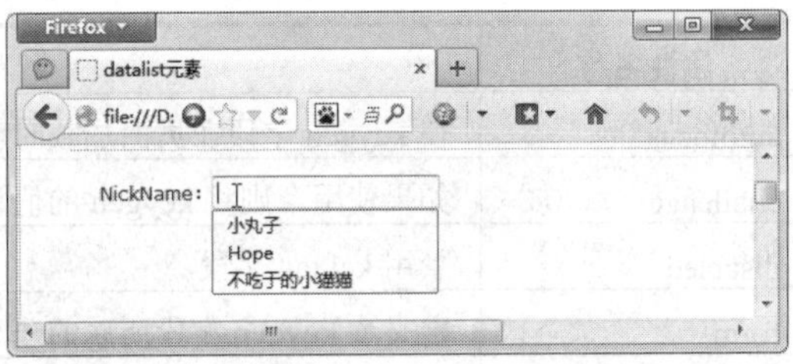

图 6-2　Firefox 浏览器的效果

6.2.2　keygen 元素

keygen 元素是密钥对生成器，当用户提交表单时，会生成两个键：一个是存储在客户端的私钥；一个是被发送到服务器的公钥，它可用于之后验证用户的客户端证书。keygen 元素的作用是提供一种可靠的验证方法。

【例 6-2】

在例 6-1 的基础上进行更改，对用户输入的 NickName 进行加密，并且添加一个提交按钮。完整代码如下：

```
<form action="" method="get">
   NickName: <input type="text" list="username" name="usernick"/>
   <datalist id="username">
      <option>小丸子</option>
      <option>Hope</option>
      <option>不吃于的小猫猫</option>
   </datalist>
   加密: <keygen name="security" />
   <input type="submit" />
</form>
```

在浏览器中运行上述代码，查看效果，图 6-3 和 6-4 分别为 Chrome 浏览器和 Firefox 浏览器的效果。

图 6-3　Chrome 浏览器

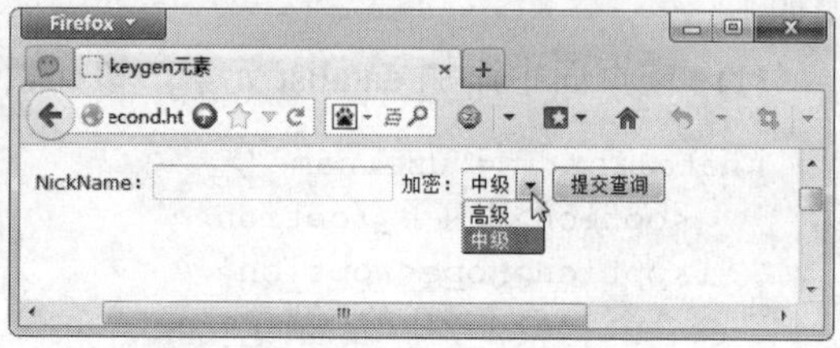

图 6-4　Firefox 浏览器

向 NickName 输入框中输入内容，并且选择加密的方式，输入完毕后单击图中的“提交”或“提交查询”按钮，可以观察浏览器的 URL 地址。

上述例子中，为<keygen>标记指定了 name 属性，实际上，除了该属性外，还可以为<keygen>标记指定其他的属性，这些属性及其说明如表 6-2 所示。

表 6-2　<keygen>标记的常用属性

属性名称	说　明
autofocus	使 keygen 字段在页面加载时获得焦点
challenge	如果使用，则将 keygen 的值设置为在提交时询问
disabled	禁用 keytag 字段
form	定义该 keygen 字段所属的一个或者多个表单
keytype	定义 keytype。rsa 生成 RSA 密钥
name	定义 keygen 元素的唯一名称。name 属性用于在提交表单时搜集字段的值

6.2.3　output 元素

output 元素显示一些计算的结果或者脚本的其他结果。output 元素必须从属于某个表单，也就是说，该元素必须将它书写在表单内部，或者对它添加 form 属性。

【例 6-3】

根据用户输入的两个数字计算其相加结果，结果通过 output 元素进行输出。实现步骤如下。

(1)　向页面的 form 元素中添加一个 3 行 3 列的表单。页面代码如下：

```
<form action="" method="get">
  <table align="center">
    <tr>
      <td align="right">First: </td>
      <td><input name="first" type="text" /></td>
      <td rowspan="3"><output name="result"></output></td>
    </tr>
    <tr>
      <td align="right"> Second: </td>
      <td><input name="second" type="text" /></td>
```

```
    </tr>
    <tr>
      <td></td>
      <td><input type="button" onClick="Count()" value="提交"/></td>
    </tr>
  </table>
</form>
```

(2) 单击页面中的“提交”按钮时，会触发 Click 事件，调用 Count()函数，在该函数中获取用户输入的两个数值，并且将其转换为 int 类型后输出结果。函数代码如下：

```
function Count() {
    var first = document.forms[0]["first"].value;
    var second = document.forms[0]["second"].value;
    var result = parseInt(first) + parseInt(second);
    document.forms[0]["result"].value = "计算结果" + result;
}
```

(3) 在浏览器中运行该例，输入内容后单击按钮进行测试，输出结果如图 6-5 所示。

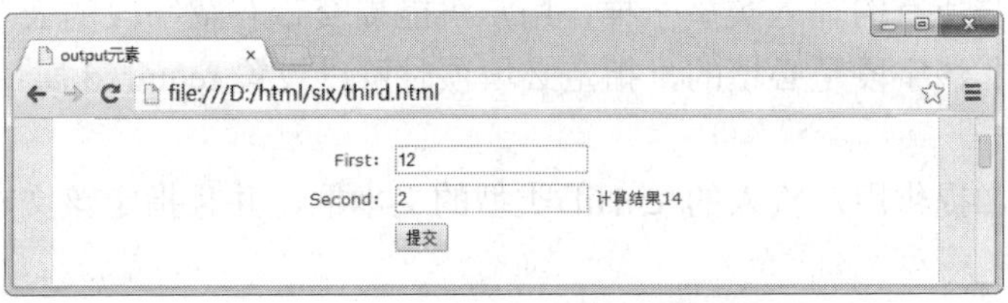

图 6-5　用 output 元素输出结果

6.3　新增输入类型

HTML 5 中新增加了一系列的输入类型，通过这些输入类型，可以实现 HTML 5 之前版本的元素要使用 JavaScript 才能实现的许多功能。例如，针对用户输入的邮箱地址来说，在 HTML 5 之前的版本中，需要通过 JavaScript 脚本或者其他技术进行检测，但是 HTML 5 中新增加了 email 类型，可以直接对用户输入的内容进行判断。

6.3.1　search 类型

search 类型的 input 元素是一种专门用来输入搜索关键词的文本框。经常上网的用户可以知道，用户可以向网站中输入某个关键字而得到一系列有关的内容，这时输入框就可以使用 search 类型的。

【例 6-4】

向表单中添加供用户输入的搜索框，同时为<input>标记指定 placeholder 属性，该属性提供期望用户输入的值。代码如下：

```
<form action="" method="get">
  搜索关键字：<input type="search" placeholder="请输入搜索关键字：女裙"  size="30"/>
</form>
```

运行上述代码查看效果，search显示了正常的文本框，初始效果如图6-6所示。在Chrome浏览器中的搜索框输入内容时，会在右侧附带一个删除图标按钮，如图6-7所示。

图6-6　search输入框的初始效果

图6-7　向search框中输入内容

6.3.2　email类型

email类型的input元素是一种专门用来输入E-mail地址的文本框。用户在提交表单时，如果该文本框中的内容不是E-mail地址格式的文字，则不允许提交，但是它不检查E-mail地址是否存在。与所有的输入类型一样，用户可能提交带有空字段的表单，内容为空时不会进行验证。除非该字段是必填的，指定必填项时可以设置required属性。

【例6-5】

向页面中添加提供用户输入的email类型的文本框，并且指定该文本框是必填的。页面代码如下：

```
<form action="" method="get">
    请输入E-mail地址：
    <input type="email" placeholder="zhang@163.com" size="30" required/>
    <input type="submit" value="提交"/>
</form>
```

在浏览器中运行上述代码，查看效果，当输入框内容空白时，会向用户显示提示信息，直接单击“提交”按钮进行测试，如图6-8所示为Chrome浏览器的提示效果。

不同的浏览器由于引擎不同，导致信息提示有所不同，如图6-9所示为Firefox浏览器的效果。

图6-8　Chrome浏览器的效果

图6-9　Firefox浏览器的效果

分别向图6-8和6-9中输入电子邮件地址进行测试，如果输入的E-mail地址不合法，则会显示新的提示，如图6-10和6-11所示。

图 6-10　Chrome 浏览器的提示信息

图 6-11　Firefox 浏览器的提示信息

email 类型的文本框具有一个 multiple 属性，它允许在该文本框中使用逗号隔开有效 E-mail 地址的一个列表。这并不是要求用户一定要手动输入逗号隔开列表，因为浏览器可能使用复选框从用户的邮件客户端或手机通信录中取出多个联系人列表。

multiple 属性的使用方法如下：

```
请输入 E-mail 地址：<input type="email" placeholder="zhang@163.com"
  size="30" required multiple/>
```

刷新浏览器或者重新运行该例，向文本框中输入多个 E-mail 地址，此时的效果如图 6-12 所示。

图 6-12　输入多个 E-mail 地址

6.3.3　url 类型

url 类型的 input 元素是一种专门用来输入 url 地址的文本框。用户在提交表单时，如果该文本框中内容不是 url 地址格式的文字，则不允许用户进行提交。它与 email 类型一样，如果 url 类型的文本框必须输入内容，那么需要指定 required 属性。

【例 6-6】

向页面中添加供用户输入网址的输入框，并且该框是必填的。页面代码如下：

```
<form name="1" action="" method="get">
    您要访问的网址：<input name="myurl" type="url" size="30" required="true" />
    <input type="submit" value="提交"/>
</form>
```

在浏览器中运行上述代码，查看效果，直接单击按钮时的效果如图 6-13 所示。

输入“baidu”后，重新单击按钮进行查看，效果如图 6-14 所示。

图 6-13　页面初始运行效果

图 6-14　输入内容后的效果

注意： 浏览器的渲染引擎不一样，导致浏览器所实现的效果可能会有所不同。针对 url 类型的输入框来说，Chrome 和 Opera 浏览器允许在完整的地址前添加空格，这在默认情况下地址是正确的，而 Firefox 浏览器不允许在完整地址前添加空格，默认情况下加空格是错误的。

6.3.4　datepicker 类型

准确地说，datepicker 并不是一种类型，而是多种与日期和时间有关类型的统称。

HTML 5 新增了多个可供选取日期和时间的新输入类型，用于验证输入的日期。这些日期和时间类型及其说明如表 6-3 所示。

表 6-3　HTML 5 中新增的日期和时间类型

日期和时间类型	说　明
date	选取日、月、年
month	选取月、年
week	选取周和年
time	选取时间(小时和分钟)
datetime	选取时间、日、月、年(UTC 时间)
datetime-local	选取时间、日、月、年(本地时间)

【例 6-7】

向页面中添加表中的多个 input 元素，分别设置这些 input 元素的 type 类型。页面代码如下：

```
<form name="1" action="" method="get">
  <table align="center">
    <tr>
      <td align="right">date:</td><td><input type="date"/></td>
      <td align="right">month:</td><td><input type="month" /></td>
    </tr>
    <tr>
      <td align="right">week:</td><td><input type="week"/></td>
      <td align="right">time:</td><td><input type="time"/></td>
    </tr>
```

```
    <tr>
      <td align="right">datetime:</td>
      <td><input type="datetime"/></td>
      <td align="right">datetime-local:</td>
      <td><input type="datetime-local" /></td>
    </tr>
  </table>
</form>
```

在浏览器中运行上述代码，查看效果，初始效果如图 6-15 所示。在该图中，datetime 类型的 input 元素显示为空白内容，这是因为当前浏览器并不支持该输入类型。

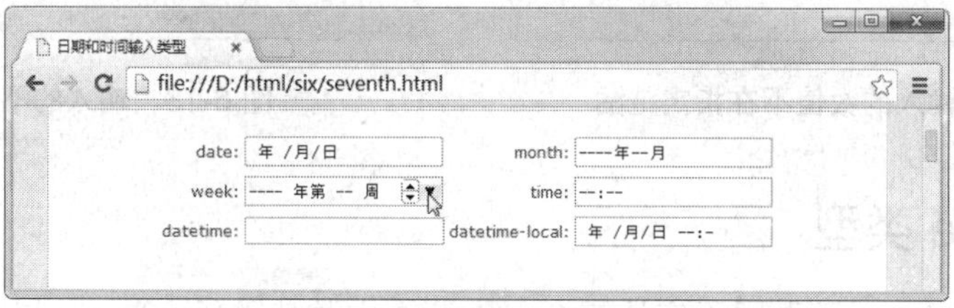

图 6-15　日期和时间类型的初始效果

用户可以选择图 6-15 中文本框后的下拉按钮，也可以直接向文本框中输入内容。week 类型的 input 元素的选择效果如图 6-16 所示。

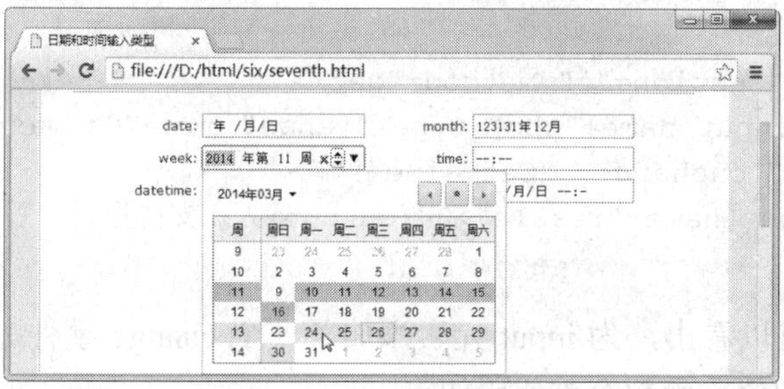

图 6-16　选取周和年时的效果

6.3.5　number 类型

number 类型用于应该包含数值的输入框。用户在提交表单时，会自动验证输入的值，还能够设置对所接受的数值的限定。number 类型的 input 元素通常会与 min、max 和 step 属性结合使用。

【例 6-8】

在网页中要求用户输入年龄时，可以使用 number 类型。例如，下面的代码要求用户的年龄在 12 岁到 120 岁之间：

```
<form name="1" action="#" method="get">
    您的年龄：<input type="number" min="12" max="120" step="1" value="12"/>
    <input type="submit"/>
</form>
```

在上述代码中，min 属性要求用户输入年龄的最小值，max 要求输入年龄的最大值，value 表示页面加载显示的默认值。

在浏览器中运行上述代码，并向输入框中写入内容，如果输入的年龄小于 12 岁，则提示效果如图 6-17 所示。如果输入的年龄不是一个数值，此时效果如图 6-18 所示。

图 6-17　输入的数值不在指定范围

图 6-18　输入的不是数值

6.3.6　range 类型

range 类型的 input 元素用于应该包含一定范围内数值的输入框。它与 number 类型一样，也可以设置所接受的数值的限定。

【例 6-9】

向 form 元素中添加 range 类型的 input 元素，并且在该元素之后添加一个 output 元素。页面代码如下：

```
<form name="1" action="#" method="get">
    投票人数：<input name="cho" type="range" min="0" max="100" step="1"
      value="0" onchange= "GetValue()"/>
    当前有<output name="result">0</output>人在支持你。
</form>
```

从上述代码中可以看出，为 input 元素添加了一个 change 事件。用户在拖动滑块时自动更改 output 元素的值。函数有关代码如下：

```
function GetValue() {
    var choose = document.forms[0]["cho"].value;
    document.forms[0]["result"].value = choose;
}
```

在浏览器中运行该例的代码进行测试，拖动时的效果如图 6-19 所示。

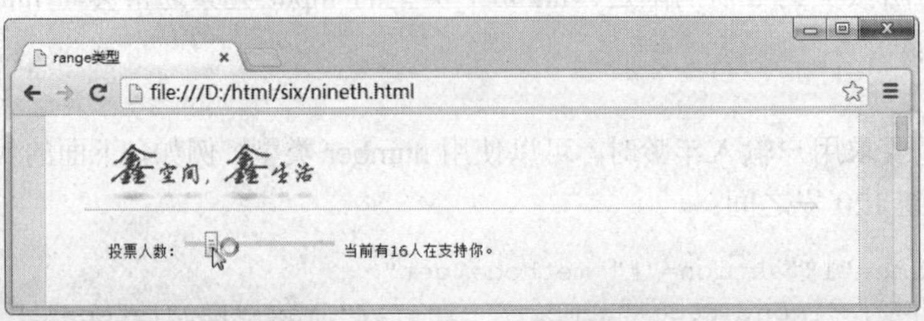

图 6-19　range 类型的使用

6.3.7　color 类型

color 类型的 input 元素用来选取颜色，它提供了一个颜色选取器。如果浏览器不支持该类型时，那么页面中会显示为一个普通的文本框。

【例 6-10】

本例根据用户选择的颜色更改 p 元素中的字体颜色。实现步骤如下。

(1)　向页面中添加 color 类型的颜色选取器和一个 p 元素。页面代码如下：

```
<form name="1" action="#" method="get">
    请选择颜色更改下面字体的颜色：
    <input name="colors" type="color" onchange="ChangeBg()"/>
    <p id="mytest">      在配色时，必须注意衣服
色彩的整体平衡以及色调的和谐。通常浅色衣服不会发生平衡问题，下身着暗色也没有多大问题，
如果是上身暗色，下身浅色，鞋子就扮演了平衡的重要角色，它应该是暗色比较恰当。</p>
</form>
```

(2)　从上一步可以看出，为 color 类型的 input 元素添加了 change 事件，该事件中的函数代码更改 p 元素中的字体颜色。JavaScript 脚本如下：

```
function ChangeBg() {
    document.getElementById("mytest").style.color =
      document.forms[0]["colors"].value;
}
```

(3)　在浏览器中运行上述代码，查看效果，页面初始效果如图 6-20 所示。单击图中的颜色，弹出颜色选取器对话框，如图 6-21 所示。

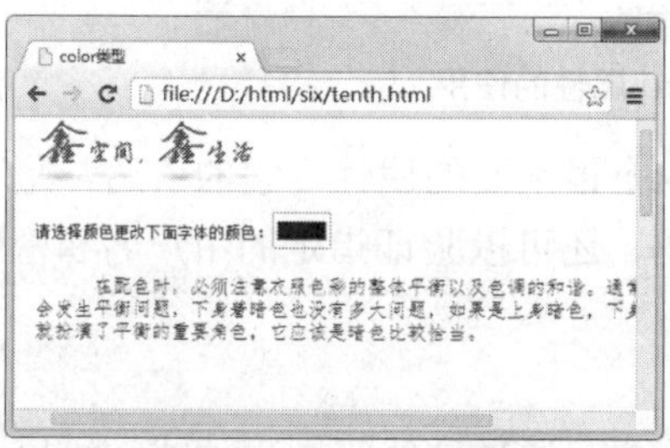

图 6-20　页面初始效果

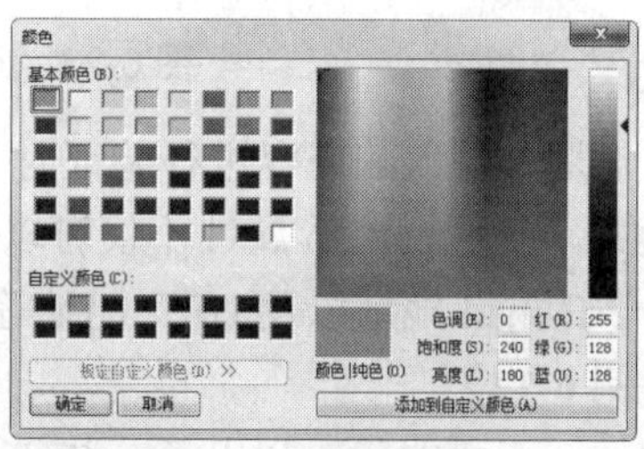

图 6-21　颜色选取器对话框

(4)　在如图 6-21 所示的颜色选取器中选择合适的颜色，可以将右侧选择的颜色通过“添加到自定义颜色”按钮添加到左侧的自定义颜色选项中，然后单击“确定”按钮，此时页面文字的字体颜色如图 6-22 所示。

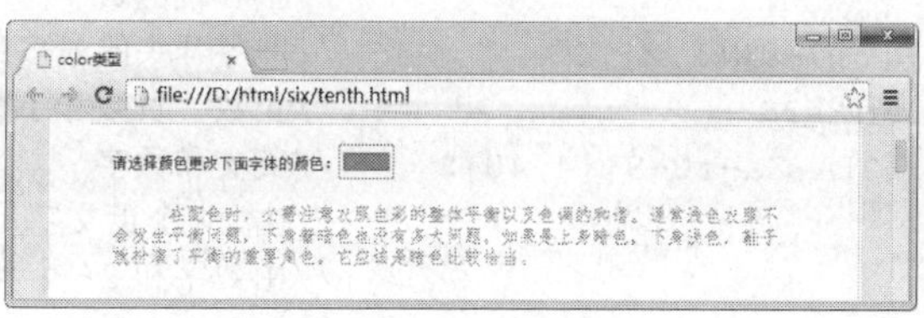

图 6-22　更改 p 元素的文本颜色

6.3.8 tel 类型

tel 类型的 input 元素是用来输入电话号码的专用文本框。它没有特殊的校验规则，甚至不强调只输入数字，因为很多电话号码常常带有数字以外的字符，例如 0371-1234567。在实际开发中，可以通过 pattern 属性来指定对于输入的电话号码格式的验证。

【例 6-11】

如下代码将 tel 类型与 pattern 属性结合起来，实现了电话号码的验证：

```
<form name="1" action="#" method="get">
    请输入手机号码：<input type="tel" pattern="^(13[0-9]|14[5|7]|15[0|1|2|3
        |5|6|7|8|9]|18[0|1|2|3|5|6|7|8| 9])\d{8}$"/>
    <input type="submit" />
</form>
```

在上述代码中，pattern 属性指向一个正则表达式，该表达式指定输入的手机号码必须是以 13、14、15 和 18 开头，并且以 14 开头时，第 3 位数字必须是 4 或 5；以 15 或者 18 开头时，第 3 位数字都不能为 4。

在浏览器中运行上述代码，输入内容进行测试，效果如图 6-23 所示。

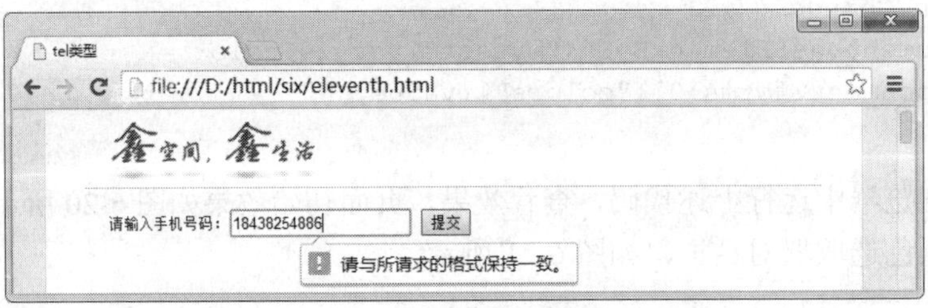

图 6-23　tel 类型和 pattern 属性的使用

在对用户输入的内容进行验证时，pattern 是一个很重要的属性，它的值通常是一个正则表达式。使用 pattern 属性不仅可以验证手机号码，还可以验证指定的用户名和密码、身份证号、E-mail 地址以及 URL 地址等内容。

【例 6-12】

例如，下面的代码列出了一些常用的正则表达式，通过这些正则表达式，可以验证不同的内容：

```
^[0-9]*$                                          //数字
^\d{n}$                                           //n 位的数字
^\d{n,}$                                          //至少 n 位的数字
^\d{m,n}$                                         //m-n 位的数字
^([1-9][0-9]*)+(.[0-9]{1,2})?$                    //非零开头的最多带两位小数的数字
^(\-|\+)?\d+(\.\d+)?$                             //正数、负数和小数
^[A-Za-z0-9]+$或^[A-Za-z0-9]{4,40}$               //英文和数字
^[A-Za-z]+$                                       //由 26 个英文字母组成的字符串
^[A-Za-z0-9]+$                                    //由数字和 26 个英文字母组成的字符串
^\w+([-+.]\w+)*@\w+([-.]\w+)*\.\w+([-.]\w+)*$          //E-mail 地址
[a-zA-z]+://[^\s]*或^http://([\w-]+\.)+[\w-]+(/[\w-./?%&=]*)?$ //URL 地址
```

```
^([0-9]){7,18}(x|X)?$或^\d{8,18}|[0-9x]{8,18}|[0-9X]{8,18}?$
  //以数字、字母 x 结尾的短身份证号
^[a-zA-Z][a-zA-Z0-9_]{4,15}$
  //账号是否合法(字母开头，允许 5~16 字节，允许字母数字下划线)
^[a-zA-Z]\w{5,17}$   //密码(以字母开头，长度在 6~18 之间，只能包含字母、数字和下划线)
```

6.4　实验指导——个人用户信息注册

前面章节中介绍了 HTML 5 中新增的表单属性、表单元素和输入类型，本节将前面的内容结合起来，实现个人用户信息注册页面。

在本节的实验指导中，用户信息注册页面包含用户名、密码、确认密码、真实姓名、出生日期、固定电话、手机号码、E-mail 地址、博客主页、身份证号码和教育情况等内容。页面的实现步骤如下。

(1) 向页面中添加 form 元素，并且向该元素中添加一个 12 行 3 列的表格。在下面的步骤中，会以第 2 列为例进行介绍。

(2) 首先添加用户名输入框，该项是必填的，并且要求用户名必须以字母开头，允许包含字母、数字和下划线，长度在 5~12 个字符之间。另外，通过 autofocus 属性指定页面加载后自动获取焦点。代码如下：

```
<input name="loginname" type="text" maxlength="12" required
  pattern="^[a-zA-Z][a-zA-Z0-9_]{4,11}$" autofocus/>
```

(3) 添加密码输入框和确认密码输入框，对于用户来说，密码是必须输入的，而且要求密码以字母开头，只能包含字母、数字和下划线，长度在 6~18 位之间。

相关部分代码如下：

```
<input name="pass" type="password" maxlength="12" required
  pattern="^[a-zA-Z]\w{5,17}$"/>
<input name="realname" type="text" required />
```

(4) 添加供用户输入真实姓名的文本框，该项是必填的。代码如下：

```
<input name="realname" type="text" required />
```

(5) 添加供用户选取日、月、年类型的输入框，默认值为 1990/10/10。代码如下：

```
<input name="birth" type="date" value="1990/10/10" />
```

(6) 添加供用户输入固定电话的文本框，固定电话满足 0000-1234567、000-12345678、1234567、12345678、00001234567 和 00012345678 格式。代码如下：

```
<input name="guphone" type="tel" pattern="^(\d{3,4}\-?)?\d{7,8}$" />
```

(7) 添加供用户输入手机号码的文本框，并且验证手机号码格式。代码如下：

```
<input name="myphone" type="tel" pattern="^1[3|4|5|8][0-9]\d{4,8}$"/>
```

在上述正则表达式中，^1 代表以 1 开头，[3|4|5|8]紧跟在 1 后面，可以是 3 或 4 或 5 或 8 的一个数字，[0-9]表示 0~9 中间的任何数字，可以是 0、1 或 9 等，\d{4,8}中的\d 的意思

和[0-9]一样，都是 0~9 中间的数字，{4,8}表示匹配前面的最低 4 位数最高 8 位数。

(8) 添加供用户输入 E-mail 地址的文本框，同时允许用户输入多个 E-mail 地址。代码如下：

```
<input name="myemail" type="email" multiple />
```

(9) 添加供用户输入 URL 地址的文本框，并且通过 placeholder 属性提示输入框中期望的值。代码如下：

```
<input name="myurl" type="url" placeholder="http://www.baidu.com"/>
```

(10) 添加供用户输入身份证号的文本框，这里的身份证号可以以数字、字母 X 结尾。代码如下：

```
<input name="card" type="text"
  pattern="^\d{8,18}|[0-9x]{8,18}|[0-9X]{8,18}?$" /></td>
```

(11) 通过 select 元素指定下拉列表选项，供用户选择自己的学历。代码如下：

```
<select>
    <option value="小学">小学</option>
    <option value="初中">初中</option>
    <option value="高中">高中</option>
    <option value="大专">大专</option>
    <option value="本科">本科</option>
    <option value="研究生">研究生</option>
    <option value="硕士">硕士</option>
    <option value="其他">其他</option>
</select>
```

(12) 向页面中添加提交按钮和重置按钮。代码如下：

```
<input type="submit" />
<input type="reset" />
```

(13) 运行上述代码，查看页面效果，初始效果如图 6-24 所示。

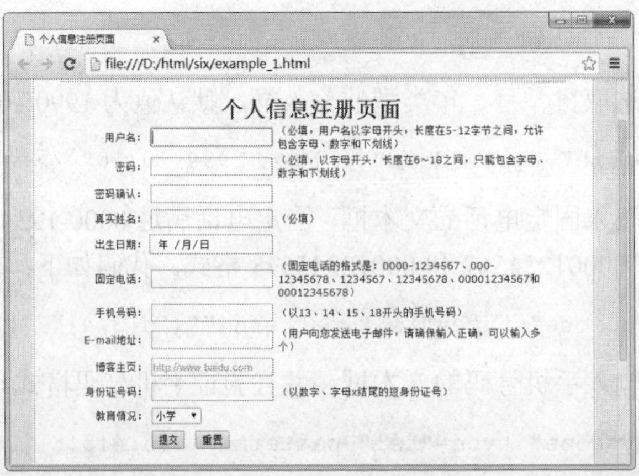

图 6-24　个人信息注册页面的初始效果

(14) 向图 6-24 所示的用户信息注册页面的文本框中输入内容，选择出生日期时的效果如图 6-25 所示。

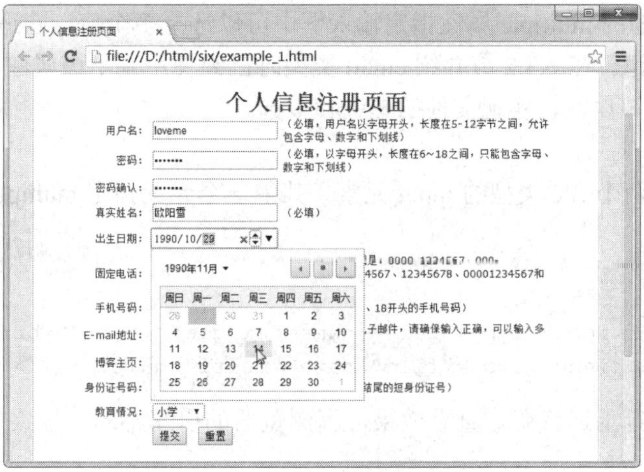

图 6-25　选择出生日期时的效果

(15) 所有的内容输入完毕后，单击“提交”按钮进行测试，如果输入的内容不合法，则根据顺序依次显示提示信息，效果如图 6-26 所示。

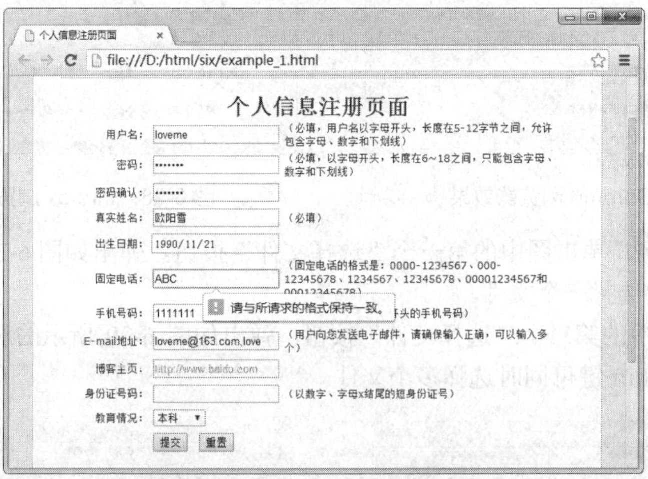

图 6-26　测试用户输入的内容

6.5　文件上传操作

文件也是表单的一部分，它在表单中占据着很大的比例，网页中通过 file 类型的 input 元素选择文件。HTML 5 对表单的文件增加了与功能有关的 API，通过这些 API，可以实现文件的单个或多个选择、文件的读取和拖放等操作。

本节简单了解 HTML 5 中新增的与表单文件有关的操作，首先介绍文件中 multiple 属性的值，然后分别介绍 file 对象和 FileReader 接口。

6.5.1　multiple 属性

HTML 5 中新增的 multiple 属性指定输入框中可以选择多个值，它适用于类型是 email 和 file 的<input>标记。在 6.3.2 节介绍 email 类型时已经使用到了该属性，下面为 file 类型的<input>标记设置该属性，实现文件的单选和多选。

【例 6-13】

向页面中添加两个 file 类型的 input 元素，其中一个元素指定 multiple 元素，另一个不指定。

页面代码如下：

```
请选择单个文件：<input type="file" name="single" /><br/><br/>
可选择多个文件：<input type="file" name="multi" multiple />
```

在浏览器中运行上述代码，查看效果，因浏览器的引擎不同，导致显示的效果也有所区别。

图 6-27 和 6-28 分别为 Chrome 浏览器和 Firefox 浏览器的效果。

图 6-27　Chrome 浏览器效果

图 6-28　Firefox 浏览器的效果

以图 6-27 为例，单击图中的第一个“选择文件”按钮，弹出如图 6-29 所示的对话框，在该对话框中只能选择一个文件。

单击图 6-27 中的第二个“选择文件”按钮，弹出如图 6-30 所示的对话框，在该对话框中，用户按住 Shift 键可同时选择多个文件。

图 6-29　选择单个文件

图 6-30　选择多个文件

无论是选择单个文件还是多个文件，选择完毕后，可以单击“打开”按钮，如图 6-31 和 6-32 分别显示了 Chrome 浏览器和 Fircfox 浏览器选择文件后的效果。

图 6-31　Chrome 浏览器选择了文件

图 6-32　Firefox 浏览器选择了文件

6.5.2　file 对象

HTML 5 中新增加了一个 file 对象，选择文件时，一个文件就是一个 file 对象，该对象包含了多个属性，通过这些属性，可以获取文件的名称、长度、类型以及最后修改时间。

表 6-4 列出了 file 对象的常用属性，并且对这些属性进行了说明。

表 6-4　file 对象的常用属性

属性名称	说　明
name	表示选择文件不带路径的名称
size	使用字节所表示的文件长度
type	使用 MIME 类型所获取的文件类型
lastModifiedDate	表示文件的最后修改日期

【例 6-14】

根据用户选择的文件获取详细信息，包括文件的名称、长度、类型和修改时间。实现步骤如下。

(1) 向页面中添加 file 类型的 input 元素，并且将 multiple 属性设置为 true，允许用户一次性选择多个文件。代码如下：

```
<form name="1" action="#" method="get">
    请选择一个或者多个文件：<input id="filelist" type="file" name="multi"
     multiple="true" onchange="GetChangeInfo()" />
</form>
```

(2) 用户选择文件完毕后，会触发 Change 事件调用 GetChangeInfo()函数，在该函数中循环获取用户选择的文件。代码如下：

```
function GetChangeInfo() {
    var show = document.getElementById("showinfo");      //获取表格中的布局
    var mulFiles = document.getElementById("filelist");   //获取选择的多个文件
    for(var i=0; i<mulFiles.files.length; i++) {      //遍历用户选择的多个文件
        show.innerHTML +=
          "正在获取第<font color=red>"+(i+1)+"</font>个文件的信息：<br/>";
        var file = mulFiles.files[i];                      //获取单个文件
        show.innerHTML += "文件名称 : " + file.name + "<br/>文件大小 : "
```

```
            + file.size + "字节<br/>文件类型：" + file.type
            + "<br/>文件最后修改时间：" + file.lastModifiedDate
            + "<br/><br/>";
    }
}
```

在上述代码中，通过 getElementById()获取页面中的文件，并通过 mulFiles.files.length 获取所选取的文件总数，mulFiles.file[i]获取单个文件，name、size、type 和 lastModifiedDate 分别获取名称、大小、类型和修改时间。

(3) 在浏览器中运行上述代码，选择文件进行测试，效果如图 6-33 所示。

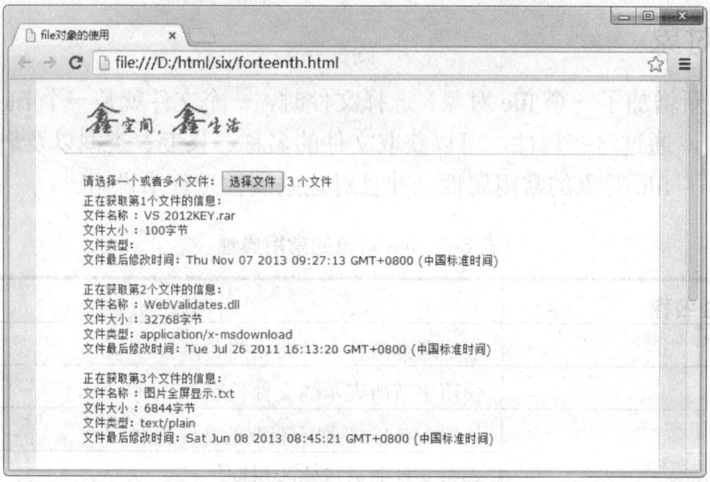

图 6-33　通过 file 对象获取文件信息

提示： file 对象的使用很简单，上述例子演示了如何获取多个文件的详细信息。那么对于单个文件来说，获取信息时更加容易，读者可以亲自动手试一试，代码可以参考上述示例。

6.5.3　FileReader 接口

FileReader 是 HTML 5 中新增加的与文件有关的接口，该接口用来读取文件。根据 W3C 的定义，FileReader 接口提供一些读取文件的方法与一个包含读取结果的事件模型。FileReader 的主要作用是读取文件内容，并提供相应的方法来读取文件中的数据。Web 开发者在使用该接口之前，需要判断当前的浏览器是否支持 FileReader 接口，如果支持，那么浏览器有一个位于 Windows 对象下的 FileReader 构造函数，可以通过该构造函数实例化一个接口对象。

【例 6-15】

本例演示浏览器是否支持 FileReader 接口，首先判断 typeof FileReader 的值是否等于 undefined，如果不等于，则说明支持，可通过 new 关键字创建一个实例对象。如果要访问不同的文件，那么每一次调用 FileReader 时都将返回一个新的实例对象，这样才会访问不同文件中的数据，因此，必须创建不同的 FileReader 实例对象。代码如下：

```
window.onload = function() {
    if (typeof FileReader == 'undefined') {
        alert("您的浏览器未实现 FileReader 接口 ");
    } else {
        alert("当前浏览器运行环境正常，能够支持 FileReader 接口。");
        var reader = new FileReader();
        //others
    }
}
```

创建 FileReader 的实例对象之后，可以调用该对象的属性、方法或者事件获取信息。例如，在表 6-5 和 6-6 中列出了该对象常用的一些方法和事件属性。

表 6-5　FileReader 接口的方法

方法名称	说　明
abort()	中断读取当前操作。需要传入参数 none
readAsBinaryString()	使用二进制格式读取文件。需要传入参数 file
readAsDataURL()	使用 URL 格式读取文件。需要传入参数 file
readAsText()	使用文本格式读取文件。需要传入参数 file,[encoding]

技巧： 在调用表 6-5 中的方法读取文件信息时，无论读取文件是否成功，方法都不会直接返回读取的结果，而是将结果保存在 result 属性中，result 属性只能位于 FileReader 接口所提供的 onload 事件属性中。

表 6-6　FileReader 接口的事件

事件属性	说　明
onabort	当读取数据中断时触发
onerror	当读取数据出错时触发
onloadstart	当读取数据开始时触发
onload	当读取数据成功时触发
onloadend	当读取操作完成时触发。无论成功或者失败
onprogress	正在读取数据时触发

【例 6-16】

从表 6-5 中的方法可以看出，FileReader 对象提供的方法可以读取三种文件：二进制文件、文本格式文件和 URL 格式的文件。本例调用 readAsDataURL()方法读取 URL 格式的图片，并查看事件的触发顺序。实现步骤如下。

(1) 向页面中添加 file 类型的 input 元素、img 元素和 ol 元素。代码如下：

```
<form name="1" action="#" method="get">
    请选择单个文件：<input id="single" type="file" onchange="GetTestResult()"
      accept= "image/jpeg" />
    <img id="myPic" />
```

```
    <ol id="msgInfo"></ol>
</form>
```

上述代码中，file 类型的 input 元素用于选择文件，accept 属性过滤文件，限制文件的类型是 image/jpeg 格式的。img 元素显示用户选择的图片，ol 显示事件的触发顺序信息。

(2) 向 JavaScript 中添加 GetTestResult()函数，在该函数中，首先获取用户选择的文件，接着创建 FileReader 实例对象，然后调用 readAsDataURL()方法读取 URL 格式的文件，最后依次添加不同的事件。代码如下：

```
function GetTestResult() {
    var file =
      document.getElementById("single").files[0];  //获取用户选择的文件
    var reader = new FileReader();                  //创建 FileReader 实例对象
    reader.readAsDataURL(file);                     //读取 URL 格式的文件
    reader.onload = function(e) {
        document.getElementById("myPic").src =
          e.target.result; //或者通过 this.result 获取
        document.getElementById("msgInfo").innerHTML +=
          "<li>触发了 onload 事件。</li>";
    }
    reader.onprogress = function(e) {
        document.getElementById("msgInfo").innerHTML +=
          "<li>触发了 onprogress 事件。</li>";
    }
    /* 省略其他代码 */
}
```

在上述 onload 事件中，传入一个参数，通过 e.target.result 属性获取上传文件的路径。除了使用这种方式，还可以通过 this.result 进行获取。

(3) 在浏览器中运行上述代码，选择文件进行测试，不同的浏览器中可能导致执行的顺序有所差异，图 6-34 和 6-35 分别为 Chrome 浏览器和 Firefox 浏览器中的效果。

图 6-34　Chrome 浏览器

图 6-35　Firefox 浏览器

6.6　实验指导——用 FileReader 对象读取文件

在 6.5 节中，已经演示了 readAsDataURL()方法的使用，本节实验指导将演示 FileReader 对象的另外两种方法，即通过 readAsBinaryString()和 readAsText()方法读取文件。

本节实验指导通过 FileReader 对象的方法分别实现二进制文件和文本文件的读取。实现步骤如下。

(1) 向页面中添加 select 元素、file 类型的 input 元素和 textarea 元素，并为 input 元素添加 change 事件。代码如下：

```
<form name="1" action="#" method="get">
    读取类型：
    <select id="seltype">
        <option value="0" selected>读取二进制文件</option>
        <option value="1">读取文本文件</option>
    </select>
    选择文件：<input type="file" id="selFile" onchange="GetInfo()"/>
    <br/><br/>
    <textarea id="readResult" rows="10" cols="80"></textarea>
</form>
```

(2) 向 JavaScript 脚本中添加内容，首先判断当前浏览器是否支持 FileReader 接口对象。代码如下：

```
if (typeof FileReader == 'undefined') {
    alert("您的浏览器未实现 FileReader 接口");
}
```

(3) 向 JavaScript 脚本中添加 GetInfo()函数，在该函数中首先获取页面中的 file 对象和 select 元素的选择对象，接着判断 file 的值是否为空。如果为空，或者没有获取到，则弹出提示对话框；否则判断要读取的对象。部分代码如下：

```
function GetInfo() {
    var file = document.getElementById("selFile").files[0];
    var seltype = document.getElementById("seltype").value;
    if(file==null || file=='undefined') {
        alert("您还没有选择文件，请选择文件。");
    } else {
        if(seltype==0) {                    //读取二进制文件
            //内容代码
        } else if(seltype=1) {              //读取文本文件
            //内容代码
        }
    }
}
```

(4) 在上述内容的基础上添加代码，如果 seltype 变量的值等于 1，则表示用户选择读取二进制文件内容，并且读取的结果显示到 textarea 元素中。

代码如下：

```
if(seltype==0) {    //读取二进制文件
    var reader = new FileReader();
    reader.readAsBinaryString(file);
    reader.onload = function(e) {
        document.getElementById("readResult").innerHTML = this.result;
    }
}
```

(5) 在浏览器中运行上述代码，选择文件进行测试，读取的二进制文件内容如图 6-36 所示。

图 6-36　读取二进制文件

(6) 继续向 GetInfo()函数中添加代码，如果用户选择读取文本文件的内容，则需要调用 readAsText()方法。

代码如下：

```
if(seltype=1) { //读取文本文件
    var txtType = /text.*/;
    if (!file.type.match(txtType)) {           //如果选择的文件不符合类型
        alert(file.name + "不是文本文件，请重新选择文件进行上传。");
        return;
    }
    var reader = new FileReader();
    reader.readAsText(file);
    reader.onload = function(e) {              //显示文件内容
        document.getElementById("readResult").innerHTML = this.result;
    }
}
```

上述代码中，首先判断用户选择的文件是否符合类型，如果不符合类型，则弹出提示对话框并返回。然后创建 FileReader 实例对象，并调用 readAsText()方法读取文件中的内容，最后在 onload 事件中显示内容。

(7) 在浏览器中的下拉框中选择读取文本文件，并选择要读取的文件，如果选择的文件不是文本文件，弹出的提示效果如图 6-37 所示。

图 6-37　弹出的提示对话框

(8)　继续选择文件进行读取，读取效果如图 6-38 所示。

图 6-38　读取文本文件的效果

(9)　从图 6-38 中可以看出，读取的文件包含乱码，这时，还需要向 readAsText()方法中传入一个编码参数。代码如下：

```
reader.readAsText(file,"GB2312");
```

(10) 重新在浏览器中运行上述代码，查看效果，编码格式设置正确时，可以正常读取内容，如图 6-39 所示。

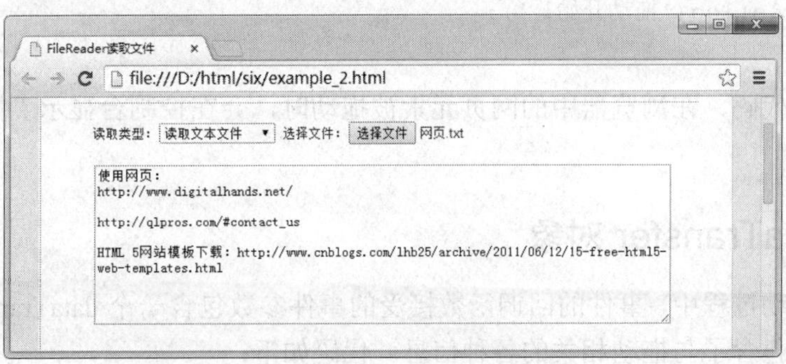

图 6-39　读取文件设置编码格式

6.7 文件拖拽功能

在 HTML 4 及其以前的版本中，如果要实现文件的拖拽功能，需要借助于 mousedown、mouseup、mousemove 等多个事件来实现在浏览器内部的拖放功能。但是，HTML 5 中提供了对文件拖放的支持，本节介绍文件拖拽功能的实现。

6.7.1 拖拽事件

在 HTML 网页中的元素包含 draggable 属性，将某个元素的 draggable 属性设置为 true 时，表示该元素是可拖动的。基本语法如下：

```
<div draggable="true">Draggable Div</div>
```

在大多数浏览器中，a 元素和 img 元素默认就是可以拖放的。但是为了保险起见，实现元素的拖拽效果时，最好为其添加 draggable 属性。

实现文件拖放功能时，会涉及到许多事件，HTML 5 直接提供了支持文件拖放操作的 API 接口。例如，在表 6-7 中对这些事件进行了说明。

表 6-7　HTML 5 中与拖放有关的事件

事件名称	说　明
dragstart	开始执行拖放操作，应用于被拖放元素。即网页元素开始拖动时触发
drag	拖放过程中，应用于被拖放元素。即被拖动的元素在拖动过程中持续触发
dragenter	被拖放的元素开始进入本元素的范围内，应用于拖放过程中鼠标经过的元素
dragover	被拖放的元素正在本元素范围内移动，应用于拖放过程中鼠标经过的元素
dragleave	被拖放的元素离开本元素的范围，应用于拖放过程中鼠标经过的元素
drop	有其他元素被拖放到了本元素中，应用于拖放的目标元素
dragend	拖放操作结束，应用于拖放的对象元素

在表 6-7 列出的事件中，这些事件都可以指定回调函数。代码如下：

```
draggableElement.addEventListener('dragstart', function(e) {
    console.log('拖动开始！');
});
```

针对上述代码，在浏览器中的网页元素被拖动时，会在控制台显示“拖动开始！”文本字符串。

6.7.2 dataTransfer 对象

在文件拖动过程中，事件的回调函数接受的事件参数包含一个 dataTransfer 属性，它指向一个对象，包含了与拖动相关的各种信息。代码如下：

```
draggableElement.addEventListener('dragstart', function(event) {
    event.dataTransfer.setData('text', 'Hello World!');
```

```
});
```

针对上述代码来说，在元素拖动开始时，在 dataTransfer 对象上存储一条文本信息，内容为“Hello World”。当拖动结束时，可以用 getData()方法取出这条信息。

dataTransfer 对象包含多个属性，通过这些属性可以获取拖放的操作类型和允许的操作等内容，这些属性及其说明如表 6-8 所示。

表 6-8 dataTransfer 对象的常用属性

属性名称	说 明
dropEffect	拖放的操作类型，决定了浏览器如何显示鼠标形状，可能的取值说明如下。 copy：应该把拖动的元素复制到放置目标。 move：应该把拖动的元素移动到放置目标。 link：放置目标会打开拖动的元素，但是拖动的元素必须是一个链接，有 URL。 none：不能把拖动的元素放在这里，这是除文本框之外所有元素的默认值
effectAllowed	指定所允许的操作，可能的值为 copy、move、link、copyLink、copyMove、linkMove、all、none 和 uninitialized(默认值，等同于 all，即允许一切操作)
files	包含一个 FileList 对象，表示拖放所涉及到的文件，主要用于处理从文件系统拖入浏览器的文件
types	储存在 DataTransfer 对象中的数据的类型

必须在 ondraggstart 事件处理程序中设置 effectAllowed 属性，该属性的可取值有多个，说明如下。

- uninitialized：没有该被拖动元素放置行为。
- none：被拖动的元素不能有任何行为。
- copy：只允许值为 copy 的 dropEffect。
- link：只允许值为 link 的 dropEffect。
- move：只允许值为 move 的 dropEffect。
- copyLink：允许值为 copy 和 link 的 dropEffect。
- copyMove：允许值为 copy 和 link 的 dropEffect。
- linkMove：允许值为 link 和 move 的 dropEffect。
- all：允许任意 dropEffect。

除了表 6-8 列出的属性外，dataTransfer 对象还包含一些常用的方法，例如 getData()方法和 setData()方法。

表 6-9 对 dataTransfer 对象的常用方法进行了说明。

表 6-9 dataTransfer 对象的常用方法

方法名称	说 明
setData(format, data)	在 dataTransfer 对象上储存数据。第一个参数 format 用来指定储存的数据类型，例如 text、url、text/html 等
getData(format)	从 dataTransfer 对象取出数据

续表

方法名称	说 明
clearData(format)	清除 dataTransfer 对象所储存的数据。如果指定了 format 参数，则只清除该格式的数据，否则清除所有数据
setDragImage(imgElement, x, y)	指定拖动过程中显示的图像。默认情况下，许多浏览器显示一个被拖动元素的半透明版本。参数 imgElement 必须是一个图像元素，而不是指向图像的路径，参数 x 和 y 表示图像相对于鼠标的位置

dataTransfer 对象允许在其上存储数据，这使得在被拖动元素与目标元素之间传送信息成为可能。

【例 6-17】

利用前面和本节介绍的内容实现图片和文本文件的拖放操作。步骤如下。

(1) 向页面中添加 div 元素，该 div 元素显示用户拖动的文件。代码如下：

```
<div id="show">文件预览区，仅限图片和 txt 文件</div>
```

(2) 向 JavaScript 脚本中添加代码，这段代码首先分别监听拖动时的事件，取消浏览器默认的行为，然后利用 HTML 5 中的 File 及 FileReader 判断读取拖拽的文件。代码如下：

```
function init() {
    var dest = document.getElementById("show");      //获取页面中的 div 元素
    dest.addEventListener("dragover", function(ev) {  //为其添加 dragover 事件
        ev.stopPropagation();
        ev.preventDefault();
    }, false);
    dest.addEventListener("dragend", function(ev) {
        ev.stopPropagation();
        ev.preventDefault();
    }, false);
    dest.addEventListener("drop", function (ev) {
        ev.stopPropagation();
        ev.preventDefault();
        var file = ev.dataTransfer.files[0];          //文件
        var reader = new FileReader();               //FileReader 对象
        if (file.type.substr(0, 5) == "image") {
            reader.onload = function (event) {
                dest.style.background =
                  'url(' + event.target.result + ') no-repeat center';
                dest.innerHTML = "";
            };
            reader.readAsDataURL(file);
        } else if (file.type.substr(0, 4) == "text") {
            reader.readAsText(file);
            reader.onload = function (f) {
                dest.innerHTML = "<pre>" + this.result + "</pre>";
                dest.style.background = "white";
            }
```

```
        } else {
            dest.innerHTML = "暂不支持此类文件的预览";
            dest.style.background = "white";
        }
    }, false);
}
//设置页面属性，不执行默认处理(拒绝被拖放)
document.ondragover = function(e){e.preventDefault();};
document.ondrop = function(e){e.preventDefault();}
window.onload = init;
```

在上述代码中，分别向 dragover、dragend 和 drop 事件添加监听代码。在 drop 事件代码中，首先获取用户拖放的文件，接着创建 FileReader 对象，并判断用户拖动的文件类型。

如果文件是图片，就用 FileReader 对象的 readAsDataURL()方法将图片读取为 DataURL 字符串存入内存，并显示在 div 元素中。如果文件是 txt 文本，就用 FileReader 对象的 readAsText()方法将文件读取为文本(默认情况下为 UTF-8 编码格式)，放到内存中，然后再显示到 div 元素中。

(3) 在浏览器中运行上述代码，查看效果，初始效果如图 6-40 所示。

图 6-40　页面的初始效果

(4) 拖动磁盘目录下的图片到指定区域中，此时效果如图 6-41 所示。

图 6-41　拖放图片时的效果

(5) 继续选择磁盘目录中的文本文件进行拖动，显示内容如图 6-42 所示。

图 6-42 拖动文本时的效果

(6) 如果用户拖动的文件既不是图片，也不是文本，那么将会在图中的区域显示“暂不支持此类文件的预览”的文本内容，并且将背景设置为白色，如图 6-43 所示。

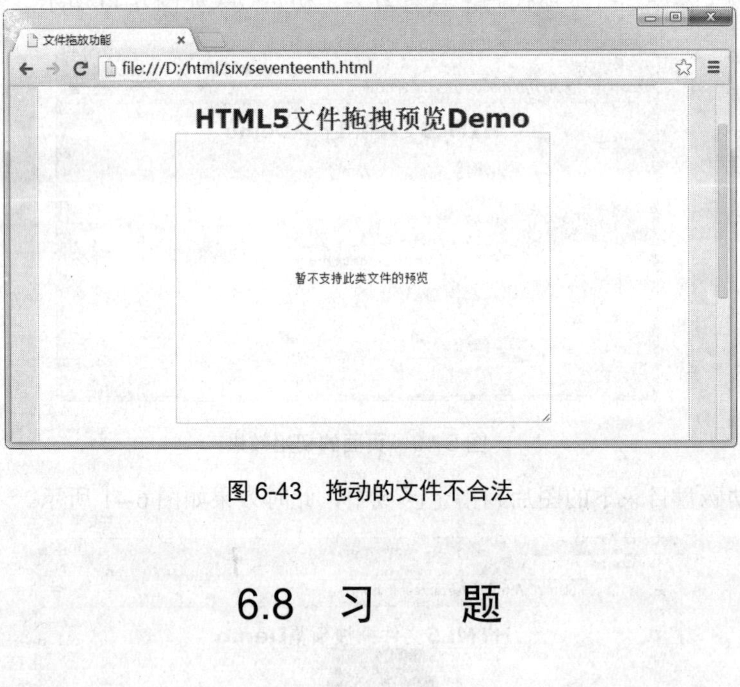

图 6-43 拖动的文件不合法

6.8 习 题

一、填空题

1. HTML 5 中新增的 form 元素属性包括__________和 novalidation。
2. HTML 5 中新增的__________属性表示页面加载时获取焦点。
3. __________属性指定必须在提交之前填写输入框。
4. 本章介绍的__________、keygen 和 output 是 HTML 5 中新增加的 3 种表单元素。
5. file 对象的__________属性用于获取文件长度，其单位是字节。

二、选择题

1. form 元素和 input 元素都具有__________属性，该属性指定是否拥有自动完成功能。

   A. autocomplete　B. autofocus　C. list　D. placeholder

2. __________类型的 input 元素是一种专门用来输入搜索关键词的文本框。

   A. url　B. search　C. text　D. email

3. 通过指定<input>标记的__________属性，可以向输入框中输入多个 E-mail 地址。

   A. step　B. multiple　C. pattern　D. placeholder

4. 将<input>标记的 type 属性设置为__________时，用于选取日、月、年。

   A. date　B. time　C. datetime　D. datetime-local

5. tel 类型的 input 元素通常会与__________属性结合使用，以验证用户输入的电话号码是否符合要求。

   A. pattern　B. multiple　C. form　D. list

6. FileReader 实例对象调用__________方法读取文本格式的文件。

   A. abort()　B. readAsDataURL()
   C. readAsText()　D. readAsBinaryString()

7. __________事件表示有其他元素被拖放到了本元素中，应用于拖放的目标元素。

   A. drag　B. dragenter　C. dragover　D. drop

三、简答题

1. HTML 5 中新增加的与表单有关的属性有哪些，它们是用来做什么的？(至少 5 个)
2. HTML 5 中新增加的表单输入类型有哪些，它们是用来做什么的？(至少 5 个)
3. dataTransfer 对象的常用方法有哪些，使用这些方法可以实现什么功能？

第 7 章　HTML 5 实现高级功能

HTML 5 在先前版本的基础上增加了许多新的功能，第 5 章和第 6 章详细介绍了新增的元素和表单的应用。实际上，除了前面两章介绍的功能外，它还包含多种高级功能，这些功能并不像新增元素和属性那样使用频繁，因此，本章将这些高级功能集中起来进行介绍。本章的内容包括数据存储对象和本地数据库，离线应用程序、Web Worker 处理线程，以及跨文档应用程序。在本章最后，通过一个实验指导来演示如何获取地理位置信息。

本章学习目标如下：

- 掌握 Web Storage 对象的使用。
- 掌握本地数据库的使用。
- 熟悉缓存清单文件及其使用。
- 了解本地缓存对象及其方法。
- 熟悉 Worker 对象的创建和使用。
- 了解跨文档消息通信。
- 掌握 Geolocation 对象及其方法。
- 熟悉如何获取地理位置信息。
- 熟悉如何在地图中显示地理位置。

7.1　数据存储对象

Web Storage 即数据存储，是对 HTML 4 中 cookies 存储机制的一个改善。由于 cookies 存储机制有多种缺点，HTML 5 中不再使用它，转而使用改良后的 Web Storage 存储机制。

Web Storage 就是在 Web 上存储数据，这里的存储，是针对客户端本地而言的。它包含两种存储类型：localStorage 和 sessionStorage，下面分别对它们进行介绍。

7.1.1　localStorage 对象

localStorage 将数据保存在客户端本地的硬件设备中，即使关闭了浏览器，该数据仍然存在，下次打开浏览器访问网站时仍然可以继续使用。Web 开发者在使用 localStoragc 对象之前，必须判断浏览器是否支持，如果不支持，则不能使用该对象的属性和方法。

【例 7-1】

本例通过一段代码来演示浏览器对 localStorage 对象的判断和使用。代码如下：

```
<script>
function getLocalStorage() {
    try {
        if(!! window.localStorage)          //如果浏览器支持，则返回该对象
            return window.localStorage;
    } catch(e) {
```

```
            return undefined;
        }
    }
    window.onload = function() {
        var localStorage = getLocalStorage();
        if(localStorage==null || localStorage=="undefined") {
            alert("浏览器不支持 localStorage 对象");
        } else {
            alert("浏览器支持 localStorage 对象，可以通过属性和方法进行");
        }
    }
    </script>
```

上述代码首先定义 getLocalStorage()函数，判断浏览器是否支持 localStorage 对象，并且在 load 事件中调用该函数，如果函数为空或未定义，那么弹出浏览器不支持的提示，否则弹出与支持有关的提示信息。

无论是本节介绍的 localStorage 对象，或者是下一节介绍的 sessionStorage 对象，它们都使用 Web Storage 的 API，因此属性和方法相同。最常用的属性是 Length，该属性获取当前 Web Storage 中的数目。最常用的方法有 5 个，这些方法及其说明如表 7-1 所示。

表 7-1　Web Storage API 提供的方法

方法名称	说　明
key(n)	返回 Web Storage 中的第 n 个存储条目
getItem(key)	返回指定 key 的存储内容，如果不存在则返回 null。返回的结果为字符串类型
setItem(key, value)	设置指定 key 的内容的值为 value
removeItem(key)	根据指定的 key，删除键值为 key 的内容
clear()	清除 Web Storage 的内容

从表 7-1 中的方法可以看出，Web Storage API 的操作机制实际上是对键值对进行的操作。例如，在 localStorage 中设置键值对数据可以使用 setItem()方法。代码如下：

```
localStorage.setItem("age", 12);
```

【例 7-2】

将用户输入的键和值保存到 localStorage 对象中，然后再将用户输入的内容显示到页面中。实现步骤如下。

(1)　向页面中添加 select 元素、table 元素和 span 元素，其中 select 元素提供下拉列表框，table 元素动态显示供用户输入键和值的文本框，span 元素获取 localStorage 对象中的内容。代码如下：

```
<select id="selinput" onChange="SetInfo()">
    <option value="1">1</option>
    <option value="2">2</option>
    <option value="3">3</option>
    <option value="4">4</option>
    <option value="5">5</option>
```

```
</select>
输入您要保存的键和值:
<table>
    <tbody id="content"></tbody>
</table>
<span id="getitemdata"
  style="font-size:18px; font-family:'隶书'; color:blue;">
</span>
```

(2) 向 JavaScript 脚本中添加与 SetInfo()函数有关的代码，该函数根据用户选择的下拉列表项动态创建多行两列的表单，这里的行是用户选择的 1~5 之间的数字。代码如下：

```
function SetInfo() {
    var count = document.getElementById("selinput").value;
    var content = document.getElementById("content");
    content.innerHTML = "";
    for(var i=0; i<count; i++) {
        var newid = "key"+(i+1);
        var valueid = "value" + (i+1);
        content.innerHTML += "<tr><td>key:<input id=" + newid
            + " type=\"text\"/></td><td>value:<input id=" + valueid
            + " type=\"text\" /></td></tr>";
    }
    content.innerHTML += "<tr><td colspan=\"2\" align=\"center\">
                    <button onClick=\"SaveInfo()\">保存</button></td>";
}
```

上述代码中，首先获取页面中的 select 元素和 tbody 元素，前者表示需要动态创建的行数，后者用于显示创建的表格。for 循环语句用于动态创建多行两列的表格，在该语句中，动态创建 td 列时需要为每列添加 id 属性。

(3) 单击页面表格中的“保存”按钮时，需要将用户输入的多行两列的信息保存到 localStorage 对象中。在保存之前，调用 clear()方法清除 localStorage 对象中的内容，然后再遍历添加。代码如下：

```
function SaveInfo() {
    var count = document.getElementsByTagName("input");
    var arg = count.length/2;
    localStorage.clear();                    //清除 localStorage 对象的内容
    for(var i=0; i<arg; i++) {
        var keyid = "key" + (i+1);
        var valueid= "value" + (i+1);
        var keyn = document.getElementById(keyid).value;
        var valuen = document.getElementById(valueid).value;
        localStorage.setItem("" + keyn + "","" + valuen + "");
    }
    alert("恭喜，您已经成功写入了" + arg + "个键/值对");
    GetInput();
}
```

从上述代码中可以看出，调用 localStorage 对象的 setItem()方法保存键和值，其中键名是“key+用户输入的内容”，而值则是“value+用户输入的内容”。所有的内容添加完毕后会调用 GetInput()函数显示 localStorage 对象中的内容。

(4) 向 JavaScript 脚本中添加 GetInput()函数，该函数遍历显示 localStorage 对象中的内容。代码如下：

```
function GetInput() {
    var texts = document.getElementById("getitemdata");
    var totalcount = localStorage.length;
    texts.innerHTML =
      "您获取到的键和值的内容如下(有些内容来自于之前保存的内容)：<br/>";
    for(var i=0; i<totalcount; i++) {
        var key = localStorage.key(i); //获取用户输入的键的值
        var value = localStorage.getItem(key); //获取用户的键所对应的值
        texts.innerHTML += "" + key + "=" + value + "<br/>";
    }
}
```

在上述代码中，通过 localStorage.length 属性获取该对象中的个数，然后进行遍历。在 for 循环语句中，通过 key()方法获取用户输入的键的值，然后再通过 getItem()方法获取用户输入的键所对应的值。

(5) 页面加载完毕后，直接调用 SetInfo()函数初始化页面。代码如下：

```
window.onload = SetInfo();
```

(6) 在浏览器中运行上述代码，查看效果，初始效果如图 7-1 所示。

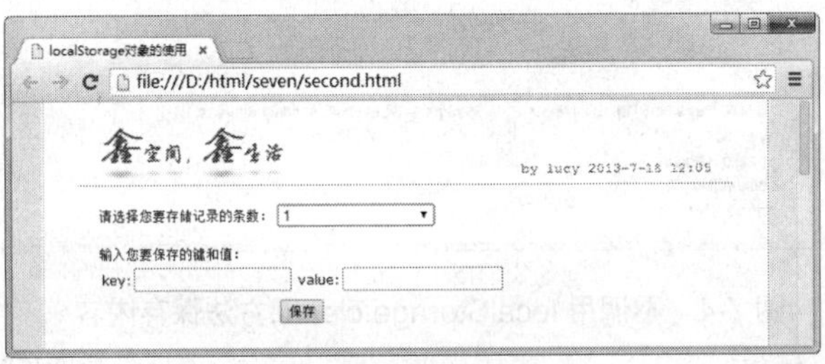

图 7-1　例 7-2 页面的初始效果

(7) 通过下拉框动态创建表格，这里将其选择为 3，此时效果如图 7-2 所示。

图 7-2　创建三行两列的表格

(8) 向图 7-2 的每一个单元格中输入内容，其中第一列表示键，第二列表示表格键所对应的值。输入完毕后，单击“保存”按钮，弹出添加成功的提示框，并且向页面中显示该对象的所有内容，效果如图 7-3 所示。

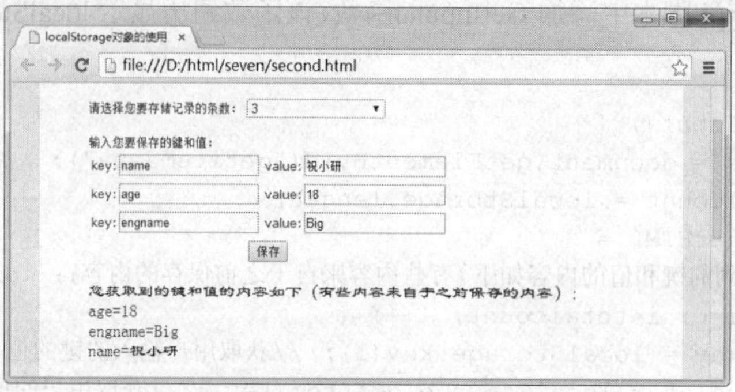

图 7-3　单击“保存”按钮时的效果

在第 3 步中，在 for 语句中调用 setItem()方法保存对象前，会首先调用 localStorage.clear()方法清除对象中的内容，然后再进行保存。如果不调用该方法进行清除，那么单击“保存”按钮时，不仅显示当前添加的内容，还会显示先前的内容。例如，更改第 3 步中的代码，将 localStorage.clear()删除或者注释掉，然后重新在浏览器中输入页面网址进行测试，此时的效果如图 7-4 所示。

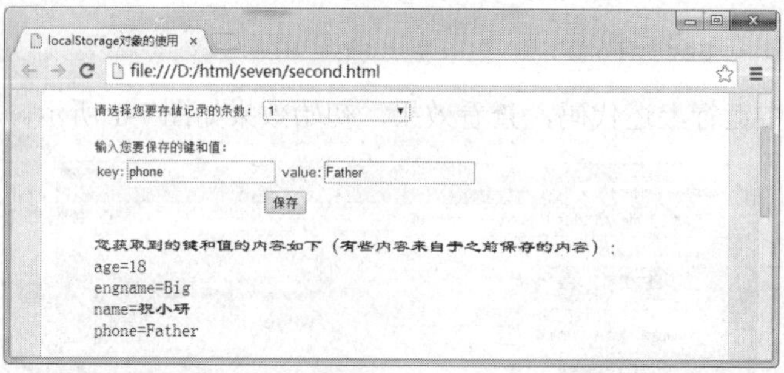

图 7-4　不调用 localStorage.clear()方法保存内容

从图 7-4 中可以看出，当注释掉 localStorage.clear()方法后，在浏览器中重新打开该页面，输入内容并单击“保存”按钮时，会保存 localStoragc 对象先前的内容。

7.1.2　sessionStorage 对象

sessionStorage 将数据保存在 session 对象中。所谓 session，就是指用户在浏览某个网站时，从进入网站到浏览器关闭所经过的这段时间，即浏览这个网站所花费的时间。session 对象可以用来保存在这段时间内所要保存的任何数据。

sessionStorage 对象主要是针对一个 session 的数据存储。当用户关闭浏览器窗口后，数据就会被删除。它适用于存储短期的数据，在同域中无法共享，并且在用户关闭窗口后，数据将清除。

简单地说，sessionStorage 和 localStorage 这两种不同的存储类型在于：sessionStorage

为临时保存，localStorage 为永久保存。

sessionStorage 对象可以包含属性和方法，这些常用的属性和方法与 localStorage 对象一致，这里不再详细解释。

【例 7-3】

为了演示 sessionStorage 和 localStorage 的区别，对上例进行更改，通过 sessionStorage 对象保存用户输入的内容。以单击“保存”按钮时调用的函数为例，函数代码如下：

```
function SaveInfo() {
    var count = document.getElementsByTagName("input");
    var arg = count.length/2;
    for(var i=0; i<arg; i++) {
        var keyid = "key" + (i+1);
        var valueid= "value" + (i+1);
        var keyn = document.getElementById(keyid).value;
        var valuen = document.getElementById(valueid).value;
        sessionStorage.setItem("" + keyn + "","" + valuen + "");
    }
    alert("恭喜，您已经成功写入了" + arg + "个键/值对");
    GetInput();
}
```

在浏览器中运行上述代码，查看效果，输入内容后的效果如图 7-5 所示。

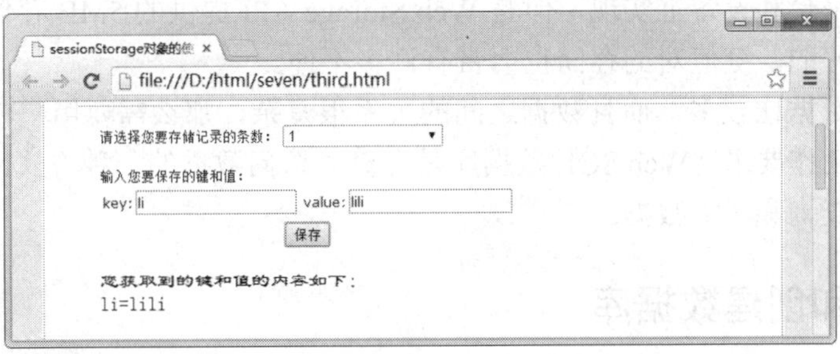

图 7-5　sessionStorage 对象保存数据(效果 1)

如果当前的浏览器不关闭该窗口，那么输入内容后单击“保存”按钮，会显示已经保存的信息，如图 7-6 所示。出现这种效果的原因在于：sessionStorage 对象在保存数据时没有调用 clear()方法进行清空。

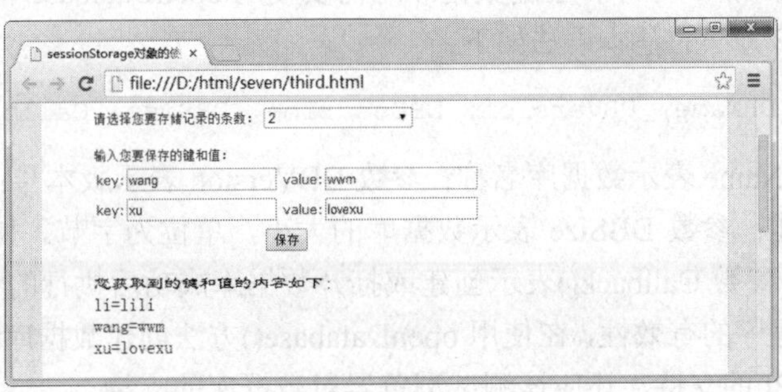

图 7-6　sessionStorage 对象保存数据(效果 2)

关闭当前窗口，重新在浏览器中打开一个新的窗口，然后再次输入内容后，单击“保存”按钮，此时的效果如图 7-7 所示。

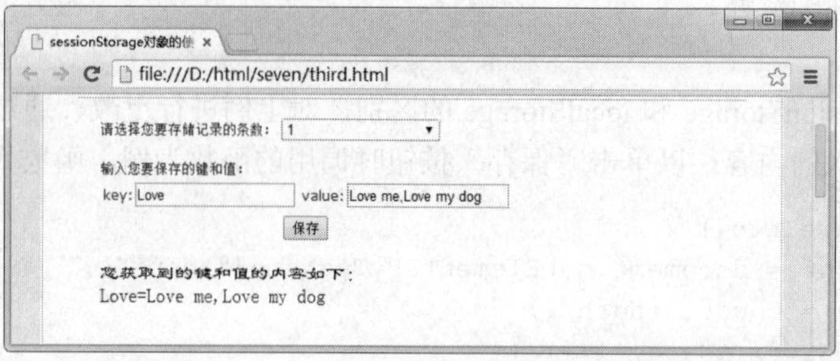

图 7-7　sessionStorage 对象保存数据(效果 3)

观察例 7-2 和例 7-3 的代码及运行效果，它们证实了 sessionStorage 对象是临时保存数据的，当浏览器关闭时，该对象就会失效；而 localStorage 永久保存数据，浏览器关闭时并不会自动清除数据。

7.2　本地数据库

虽然 HTML 5 中提供了 sessionStorage 对象和 localStorage 对象保存数据，它们可以在主流的浏览器、平台和设备上实现，但是 Web Storage API 提供的 5MB 存储空间和简单的键值对是远远不够的，键值对的存储也会带有许多不便。

如果存储的数据比较多，而且数据之间的关系很复杂，那么需要用户使用程序的数据库来满足自己的工作要求。Web SQL 数据库是存储和访问数据的一种方式，这是一个真正的数据库，可以查询和添加数据。

7.2.1　打开和创建数据库

在 HTML 5 中，使用 Web SQL 数据库大大丰富了客户端本地可以存储的内容，添加了许多功能，来将原本必须保存在服务器上的数据转为保存在客户端本地，从而大大提高了 Web 应用程序的性能，减轻了服务器端的负担。

要使用 HTML 5 本地数据库保存数据，第一步就是要创建数据库。初次打开一个数据库，就会自动创建数据库。打开和创建数据库时需要使用 openDatabase()方法来创建一个访问数据库的对象。该方法的基本语法如下：

```
openDatabase(DBName, DBVersion, DBDescribe, DBSize, Callback());
```

其中，参数 DBName 表示数据库名称；参数 DBVersion 表示版本号；参数 DBDescribe 表示对数据库的描述；参数 DBSize 表示数据库的大小，单位为字节。如果是 2MB，必须写成 2*1024*1024；参数 Callback()表示创建或打开数据库成功后执行的一个回调函数。

为了确保应用程序的有效性，在使用 openDatabase()方法创建数据库之前，需要检测对 Web SQL 数据库 API 的支持，还应该测试浏览器对数据库的支持。

测试代码如下：

```
var db;
if(window.openDatabase) {
    db = openDatabase('mydb', '1.0', 'my first database', 2*1024*1024);
}
```

上述代码通过 window.openDatabase 判断数据库是否存在，如果存在，则创建名称是 mydb 的数据库，其版本号是 1.0，数据库大小是 2MB，对它的描述是 my first database，即“我的第一个数据库”。

7.2.2　事务处理方法

实际上，在访问数据库时，还需要使用 transaction()方法执行事务处理。使用事务处理，可以防止对数据库进行访问及执行有关操作的时候受到外界的干扰。因为在 Web 上会有许多人同时对页面进行访问，如果在访问数据库的过程中，正在操作的数据被别的用户修改掉，这会引起很多意想不到的后果。因此，可以借助于事务实现在操作完之前阻止其他用户访问数据库的目的。

transaction()方法的使用很简单，直接通过返回的数据库对象进行调用。该方法的完整语法如下：

```
transaction(callbackFun, errorCallbackFun, successCallbackFun);
```

其中，callbackFun 表示一个回调函数，在该函数中执行访问数据库的 SQL 语句操作；errorCallbackFun 表示发生错误时调用的回调函数；successCallbackFun 表示执行成功时的回调函数。

一般情况下，Web 开发者可以省略后面两个回调函数，只传入第一个参数，它可以创建表或者执行操作语句。

【例 7-4】

本例首先创建一个 mytest 数据库，并且调用 transaction()方法执行事务处理，在该事件中创建一张名称为 booktype 的数据库表。代码如下：

```
var db;
if(window.openDatabase) {                    //如果浏览器支持Web SQL数据库
    db = openDatabase('mytest', '1.0', 'test database', 2*1024*1024);
    db.transaction(function(tx) {
        tx.executeSql('CREATE TABLE booktype(id unique, name text)');
    },function(ex) {
        alert("添加数据库表失败" + ex.message);
    },function() {
        alert("执行数据库操作成功");
    })
}
```

在上述代码中，首先判断浏览器对 Web SQL 数据库的支持情况，如果支持，则创建名称是 mytest、版本号是 1.0、大小为 2MB 的数据库，并向该数据库中创建 booktype 数据库表，该表包含 id 和 name 两个字段。创建成功时直接弹出对话框提示，如果创建失败，也弹出对话框提示，并且返回失败的原因。

7.2.3 执行数据操作

在 transaction()方法的回调函数内，使用了作为参数传递给回调函数的 transaction 对象的 executeSql()方法。

executeSql()方法通常用来执行 SQL 语句，基本语法如下：

```
executeSql(sqlString, [Arguments], SuccessCallback, errorCallback);
```

其中，sqlString 表示需要执行的 SQL 语句，如果需要参数，用“?”代替；Arguments 是一个可选参数，它表示 SQL 语句需要的实参；SuccessCallback 表示 SQL 语句执行成功时的回调函数；errorCallback 表示 SQL 语句执行失败时的回调函数。

在执行 SQL 语句成功时的回调函数中，可以向该参数内传递两个参数。第一个参数为 transaction 对象，第二个参数为执行查询操作时返回的查询到的结果数据集对象。

基本语法如下：

```
function dataHandler(transaction, results);
```

在执行 SQL 语句失败时的回调函数中，可以向该参数内传递两个参数。第一个参数为 transaction 对象，第二个参数为执行发生错误时的错误信息文字。

基本语法如下：

```
function errorHandler(transaction, errmsg);
```

【例 7-5】

在例 7-4 中已经创建了 booktype 数据库表，本例打开 mytest 数据库，并向 booktype 表中添加一条数据记录。

代码如下：

```
var db;
if(window.openDatabase) {           //如果浏览器支持 Web SQL 数据库
    db = openDatabase('mytest', '1.0', 'test database', 2*1024*1024);
    db.transaction(function(tx) {
        tx.executeSql("INSERT INTO booktype values(2,'青春励志')",
         [],function(tx,results) {
            alert("您已经成功添加记录");
        },function(tx,msg) {
            alert("添加数据失败的原因在于: " + msg.message);
        })
    })
}
```

调用回调函数可以查看数据库表和数据是否添加成功，实际上，Chrome 浏览器中提供了非常人性化的工具。在 Chrome 浏览器的工具(直接按 F12 快捷键)中，可以查看本地数据库记录，如图 7-8 所示。

另外，从图 7-8 中还可以知道，Web 开发者也可以单击选项来查看 localStorage 对象和 sessionStorage 对象中的内容。

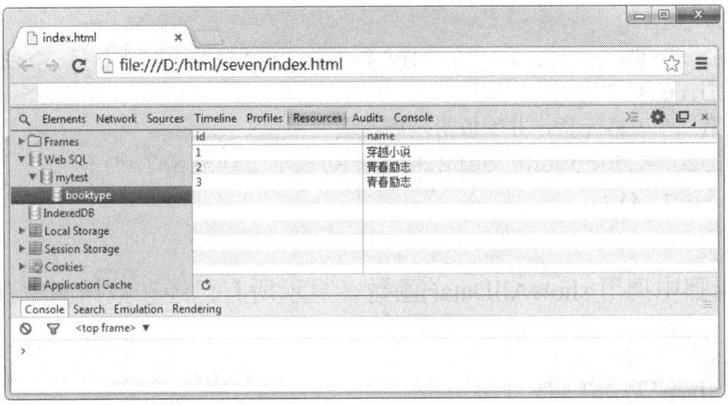

图 7-8　查看 Chrome 浏览器的中 mytest 数据库

7.3　实验指导——用本地数据库保存和读取数据

在 7.2 节中，我们简单地了解过了 Web SQL 数据库，包括与 Web SQL 数据库常用的 3 个方法。本节实验指导仿写一个用 HTML 5 API 来操作本地数据库的例子，功能实现很简单，但是也存在着缺陷，对各个浏览器的支持力度不够。

通过 HTML 5 本地数据库保存和读取数据的实现步骤如下。

(1) 设计 HTML 页面，并且页面中添加两个表格，第一个表格向用户提供输入信息，第二个表格显示用户提交到本地数据库中的记录。页面代码如下：

```
<table>
    <tr>
        <td>姓名：</td>
        <td><input type="text" id="name"></td>
    </tr>
    <tr>
       <td>资料：</td>
       <td><input type="text" id="info"></td>
    </tr>
    <tr>
        <td></td>
        <td><input type="button" value="保存" onclick="saveData();"></td>
    </tr>
</table>
<hr color="blue">
<table id="datatable" border="1" width="100%">
</table>
```

(2) 为页面中的 body 元素添加 onload 事件属性，它调用 JavaScript 脚本中的 init()函数。

(3) 开始向 JavaScript 脚本中添加代码，首先通过 openDatabase()方法创建一个数据库对象，然后创建 init()函数，该函数用于页面下方表格元素的引用，并且显示所有的数据库记录。代码如下：

```
var datatable = null;
```

```
var db =
  openDatabase('MyData', '', 'My Database', 102400);   //创建一个数据库对象
function init() {
   //获取第二个表格元素，并赋值给全局变量
   datatable = document.getElementById("datatable");
   showAllData();
}
```

(4) 上个步骤中调用 showAllData()函数，显示所有已经在数据库中存储的记录。该函数的代码如下：

```
function showAllData() {
   db.transaction(function(tx) {
      tx.executeSql('CREATE TABLE IF NOT EXISTS MyInfoData(name TEXT,
                info TEXT,time INTEGER)',[])
      tx.executeSql('SELECT * FROM MyInfoData',[],function(tx,rs) {
         removeAllData();
         for(var i=0; i<rs.rows.length; i++) {
            //对于 item(i)，也就是某一行记录，
            //显示其内容到页面的表格中(构建对应的 HTML 片段)
            showData(rs.rows.item(i));
         }
      });
   });
}
```

上述代码首先调用 transaction()方法开启数据库事务，该方法用一个回调函数作为参数，表明要执行的语句。在事务的回调函数中，调用 executeSql()方法创建一个 MyInfoData 数据库表，表中包含 name、info 和 time 三个字段。然后，再次调用 executeSql()方法，对 SELECT 语句读取到的结果集进行处理。对于结果集，首先在获取它之前，移除页面上的 table 中的所有数据，然后再遍历结果集。

通过 for 语句遍历结果集时，对于每一行，依次调用 showData()函数来在 table 上创建文本。另外，item(i)表示某一行记录，这里显示其内容到页面的表格中。

(5) 上个步骤中，removeAllData()函数用于移除所有表格中的当前显示数据，但是它并不去除数据库记录。函数代码如下：

```
function removeAllData() {
   for(var i=datatable.childNodes.length-1; i>=0; i--) {
      datatable.removeChild(datatable.childNodes[i]);
   }
   var tr = document.createElement('tr');
   var th1 = document.createElement('th');     //表头行的第一个表头
   var th2 = document.createElement('th');     //表头行的第二个表头
   var th3 = document.createElement('th');     //表头行的第三个表头
   th1.innerHTML = "姓名";
   th2.innerHTML = "资料";
   th3.innerHTML = "时间";
   tr.appendChild(th1);
```

```
    tr.appendChild(th2);
    tr.appendChild(th3);
    datatable.appendChild(tr);        //将这个新创建的表头行挂到表格中
}
```

上述代码首先通过 for 语句将 table 元素下面所有的子元素全部清除，接着，再创建表头部分 tr 里面的 th 元素，然后分别设置 th 表头的文本，并将这些表头依次放在表头行中。最后，调用 appendChild()方法，将新创建的表头行挂到表格中。

(6) 在前面的第 4 步中，showData()函数构建指定数据库行的数据对应的 HTML 文本，向该函数中传入一个参数，该参数表示数据库结果集中的某一行记录。函数代码如下：

```
function showData(row) {
    var tr = document.createElement('tr'); //构建一个表行，用于取得所要的信息
    var td1 = document.createElement('td');     //创建第一列，这一列是姓名
    td1.innerHTML = row.name;                  //填充第一列的信息为该行的 name
    var td2 = document.createElement('td');     //创建第二列，这一列是留言
    td2.innerHTML = row.info;                  //填充第一列的信息为该行的 message
    var td3 = document.createElement('td');     //创建第三列，这一列是日期
    var t = new Date();                      //创建一个日期对象
    t.setTime(row.time);
    //将日期的标准形式和国际化日期形式分别设置给当前列
    td3.innerHTML = t.toLocaleString() + " " + t.toLocaleTimeString();
    tr.appendChild(td1);
    tr.appendChild(td2);
    tr.appendChild(td3);
    datatable.appendChild(tr);                 //让这个表格在后面加上这一行
}
```

(7) 在浏览器中运行本节实验指导的代码，查看页面效果，初始效果如图 7-9 所示。

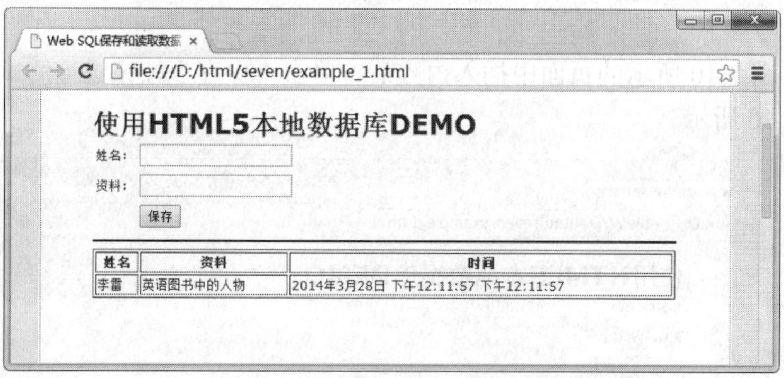

图 7-9　实验指导页面的初始效果

(8) 从图 7-9 中可以看出，用户可以向页面的输入框中输入内容，输入完毕后单击“保存”按钮，这时会提交信息到数据库中，执行保存操作。单击“保存”按钮时会触发 saveData()函数，保存用户的当前输入。

继续向前面代码的基础上添加代码，内容如下：

```
function saveData() {
```

```
    //从 HTML 页面中取得两个输入框的文本
    var name = document.getElementById('name').value;
    var info=document.getElementById('info').value;
    var time = new Date().getTime();        //得到当前的系统时间
    addData(name, info, time);              //将用户名、用户信息、当前时间存到数据库中
    showAllData();                          //更新下方的表格显示
}
```

上述代码首先获取用户输入的内容，接着通过 new Date().getTime()获取当前的系统时间，然后调用 addData()函数将用户名、用户信息、当前时间保存到数据库中，最后调用 showAllData()函数更改表格中的数据。

(9) addData()函数用于添加一条记录到数据库中，这些信息有些是从页面获取的，有些是系统生成的。

addData()函数的代码如下：

```
function addData(name, info, time) {
    db.transaction(function(tx) {
        tx.executeSql('INSERT INTO MyInfoData VALUES(?,?,?)' ,
          [name,info,time],function(tx,rs) {
           console.log("成功保存数据!");
        },
        function(tx,error) {
            console.log(error.source + "::" + error.message);
        });
    });
}
```

上述代码首先开启一个事务，事务的回调函数是一个有参数的插入语句，插入成功时的回调函数是在控制台上输出一行日志，插入失败时的回调函数是在控制台上输出一行错误日志。

(10) 向如图 7-10 所示的页面中插入内容后，单击“保存”按钮进行测试，添加成功时的效果如图 7-10 所示。

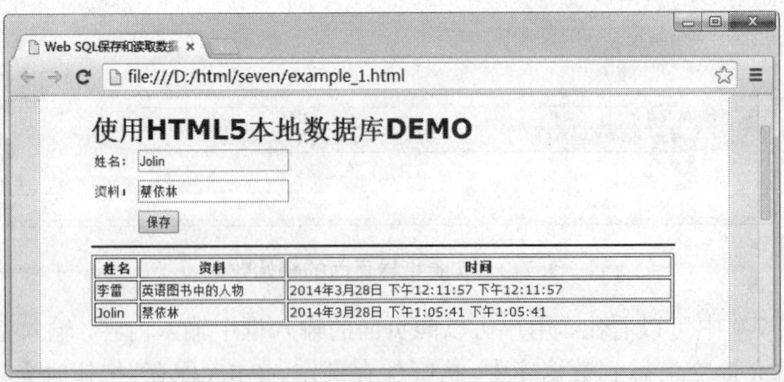

图 7-10　添加数据成功时的提示

(11) 打开 Chrome 浏览器的工具，查看控制台的效果，如图 7-11 所示。

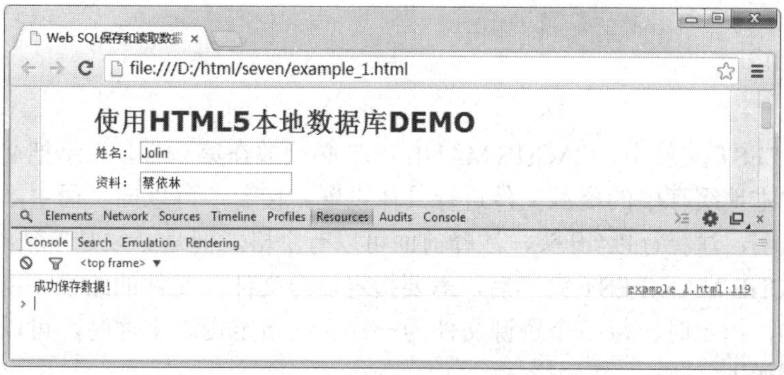

图 7-11　查看控制台的结果

7.4　Web 离线应用程序

在 Web 应用中使用缓存的原因之一，是为了支持离线应用。使用离线存储，避免了加载应用程序时所需的常规网络需求。如果缓存清单文件是最新的，浏览器就知道自己无须检查其他资源是否最新了。大部分应用程序可以快速地从本地应用缓存中加载完成。另外，从缓存中加载资源可以节省带宽，这对于移除 Web 应用是至关重要的。

7.4.1　缓存清单

Web 应用程序的本地缓存是通过每个页面的 manifest 文件来管理的。manifest 文件是一个简单的文本文件，在该文件中以清单的形式列举了需要被缓存或不需要被缓存的资源文件的名称，以及这些资源文件的访问路径。

可以为每一个页面单独指定一个 manifest 文件，也可以对整个 Web 应用程序指定一个总的 manifest 文件。

【例 7-6】

下面的内容为 manifest 文件的一个例子。文件的完整名称是 mytest.manifest。完整内容如下所示：

```
CACHE MANIFEST
#文件的开头必须书写 CACHE MANIFEST
#这个 manifest 文件的版本号
#version 9
CACHE:
other.html
othertest.js
images/photo.jpg
NETWORK:
http://192.168.111:80/test
test.html
*
FALLBACK:
online.js off.js
```

```
CACHE:
test.html
test.js
```

在 MANIFEST 文件中，CACHE MANIFEST 必须放在第一行，表示把文件的作为告诉浏览器，即对本地缓存中的资源文件进行具体设置。接着，可以向页面中添加注释，进行一些必要的说明，注释行以#开头，注释前面可以有空格，但是必须是单独的一行。

设置 CACHE MANIFEST 完毕后，需要指定资源文件，文件的路径可以是绝对的，也可以是相对的，指定时，每一个资源文件为一行。在指定资源文件时，可以把资源文件分为 3 类，说明如下。

- CACHE：在 CACHE 类别中指定需要被缓存在本地的资源文件。为某个页面指定需要本地资源的资源文件时，不需要把这个页面本身指定在 CACHE 类别中，因为如果一个页面具有 manifest 文件，浏览器会自动地对这个页面进行缓存。
- NETWORK：为显示指定不进行本地缓存的文件，这些资源文件只有当客户端与服务器建立连接时才能访问。在例 7-6 中使用通配符(*)符号，它表示没有在该文件中指定的资源文件都不进行缓存。
- FALLBACK：该类别中的每行都指定两个资源文件，第一个资源文件为能够在线访问时使用的资源文件，第二个资源文件为不能在线访问时使用的备用资源文件。

CACHE、NETWORK 和 FALLBACK 都是可选的，但是如果文件开头没有指定类别而直接书写资源文件时，浏览器把这些资源文件看作 CACHE 类别，直到看见文件中第一个被书写出来的类别为止。

注意： 最好在 mainfest 文件中添加一个版本号，来表示这个文件的版本。版本号可以是任何形式的，例如 version 201410100002，更新 manifest 文件时一般也会对这个版本号进行更新。

【例 7-7】

本例很简单，在网页中显示两张不同的图片，并且在缓存清单中离线缓存其中一张图片。步骤如下。

(1) 向页面中添加两张图片以及输入框和操作按钮。内容如下：

```
<header><img src="http://www.baidu.com/img/bdlogo.gif" /></header>
<input type="search" name="mysearch" list="test" /><input type="submit" />
<datalist id="test">
    <option>中国四大名著</option>
    <option>巴黎</option>
    <option>世界最高峰</option>
    <option>糖醋鱼的做法大全</option>
</datalist>
<footer>
    <img src="http://su.bdimg.com/static/superpage/img/logo_white.png" />
</footer>
```

(2) 创建全名是 mytest.manifest 的缓存清单文件，并且在该文件中定义要缓存的内容。基本文件内容如下：

```
CACHE MANIFEST
#version 20140001
CACHE:
http://www.baidu.com/img/bdlogo.gif

NETWORK:
http://su.bdimg.com/static/superpage/img/logo_white.png
```

(3) 将上一步中创建的 mytest.manifest 文件链接到 HTML 网页中，在网页中的<html></html>标记中添加 manifest 属性，将此属性指定为 mytest.manifest 文件：

```
<html manifest="mytest.manifest">
```

(4) 在 IIS 中访问页面进行测试，大多数的浏览器都不会提醒是否允许缓存，而是默认自动缓存，图 7-12 展示了 Chrome 浏览器的效果。

图 7-12 Chrome 浏览器页面测试效果

(5) 以手动的方式断开网络连接，然后重新访问该页面，查看效果，离线效果如图 7-13 所示。

图 7-13 Chrome 浏览器查看离线缓存的效果

7.4.2 本地缓存对象

HTML 5 中提供的 applicationCache 对象代表本地缓存，可以用它来通知用户本地缓存已经被更新，也允许用户手工更新本地缓存。只有在清单已经修改时，applicationCache 对象才会接受一个事件，表明它已经更新。

applicationCache 对象通常使用 swapCache()方法来控制如何进行本地缓存的更新及更新的时机。简单地说，swapCache()方法用来手工执行本地缓存的更新，它只能在 applicationCache 对象的 updateReady 事件被触发时调用，updateReady 事件只有服务器上的 manifest 文件被更新，并且把 manifest 文件中所要求的资源文件下载到本地后才能触发。

【例 7-8】

为页面中的 body 元素添加 init()函数，在该函数内编写手工检查更新的代码。示例代码如下：

```
function init() {
    setInterval(function() {
        applicationCache.update();        //手工检查是否有更新
    },3000);
    applicationCache.addEventListenen("updateready",function() {
        if(confirm("本地缓存已经被更新，需要刷新画面获取最新版本，是否刷新？")) {
            applicationCache.swapCache();
            location.reload();
        }
    },true);
}
```

7.5 Web Worker 处理线程

Web Worker 是在 HTML 5 中新增的，是用来在 Web 应用程序中实现后台处理的一项技术。使用这个 API，用户可以很容易地创建在后台运行的线程(在 HTML 5 中称为 Worker)，如果将可能耗费较长时间的处理交给后台去执行，对用户在前台页面中执行的操作就完全没有影响了。

7.5.1 创建 Worker 对象

Web 开发者在使用线程时，必须创建一个 Worker 对象，并且传入要被调用的 JavaScript 文件的地址，而且必须把 Worker 执行的操作写入这个 JavaScript 文件。创建 Worker 时很简单，使用 new 关键字即可，并且向 Worker 中传入一个参数。代码如下：

```
var worker = new Worker("worker.js");
```

注意： *在后台线程中是不能访问页面或者窗口对象的，如果在后台线程的脚本文件中使用到 window 对象或者 document 对象，则会引发错误。*

创建 Worker 对象之后，在主线程与工作线程间进行通信时，使用的是线程对象的 postMessage()方法和 onmessage 事件，不管是谁向谁发送数据，发送方使用的都是 postMessage()方法，接收方使用的都是 onmessage 事件。onmessage 事件的代码如下：

```
worker.onmessage = function(e) {
    //处理接收的消息
}
```

postMessage()方法对后台线程发送消息，发送的消息是文本数据，但也可以是任何 JavaScript 对象，如果为对象，就需要通过 JSON 对象的 stringify()方法将其转换成文本数据。postMessage()方法的基本语法如下：

```
worker.postMessage(message);
```

技巧： 在线程内，可以调用 close()方法销毁自己的线程，在线程外部的主线程中，使用线程实例的 terminate()方法销毁线程。

7.5.2　使用 Worker 对象

上小节已经简单介绍了如何创建和使用 Worker 对象，下面主要通过一个案例来演示如何使用 Worker 对象来处理线程。这里，页面在加载时创建一个 Worker 后台线程，当输入内容完成后单击按钮时，将向后台线程发送输入的内容，后台线程将数据处理完毕后，返回前台调用并输出信息。

【例 7-9】

本例演示 Worker 对象的使用，具体步骤如下。

(1)　向页面中添加 textarea 元素、button 元素和 span 元素，其中 textarea 元素向用户提供输入，button 元素执行提交操作，span 元素输出用户输入的内容。代码如下：

```
母亲节就要到了，请写下您最想对母亲说的话吧：<br/>
<textarea id="inputxt" rows="10" cols="85" placeholder="妈妈，我想对您说：">
</textarea><br/>
<button onClick="GetMessage()">提交</button><br/>
<span id="showmessage"></span>
```

(2)　向 JavaScript 脚本中创建后台线程，首先判断浏览器是否支持 Worker 对象，如果支持，创建该对象，否则弹出对话框提示。代码如下：

```
var worker;
if(typeof(Worker)!=="undefined") {
    var worker = new Worker("getinfo.js");
} else {
    alert("该浏览器不支持 Web Worker");
}
```

(3)　通过 Worker 对象的 onmessage 事件来获取在后台线程中接收的信息并输出。代码如下：

```
worker.onmessage = function(event) {
    document.getElementById("showmessage").innerHTML = event.data;
}
```

(4)　向页面中输入内容后，需要单击操作按钮，该按钮会调用 GetMessage()函数。在该函数中，首先获取用户输入的内容，接着判断输入内容的长度是否小于等于 0，如果是则弹出提示，否则调用 Worker 对象的 postMessage()方法对后台线程发送信息。

代码如下：

```
function GetMessage() {
    var mytext = document.getElementById("inputxt");
    if(mytext.value.length<=0) {
        alert("你还没有写下要对妈妈说的话呢，快点写下来吧");
    } else {
        worker.postMessage(mytext.value);
    }
}
```

(5) 将处理线程信息的内容放到单独的文件中，并且把线程代码单独书写在 getinfo.js 脚本文件中。代码如下：

```
onmessage = function(event) {
    var message = "你在母亲节最想说的话：" + event.data;
    postMessage(message);
}
```

(6) 运行上述代码，输入内容后，单击按钮进行测试，效果如图 7-14 所示。

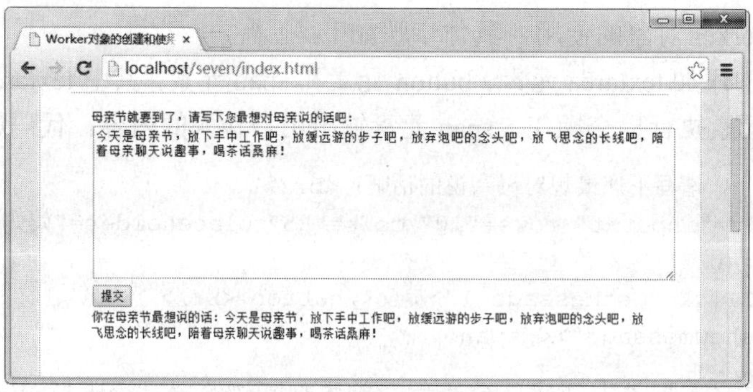

图 7-14　创建和使用线程的效果

除了使用 postMessage()方法和 onmessage 事件外，在 Worker 内部，还可以使用其他的关键字。下面列出了 JavaScript 脚本文件中线程的所有可用变量、函数和类。

- self：self 关键词用来表示本线程范围内的作用域。
- postMesssage(message)：向创建线程的源窗口发送消息。
- onmcssage：获取接收消息的事件句柄。
- importScripts(urls)：导入其他 JavaScript 脚本文件，参数为脚本文件的 URL 地址。可以一次性导入多个脚本文件，但是导入的文件必须与使用该线程文件的页面在同一个域中，并在同一个端口中。代码如下：

  ```
  importScripts('text.js', 'test.js', 'text2.js');
  ```

- navigator：该对象与 window.navigator 对象类似，有 appName、platform、userAgent、appVersion 等属性。
- sessionStorage 和 localStorage：可以在线程中使用 Web Storage。
- XMLHttpRequest：可以在线程中处理 Ajax 请求。
- Web Workers：可以在线程中嵌套线程。

- setTimeout()和 setInterval()：函数可以在线程中实现定时处理。
- close()：结束本线程。
- eval()、isNaN()和 escape()等：可以使用所有 JavaScript 核心函数。
- object：可以创建和使用本地对象。
- WebSockets：可以使用 WebSockets API 向服务器发送和接收消息。

7.6　跨文档消息通信

为了代码的安全性，在 JavaScript 脚本中不允许跨域访问其他页面中的元素，这给不同页面数据的互访带来了障碍。HTML 5 解决了这个问题，允许在两个不同的域名与端口之间实现收发数据的功能。

跨文档消息通信有时会被称为跨文档消息传送(cross-document messaging)，或简称为 XDM，它是指来自不同域的页面间传递消息。例如，在 www.a.com 域中的页面与位于一个内嵌框架中的 www.b.com 域中的页面通信。

跨文档消息通信的核心是 postMessage()方法。接收到跨文档消息时，会触发 window 对象的 message 事件，该事件以异步形式触发。因此，从发送消息到接收消息可能要经过一段时间的延迟。触发 message 事件之后，传递给 onmessage 处理程序的事件对象包含以下三方面重要信息。

- data：作为 postMessage()方法的第一个参数传入的字符串数据。
- origin：发送消息的文档所在的域名，例如 http://www.baidu.com。
- source：发送消息的文档的 window 对象的代理，这个代理对象主要用于在发送上一条消息的窗口中调用 postMessage()方法。如果发送消息的窗口来自于同一个域，那这个对象就是 window。

【例 7-10】

创建一个示例，在主页面输入一些信息，将该信息传递到另一个页面进行处理，再到主页面中显示结果。实现步骤如下。

(1) 向页面的 form 表单中添加 p 元素和 iframe 元素，其中 p 元素中又包含一个 label 元素和两个 input 元素。代码如下：

```
<form>
    <p>
        <label>消息内容：</label>
        <input type="text" id="msg" />
        <input type="submit" />
    </p>
    <iframe src="frame.html" id="myframe" frameborder="0" width="480">
    </iframe>
</form>
```

(2) 上述页面作为主页面，并且向该页面中嵌入了一个子页面，需要通过 JavaScript 向子页面传递数据。代码如下：

```
var win = document.getElementById('myframe').contentWindow;
```

```
addEvent(document.querySelector('form'), 'submit', function(e) {
    win.postMessage(
     document.getElementById('msg').value, "http://localhost");
    if (e.preventDefault)
        e.preventDefault();
    e.returnValue = false;
});

function addEvent(elem, event, func ) {
    if (!!window.attachEvent){
        elem.attachEvent('on' + event, func);
    }
    else{
        elem.addEventListener(event, func, false);
    }
}
```

上述代码首先获取子页面对象，然后调用自定义的 addEvent()函数，在该函数中通过 postMessage()方法向子页面传递数据。

(3) 创建 frame.html 文件，页面代码如下：

```
<div class="wrapper">
    <h3 class="subtitle">框架来源于域：http://localhost</h3>
    <div class="msg" id="message">等待消息...</div>
</div>
```

(4) 向子页面 frame.html 中添加 window 对象的 message 事件，并且用 JavaScript 接收数据，将数据显示出来。代码如下：

```
window.addEventListener('message', receiver, false);
function receiver(e) {
    if (e.origin == 'http://localhost') {
        document.getElementById('message').innerHTML =
          '<p>' + e.origin + ' 输入的内容是：<strong>' + e.data + '</strong></p>';
    } else {
        alert("很抱歉，您传递过来的页面并不是来自域名 http://localhost");
    }
}
```

在上述代码中，通过 e.origin 判断并获取从上个页面传递过来的域名，e.data 获取传递过来的数据。

(5) 在浏览器中输入本例的地址进行测试，页面初始效果如图 7-15 所示。

(6) 向页面的文本框中输入内容，然后单击“提交”按钮查看效果，如图 7-16 所示。

提示： 虽然上述例子的主页面和子页面位于同一个域中，但是这并不影响不同域名之间消息的使用。读者可以参考上述代码更改域名，实现不同域名之间的跨文档消息传递。

图 7-15　页面初始效果

图 7-16　页面测试效果

7.7　获取地理位置信息

目前，许多用户都拥有了智能手机，手机上都带有地图，在地图上可以显示用户当前所处的地理位置，也可以查找其他的位置信息。HTML 5 中新增加的 Geolocation API 可以获取地理位置信息，它允许用户在 Web 应用程序中共享他们的地理位置，使其能够享受位置感知服务，包括了解周围情况等。

7.7.1　Geolocation API 概述

通过地理位置功能，能够识别出每个人所在的具体地理位置，并且在允许的情况下，把位置信息向他人分享。识别地理位置的方法有多种，例如，通过 IP 地址和 GPS 定位等可以获取到经纬度信息。

在 HTML 5 中，window.navigator 对象新增加了一个 geolocation 属性，该属性返回一个 Geolocation 对象。Web 开发者可以利用 Geolocation 对象提供的方法，实现获取地理位置信息。

1. getCurrentPosition()方法

Web 开发者调用 getCurrentPosition()方法可以获取用户当前的地理位置信息，使用该方法时，需要传入 3 个参数。基本语法如下：

```
void getCurrentPosition(onSuccessCallback, onErrorCallback, options);
```

其中，onSuccessCallback 表示成功获取当前地理位置时的回调函数，该回调函数需要传入一个 position 对象。基本语法如下：

```
navigator.geolocation.getCurrentPosition(function(position) {
    //获取成功时的处理
})
```

onErrorCallback 参数表示获取当前地理位置失败时调用的函数。如果获取位置失败，可以通过该回调函数把错误信息提示给用户。该回调函数需要传入一个 error 对象，该对象的两个属性说明如下。

(1) code：该属性获取错误代码，可取值包括以下 4 个。

- UNKNOWN_ERROR(0)：未知错误信息。
- PERMISSION_DENIED(1)：用户单击信息条上的“不共享”按钮或者直接拒绝被获取位置信息。
- POSITION_UNAVAILABLE(2)：网络不可用或者无法连接到获取地理位置信息的卫星。
- TIMEOUT(3)：网络可用但是在计算用户的位置上花费了过多的时间。简单地说，是指获取位置信息超时。

(2) message：该属性的取值是一个字符串，在字符串中包含错误信息，这个错误信息在开发和调试时会很有用。但需要注意，有些浏览器中并不提供对该属性的支持。

options 参数是一个可选参数，它是一些可选属性的列表，如表 7-2 所示。

表 7-2　options 参数的可选属性列表

属性名称	说　明
enableHighAccuracy	其值是一个布尔类型，默认值为 false。表示是否启用高精确度模式，如果启用这种模式，浏览器在获取位置信息时可能需要耗费更多的时间
timeout	其值是一个整数，表示浏览器需要在指定的时间内获取位置信息，否则将会触发 onErrorCallback 回调函数中的错误
maximumAge	其值是一个整数或者常量，表示浏览器重新获取位置信息的时间间隔

2．watchCurrentPosition()方法

Web 开发者可以调用 watchCurrentPosition()方法持续获取用户的当前地理位置信息，它会定期自动获取。基本语法如下：

```
int watchCurrentPosition(onSuccessCallback,onErrorCallback,options);
```

从上述语法中可以看出，watchCurrentPosition()方法在使用时也需要传入 3 个参数，这 3 个参数的使用方法与 getCurrentPosition()方法相同，这里不再详细说明。

watchCurrentPosition()方法调用后，返回一个 int 类型的值，该值的使用与 JavaScript 脚本中自带的 setInterval()函数的返回参数的使用类似，可以被 clearWatch()方法使用，停止对当前地理位置信息的监视。

3．clearWatch()方法

Web 开发者可以调用 clearWatch()方法停止对当前用户的地理位置信息的监视。使用该

方法时，需要传入一个参数，该参数是调用 watchCurrentPosition()方法监视地理位置信息时的返回参数。基本语法如下：

```
void clearWath(watchId);
```

7.7.2　position 对象概述

在使用 getCurrentPosition()方法和 watchCurrentPosition()方法时，需要传入 3 个参数，第一个参数表示获取用户当前地理位置信息成功时调用的函数，该函数需要传入一个 position 对象。

通过 position 对象的属性，可以获取详细的地理位置信息，包括经度、纬度和海拔等，position 对象的常用属性及其说明如表 7-3 所示。

表 7-3　position 对象的常用属性

属性名称	说　明
latitude	当前地理位置的纬度
longitude	当前地理位置的经度
altitude	当前地理位置的海拔高度。无法获取时返回值为 null
accuracy	当前地理位置的精确度。其单位是米
altitudeAccuracy	当前地理位置的海拔精确度。其单位是米
heading	当前设置的前进方向，用面朝正北方向的顺时针旋转角度来表示。无法获取时返回值为 null
speed	当前设置的前进速度，以米/秒为单位，无法获取时返回值为 null
timestamp	获取地理位置信息时的时间

【例 7-11】

本例使用 Geolocation API 提供的方法获取用户当前的地理位置信息，包括经度、纬度、海拔高度、精确度等，并将这些显示到页面中。

实现步骤如下。

(1)　向页面中添加 span 元素，用于显示用户的当前地理位置详细信息。

代码如下：

```
正在通过 Geolocation API 获取用户的当前地理位置信息：<br/>
<span id="positioninfo"></span>
```

(2)　在 JavaScript 脚本中获取页面中的 span 元素，然后为页面添加加载完成时的 load 事件。

代码如下：

```
var info = document.getElementById("positioninfo");
window.onload = function() {
    if(navigator.geolocation) {                                  //判断浏览器是否支持
        navigator.geolocation.getCurrentPosition(
            onSuccessCallback,                                   //成功时调用的函数
```

```
                onErrorCallback,                              //失败时调用的函数
                {                                             //其他属性信息的设置
                    maximumAge:5*1000*60,                     //缓存有效时间
                    timeout:5000                              //超时时间限制
                }
            )
        } else {
            alert("浏览器不支持当前位置的显示功能");
        }
    }
```

上述代码首先通过 navigator.geolocation 判断浏览器是否支持 Geolocation API，如果支持，则调用 getCurrentPosition()方法，并向该方法中输入参数。

(3) 当获取地理位置信息成功时调用 onSuccessCallback()函数，在该函数中通过各个属性获取用户的地理位置信息。

代码如下：

```
function onSuccessCallback(position) {
    var objInfo = position.coords;
    info.innerHTML +=
      "当前地理位置的纬度值：<b>" + objInfo.latitude + "</b><br/>";
    info.innerHTML +=
      "当前地理位置的经度值：<b>" + objInfo.longitude + "</b><br/>";
    info.innerHTML +=
      "当前地理位置的精确度：<b>" + objInfo.accuracy + "</b><br/>";
    info.innerHTML +=
      "当前地理位置的前进速度：<b>" + objInfo.speed + "</b><br/>";
    info.innerHTML +=
      "当前地理位置的前进方向：<b>" + objInfo.heading + "</b><br/>";
    info.innerHTML +=
      "当前地理位置的时间戳：<b>" + objInfo.timestamp + "</b><br/>";
}
```

(4) 当获取地理位置信息失败时调用 onErrorCallback()函数，并且将失败信息显示到页面中。

代码如下：

```
function onErrorCallback(error) {
    var errorType = {
        1:'位置服务器拒绝',
        2:'获取不到位置',
        3:'获取信息超时',
        0:''
    };
    info.innerHTML = errorType[error.code]
      + ":获取地理位置错误，请检查您的网络是否通畅!";
}
```

(5) 在浏览器中运行上述代码，查看效果，获取用户当前地理位置信息时会询问用户

是否共享位置信息，如图7-17所示。

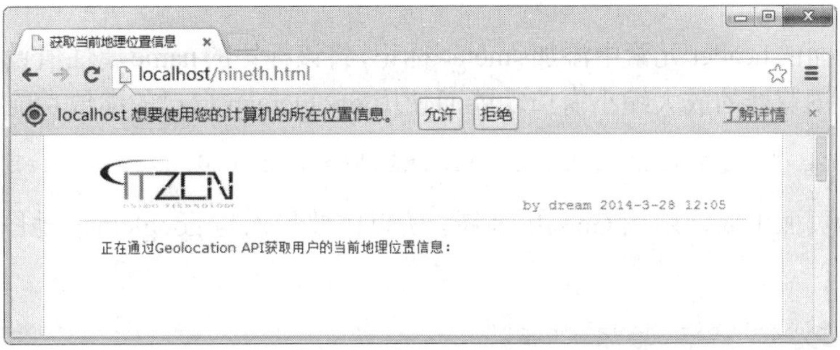

图7-17　Chrome浏览器询问用户是否共享位置信息

(6) 如果用户单击图7-17中的“允许”按钮，会显示获取到的经度、纬度、精确度和时间戳等信息，如图7-18所示。

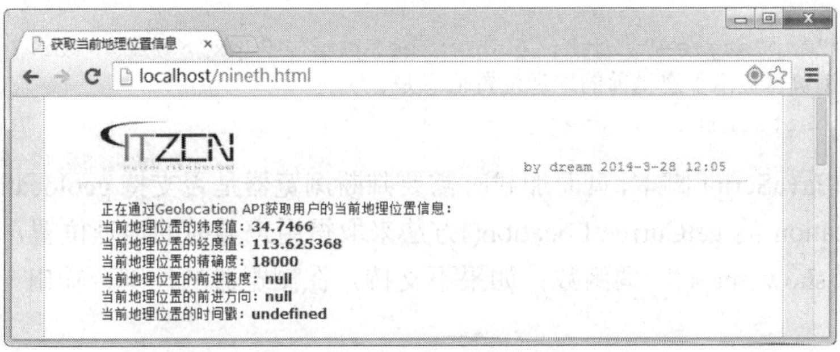

图7-18　单击“允许”按钮获取到的位置信息

(7) 打开Firefox浏览器或者Opera浏览器并且访问上述页面，Firefox浏览器的询问效果如图7-19所示。

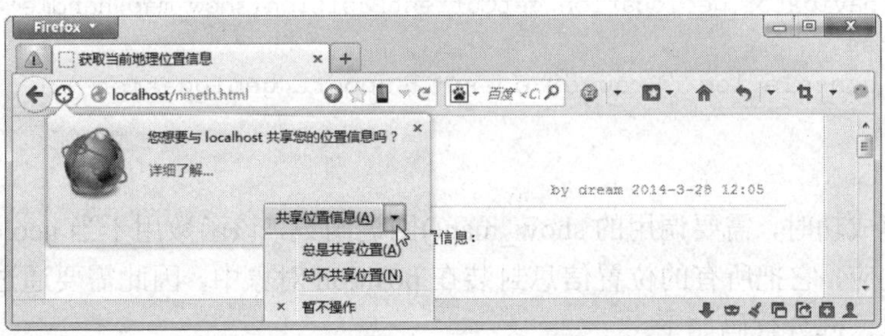

图7-19　Firefox浏览器询问用户是否共享位置信息

7.8 实验指导——利用Google地图显示当前位置

HTML 5中引入的Geolocation API可以帮助Web开发者获取用户所在的地理位置，它不仅可以标示出当前的经度和纬度，还可以与Google Map API结合使用，来在地图上标示出当前位置。

本节实验指导利用 Geolocation API 和 Google Map API 获取用户的当前位置。实现步骤如下。

(1) 向页面的header元素中添加<meta>标记，将该标记的name属性值设置为viewport，它让用户利用浏览器的放大缩小窗口功能而使用googlemap自己的缩放功能。代码如下：

```
<meta name="viewport" content="initial-scale=1.0,user-scalable=no"/>
```

(2) 因为页面上要使用到 Google 地图，所以需要导入与 googlemap 地图有关的脚本文件。代码如下：

```
<script type="text/javascript"
 src="http://maps.google.com/maps/api/js?sensor=false"></script>
```

(3) 向页面 body 元素中添加 div 元素和 p 元素，div 元素是一个长度为 600 像素、宽度为 400 像素的矩形，用来画 Google 地图。p 元素用来显示用户的位置信息。

页面代码如下：

```
<div id="map"style="width: 600px; height: 400px"></div><br>
<h3>您的浏览器显示了您当前的地理位置信息是:</h3>
<p id="positionInfo"></p>
```

(4) 添加 JavaScript 脚本，页面加载时需要判断浏览器是否支持 geolocation。如果支持，则使用 geolocation 的 getCurrentLocation()方法来取得用户当前的地理位置，并且在成功获取位置后调用 show_map()回调函数；如果不支持，在浏览器的控制台输出一段文本内容。代码如下：

```
window.onload = function() {
    console.log("entering the init() method");
    if (navigator.geolocation) {
        console.log('Browser support geolocation');
        navigator.geolocation.getCurrentPosition(show_map,handle_error ,null);
    } else {
        console.log('Browser doesnt support geolocation');
    }
}
```

(5) 创建成功时，需要调用的 show_map()回调函数，该函数用于当 gcolocation 成功获取位置后的响应，它把所有的位置信息封装在 position 对象中，因此需要通过 position 对象获取详细信息。部分代码如下：

```
function show_map(position) {
    var coords = position.coords;   // 取得当前的地理位置
    //Part 1; 显示用户的精确位置信息
    //取得页面上用于显示精确位置信息的组件
    var positionInfo = document.getElementById("positionInfo");
    var positionString = "经度: " + coords.longitude + "<br>";
    positionString += "维度: " + coords.latitude + "<br>";
    var altitude = coords.altitude;
    if(altitude!=null) {
```

```
        positionString += "海拔高度" + coords.altitude + "<br>";
    }
    positionString += "经纬度精确到：" + coords.accuracy + "米" + "<br>";
    positionInfo.innerHTML = positionString;
    /* 省略第二部分的代码，参考下个步骤 */
}
```

上述代码主要用于显示用户的精确位置信息，取得页面上用于显示精确位置信息的元素，并且这些内容显示在页面元素中。

(6) 继续向上个步骤中添加第二部分代码，这些代码在Google地图上显示用户的当前位置。代码如下：

```
var latlng = new google.maps.LatLng(coords.latitude, coords.longitude);
var myOptions = {
    zoom : 14,        //设定放大倍数
    center : latlng,//将地图的中心点设定为指定的坐标点
    //指定地图的类型，这里选择的是街道地图
    mapTypeId : google.maps.MapTypeId.ROADMAP
};
var map1;
map1 = new google.maps.Map(document.getElementById("map"), myOptions);
var marker = new google.maps.Marker({   // 在地图上创建标记
    position : latlng,  //标注刚才的标注点，标注点是由当前的经纬度设定的，表示当前位置
    map : map1  //标注在哪张地图上，前面创建map1作为Google Map，所以标注在map1上
});
//设定标注窗口，并且指定该窗口的注释文字
var infowindow = new google.maps.InfoWindow({
    content : "您的当前位置!"
});
infoWindow.open(map1, marker);                    //打开标注窗口
```

上述代码首先设置地图参数，将用户的当前位置的纬度和精确度都设置为地图的中心点。接着创建地图，并在id属性值为map的div元素中显示，把这个地图叫作map1，然后在地图上创建标题，最后设置标注窗口，并且指定窗口的注释文字，并打开标注窗口。

(7) 创建当geolocation获取用户浏览器所在的地理位置失败时响应的handle_error()回调函数，需要向该函数中传入一个error对象，该对象封装了所有的可能出现的无法获得地理位置的错误信息，并且HTML 5为其预留了错误码，可取值包括1、2、3和0。

代码如下：

```
function handle_error(error) {
    var errorTypes={
        1:'位置服务被拒绝',
        2:'获取不到位置信息',
        3:'获取信息超时',
        0:'未知错误'
    };
    alert(errorTypes[error.code] + ":,不能确定你的当前地理位置");
}
```

(8) 打开 Chrome 浏览器，输入网址，进行测试。允许获取地理位置信息时的效果如图 7-20 所示。

图 7-20　利用 Google 地图显示当前位置

7.9 习　　题

一、填空题

1. localStorage 对象的__________属性表示当前对象中的总数目。
2. 在 HTML 5 中打开或者创建数据库时需要调用__________方法。
3. 缓存清单文件的后缀名是__________。
4. 创建和使用 Worker 对象时，__________方法表示对后台线程发送消息。
5. Web 开发者调用__________方法可以获取用户当前的地理位置信息。

二、选择题

1. 如果要使用 Web Storage 对象写入临时内容，当浏览器关闭时数据自动清除，这时可以使用__________选项中的代码。

   A. sessionStorage.setItem(“name”, “Lucy”)

   B. localStorage.setItem(“intro”, “Best”)

   C. sessionStorage.getIem(“Lucy”)

   D. localStorage.getItem(“intro”)

2. 在 openDatabase(“testdata”,“1.0”,“my database”,2*1024*1024)这段内容中，________

表示数据库的名称。

A. 1.0　　B. 2*1024*1024　　C. testdata　　D. my database

3. 在 HTML 5 本地数据库中，调用__________方法不仅可以创建数据库表，还可以添加和查询数据。

A. transaction()　　B. executeSql()

C. opendata()　　D. A 和 B 两个方法都可以

4. 成功获取用户地理位置信息后，调用 position 对象__________的属性获取当前地理位置的精确度。

A. altitudeAccuracy　　B. accuracy

C. latitude　　D. longitude

三、简答题

1. Web Storage 对象是指哪两个对象，它们有什么区别？
2. HTML 5 中新增的与本地数据库有关的方法有哪些，它们都是用来做什么的？
3. 简单描述 Geolocation API 和 Google Map API 显示用户当前位置时的步骤。

第 8 章　CSS 基础语法

在前面的 7 章中已经介绍了 HTML 4 和 HTML 5 的基础知识，实际上，Web 开发者在设计一个漂亮的网页时，一定会使用到样式。如果没有样式，那么页面会显得非常单调，页面内容过多时还会显得杂乱。本章及其后面两章开始介绍 CSS 基础样式，包含设计页面时常用的一些属性及 CSS 3 新增加的功能。

在本章中，将向读者介绍 CSS 的发展历史、特点、注释规范、CSS 2 使用的选择器以及如何在网页中插入 CSS 样式等多个内容。通过本章的学习，读者可以使用简单的选择器和属性构建网页。

本章学习目标如下：

- 熟悉 CSS 的概念和特点。
- 了解 CSS 的发展历史。
- 了解使用 CSS 的原因。
- 掌握 CSS 注释的使用。
- 掌握网页中使用 CSS 的方式。
- 掌握元素选择器的使用。
- 掌握类选择器的使用。
- 掌握 ID 选择器的使用。
- 掌握伪元素和伪类选择器的使用。
- 了解其他常用的选择器。
- 熟悉 CSS 中的关键字和字符串。

8.1　了解 CSS

设计出精美、简洁及高访问量的网页是每一个 Web 开发者的追求。但是，仅通过 HTML 实现是很困难的，因为随着网页页面的不断更新和扩展，其布局设计也会越来越繁琐，这就需要一种技术为页面布局、字体、颜色和其他图文效果的实现提供更加精确的控制，这种技术就是 CSS。

下面简单了解一下与 CSS 有关的知识，包括 CSS 的概念、特点、发展历史和注释规范等多部分内容。

8.1.1　CSS 概述

CSS 是英文 Cascading Style Sheet 的缩写，中文称为“层叠样式表”，又可称为“CSS 样式表”或者“样式表”，其文件后缀名为.css。CSS 是用于增强或者控制网页样式并允许样式信息与网页内容分离的一种标记性语言。

CSS 规范代表了网络发展史上的一个独特的阶段，提供了一种样式描述，如图 8-1 所示为使用 HTML + CSS + JavaScript 实现的一个漂亮网页。

图 8-1　使用 HTML + CSS + JavaScript 制作的网页

CSS 在设计领域中是一个突破，仅仅通过一个 CSS 样式表就能够使网页开发者控制所有出现在 Web 中的外观和布局，其特点如下。

(1)　丰富的样式定义

CSS 允许更为丰富的文档样式外观，以及拥有设计文本属性及背景属性的能力；允许为任何元素创建边框并调整边框与文本之间的距离；允许改变文本的大小写方式、修饰方式(例如加粗)、文本字符间隔，甚至隐藏文本以及其他页面效果。

(2)　容易使用和修改

CSS 能够将样式定义代码集中于一个样式文件中，以实现某种页面效果，这样就不用将样式代码分散到整个页面文件代码中，从而方便管理。另外，还可以将多个 CSS 文档集中地应用于一个页面，也可以将 CSS 样式表单独地应用于某个元素，从而应用到整个页面。如果需要调整页面的样式外观，只需要修改 CSS 样式表的定义代码即可。

(3)　多页面应用

不仅可以将多个 CSS 样式表应用于一个页面，也可以将一个 CSS 样式表应用于一个网站的多个页面。通过在各个页面中引用该 CSS 样式表，能够保证网站风格及格式的统一性。

(4)　具有层叠性

举例来说，全称为 main.css 的样式表定义了一个网站的 5 个页面的样式外观，但是由于需求发生了变化，希望对一个页面布局在保持外观不变的情况下进行更改，这时，就可以应用 CSS 样式表的层叠性，再创建一个只适用于该页面的 CSS 样式表，它包含修改的那一部分的样式代码。将 main.css 和新创建的样式表应用在同一个页面中，那么新样式表中新定义的样式规则将代替 main.css 样式表的样式规则，而 main.css 样式表中定义的其他外观样式仍然可以被应用。

(5)　页面压缩

拥有精美页面的网站往往需要大量或者重复的 Font 标记形式、各种规则的文字样式，其后果是产生大量的标记，从而使页面文件大小增加。将用于描述页面的相似布局代码形成块放入 CSS 样式表中，可以大大缩小页面的规格，这样加载页面的时间会大大减少。

8.1.2 CSS 发展简史

早期的 HTML 语言只包含有少量的显示属性，用来设置网页和字体的效果。随着 HTML 的发展，为了满足网页设计者的要求，HTML 不断添加了很多用于显示的元素和属性，由于 HTML 的显示属性和元素比较丰富，其他的用来定义样式的语言就越来越没有意义了。在这种背景下，1994 年初哈坤・利提出了 CSS 的最初想法，伯特・波斯当时正在设计一款 Argo 浏览器，于是他们一拍即合，决定共同开发 CSS。当时，已经出现一些非正式的样式表语言的提议了。

1994 年底，哈坤在芝加哥的一次会议上第一次展示了他们对 CSS 的构想，1995 年他与波斯再一次展示了他们的想法。

1996 年年底，CSS 语言正式完成，并于同年 12 月发布了 CSS 1.0 版本。随后，在 1999 年 1 月 11 日，该推荐标准被重新修订，发布了 CSS 2 版本，该版本添加了对媒介(打印机和听觉设备)和可下载字体的支持。目前，CSS 3 是其最新版本，该版本几乎将 CSS 划分为更小的模块。CSS 3 是真正做到网页表现与内容分离的一种样式设计语言。

8.1.3 使用 CSS 的好处

CSS 样式表是网站设计必不可少的重要组成部分，它有许多特点，除了 8.1.2 小节介绍的特点外，还有哪些原因使网页开发者对它爱不释手呢？

- 彻底替换传统的 Web 页面布局设计方法：CSS 可以用以替换 HTML 表格、font、frames 及其他用于布局和样式设置的 HTML 元素。
- Web 页面样式与结构分离：HTML 并不用来控制网页的格式和外观，而是由浏览器来提供，因此它使页面和结构分离，可减少当页面负载过大时崩溃的可能性。
- 页面开发时间短，下载速度更快：只需要改动很少的 CSS 文件，就能够轻松控制网站的外观，网页开发者可以更快、更容易地维护及更新大量的网页。而且，CSS 的内容很简单，可减少一些不必要的流程，因此利用 CSS 可以使下载速度更快。
- 很好地控制元素在 Web 页面中的位置：相对于其他元素或浏览器窗体本身，CSS 的定位属性允许用户精确地定义元素出现的相对位置。
- 轻松创建和编辑：创建和编辑 CSS 如同编写 HTML 一样容易，利用简单的记事本就可以完成。
- 兼顾打印和 Web 页面设计：CSS 样式表创建的外观样式能同时适应浏览和打印。
- 有利于搜索引擎的搜索：HTML 仅仅被用来创建结构，利用 CSS 搜索引擎可以更加有效地搜索。

8.1.4 CSS 注释

CSS 注释有时会被称为 CSS 注解，它是指在 CSS 文件代码间加入解释和说明的意思。CSS 注释就像学习文言文和诗词时所做的批注一样。一般情况下，CSS 注释不会被浏览器解释，即浏览器会忽略注释的内容。

CSS 注释可以帮助开发者对自己写的 CSS 文件进行说明，例如说明某段 CSS 代码是针对什么地方、功能、样式等，方便开发者以后的维护。同时，在团队开发网页时，合理适当的注释有利于团队看懂 CSS 样式是对应 HTML 页面哪些元素的，以便顺利、快速地维护和管理 HTML 网页。

CSS 注释是以“/*”开始，以“*/”结束的，注释说明内容放在“/* ... */”中间。基本语法如下：

```
/* 注释说明内容 */
```

注意： CSS 注释“/*”和“*/”必须为半角英文的，并且“*”符号不要和注释内容紧挨在一起，至少需要用一个空格隔开。

【例 8-1】

如下代码演示了 CSS 注释：

```
/* CSS 注释示例 */
/* 定义 body 元素的样式 */
body {
    text-align:center;
    margin:0 auto;
}
/* 头部 css 定义 */
#header {
    width:960px;
    height:120px;
}
```

8.2 在网页中插入 CSS 样式表

CSS 样式表是因为 Web 网页而存在的，因此最终都要应用到网页中。与传统的 HTML 元素内嵌的样式设置方式相比，灵活性是 CSS 样式最重要的一个特点。在 HTML 网页中插入 CSS 样式表时，有 3 种方式，即内联样式、嵌入样式和外部引用样式。

8.2.1 内联样式

内联样式又可以称为行内样式，它是指应用内嵌样式到各个网页元素中。几乎所有的 HTML 元素都拥有一个 style 属性，使用该元素可以直接指定样式。当然，该样式只能用于当前元素的内容，对于另一个同名的元素则不起作用。

【例 8-2】

向页面中添加两个 p 元素，并为第一个 p 元素指定 style 属性，在该属性中设置字体颜色和大小，并加粗显示。代码如下：

```
<p style="color:#FF0000;font-weight:bold;font-size:14px">   
   鲁镇的酒店的格局，是和别处不同的：都是当街一个曲尺形的大柜台，柜里
面预备着热水，可以随时温酒。做工的人，傍午傍晚散了工，每每花四文铜钱，买一碗酒，——这
```

```
是二十多年前的事，现在每碗要涨到十文，——靠柜外站着，热热的喝了休息；倘肯多花一文，便可以买一碟盐煮笋，或者茴香豆，做下酒物了，如果出到十几文，那就能买一样荤菜，但这些顾客，多是短衣帮，大抵没有这样阔绰。只有穿长衫的，才踱进店面隔壁的房子里，要酒要菜，慢慢地坐喝。</p>
<p><!-- 省略其他内容 --></p>
```

在浏览器中运行上述代码，查看效果，如图 8-2 所示。

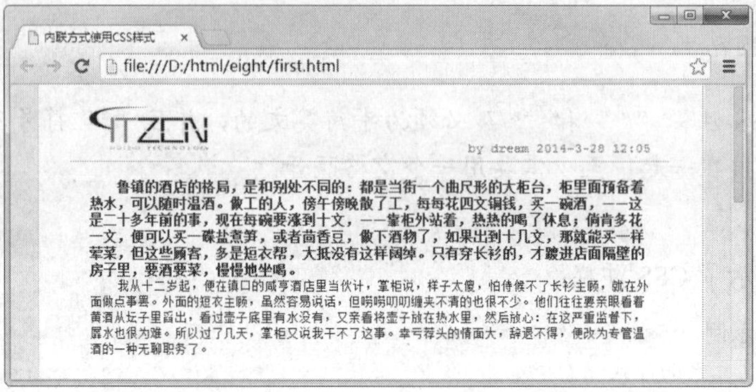

图 8-2　通过内联方式为元素指定样式

注意： 通过内联方式为元素指定样式比较直接，但是不易进行模块化管理，且仅能用于一个元素。如果出现另一个同名元素，必须重新定义。

8.2.2　嵌入样式

嵌入样式有时称为内页样式，它是指在网页上创建嵌入的样式表。嵌入样式时，需要使用 style 元素，可以在 HTML 网页内定义 CSS 样式。style 元素的定义位于 HTML 文档头部，即 head 元素内。基本语法如下：

```
<head>
    <style>
        /* 内嵌式 CSS 样式定义 */
    </style>
</head>
```

上述语法中，可以在<style>标记中指定属性，常用的属性及其说明如表 8-1 所示。

表 8-1　style 元素的常用属性

属性名称	说　明
type	指定样式表语言的类型，它必须是正确的 MIME 类型，取值 text/css 时表示使用 CSS。HTML 4 中该属性是必需的，但是 HTML 5 中它可以忽略
media	用来指定样式表所要应用的介质。属性值可以是单个介质描述符，也可以是逗号隔开的多个介质描述符，这时可以应用于多种介质
scoped	该属性是一个逻辑值，表示样式应用的范围。如果不指定该属性，那么 style 元素定义的样式可以应用到整个文档

【例 8-3】

更新例 8-2 中的内容，通过嵌入样式指定 p 元素中的文本效果。样式代码如下：

```
<style type="text/css">
p {
    color:#FF0000;
    font-weight:bold;
    font-size:14px
}
</style>
```

在浏览器中运行本例的代码，查看效果，这时可以发现，页面中的所有的 p 元素都会应用该样式，如图 8-3 所示。

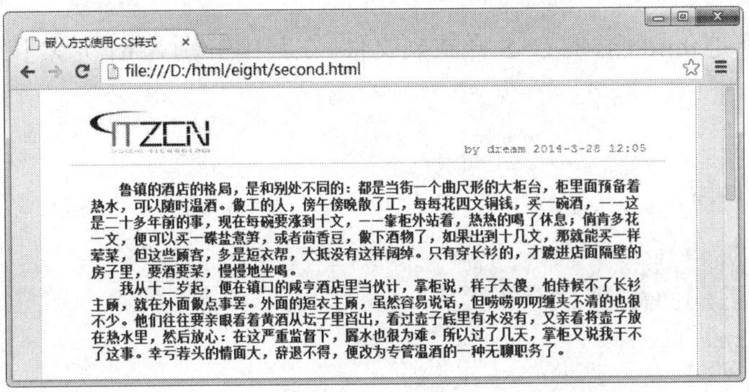

图 8-3　通过嵌入方式为元素指定样式

8.2.3　外部引用样式

外部引用样式通常会被称为外部样式，它是指将网页链接到外部的 CSS 样式表。具体来说，外部引用样式是指 HTML 文档本身不含有 CSS 样式定义，而是通过动态引用外部 CSS 文件来定义 HTML 文档的表现形式的。

通过将样式表使用一个一个单独的文件来定义，这样就可以实现 CSS 样式表与 HTML 文档的分离，好处如下所示：

- 可以在多个文档间共享样式表，对于较大规模的网站，将 CSS 样式定义成一个一个独立的文档，也可以有效地提高效率，并有利于对网站风格的维护。
- 可以直接更改样式表，而无须改变 HTML 文档，这跟 HTML 语言内容与形式分开的原则一致。
- 可以根据介质有选择地加载样式表。

可以有多种方式将外部样式表引用到 HTML 文档中，下面分别介绍这几种方式。

1. 使用 link 元素

在 HTML 页面的 head 元素中通过 link 元素引用外部 CSS 样式表，这是最常用的一种方式。<link>标记的 href 属性指定样式表文件所在的 URL；并且指定 rel 属性的值为 stylesheet，这表示引用的是样式表；type 属性的值为 text/css，表示引用的是 CSS 样式表。

【例 8-4】

通过 link 元素引入外部 CSS 样式表，并且运行页面查看效果。实现步骤如下。

(1) 向页面中添加 h1 元素和两个 p 元素，其中 h1 元素显示文章标题，两个 p 元素分别表示文章的两个段落。部分代码如下：

```
<h1>孔乙己</h1>
<p>    鲁镇的酒店的格局，是和别处不同的：都是当街一个曲尺形的大柜台，柜里面预备着热水，可以随时温酒。做工的人，傍午傍晚散了工，每每花四文铜钱，买一碗酒，——这是二十多年前的事，现在每碗要涨到十文，——靠柜外站着，热热的喝了休息；倘肯多花一文，便可以买一碟盐煮笋，或者茴香豆，做下酒物了，如果出到十几文，那就能买一样荤菜，但这些顾客，多是短衣帮，大抵没有这样阔绰。只有穿长衫的，才踱进店面隔壁的房子里，要酒要菜，慢慢地坐喝。</p>
<p><!-- 省略其他内容 --></p>
```

(2) 创建全称是 third.css 的 CSS 样式表文件，在其中分别为 h1 元素和 p 元素指定样式。代码如下：

```
h1 {
    color:blue;
}
p {
    font-family:"隶书";
    font-size:16px;
}
```

上述代码指定 h1 元素的字体颜色为蓝色，p 元素的字体样式为“隶书”，且字体大小为 16 像素。

(3) 通过 link 元素将创建的 third.css 文件引用到 HTML 网页中。代码如下：

```
<link rel="stylesheet" href="third.css" type="text/css">
```

(4) 在浏览器中运行上述页面，查看效果，如图 8-4 所示。

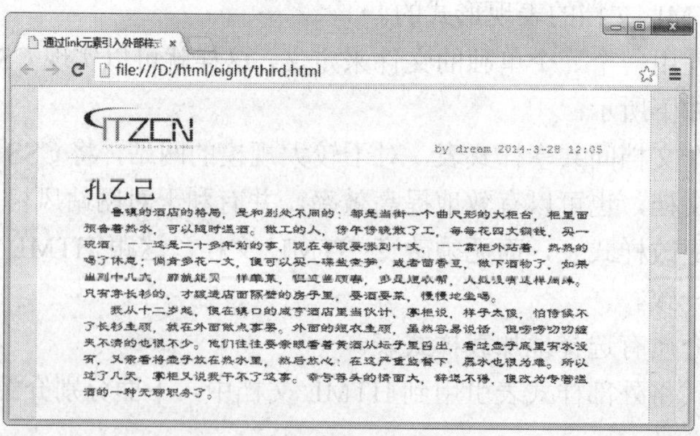

图 8-4 link 元素引用外部样式表

2．使用@import 指令

可以在 style 元素之间使用@import 指令导入外部的 CSS 样式表文件。在使用@import

规则时，该规则必须出现在样式表中所有的规则之前。@import 指令的语法如下：

```
@import data
```

上述语法中，data 参数是一个 CSS 样式表文件的 URL 地址，表示 URL 地址的字符串也可以包含在 url()函数内。

如下两个@import 指令的效果是一样的：

```
<style>
   @import "third.css";
   @import url("third.css");
</style>
```

3．使用处理指令

在 HTML 文档的开头部分写一个关于样式表的处理指令，根据处理指令的语句，文档在浏览器上的表现方式由指定的 CSS 样式文件决定。

基本语法如下：

```
<?xml-stylesheet type="text/css" href="test.css" ?>
<html>
    <!-- 省略内容 -->
</html>
```

由于 CSS 样式文件将会被导入到当前的 HTML 文档中，因此，最终仍形成“内嵌”的模式，就像是在该文档中定义的一样。

提示： 大多数浏览器只有当将文档保存为.xml 或者.html 扩展名时(即使用 XHTML 或者 XML 语法编写 HTML)才会有效，因此不推荐使用这种方式。

4．使用 HTTP 消息报头链接到样式表

可以使用 HTTP 消息报头的 link 字段链接一个外部样式表，link 字段的功能与 HTML 中 link 元素相同，它们也有相同的属性设置。

使用代码如下：

```
link:<test.css>; rel=stylesheeet
```

上述代码等价于下面的代码：

```
<link type="text/css" rel="stylesheet" href="test.css" />
```

当把 HTTP 文档作为电子邮件正文发送时，这个也可以发生作用。但是，一些电子邮件管理程序可能会改变报头字段的顺序，为了保护样式表的顺序不被更改，应该将报头字段串联起来，将相同报头字段融合到一个字段。

提示： 可以在 HTML 网页中同时使用上面几种插入方式，当这几种方式同时存在时，内联样式(在 HTML 元素内部)拥有最高的优先权，其次是嵌入样式(在 head 元素中使用 style 元素)，再次是外部引用样式。

8.3 CSS 选择器

CSS 样式表包含一系列的语句，这些语句其实就是样式规则，它告诉浏览器怎样去呈现一个文档。CSS 的语法规则实际上由两部分构成：选择器，以及一条或者多条声明。选择器通常是需要改变样式的 HTML 元素，而每条声明是由一个属性和一个值组成的。

本节简单了解一下 CSS 中的选择器，包括元素选择器、类选择器、ID 选择器、属性选择器、伪类选择器、伪元素选择器和通用兄弟选择器等。

8.3.1 元素选择器

元素选择器是最常见的一种选择器，简单地说，文档的元素就是最基本的选择器。如果设置 HTML 的样式，选择器通常是某个 HTML 元素(例如 p、h1、span)，甚至是 html 元素本身。

在 W3C 标准中，元素选择器又称为类型选择器。其定义是：类型选择器匹配文档语言元素类型的名称。例如，下面的代码匹配 HTML 文档中所有的 h1 元素：

```
h1 {font-family:sans-erif;}
```

【例 8-5】

可以通过选择器为 XML 文档中的元素设置样式。实现步骤如下。

(1) 创建后缀名是.xml 的 XML 文件，指定该文件的根元素是 note，并向根元素下添加 to、from、heading 和 body 四个子元素。代码如下：

```
<?xml version="1.0" encoding="UTF-8"?>
<note>
    <to>收件人:小猫咪</to>
    <from>发件人：我是小鱼</from>
    <heading>清明节干嘛去？</heading>
    <body>清明节就要到了，你打算去哪里呢？回家、旅游，还是在公司加班？请尽快回复我。
</body>
</note>
```

(2) 创建全称是 fourth.css 的样式表文件，分别指定 XML 文件中元素的样式，直接为元素设置样式。以 note 元素为例，代码如下：

```
note {
    font-family:Verdana, Arial;
    margin-left:30px;
}
```

在上述代码中，note 是 XML 文件中存在的元素，并为该元素指定样式，可以说 note 就是一个元素选择器。

(3) 通过处理指令将 fourth.css 文件引入到 XML 文档中。代码如下：

```
<?xml-stylesheet type="text/css" href="fourth.css"?>
```

(4) 在浏览器中运行上述代码，查看效果。

8.3.2　类选择器

类选择器允许以一种独立于文档元素的方式来指定样式。类选择器可以单独使用，也可以与其他元素结合使用。如果要应用样式而不考虑具体设计的元素，最常用的方法就是使用类选择器。

在使用类选择器之前，需要修改具体的文档标记，以便类选择器正常工作。为了将类选择器的样式与元素关联，必须将 class 属性指定为一个适当的值。

【例 8-6】

本例演示类选择器的使用，首先向页面中添加一个 h1 元素和两个 p 元素，并且分别为两个 p 元素指定 class 属性。

p 元素的代码如下：

```
<p class="one">    鲁镇的酒店的格局，是和别处不同的：都是当
街一个曲尺形的大柜台，柜里面预备着热水，可以随时温酒。做工的人，傍午傍晚散了工，每每花
四文铜钱，买一碗酒，——这是二十多年前的事，现在每碗要涨到十文，——靠柜外站着，热热的
喝了休息；倘肯多花一文，便可以买一碟盐煮笋，或者茴香豆，做下酒物了，如果出到十几文，那
就能买一样荤菜，但这些顾客，多是短衣帮，大抵没有这样阔绰。只有穿长衫的，才踱进店面隔壁
的房子里，要酒要菜，慢慢地坐喝。</p>
<p class="two"><!-- 省略内容 --></p>
```

从上述代码可以看出，class 指定了两个属性值，它们分别是 one 和 two。向 style 元素中添加样式选择器，指定元素的字体颜色和字体大小。class 属性的属性值必须紧跟在点(.)符号之后。代码如下：

```
<style>
.one {font-size:14px;}
.two {color:blue;}
</style>
```

在浏览器中运行上述代码，查看页面代码，如图 8-5 所示。

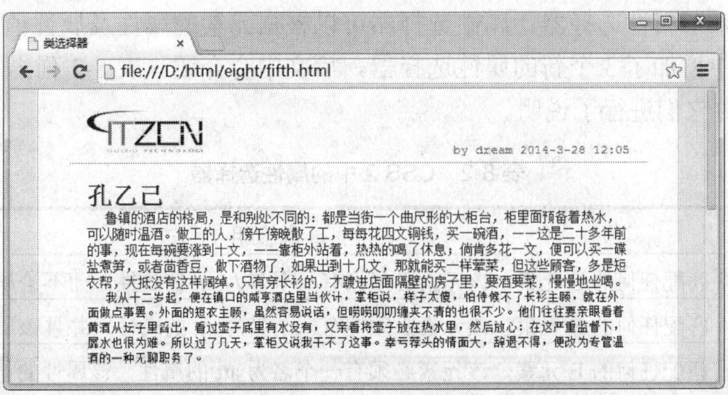

图 8-5　类选择器的使用

类选择器可以单独使用，也可以结合元素选择器来使用。例如，下面的代码指定只有

p 元素显示为红色文本：

```
p.important{color:red;}
```

在上述代码中，选择器会匹配 class 属性包含 import 的所有 p 元素，但是其他任何类型的元素都不匹配，不论是否有此 class 属性。

提示：在 HTML 页面中，一个 class 属性的值中可能包含一个词列表，各个词之间使用空格分隔。例如，<p class="one two">就表示一个多类选择器。

8.3.3 ID 选择器

ID 选择器允许以一种独立于文档元素的方式来指定样式。在某些方面，ID 选择器类似于类选择器，但是它们也有差别。首先，ID 选择器前面有一个#符号，通常会将其称为棋盘号或者井号。基本语法如下：

```
#intro{font-weight:bold;}
```

其次，ID 选择器不引用 class 属性的值，它要引用的是 id 属性中的值。例如，下面的代码将 p 元素的 id 属性值指定为 intro：

```
<p id="intro">现在是在演示 ID 选择器的使用</p>
```

再次，不同于类选择器，在一个 HTML 文档中，ID 选择器会被使用一次，而且仅一次。

最后，不同于类选择器，ID 选择器不能结合使用，这是因为 ID 属性不允许有以空格分隔的词列表。

注意：类选择器和 ID 选择器可能是区分大小写的，到底是否区分，取决于文档的语言。HTML 和 XHTML 将类和 ID 值定义为区分大小写，所以类和 ID 值的大小写必须与文档中的相应值匹配。

8.3.4 属性选择器

CSS 2 引入了属性选择器，属性选择器可以根据元素的属性及属性值来选择元素。另外，在 CSS 3 中增加了 3 个新的属性选择器，后文中会介绍。表 8-2 列出了 CSS 2 中的属性选择器，并对它们进行了说明。

表 8-2 CSS 2 中的属性选择器

语法格式	说 明
E[att]	匹配任何的 E 元素，该元素必须拥有一个名为 att 的属性，而不论属性值是什么
E[att="val"]	匹配任何的 E 元素，该元素必须拥有一个名为 att 的属性，并且该属性的值等于 val
E[att~="val"]	匹配任何的 E 元素，该元素必须有一个名为 att 的属性，该属性的值可以包含空白的字符串，但是字符串中两个空白之间必须有一个值是恰好等于 val
E[lang|="en"]	匹配任何的 E 元素，该元素必须有一个名为 lang 的属性，该属性的值可以是包含连字符的字符串，但是左边开始的字符串值必须是 en

💡 **注意：** 在使用 E[att~="val"]选择器时，CSS 属性中指定的字符串不能包含空白，也就是说，不能使用 E[att="s tr"]这样的形式。另外，属性值必须是标识符或者字符串，选择器中属性名和值是否区分大小写取决于文档语言是否区分大小写。

【例 8-7】

本例演示一些表 8-2 中常用的属性选择器，操作步骤如下。

(1) 向页面中添加 ul 和 li 元素，每一个 li 元素中包含一个链接。

代码如下：

```
<ul>
    <li><a href="#" id="bg_1">查看冰心的小说选集</a></li>
    <li><a href="#">小说《天龙八部》</a></li>
    <li><a href="#" id="bg_3">20 年后的你是什么样的？</a></li>
    <li><a href="#" id="bg_4">"感恩节"的由来</a></li>
    <li><a href="#" id="bg_5">八年抗战，你究竟知道多少？</a></li>
    <li><ahref="#"id="book">图书《HTML 5+CSS 3+JavaScript 简明教程》查看</a></li>
    <li><a href="#" id="bg">时间都去哪了</a></li>
    <li><a href="#" id="abg">纳兰性德：人生若只如初见</a></li>
</ul>
```

(2) 通过元素选择器为 ul 和 li 添加 CSS 样式，代码如下：

```
ul {
    padding:0;
    margin:0;
    list-style-type:none;
}
```

(3) 在浏览器中输入网址，运行本示例，页面的初始效果如图 8-6 所示。

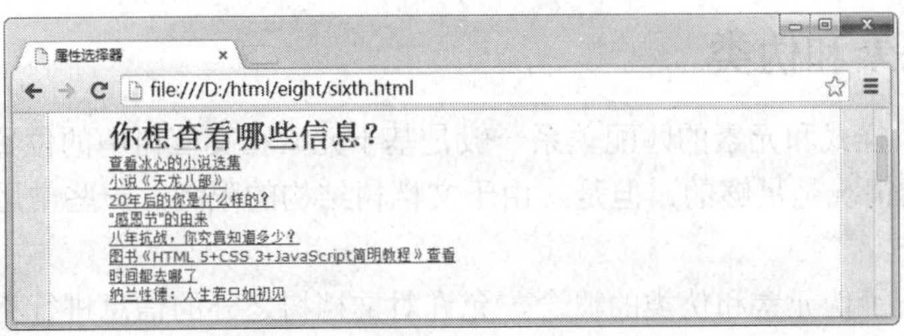

图 8-6 属性选择器的初始效果

(4) 向本例中添加样式代码，通过 E[att]选择器指定包含名称为 id 属性的 a 元素的样式。代码如下：

```
a[id] {
    text-decoration:none;
    font-size:14px;
}
```

(5) 重新运行上述代码，查看效果，如图 8-7 所示。

图 8-7　E[att]属性选择器的效果

(6) 重新更改上述 CSS 样式代码，指定 id 属性值等于“bg_3”的 a 元素。代码如下：

```
a[id="bg_3"] {
    font-family:"仿宋";
    color:blue;
    font-weight:bold;
    text-decoration:none;
    font-size:20px;
}
```

(7) 重新在浏览器中输入网址进行访问，或者直接刷新页面，效果如图 8-8 所示。

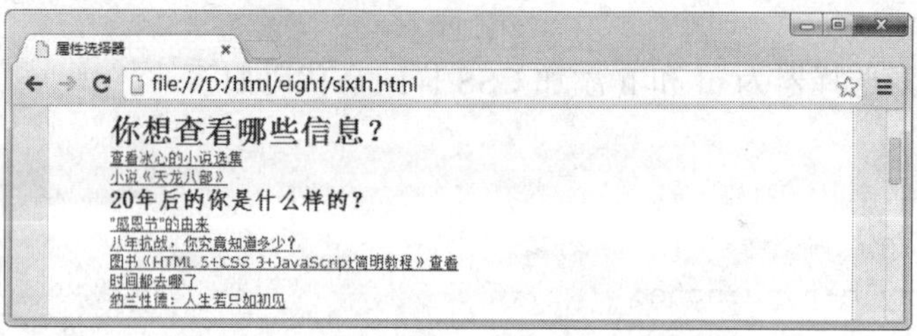

图 8-8　E[att=“val”]属性选择器的效果

8.3.5　伪元素和伪类

在 CSS 中，样式和元素的匹配关系一般是基于元素在文档树中的位置。这一简化的模式对于大部分的情况是足够的，但是，由于文档树结构的限制，一些常用的印刷效果可能无法达到。

CSS 中引入了伪元素和伪类的概念，允许对文档树之外的信息进行格式化，其特征如下所示：

- 伪元素在文档树指定的结构之外创建了额外的抽象信息。例如，HTML 文档语言并没有提供一种机制来获取元素内容第一个字母或第一行。
- 伪类可以使用元素的名称、属性或者内容以外的特征来将元素分类，就是在文档树中无法得到的那些特征。
- 无论是伪元素还是伪类，它们都不能够出现在文档树中。伪类可以在选择器的任何位置出现，伪元素只能出现在最后一个简单选择器之后。
- 伪元素和伪类的名称是不区分大小写的。
- 某些伪类是相互排斥的，而其他一些可以同时应用到同一元素上。

1. 伪类选择器

CSS 伪类用于向某些选择器添加特殊的效果，表 8-3 列出了 CSS 1 和 CSS 2 中存在的伪类选择器。

表 8-3　伪类选择器

选择器名称	说　明
:active	向被激活的元素添加样式
:focus	向拥有键盘输入焦点的元素添加样式
:hover	当鼠标悬浮在元素上方时，向元素添加样式
:link	向未被访问的链接添加样式
:visited	向已被访问的链接添加样式
:first-child	向元素的第一个子元素添加样式
:lang	向带有指定 lang 属性的元素添加样式

【例 8-8】

利用前面例 8-7 的页面设置新的代码样式，指定页面中 a 元素的字体颜色、修饰效果，a 元素悬浮时的样式，以及 li 元素下第一个 a 元素的字体颜色、大小和粗细程度。

CSS 样式代码如下：

```
a {
    color:#34538b;
    text-decoration:underline;
}
a:hover {
    color:#F30;
    text-decoration:underline;
}
ul li:first-child a {
    font-weight:bold;
    font-size:18px;
    color:blue;
}
```

在浏览器中运行本例的代码，查看效果，如图 8-9 所示。

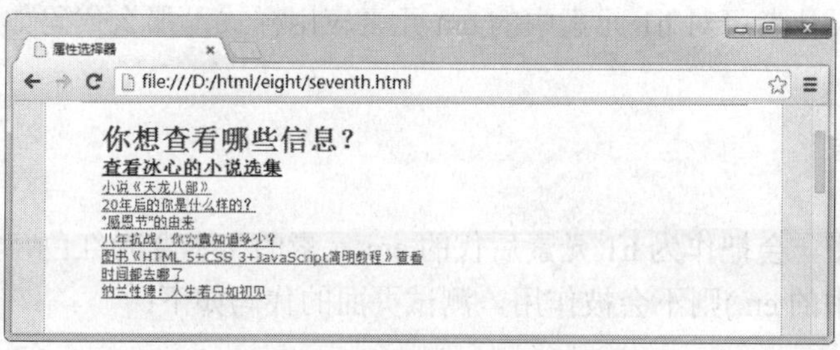

图 8-9　伪类选择器的效果

2. 伪元素选择器

CSS 伪元素用于向某些选择器设置特殊效果。表 8-4 列出了 CSS 1 和 CSS 2 中存在的伪元素选择器，并对它们进行了说明。

表 8-4 伪元素选择器

选择器名称	说　明
:first-letter	向文本的第一个字母添加特殊样式
:first-line	向文本的首行添加特殊样式
:before	在元素之前添加内容
:after	在元素之后添加内容

【例 8-9】

继续利用上个例子的页面添加新的代码，分别使用:before 和:after 选择器向 ul 元素之前和之后添加内容。代码如下：

```
ul:before {
    content:"练习使用选择器：";
    font-size:32px;
}
ul:after {
    content:"向 ul 元素之后添加内容";
    padding-top:10px;
}
```

在浏览器中输入网址，观察页面效果。

8.3.6 其他选择器

除了前面介绍的常用选择器外，还有一些其他可用的选择器。这里介绍 3 个：后代选择器、子元素选择器和相邻兄弟选择器。

1. 后代选择器

后代选择器又称为包含选择器，可以选择作为某元素后代的元素。实际上，在例 8-7 中已经使用到了后代选择器，即 ul li:first-child 中，ul li 表示 ul 元素下的 li 子元素。再举例来说，如果网页设计者可对 h1 元素中的 em 元素应用样式，那么代码如下：

```
h1 em {
    color:red;
}
```

在上述代码中，会把作为 h1 元素后代的 em 元素的文本变为红色，其他 em 文本(例如段落或者块引用中的 em)则不会被作用。测试页面的代码如下：

```
<h1>This is a <em>important</em> heading</h1>
<p>This is a <em>important</em> paragraph.</p>
```

【例 8-10】

例如，ul em 表示将会选择 ul 元素中的所有 em 元素。页面代码如下：

```
<ul>
    <li>冰心
        <ol>
            <li>儿童文学</li>
            <li>散文</li>
            <li>小说
                <ol>
                    <li>《六一姐》</li>
                    <li><em>《小桔灯》</em></li>
                    <li>《冬儿姑娘》</li>
                </ol>
            </li>
            <li>翻译作品</li>
        </ol>
    </li>
    <li>金庸</li>
    <li>巴金</li>
</ul>
```

2. 子元素选择器

与后代选择器相比，子元素选择器只能选择作为某元素子元素的元素。子元素选择器需要使用大于号，也称为子结合符。子元素选择器的大于号两边可以有空白符，这是可选的。如下 4 种写法都是完全正确的：

```
h1 > strong
h1> strong
h1 >strong
h1>strong
```

如果网页设计者希望不是选择任意的后代元素，而是希望缩小范围，只选择某个元素的子元素，可使用子元素选择器。例如，h1>strong 表示只为 h1 元素下的 strong 元素设置样式。页面代码如下：

```
<h1>This is <strong>very</strong> <strong>very</strong> important.</h1>
<h1>This is <em>really <strong>very</strong></em> important.</h1>
```

针对上述代码，h1>strong 的样式只对第一行中的两个 strong 元素起作用，而不会对第二行中的 strong 元素起作用。

3. 相邻兄弟选择器

相邻兄弟选择器可选择紧接在另一元素后的元素，且二者有相同父元素。如果网页设计者需要选择紧接在另一个元素后的元素，而且二者有相同的父元素，可以使用相邻兄弟选择器。

表示相邻兄弟选择器时，需要使用加号(+)，该符号表示相邻兄弟结合符。示例如下：

```
h1 + strong {
    color:red;
    margin-top:50px;
}
```

8.4 关键字和字符串

CSS 中可以使用一系列的关键字，关键字与字符串有所不同，本节介绍关键字和字符串这两个知识点。

8.4.1 关键字

CSS 中的关键字为 CSS 属性定义特殊的功能。例如蓝色(blue)、白色(white)和自动(auto)等都是 CSS 关键字。关键字以标识符的形式出现，示例代码如下：

```
div {
    border:1px solid red;
    width:auto;
    background:blue;
}
```

CSS 关键字不能放在引号之间，无论是双引号还是单引号。

例如，下面是不合法的情况：

```
div {
    border: "1px" "solid" "red";
    width: "auto";
    background: "blue";
}
```

提示： CSS 中的关键字有很多，在后面介绍 CSS 属性时都会使用到，这里不再一一列举和说明。

8.4.2 字符串

字符串是一种数据类型，在大多数语言中，字符串是一个任意字符的序列，而且字符串被包含在单引号或者双引号中，CSS 语言也是如此。CSS 关键字用于控制页面的外观，而字符串可以将内容添加到页面。

CSS 字符串不一样，关键字不能使用引号括起来，但是字符串需要使用单引号或者双引号括起来。使用 CSS 中的 content 属性可以通过 CSS 样式向页面中加入内容，来代替使用 HTML 元素。示例代码如下：

```
div {
    content: "您好，我现在有事，一会给您打电话。";
}
```

字符串是包含在双引号或者单引号中的字符序列。但是，如果要在两个双引号中将一个双引号作为字符序列的一部分，那么就应该使用转义字符。代码如下：

```
div {
    content:"使用转义字\"符\"";
}
```

由于 Unicode 指令表中 22 表示双引号，因此上述代码也可以写成下面的形式：

```
div {
    content:"使用转义字\22 符\22";
}
```

8.5 实验指导——HTML 和 CSS 构建网页

本章前面几节简单地介绍了 CSS 的基础知识，下面将 CSS 与 HTML 结合起来，设计一个漂亮的网页。

用 HTML 和 CSS 构建网页时的步骤如下。

(1) 首先，向页面中添加一个 div 元素，该元素包含整个页面结构。接着，添加第一个 header 子元素，用于显示头部信息。该元素下包含一个用于显示导航列表的 nav 元素，并且使用到了内联样式。代码如下：

```
<header>
    <nav>
        <ul>
            <li><a href="#">首页</a></li>
            <li><a href="#">关于公司</a></li>
            <li><a href="#">新闻动态</a></li>
            <li><a href="#">公司职务</a></li>
            <li class="last" style="background:lightblue;">
                <a href="#">联系我们</a>
            </li>
        </ul>
    </nav>
</header>
```

(2) 通过元素选择器为上个步骤中的元素添加样式代码，首先指定 header 元素的宽度、高度和背景图像。代码如下：

```
header {
    width: 800px;
    height: 60px;
    background: url(images/templatemo_header.jpg) no-repeat top center
}
```

(3) 接着为 nav 元素、ul 元素、li 元素和 a 元素等添加样式。其中，使用到了元素选择器和后代选择器以及组合类选择器。部分样式代码如下：

```
nav { clear: both; width: 780px; height: 40px; padding: 0 10px; }
nav ul { padding: 0; margin: 0; list-style: none }
nav ul li {
float: left; display: block; width: 118px; padding-right: 2px;
height: 40px; padding: 0; margin: 0; display: inline;
background: url(images/templatemo_menu_divider.jpg) no-repeat right
center }
nav .last { background: none }
nav ul li a {
    display: block;
    width: 118px;
    height: 33px;
    padding-top: 7px;
    font-size: 13px;
    color: #333;
    text-align: center;
    text-decoration: none;
    font-weight: 700;
    outline: none;
}
```

(4) 设计网页的中间区域，中间区域包括两部分，左侧一部分表示用户需要提交的留言信息，留下其姓名、邮箱和留言内容。代码如下：

```
<div class="col_w340 float_l">
    <h4>联系我吧</h4>
    <div id="contact_form">
        <form method="post" name="contact" action="#">
            <label for="author">姓名:</label>
            <input type="text" id="author" name="author" required
              class="input_field" />
            <div class="cleaner h10"></div>
            <label for="email">邮箱:</label>
            <input type="url" id="email" name="email" required
              class="input_field" />
            <div class="cleaner h10"></div>
            <label for="text">内容:</label>
            <textarea id="text" name="text" rows="0" cols="0" required>
            </textarea>
            <div class="cleaner h10"></div>
            <input type="submit" class="submit_btn float_l" id="submit"
              value="发送" />
            <input type="reset" class="submit_btn float_r" name="reset"
              id="reset" value="重置" />
        </form>
    </div>
</div>
```

(5) 为上个步骤中的元素指定样式，以 form 元素为例，部分代码如下：

```
#contact_form {
   padding: 0;
   width: 300px
}
#contact_form form {
   margin: 0px;
   padding: 0px;
}
#contact_form form .input_field {
   width: 290px;
   padding: 2px 0;
   color: #666;
   border: 1px solid #d0d188;
   background: #e3e4a5;
}
#contact_form form label {
   display: block;
   width: 100px;
   margin-right: 10px;
   font-size: 14px
}
#contact_form form textarea {
   width: 288px;
   height: 150px;
   padding: 5px;
   color: #666;
   border: 1px solid #d0d188;
   background: #e3e4a5;
}
#contact_form form .submit_btn {
   padding: 5px 10px;
   border: 1px solid #d0d188;
   background: #e3e4a5;
   color:#772;
}
```

(6) 中间区域的右侧显示公司地址，包括地图显示位置信息和联系方式，这里不再显示页面代码和样式代码。

(7) 设计页面的底部区域，底部通过一个 footer 元素进行控制。代码如下：

```
<footer> Copyright © 2014 <a href="#">梦想十分</a>
  | 设计者 <a href="#" rel="nofollow" target = "_parent"> xu xu</a>
</footer>
```

(8) 为上个步骤中的 footer 元素和 a 元素添加样式代码。内容如下：

```
footer {
   clear: both;
   width: 760px;
   padding: 20px;
```

```
    text-align: center;
    color: #e5efc8;
    background: url(images/templatemo_footer.jpg) center top no-repeat
}
footer a {
    color: #fff;
}
```

(9) 完善页面中的页面代码和样式代码，这里不再给出具体的内容。

(10) 所有内容完毕后，在浏览器中输入网址，运行 HTML 页面，该页面的最终效果如图 8-10 所示。

图 8-10 用 HTML 和 CSS 构建网页

8.6 习 题

一、填空题

1. CSS 的英文全称是__________。
2. __________、嵌入样式和外部引用样式是网页中插入 CSS 样式表的三种方式。
3. 下面一段代码使用到的是__________选择器。

```
p {
    background-color:#FFFFFF;
}
```

4. 为了将类选择器的样式与元素关联，必须将__________属性指定为一个适当的值。

二、选择题

1. 下面选项中，__________项是为合法的 CSS 注释。

A.

```
body {
    color:red;            //字体颜色为红色
}
```

B.

```
body {
    color:red;            /*字体颜色为红色*/
}
```

C.

```
body {
    color:red;            <!-- 字体颜色为红色 -->
}
```

D.

```
body {
    color:red;            '字体颜色为红色'
}
```

2. 通过嵌入样式的方式指定样式时，<style>标记的__________属性指定样式表语言的类型，该属性在 HTML 4 中是必需的。

A. style　　B. type　　C. media　　D. scoped

3. 如下所示的属性选择器中，__________用于匹配任何的 E 元素，并且该元素拥有一个名为 att 的属性，且属性值等于 val。

A. E[att~="val"]　B. E[lang|="en"]　C. E[att="val"]　D. E[att]

4. __________又称为包含选择器，可以选择作为某元素后代的元素。

A. ID 选择器　　B. 子元素选择器

C. 相邻兄弟选择器　　D. 后代选择器

5. 下面选项中，__________是一个伪类选择器。

A. :first-child　B. :first-letter　C. :first-line　D. :before

三、简答题

1. 在网页中插入 CSS 样式表有几种方法，分别说明。
2. 什么是元素选择器和属性选择器，分别举例说明。
3. 你所知道的伪元素选择器和伪类选择器有哪些，它们有哪些特征？

第 9 章　CSS 的常用属性

网页设计者利用 CSS 的强大功能，可以设计出布局更加紧凑，页面更精美的网站，并且可以体现网站的风格，而这离不开运用 CSS 的各种属性。CSS 规范定义了很多用于呈现不同功能的属性，并且每个属性都有属性值，这些属性作用于页面及页面元素，可以对页面的背景以及对页面元素的文本、字体、区块进行设置，从而获得突出的效果。

本章介绍 CSS 规范中提供的一些常用属性，这些属性包括字体属性、文本属性、背景属性、边框属性以及填充和间距属性等。

本章学习目标如下：

- 熟悉 CSS 提供的基本单位。
- 掌握与字体相关的属性及其使用。
- 熟悉与文本相关的属性及其使用。
- 熟悉与背景相关的属性及其使用。
- 掌握与边框相关的属性及其使用。
- 掌握 margin 属性及其子属性的使用。
- 掌握 padding 属性及其子属性的使用。

9.1　基 本 单 位

为了使网页的页面布局合理，必须精确地安排各个页面元素的位置，还必须使页面的颜色搭配协调，以及使字体的大小、格式规范，这些都离不开 CSS 属性，而这些属性的基础则是单位。因此，在介绍 CSS 常用的属性之前，首先来了解一下 CSS 的基本单位，这些单位包括颜色、长度和百分比值。

9.1.1　颜色

颜色用于设置字体以及背景的颜色显示，它的值可以是一个由名称标识的关键字，也可以是一个 RGB 数值、HSL 数值或者 HSLA 数值，还可以是一个十六进制颜色。

1．颜色由名称指定

CSS 中预定义了 16 种颜色以及这 16 种颜色的衍生色，其说明如表 9-1 所示。在表 9-1 中列出的这些颜色，都是 CSS 标准推荐的。

表 9-1 中的颜色来源于基本的 Windows VGA 颜色，而且浏览器还可以识别这些颜色。直接使用表 9-1 中的颜色简单、方便，但是除了这些颜色外，还可以使用其他预定义的 CSS 颜色，例如 orange(橘红色)和 lightblue(浅蓝色)等。

表 9-1 CSS 中预定义的 16 种颜色

颜 色	名 称	颜 色	名 称	颜 色	名 称	颜 色	名 称
aqua	水绿	blue	蓝色	gray	灰色	lime	浅绿色
navy	深蓝色	purple	紫色	silver	银色	white	白色
black	黑色	fuchsia	紫红色	green	绿色	maroon	褐色
olive	橄榄色	red	红色	teal	深青色	yellow	黄色

【例 9-1】

向页面中添加一个 p 元素，向该元素下添加一些文本信息。接着，通过元素选择器为 p 元素指定字体颜色和背景颜色。代码如下：

```
<style>
p {
    color:olive;                                /* 橄榄色字体 */
    background-color:teal;                      /* 深青色背景 */
}
</style>
```

2. 十六进制颜色

除了使用 CSS 预定义的颜色外，还有一种常用的方式来设置颜色，即采用十六进制颜色或者 RGB 颜色。十六进制颜色是最常用的定义方式。十六进制数是由 0~9 以及 A~F 组成的。十六进制颜色的基本格式如下：

```
#RRGGBB
```

其中，R 表示红色，G 表示绿色，B 表示蓝色。而 RR、GG 和 BB 的最大值为 FF，表示十进制中的 255，最小值为 00，表示十进制中的 0。例如 FF0000 表示红色，#00FF00 表示绿色，#0000FF 表示蓝色。

除了红色、绿色和蓝色外，其他的颜色分别是通过这 3 种基本色结合而形成的。

表 9-2 列出了一些常用的预定义颜色的十六进制值，在不同的操作系统或者浏览器中，同一种颜色值的显示效果可能会有所不同。

表 9-2 常用颜色的十六进制值

颜色名称	十六进制	颜色名称	十六进制	颜色名称	十六进制	颜色名称	十六进制
水绿	#00FFFF	蓝色	#0000FF	灰色	#808080	白色	#FFFFFF
深蓝色	#000080	紫色	#800080	银色	#C0C0C0	褐色	#800000
黑色	#000000	紫红色	#FF00FF	绿色	#00FF00	黄色	#FF0000
橄榄色	#808000	红色	#FF0000	深青色	#008080	橙色	#FF6600

【例 9-2】

重新更改例 9-1 中的内容，通过表 9-2 列出的十六进制值表示字体颜色和背景颜色。代码如下：

```
p {
    color: #808000;                     /* 橄榄色字体 */
    background-color: #008080;          /* 深青色背景 */
}
```

提示：如果要使用十进制表示颜色，则需要使用 RGB 颜色，要使用 RGB 颜色，必须使用 RGB(R,G,B)，其中 R、G、B 分别表示红、绿和蓝的十进制值。通过这三个值的变化结合，可以形成不同的颜色。

9.1.2 长度

为了保证页面元素在浏览器中完整显示，且布局合理，需要设置元素之间的间距和元素本身之间的边界等，这都离不开长度单位。有两种类型的长度单位：相对长度单位和绝对长度单位。

1. 相对长度单位

相对长度单位指定一个长度是相对于另一个长度。

使用相对长度单位的样式表在从一个介质转移到另一个介质时，缩放会相对简单一些(例如从计算机显示器转换到激光打印机)。

CSS 提供了多种相对长度单位，这些单位及其说明如表 9-3 所示。在表 9-3 中，em、ex 和 px 三个单位会被经常使用。

表 9-3 CSS 提供的相对长度单位

相对长度单位	说 明
em	相对于父元素的 font-size 属性值
ex	相对于字体的 x-height 的值
px	相对于浏览设备的像素点
gd	相对于 layout-grid 属性值
rem	相对于根元素的 font-size 属性值
vw	相对于视点的宽度
vh	相对于视点的高度
vm	相对于视点的宽度和高度中的最小者
ch	表示特定字体大小的数字 0 呈现的宽度，也就是相对于该宽度

在 CSS 中，em 单位用于给定字体的 font-size 属性值。例如，一个元素的字体大小为 12px，那么 1em 就等于 12px。如果元素的字体大小为 16px，那么 1em 就等于 16px。简单地说，无论字体大小是多少，1em 总是字体的大小值，并且它的值总是会随着字体大小的变化而变化。

2. 绝对长度单位

绝对长度单位用于设置绝对位置，它只有在其输出介质的物理特性已知的情况下才有用。例如，表 9-4 列出了 5 种常用的绝对长度单位，并对它们进行了说明。

表 9-4　CSS 提供的绝对长度单位

绝对长度单位	说　明
in	英寸，1 英寸=2.54 厘米，1 厘米=0.394 英寸
cm	厘米，用来设置距离比较大的页面元素框
mm	毫米，可以用来比较精确地设置页面元素距离或者大小。10 毫米=1 厘米
pt	磅，一般用来设置文字的大小，它是标准的印刷量度，广泛应用于打印机、文字程序等。1 英寸=72 磅=2.54 厘米
pc	也可以表示为 pica，它是另外一种印刷量度。1pc=12 磅，该单位不经常使用

9.1.3　百分比值

百分比值的格式是一个数字紧接一个百分号(%)，该值总是相对于另外一个值而言，例如相对于一个长度。如果一个属性允许使用百分比值作为属性值，那么该属性也肯定定义了百分比所相对的绝对值。这个绝对值可以是同一元素的另外一个样式属性的值，也可以是其父元素的样式属性值，或者是格式化环境的值(例如，包含块的宽度)。

【例 9-3】

例如，向页面中添加一个两行两列的表格，并且指定该表格的宽度为父元素的 90%。其中，90%就是一个百分比值。代码如下：

```
<table width="90%">
    <tr>
        <td>姓名</td>
        <td>性格</td>
    </tr>
    <tr>
        <td>小王子</td>
        <td>我最喜欢的一个虚拟人物，这个人物是动画片中的。</td>
    </tr>
</table>
```

9.2　字 体 属 性

网页的作用就是向用户提供信息，信息的主要显示方式就是文字。对于文字的呈现来说，字体是最重要的设置，因为每一种字体的风格都不相同。HTML 网页中可以使用 font 元素的 color 属性、size 属性和 face 属性来设置字体，但是 CSS 中提供了多个字体属性，本节了解一些常用的属性。

9.2.1　font-family 属性

font-family 属性用于指定页面使用的字体类型，例如宋体、仿宋、隶书和 Times New

Roman 等。font-family 属性之后可以预置多个供页面使用的字体类型，即字体类型序列。基本语法如下：

```
font-family: font1,font2,font3;
```

一般情况下，有些资料将 font-family 属性称为字体组合。顾名思义，它是由很多种字体组成的，多种字体名之间通过逗号进行分隔，客户端浏览器按照排列先后顺序选择一种用来呈现文字的字体。

【例 9-4】

向页面中添加 h1 元素和 p 元素，其中 h1 元素显示古诗标题，p 元素显示古诗内容。页面代码如下：

```
<h1>绝句</h1>
<p>两个黄鹂鸣翠柳，一行白鹭上青天。<br/>窗含西岭千秋雪，门泊东吴万里船。</p>
```

通过嵌入方式，分别为上述两个元素指定字体样式。代码如下：

```
h1 {font-family:"仿宋","宋体","隶书",serif;}
p {font-family:"微软雅黑";}
```

在上述代码中，针对 h1 元素，客户端浏览器会首先在字体库中寻找“仿宋”字体，如果没有找到则寻找“宋体”，如果还是没有找到则寻找“隶书”，如果仍没有找到，就在 serif 通用字体组合中寻找一个字体显示。针对 p 元素，则仅定义了“微软雅黑”字体。

在浏览器中运行上述代码，查看运行效果，如图 9-1 所示。

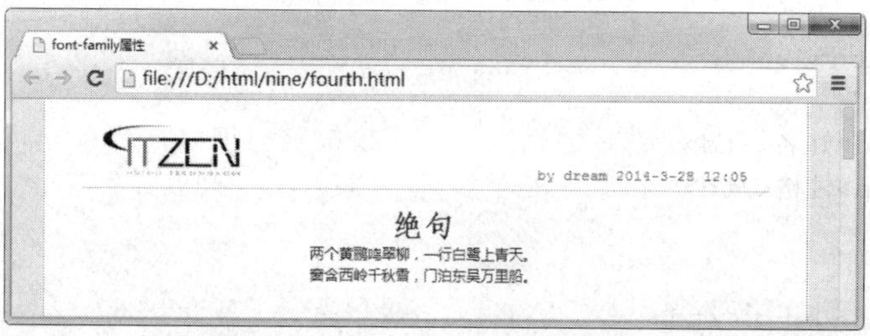

图 9-1　font-family 属性的使用

当通过 font-family 属性同时指定多个字体名称时，需要注意以下几点：

- 字体名中如果包含有空白，那么应该使用引号括住，例如“Times New Roman”。
- 字体名中如果包含保留的关键字，那么应该首先进行转义。例如双引号、单引号和逗号等，都必须先转义。
- 字体名中如果含有 initial、inherit、default、serif、sans-serif、monospace、fantasy 和 cursive，那么也必须使用引号括住。
- 在中文和英文字体混合使用时，应该尽量将中文名放在最前面，这样只有在找不到中文字体时，才会使用英文字体。

9.2.2　font-size 属性

font-size 属性用来设置字体大小。CSS 样式表为该属性提供了多种设置字体值的方法，默认值是 medium 关键字。基本语法如下：

```
font-size:<absolute-size> | <relative-size> | <length> | <percentage> | inherit
```

其中，<absolute-size>表示绝对字体大小。客户端浏览器存在一个字体大小对照表，这些关键字是这个对照表的索引，通过这个索引可以引用其中的一个特定值。例如，表 9-5 列出了与绝对大小有关的取值，并且列出了每种字体对应的 HTML 字体大小和标题元素。

表 9-5　绝对字体大小的有关取值

绝对大小	xx-small	x-small	small	medium	large	x-large	xx-large	
HTML 字体大小	1		2	3	4	5	6	7
HTML 标题元素	h6		h5	h4	h3	h2	h1	

<relative-size>表示相对大小，即使用关键字来设置字体大小，有两个关键字可用，即 larger 和 smaller。这两个关键字被解释为相对字体大小索引表中的字体大小和父元素的字体大小。如果父元素中的字体大小为 medium，那么属性值 larger 将使当前元素的字体大小为 large。如果父元素的大小不靠近表 9-5 中的值，客户端浏览器可以自行决定在字体大小索引表中选一个，或者选择最接近的那个。如果数字值超过了关键字的范围，客户端浏览器可能需要对表格值进行额外的计算，这将根据浏览器而定。

<length>表示一个长度值，它是一个绝对的字体大小，不允许设置为负数。

<percentage>表示一个百分比值。一个百分比值指定了一个相对于父元素字体大小的绝对字体大小，可以使用百分比值或者以 em、ex 单位表示的值。

【例 9-5】

在上个例子的基础上进行更改，分别通过 font-size 属性设置字体的大小。代码如下：

```
h1 {
    font-family:"仿宋","宋体","隶书",serif;
    font-size:30px;
}
p {
    font-family:"微软雅黑";
    font-size:larger;
}
```

在浏览器中运行本例的代码，查看字体效果，如图 9-2 所示。

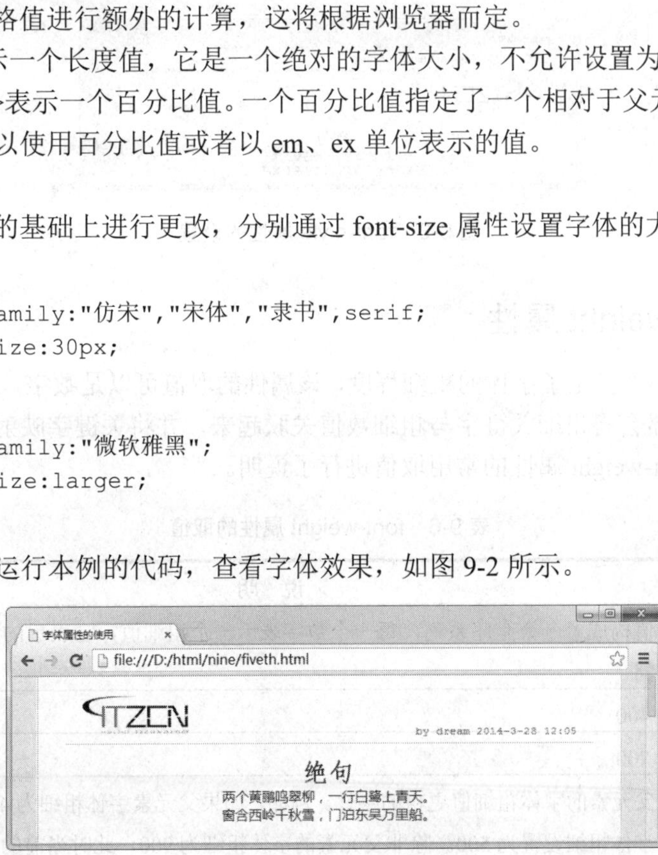

图 9-2　font-size 属性的设置

9.2.3 font-style 属性

font-style 属性用来定义字体的样式，包括常规(normal)、斜体(italic)和倾斜(oblique)的字体这三种取值。

- normal：默认值，指定一个在客户端浏览器字体数据库分类为 normal 的字体。
- italic：将文本设置为斜体样式。
- oblique：将没有斜体变量的特殊字体设置为斜体样式。

【例 9-6】

接着在前面例子的基础上进行更改，指定显示古诗内容的 p 元素的字体样式为斜体。代码如下：

```
p {
    font-family:"微软雅黑";
    font-size:larger;
    font-style:italic;
}
```

在浏览器中运行本例的页面，查看效果，如图 9-3 所示。

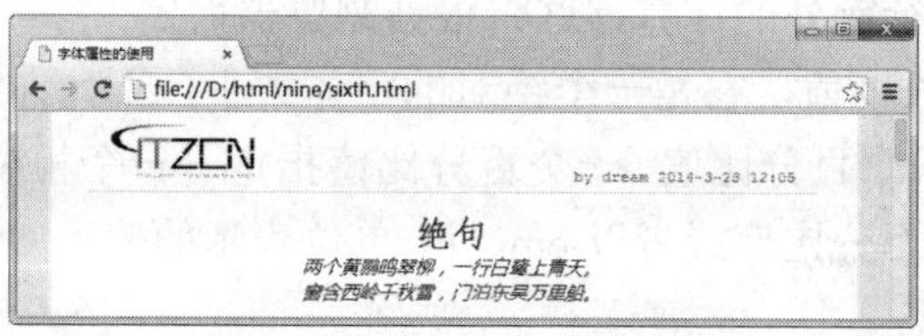

图 9-3 font-style 属性的设置

9.2.4 font-weight 属性

font-weight 属性指定了字体的粗细程度，该属性的取值可以是数字，也可以是关键字，并且客户端浏览器会将粗细关键字与粗细数值关联起来，并将关键字映射为粗细数值。

表 9-6 对 font-weight 属性的常用取值进行了说明。

表 9-6 font-weight 属性的取值

取 值	说 明
100~900	这些数值构成了一个有序系列，每一个数字表示一个粗细值，它表示的粗细至少与它的父元素相同
normal	等同于 400
bold	等同于 700
bolder	相对于父元素的字体粗细值更粗的字体。例如，如果父元素字体粗细为 400，那么 bolder 表示将该字体粗细设置为 500。除非父元素的字体粗细为 900，此时当前的字体粗细也是 900
lighter	相对于父元素的字体粗细值更细的字体。除非父元素的字体粗细为 100，此时当前的字体粗细也是 100

【例 9-7】

在上个示例的基础上添加代码，根据用户选择的 font-weight 属性值设置字体的粗细程度。步骤如下。

(1) 为表示古诗内容的 p 元素指定 id 属性，将属性值设置为 content。

(2) 向页面中添加一个 div 元素，该 div 元素包含 4 个 radio 类型的 input 元素，为每一个元素指定 name 属性、value 属性和 onchange 事件属性。代码如下：

```
<input type="radio" name="setfont" value="normal" checked
  onChange="setValue(this.value)"/>normal
<input type="radio" name="setfont" value="bold"
  onChange="setValue(this.value)"/>bold
<input type="radio" name="setfont" value="bolder"
  onChange="setValue(this.value)"/>bolder
<input type="radio" name="setfont" value="lighter"
  onChange="setValue(this.value)"/>lighter
```

(3) 向 JavaScript 脚本中添加 setValue()函数，在该函数中获取 p 元素，并指定该元素的 fontWeight 属性值。代码如下：

```
function setValue(val){
    document.getElementById("content").style.fontWeight = val;
}
```

(4) 在浏览器中运行本例，查看效果，并且单击单选按钮进行测试，选择 bold 项时的效果如图 9-4 所示。

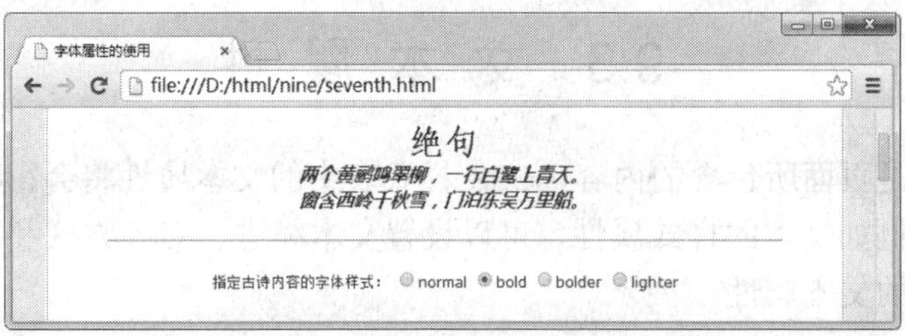

图 9-4 font-weight 属性的使用

9.2.5 font 属性

在设计页面时，为了使页面布局合理且文本规范，对字体的设计效果不只可以使用一个属性，而是需要多个属性共同完成。但是，多个属性分别书写相对比较麻烦，CSS 样式表提供了一个 font 属性，直接解决这些问题。

font 属性是一个快捷属性，或者说是一个组合属性。它是 font-style、font-size、font-family 等属性的一个快捷方式，有两种语法形式。

形式一：

```
[<font-style> || <font-variant> || <font-weight>] <font-size> [line-height>]
  <font-family>
```

形式二：

```
caption | icon | menu | message-box | small-caption | status-bar | inherit
```

上述语法中，第一种形式表示所有与字体相关的字体首先被重置为它们的初始值，包括语法中列出的属性。在该语法中，font 属性必须至少指定 font-size 和 font-family 两个属性。例如，对于 font:14px 来说，虽然它指定了 font-size，但是没有指定 font-family，因此它会被忽略。

【例 9-8】

下面通过代码来演示 font 属性的几种常用方式：

```
p {font:12px sans-serif}
p {font:80% sans-serif}
p {font:x-large/110% "Times Row Roman",serif}
p {font:bold italic large Palatino,serif}
p {font:normal small-caps 120% fantasy}
```

第二种形式是使用系统字体关键字来表示，caption 表示带标题的控件所用的字体；icon 表示标记图标的字体；menu 表示用在菜单中的字体；message-box 表示对话框中使用的字体；small-caption 表示标记小控件的字体；status-bar 表示用于窗口状态条的字体。

提示： 在前面小节中介绍了与字体有关的 5 个属性，实际上，除了这些属性外，还包含其他的字体属性，例如 font-stretch 和 font-variant 属性等，这里不再对它们进行详细解释。

9.3 文本属性

文本表示的是页面所包含的内容，CSS 样式表中的文本属性将会影响字符、单词和段落等视觉呈现。例如文本的样式属性，可以设置文本缩进、对齐方式和单词间距等，本节来了解几个常用的文本属性。

9.3.1 letter-spacing 属性

letter-spacing 属性用于定义文本中字母的间距，如果文本是中文，则定义中文文字的间距。基本语法如下：

```
letter-spacing: normal | <length> | inherit
```

其中，normal 表示使用当前字体的正常间距，这个值允许客户端浏览器改变字符间的间隔，以使全行排满。<length>参数的值指定在默认的字符间距之外额外的字符间距，其数值可以是负数，但是可能有与实现相关的限制。

【例 9-9】

本例在例 9-6 的基础上添加 letter-spacing 属性，将该属性的值指定为 1em。样式代码如下：

```
p {
```

```
    font-family:""微软雅黑;
    font-size:larger;
    font-style:italic;
    letter-spacing:1em;
}
```

在浏览器中运行本例的代码，查看效果，如图 9-5 所示。

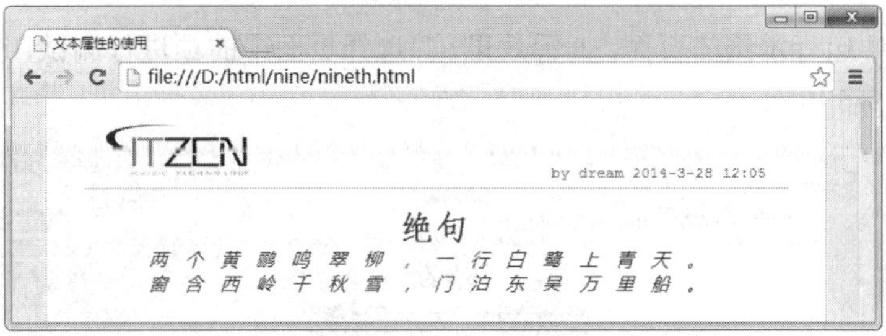

图 9-5 letter-spacing 属性的使用

9.3.2 word-spacing 属性

word-spacing 属性用于定义空格间隔文字的间距，就是指空格本身的宽度。基本语法如下：

```
word-spacing: normal | <length> | inherit
```

简单地说，letter-spacing 属性定义字与字之间的距离；word-spacing 属性控制字与字之间空格的宽度。需要注意的是，word-spacing 属性是为英文准备的，由于英文都是以空格分开的单词，因此它就代表词与词之间的距离。在中文的句子中，只有使用空格隔开每个字，才能表现出 word-spacing 属性。

9.3.3 text-decoration 属性

text-decoration 属性定义文本是否有划线以及划线的方式。基本语法如下：

```
text-decoration: none | [underline || overline || line-through || blink]
 | inherit
```

其中，none 是默认值，表示正常显示的字体；underline 定义有下划线的文本；overline 定义有上划线的文本；line-through 定义直线穿过文本；blink 定义闪烁的文本。[underline || overline || line-through || blink]表示可以设置 4 个值中的一个或者多个。

【例 9-10】

仿照例 9-7 的页面，实现 text-decoration 属性的效果，将单选按钮的各个属性值指定为此属性的值。页面部分代码如下：

```
<input type="radio" name="setfont" value="none" checked
 onChange="setValue(this.value)"/>none
<input type="radio" name="setfont" value="underline"
 onChange="setValue(this.value)"/>underline
```

在 setValue()函数中需要获取到 p 元素，并且指定该元素的 textDecoration 属性，将该属性的值设置为用户选中的值。

函数代码如下：

```
function setValue(val) {
    document.getElementById("content").style.textDecoration = val;
}
```

在浏览器中运行本例的页面，查看效果，并选择页面中的项进行测试，选中 line-through 时的效果如图 9-6 所示。

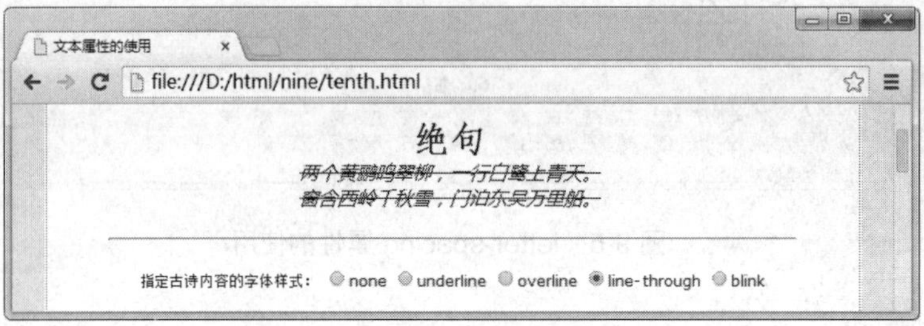

图 9-6　text-decoration 属性的使用

9.3.4　text-align 属性

text-align 描述了在一个块内行间内容的对齐方式。基本语法如下：

```
text-aling: left | right | center | justify | inherit
```

其中，left 表示左对齐；right 表示右对齐；center 表示居中对齐，justify 表示对齐每行的文字。

【例 9-11】

继续利用前面的页面演示 text-align 属性的示例，有关的 JavaScript 代码如下：

```
function setValue(val) {
    document.getElementById("content").style.textAlign = val;
}
```

在浏览器中运行上述页面，查看效果，如图 9-7 所示。

图 9-7　text-align 属性的使用

9.3.5 text-indent 属性

text-indent 属性指定一个块文本的第一行的缩进。简单地说，该属性是指在首行文字之前插入指定的长度。基本语法如下：

```
text-indent: <length> | <percentage> | inherit
```

其中，<length>表示缩进是固定的长度，<percentage>表示缩进是相对包含块宽度的百分比。网页设计者可以将 text-indent 属性的值设置为负数，但是也许会因为实现不同而受到限制。当 text-indent 属性的值为负数时，则向前缩进，如果为正数时，则向后缩进。

下面为 p 元素设置 text-indent，缩进为 58%，如果段落 p 元素的父级元素是 body，那么 p 第一行的缩进总是相对于 body 元素的 58%：

```
p {
   text-indent: 58%;
}
```

9.3.6 text-transform 属性

text-transform 用于定义文本的大小写状态，此属性对中文无意义。基本语法如下：

```
text-transform: capitalize | uppercase | lowercase | none | inherit
```

其中，capitalize 表示将每个单词的首字符大写；uppercase 表示将每个字符大写；lowercase 表示将每个字符小写；none 是默认值，对文本不进行任何转换操作。

【例 9-12】

向页面的 p 元素中添加一系列的英文语句，然后分别添加 4 个 radio 类型的 input 元素，并为该元素指定 value 属性和 onchange 事件属性。部分代码如下：

```
<p id="content">
   1.One is always on a strange road, watching strange scenery and listening
to strange music. Then one day, you will find that the things you try hard
to forget are already gone. <br/><br/>
   2.Happiness is not about being immortal nor having food or rights in one's
hand. It's about having each tiny wish come true, or having something to eat
when you are hungry or having someone's love when you need love. <br/><br/>
   3.I love you not for who you are, but for who I am before you.
</p><br/><hr/><br/>
<div>指定文本的大小写转换:
<input type="radio" name="setfont" value="none" checked
  onChange="setValue(this.value)"/>none
<input type="radio" name="setfont" value="capitalize"
  onChange="setValue(this.value)"/>capitalize
<input type="radio" name="setfont" value="uppercase"
  onChange="setValue(this.value)"/>uppercase
<input type="radio" name="setfont" value="lowercase"
  onChange="setValue(this.value)"/>lowercase
```

在浏览器中运行上述代码，查看效果，页面初始运行效果如图 9-8 所示。

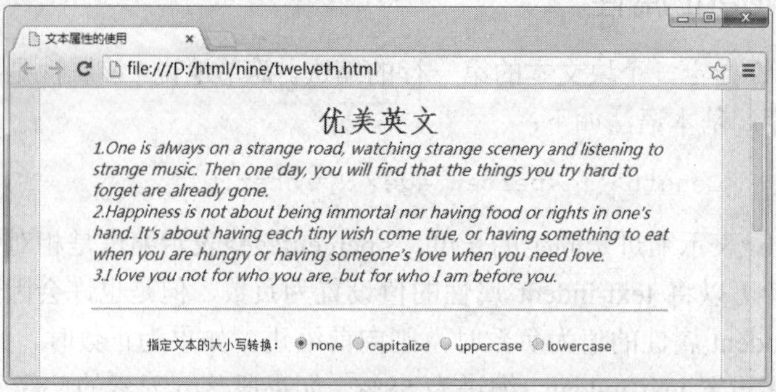

图 9-8　页面初始运行效果

单击图 9-8 中的按钮进行测试，选择 capitalize 项时会将字符的首个字母都转换为大写，如图 9-9 所示。

图 9-9　capitalize 选项转换字符的首个字母

9.3.7　其他常用属性

除了前面介绍的属性外，CSS 中还提供了其他的文本属性，本节介绍两个其他的属性，即 white-space 属性和 line-height 属性。

1．white-space 属性

white-space 属性即空白属性，该属性声明了元素内的空白是如何进行处理的。基本语法如下：

```
white-space: normal | pre | nowrap | pre-wrap | pre-line | inherit
```

其中，normal 表示正常无变化，这是默认值，文本自动处理换行，如果抵达容器边界，内容会转到下一行。pre 表示保持 HTML 源代码的空格与换行，等同于 pre 元素。nowrap 表示强制文本在一行，除非遇到
换行标记。pre-wrap 如同 pre 属性，但是遇到超出容器范围时，会自动换行。pre-line 如同 pre 属性，但是遇到连续空格会被看作一个空格。

2．line-height 属性

line-height 属性用来设置行间距，该属性决定了内容行垂直高度所能增减的数值。line-height 属性的取值有 3 种：第一种是 normal 值，它是一个默认值，表示正常显示；第二种是直接设置高度；第三种是使用百分比，其百分比取值是基于字体的高度尺寸。其中，最常用的方式是直接设置高度或者使用默认值。

【例 9-13】

例如，在上个例子的基础上为 p 元素指定行间距，这里将其指定为 40 像素。样式代码如下：

```
p {
    font-family:""微软雅黑;
    font-size:larger;
    font-style:italic;
    text-align:left;
    line-height:40px;
}
```

在浏览器中运行上述代码，查看效果，如图 9-10 所示。

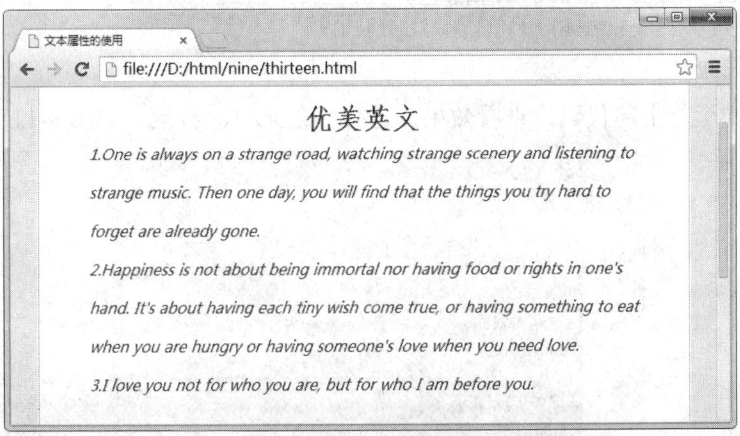

图 9-10　用 line-height 属性指定行间距

9.4　背 景 属 性

使用 CSS 属性可以为一个元素中的文本内容定义前景色和背景色，并且可以使用图片作为背景。本节介绍 CSS 提供的与背景有关的常用属性，包括背景颜色属性、背景图片属性和背景图像平铺属性等。

9.4.1　background-color 属性

background-color 属性用于定义背景色，与 color 属性一样，该属性可以接收任何有效的颜色值，而对于没有设置背景色的元素，默认背景颜色为透明(Transparent)的。基本语法

如下：

```
background-color: <color> | transparent | inherit
```

【例 9-14】

在上例的基础上添加新的代码，更改 p 元素的背景颜色。通过 JavaScript 脚本控制时，需要将 background-color 替换为 backgroundColor。相关函数的代码如下：

```
function setBg(val) {
    document.getElementById("content").style.backgroundColor = val;
}
```

如果不存在，则向页面中添加一个 select 元素，并为该元素添加 change 事件，该事件调用上述代码的 setBg()函数，并传入一个参数。页面代码如下：

```
<select onChange="setBg(this.value)" style="width:150px;">
    <option value="black">黑色</option>
    <option value="white" selected>白色</option>
    <option value="blue">蓝色</option>
    <option value="gray">灰色</option>
    <option value="green">绿色</option>
    <option value="orange">橘红色</option>
    <option value="pink">粉红色</option>
</select>
```

在浏览器中运行上述代码，查看效果，选择颜色来更改背景，如图 9-11 所示。

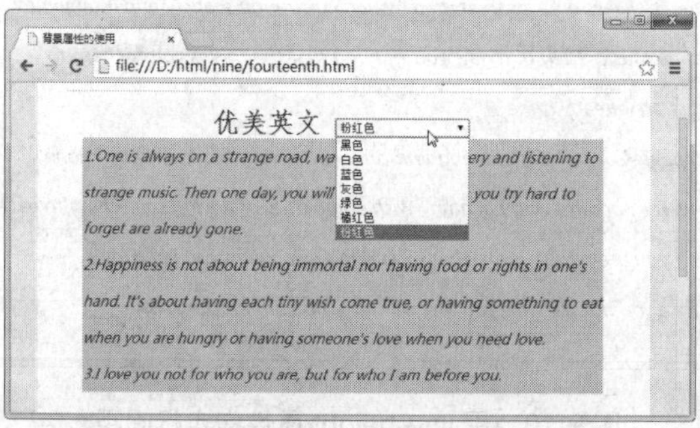

图 9-11　background-color 属性的使用

9.4.2　background-image 属性

background-image 属性指定元素的背景图片，设置背景图片时，也应该同时设置一个背景色以考虑背景图片不可用的情况。如果背景图片可用，它在背景色之上得到呈现，因此，在图片的透明区域，背景色是可见的。

background-image 属性的值可以是一个 URI 指定的图片文件，文件是可以使用绝对路径，也可以使用相对路径；也可是 none，即不使用图片作为背景，这个是默认值。

【例 9-15】

向页面中添加两个嵌套的 div 元素，并向里层的 div 元素中添加一个 h1 元素和一个 p 元素。分别为这两个 div 元素指定样式，包括背景图片、宽度、高度和间距等。代码如下：

```
<div style="position:absolute; left:2px; height:500px; top:0px;
  background-image:url(bg.jpg); width:673px;">
    <div style="padding-left:200px; padding-top:150px; line-height:2em;">
        <h1>咏柳</h1>
        <p>碧玉妆成一树高，万条垂下绿丝绦。<br/>不知细叶谁裁出，二月春风似剪刀。</p>
    </div>
</div>
```

在浏览器中运行上述代码，查看效果，如图 9-12 所示。

图 9-12　background-image 属性的使用

9.4.3　background-repeat 属性

如果通过 background-image 属性设置了背景图片，那么可以通过 background-repeat 设置图像的平铺方式。如果仅存在一张背景图片，background-repeat 属性可以定义一个值，也可以定义两个值。当定义两个值时，值之间通过空格分隔，每一个值表示水平方向，第二个值表示垂直方向。

background-repeat 属性的取值有 4 个，表 9-7 列出了这些属性，并对它们进行说明。

表 9-7　background-repeat 属性的取值

属性取值	说　明
repeat	表示背景图像水平方向和垂直方向都平铺
repeat-x	表示背景图像水平方向平铺，相当于 repeat no-repeat
repeat-y	表示背景图像垂直方向平铺，相当于 no-repeat repeat
no-repeat	表示背景图像不平铺，仅显示一张图像

【例 9-16】

为页面中的 p 元素指定背景图片并且设置图片的不同平铺方式。实现步骤如下。

(1)　向页面中添加 p 元素，并且通过内联样式为其指定边框样式、宽度、高度和背景图片等多个属性。代码如下：

```
<p id="content" style="border:1px solid gray; height:400px; width:400px;
  background-image:url(tt.jpg)">
</p>
```

(2) 向 p 元素之后添加 4 个 radio 类型的 input 元素，并且为这些元素指定 onchange 事件属性，默认情况下，选择第一个 repeat 项。以前两个 input 元素为例，代码如下：

```
<input name="test" type="radio" value="repeat" checked
  onchange="setRe(this.value)" />repeat
<input name="test" type="radio" value="repeat-x"
  onchange="setRe(this.value)" />repeat-x
```

(3) 添加 setRe()脚本函数，在该函数中指定 backgroundRepeat 属性的值。代码如下：

```
function setRe(val) {
   document.getElementById("content").style.backgroundRepeat = val;
}
```

(4) 在浏览器中运行上述代码，查看效果，初始效果如图 9-13 所示。

图 9-13 页面初始效果，即取值为 repeat

(5) 单击图 9-11 中的选项进行测试，选择 no-repeat 项时的效果如图 9-14 所示。

图 9-14 图片不平铺时的效果，即取值为 no-repeat

9.4.4　background-position 属性

background-position 属性用于指定背景图片在页面中所处的位置。该属性的值可以分为 4 类：绝对位置定位、百分比值定位、垂直对齐和水平对齐。其中，垂直对齐和水平对齐又包括多个值，表 9-8 进行了完整的说明。

表 9-8　background-position 属性的取值

属性取值	说　明
length	设置图片与边距水平和垂直方向的距离长度，后跟长度单位
percentage	以页面元素框的宽度或高度的百分比放置图片
top	背景图片顶部居中显示
center	背景图片居中显示
bottom	背景图片底部居中显示
left	背景图片左部居中显示
right	背景图片右部居中显示

注意：background-position 属性与 background-repeat 属性一样，都是用来描述图片的，因此必须与 background-image 属性同时使用。另外，垂直对齐取值还可以与水平对齐取值一起使用，从而可以决定图片的垂直位置和水平位置。

【例 9-17】

水平取值和垂直取值只能格式化地放置图片，如果在页面中要自由地定义图片的位置，则需要使用确定的数值或者百分比。如下代码将 background-image、background-repeat 和 background-position 属性结合起来设置 body 元素：

```
body {
    background-image:url(3.jpg);
    background-repeat:no-repeat;
    background-position:20% 20%;
}
```

上述代码表示图片的水平位置和垂直位置均相对于页面的 20%进行设置，因此页面的大小决定了图片所处的位置。

9.4.5　background-attachment 属性

background-attachment 属性用来设置背景图片是否随着文档一起滚动。该属性包含两个取值，说明如下。

- fixed：背景图片固定在页面的可见区域中。
- scroll：默认值，当页面滚动时，背景图片随着页面一起滚动。

一般来说，属性值为 fixed 其实是相对于可视范围而言的。无论页面如何滚动，图片始终处于可视范围之内，而页面中的元素内容则处于滚动状态。

【例 9-18】

分别通过两个属性值定义背景图片是否随着文档一起滚动。代码如下：

```
body {
    background-image:url(bg.jpg);
    background-repeat:no-repeat;
    background-attachment:scroll;
}
body {
    background-image:url(bg.jpg);
    background-repeat:no-repeat;
    background-attachment:fixed;
}
```

9.4.6 background 属性

background 属性与 font 属性非常相似，都是一个组合属性，也可以称为简写属性，它综合了前面介绍的与背景有关的属性，即以 background-开头的属性，可以一次性地设置背景样式。基本语法如下：

```
background:[background-color] [background-image] [background-repeat]
  [background-attachment] [background-position]
```

其中，可以将上述语法中的属性顺序进行调换，自由进行设置。如果没有设置属性，那么系统会自动为该属性添加默认值。如下代码为 background 属性的简单使用：

```
body {
    background: orange url(bg.jpg) right no-repeat scroll;
}
```

上述代码可以等价于下段代码：

```
body {
    background-color:orange;
    background-image:url(bg.jpg);
    background-position:right;
    background-repeat:no-repeat;
    background-attachment:scroll;
}
```

9.5 边 框 属 性

页面元素的边框就是将元素内容以及间隙包含在其中的边线，类似于表格的外边线，每一个页面元素的边框都包含其颜色、宽度和样式。

本节介绍 CSS 中提供的与边框有关的属性，包括 border-style 属性、border-color 属性、border-width 属性以及 border 属性。

9.5.1 border-style 属性

border-style 属性用于设置边框的样式，边框样式是边框最重要的一部分。有时候，可以将边框样式指定为边框风格。基本语法如下：

```
border-width:none || dotted || dashed || solid || double || groove || ridge
  || inset || outset
```

其中，none 表示无边框，无论边框的宽度有多大；dotted 表示点线式边框；dashed 表示破折线式边框；solid 表示直线式边框；double 表示双线式边框；groove 表示槽线式边框；ridge 表示脊线式边框；inset 表示内嵌效果的边框；outset 表示凸起效果的边框。

提示： *在没有设置边框颜色的情况下，groove、ridge、inset 和 outset 边框默认的颜色是灰色。dotted、dashed、solid 和 double 这 4 种边框的颜色基于页面元素的 color 值。*

【例 9-19】

根据用户选择的内容设置页面中图片指定的边框样式。实现步骤如下。

(1) 向页面中添加 div 元素，该元素嵌套一个无序列表，每一个列表项包含一张图片。代码如下：

```
<div id="showimg">
    <ul>
        <li><img name="nameimg" src="imglist/1.jpg" /></li>
        <li><img name="nameimg" src="imglist/2.jpg" /></li>
        <li><img name="nameimg" src="imglist/3.jpg" /></li>
    </ul>
</div>
```

(2) 继续向页面中添加 radio 类型的 input 元素，分别指定这些元素的 value 属性、name 属性和 onchange 属性等多个属性。以前 3 个单选项为例，代码如下：

```
<input type="radio" name="setstyle" value="none" checked
  onChange="setValue(this.value)"/>none
<input type="radio" name="setstyle" value="dotted"
  onChange="setValue(this.value)"/>dotted
<input type="radio" name="setstyle" value="dashed"
  onChange="setValue(this.value)"/>dashed
```

(3) 为页面中的 img 元素添加 CSS 样式，指定图片的统一宽度、高度和填充间距。样式代码如下：

```
#showimg img {
    float:left;
    width:150px;
    height:200px;
    padding:20px;
}
```

(4) 向 JavaScript 脚本中添加 setValue()函数，在该函数中获取 img 元素，并且为第 1 张和第 3 张图片添加边框样式。在 for 循环语句中，将边框宽度指定为 2 像素，然后再指定用户选择的边框样式。代码如下：

```
function setValue(val) {
    var list = document.getElementsByName("nameimg");
    for(var i=0; i<list.length; i++) {
        if(i!=1) {
            list[i].style.borderWidth = "2px";
            list[i].style.borderStyle = "" + val + "";
        }
    }
}
```

(5) 在浏览器中运行页面，查看效果，初始效果如图 9-15 所示。

图 9-15 初始效果

(6) 单击图 9-13 中的边框样式进行设置，选择 dashed 项时的效果如图 9-16 所示。

图 9-16 破折线式的边框

border-style 属性的取值可以有一个，也可以有两个、三个或者四个，不同取值的含义如下所示：

- 当属性值有一个时，表示边框的四边使用同一种样式。

- 当属性值有两个时，第一个值表示上下边框样式，第二个值表示左右边框样式。
- 当属性值有三个时，第一个值表示上边框样式，第二个值表示右边框样式，第三个值表示下边框样式。
- 当属性值有四个时，分别表示上、右、下、左边框的样式。

另外，如果用户需要单独定义边框的一条边的样式，也可以分别使用 border-left-style、border-right-style、border-top-style 和 border-bottom-style 属性。

【例 9-20】

对上个例子的代码进行更改，首先为第二张图片添加一个 id 属性，属性值为 img2。接着，通过 CSS 样式设置图片的边框宽度为 2 像素，分别通过属性设置上、右、下、左四个边框的样式为 dashed、dotted、groove 和 inset。样式代码如下：

```
#showimg img {
    float:left;
    width:150px;
    height:200px;
    padding:20px;
    border-width:2px;
}
#showimg img:not(#img2) {
    border-top-style:dashed;               /* 设置上边框样式 */
    border-right-style:dotted;             /* 设置右边框样式 */
    border-bottom-style:groove;            /* 设置下边框样式 */
    border-left-style:inset;               /* 设置左边框样式 */
}
```

上述代码中，img:not(#img2)表示为除了 id 属性值为 img2 之外的 img 元素设置属性。在浏览器中运行上述代码，查看页面效果，如图 9-17 所示。

图 9-17　分别指定边框的 4 个样式

9.5.2 border-width 属性

在前面的例子中，已经使用到了 border-width 属性，该属性用于设置边框的宽度。为 border-width 属性指定属性值时，它的几种取值说明如下。

- medium：默认值，中等宽度。

- thick：比 medium 粗。
- thin：比 medium 细。
- width：需要用户自己指定。

border-width 属性与 border-style 属性一样，可以通过 4 个属性分别进行设置。这 4 个属性分别是 border-top-width、border-right-width、border-bottom-width 和 border-left-width，分别用于设置上边框、右边框、下边框和左边框。

【例 9-21】

重新在上个例子的基础上添加新的代码，分别指定第一张图片和第三张图片的边框宽度，其中上边框为 1 像素，右边框为 2 像素，下边框为 3 像素，左边框为 4 像素。部分代码如下：

```
#showimg img:not(#img2) {
    border-top-style:dashed;                /* 设置上边框样式 */
    border-right-style:dotted;              /* 设置右边框样式 */
    border-bottom-style:groove;             /* 设置下边框样式 */
    border-left-style:inset;                /* 设置左边框样式 */
    border-top-width:1px;                   /* 设置上边框宽度 */
    border-right-width:2px;                 /* 设置右边框宽度 */
    border-bottom-width:3px;                /* 设置下边框宽度 */
    border-left-width:4px;                  /* 设置左边框宽度 */
}
```

在浏览器中运行本例中的页面代码，查看效果，如图 9-18 所示。

图 9-18　border-width 属性的使用

9.5.3　border-color 属性

顾名思义，border-color 属性是用来设置边框的颜色的。如果不想与页面元素的颜色相同，那么可以使用该属性自定义边框的颜色。定义边框颜色时，border-color 属性的颜色取值可以使用颜色的英文名称，也可以使用十六进制，还可以使用 RGB、HSLA 和 HSLA 进行表示。

与上面的属性一样，border-color 属性可以设置一种或多种颜色，也可以分别设置 4 个属性指定边框的颜色，分别是 border-top-color、border-right-color、border-right-color 和 border-left-color。

【例 9-22】

继续在前面例子的基础上添加新的代码，直接为 border-color 属性指定两个值：

```
#showimg img:not(#img2) {
    /* 省略其他代码 */
    border-color:blue green;    /* 为颜色指定两个属性值 */
}
```

在浏览器中运行上述页面，观察效果，如图 9-19 所示。

图 9-19　border-color 属性的设置效果

实际上，border-color:blue green 的值等价于下面的代码：

```
#showimg img:not(#img2) {
    /* 省略其他代码 */
    border-top-color:blue;        /* 上边框颜色*/
    border-bottom-color:blue;     /* 下边框颜色*/
    border-right-color:green;     /* 右边框颜色 */
    border-left-color:green;      /* 左边框颜色 */
}
```

9.5.4　border 属性

border 属性是一个组合属性，它是 border-style、border-width 和 border-color 这三种属性的简写。基本语法如下：

```
border: [border-style] [border-width] [border-color]
```

上述各个属性的顺序是可以调换的。如下几行代码效果是一样的：

```
border: 1px solid red;
border: 1px red solid;
border: solid red 1px;
border: solid 1px red;
border: red 1px solid;
border: red solid 1px;
```

同样，border 属性的子属性可以分别为边框的 4 边设置宽度、样式和颜色。这 4 个子属性分别是 border-top、border-bottom、border-right 和 border-left，分别设置上边框、下边框、右边框和左边框。

【例 9-23】

利用前面例子的页面，重新设置图片的边框样式，分别指定上边框、右边框、下边框和右边框的颜色、样式和宽度。样式代码如下：

```
#showimg img:not(#img2) {
    border-top: 2px blue solid;              /* 设置上边框 */
    border-right: green dashed thin ;        /* 设置右边框 */
    border-bottom: solid pink 4px;           /* 设置下边框 */
    border-left: 1px green double ;          /* 设置右边框 */
}
```

在浏览器中运行上述代码，查看效果，如图 9-20 所示。

图 9-20　border 属性的使用

9.6　间隙和填充

保证 HTML 页面元素出现在适当的位置是进行网页设计时很重要的一部分，CSS 中提供了间隙和填充属性来帮助实现元素的位置，这两个属性不仅能够为页面元素定义边框，还可以修饰内容的距离，从而优化文本内容的显示效果。

9.6.1　间隙属性

margin 属性可以定义元素周围的空间范围。边框的外面可以有一层边外补白，它可以把块级元素分开，边外补白定义了围绕某种元素的空白。margin 属性可以让内容重叠，也可以使用包含的其他 4 个子属性控制一个页面元素四周的边距样式。这 4 个属性分别是 margin-top、margin-right、margin-bottom 和 margin-left，分别用于设置上边距、右边距、下边距和左边距。

【例 9-24】

向页面中添加部分文章的内容，并且为该文章的段落设置边距间隔。实现步骤如下。

(1) 向页面中添加 div 外层容器，接着添加 h1 元素和 div 元素，该 div 元素包含 3 个段落元素。代码如下：

```
<div id="baseinfo">
```

```
    <h1>挫折，是人生的垫脚石</h1>
    <div id="showcontent">
        <p>有人说："挫折阻碍成功。"但我觉得不然，甚至觉得"挫折是成功的垫脚石"。</p>
        <p>生活中，诸多使我们烦恼乏味甚至无奈的挫折接踵而至，不断地打击着内心日渐脆弱的
心。是否，我们注定要受这样的折磨，也许这是必然。那么，我们就只能无所作为吗？当然不，试
着，我们把挫折看作一块成功的垫脚石，并且利用好它，一步成功。你就是成功者。</p>
        <p>古往今来，不乏愈挫愈勇的名人志士。若不是这种乐观拼搏的信念，怎能使爱迪生经一
千多次失败后为人类创造出点亮黑暗的明灯；若不是这种敢拼敢斗的决心，怎能让独守小屋一年四
季的居里夫人发现镭；若不是这种勇敢向上的勇气，怎能任中国人民抗战八年战胜日本……由此，
挫折，并不可怕，只要你肯拼搏。再大的困难也挡不住你熊熊燃烧的信心。</p>
    </div>
</div>
```

(2) 在浏览器中运行上述页面，查看效果，如图 9-21 所示。

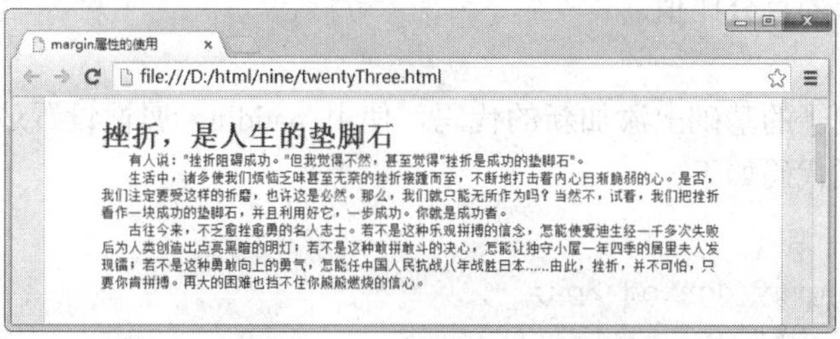

图 9-21　没有添加样式前的效果

(3) 为上个步骤中的两个 div 元素指定属性，并且分别指定 p 元素的上边距、左边距和右边距。样式代码如下：

```
#showcontent {
    border: red solid 1px;
}
#showcontent p {
    border: gray dotted 2px;
    margin-top: 20px;
    margin-left: 30px;
    margin-right: 10px;
}
```

(4) 重新运行上述代码，查看效果，如图 9-22 所示。

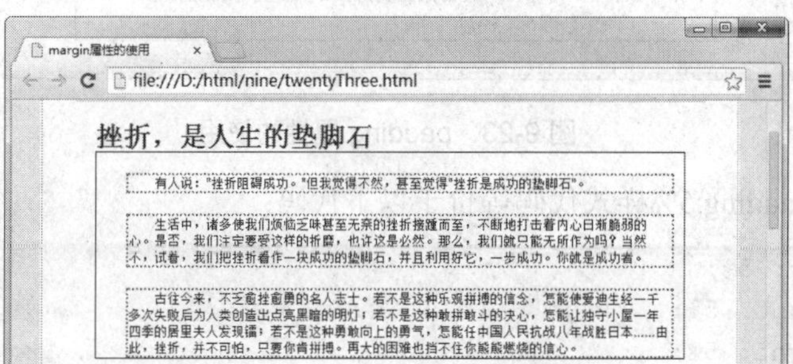

图 9-22　margin 属性的使用

在第 3 步中分别使用 margin-top、margin-left 和 margin-right 属性设置边距，其效果等价于下面的代码：

```
margin: 20px 10px 0px 30px;
```

9.6.2 填充属性

CSS 样式表提供了用于设置元素边框和内容之间间隙宽度的 padding 属性，该属性能为元素边框定义上、下、左、右间隙的宽度，也可以单独定义各方位的宽度。定义各方位的宽度时，需要使用 padding-top、padding-right、padding-bottom 和 padding-left 四个属性，分别定义上间隙、右间隙、下间隙和左间隙。

padding 属性的值与 margin 属性相似，其属性值可以是一个具体的长度，也可以是一个相对于上级元素的百分比值。

【例 9-25】

重新在上个例子的基础上添加新的代码，使用 padding 属性设置边框和内容之间的间隙宽度。有关样式代码如下：

```
#showcontent p {
    border: gray dotted 2px;
    padding: 5%;
}
```

在浏览器中输入网址，运行本例的页面，查看效果，padding 属性的填充效果如图 9-23 所示。

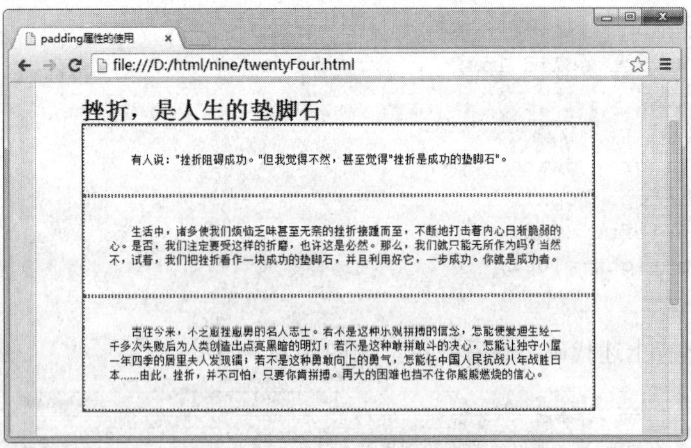

图 9-23　padding 属性的使用

在该例中，padding:5%样式代码等价于以下代码：

```
padding-top: 5%;
padding-right: 5%;
padding-right: 5%;
padding-bottom: 5%;
```

9.7　实验指导——设置文章页面的内容

在本节之前，已经详细介绍了 CSS 提供的与设计页面文本、字体、背景、边框以及间距等有关的属性。实际上，Web 网页设计者在设计网页时，经常会使用到这些属性，本节实验指导设计一个文章显示页面，并且通过相关的属性设置背景、字体和文本。

文章页面的结构分为头部和中间区域两部分，中间部分又分为左侧和右侧。具体实现步骤如下。

(1) 设计页面头部内容，页面头部只包含一个标题，通过 header 元素表示头部。代码如下：

```
<header>
    <h1>一分耕耘一分收获</h1>
</header>
```

(2) 为上个步骤中的 header 元素添加样式，指定该元素的高度、背景颜色、字体颜色和填充距离等属性：

```
header {
    clear: both;
    height: 50px;                              /*高度*/
    background-color: #D01F3C;                 /*背景颜色*/
    padding: 20px;                             /*填充间距*/
    vertical-align: middle;
    color: #FFFFFF;                            /*字体颜色*/
}
```

(3) 向页面左侧添加内容，左侧是一个列表链接。页面代码如下：

```
<div id="left">
    <h3>网站目录</h3>
    <ul>
        <li><a href="#">日志</url></a></li>
        <li><a href="#">说说</url></a></li>
        <li><a href="#">相册</url></a></li>
        <li><a href="#">好友</url></a></li>
        <li><a href="#">群组</url></a></li>
        <li><a href="#">我参与</url></a></li>
        <li><a href="#">个人资料</url></a></li>
    </ul>
</div>
```

(4) 根据上述代码，为 div 元素指定样式，设置背景颜色、宽度、填充距离和间隙距离等。代码如下：

```
div#left {
    float: left;
    width: 150px;
    background-color: #FFFFFF;                     /*背景颜色*/
```

```
    margin-top: 20px;
    padding: 5px;                    /*填充距离*/
    margin-left: 5px;
}
```

(5) 右侧部分显示一篇文章，h2 元素指定右侧文章标题，div 元素指定文章内容，它包含多个段落元素。部分代码如下：

```
<div id="middle">
    <h2>一树花的记忆</h2>
    <div class="art">
        <p>如果，这是前世。前世你在佛前祈求了五百年，求五百年只为了在最美的时刻被谁遇见。
        </p>
        <p>如果这是今生。今生，你已是一棵开花的树，谁遇见了你，谁又被你遇见？时光飞逝，
爱情转身，身后谁带走了你一树花的记忆。</p>
        <!-- 省略其他内容 -->
    </div>
</div>
```

(6) 为上个步骤中的 div 元素和 p 元素指定样式，设置文章内容的字体样式、字体大小和字体间的间隙距离。以 p 元素为例，样式代码如下：

```
.art p {
    text-align: left;
    /*字体样式*/
    font-family: "楷体_GB2312" "微软雅黑" "幼圆" "Times New Roman" serif;
    font-size: 14px;              /*字体大小*/
    letter-spacing: 2px;              /*字体间距*/
}
```

(7) 完善整个网页的其他内容，例如，根据需要，可以设计页面底部内容，这里不再一一进行说明。

(8) 所有的内容设计完毕后，运行页面，查看效果，最终效果如图 9-24 所示。

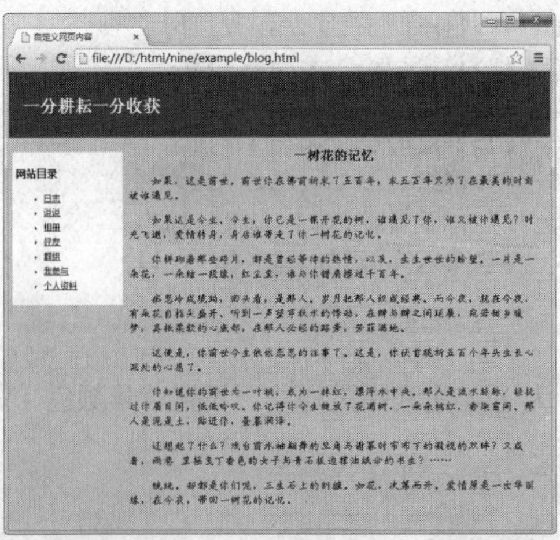

图 9-24　实验指导程序的运行效果

9.8 习　　题

一、填空题

1. 在十六进制值中，#000000 表示__________。
2. __________属性用于指定页面使用的字体类型。
3. font-style 属性用来定义字体的样式，其默认值是__________。
4. __________属性用于设置网页元素的背景图片。
5. border 是由 border-style、__________和 border-color 组合而成的一个属性。

二、选择题

1. __________属性定义文本中字母的间距，如果文本是中文，则定义中文文字的间距。

　　A. letter-spacing　B. word-spacing　C. padding　D. text-indent

2. text-decoration 属性定义文本是否有划线以及划线的方式，当取值为__________时，表示定义直线穿过文本。

　　A. underline　B. overline　C. line-through　D. blink

3. 在如图 9-25 所示的效果中，text-transform 属性的取值是__________。

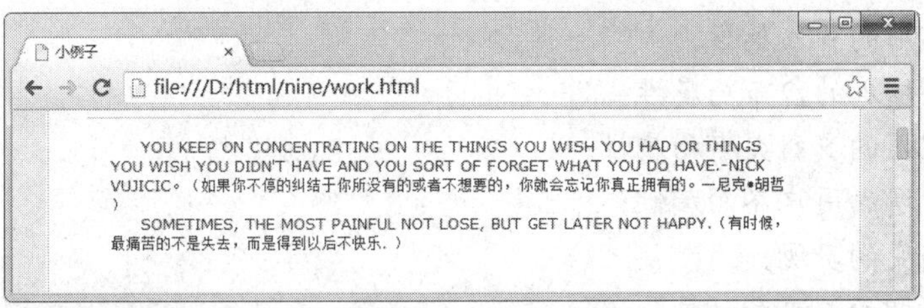

图 9-25　练习效果

　　A. capitalize　B. uppercase　C. lowercase　D. inherit

4. background-repeat 属性的取值为__________时，表示背景图像在水平和垂直方向上都平铺。

　　A. no-repeat　B. repeat-y　C. repeat-x　D. repeat

5. 当 border-style 属性的取值为__________时，表示边框的样式为破折线式。

　　A. ridge　B. double　C. dashed　D. groove

6. 在 CSS 提供的 background-attachment 属性中，它的属性取值可以是__________。

　　A. fixed 和 none　B. scroll 和 none
　　C. fixed 和 scroll　D. fixed、scroll 和 normal

三、简答题

1. CSS 中提供的与字体和文本有关的属性有哪些，它们分别是用来做什么的？
2. background 属性是哪些属性的组合属性，这些属性是用来做什么的？
3. 说出一些常用的用于设置边框的属性，并对这些属性进行简单说明。

第 10 章　CSS 3 的新增属性

CSS 3 是 CSS 2 的升级版本，它在 CSS 2 的基础上增加了许多新功能。CSS 3 语言开发是朝着模块化发展的，它把 CSS 规范化分为多个模块，每一个模块都是 CSS 的某个子集的独立规范，例如选择器、文本和背景等。本章主要介绍 CSS 3 中的新增功能，包括新增的选择器、文本属性、字体属性、边框属性、背景属性以及盒布局属性等。读者通过本章的学习，不仅可以了解 CSS 3 的新增属性，还可以利用这些属性构建网页。

本章学习目标如下：

- 掌握新增的属性选择器。
- 熟悉常用的伪类选择器。
- 了解 UI 元素状态伪类选择器。
- 掌握新增的颜色单位。
- 掌握 text-shadow 属性的使用。
- 掌握@font-face 规则的使用。
- 掌握常用的边框属性。
- 熟悉常用的背景属性。
- 了解新增加的盒布局属性。
- 熟悉常用的多列类布局属性。
- 了解新增的用户界面属性。
- 熟悉渐变的实现。
- 掌握新增的过渡和动画属性。
- 了解新增的转换属性。

10.1　新增的选择器

为 HTML 网页中的元素添加样式时，需要使用到选择器，这些元素就是通过选择器进行控制的。CSS 2 中已经提供了一些选择器，这些选择器在第 8 章已经提到过，本节了解一下 CSS 3 中新增的选择器。

10.1.1　属性选择器

属性选择器可以根据元素的属性及属性值来选择元素，CSS 3 中新增加了 3 种属性选择器。通常情况下，会把这 3 种选择器称为“子串匹配属性选择器”，说明如下。

- E[attribute^=“val”]：匹配具有 attribute 属性，且值以 value 开头的 E 元素。
- E[attribute$=“val”]：匹配具有 attribute 属性，且值以 value 结尾的 E 元素。
- E[attribute*=“val”]：匹配具有 attribute 属性，且值中含有 value 的 E 元素。

在上述新增加的属性选择器中，E 元素有时是可以省略的，如果省略，表示匹配所有具有 attribute 属性，且满足 value 条件值的元素。

【例 10-1】

向 HTML 页面的内容中添加多条显示语句，并且为表示这些语句的元素指定样式。实现步骤如下。

(1) 向页面中添加一个 div 元素，该元素包含 4 个 p 元素，并为每一个 p 元素指定 id 属性，每一个 p 元素显示一段内容。部分代码如下：

```
<div id="content" style="margin-top:20px">
    <p id="p1">No man or woman is worth your tears,and the one who is, won't
make you cry.</p>
    <p id="tp">Never frown, even when you are sad, because you never know
who is falling in love with your smile. </p>
    <p id="p3">Nobody can go back and start a new beginning, but anyone can
start now and make a new ending.</p>
    <p id="lp">Sometimes, people cry not because they're weak. It's because
they have been strong for too long.</p>
</div>
```

(2) 为上个步骤中 id 属性值为 content 的 div 元素的 p 元素添加样式，指定该元素的 id 属性值以 p 开头的字体样式、字体大小和颜色等属性。代码如下：

```
#content p[id^="p"] {
     margin:10px;
     color:blue;                    /*字体颜色*/
     font-family:"幼圆";            /*字体类型*/
     font-size:16px;                /*字体大小*/
}
```

(3) 在浏览器中运行上述代码，查看效果，如图 10-1 所示。

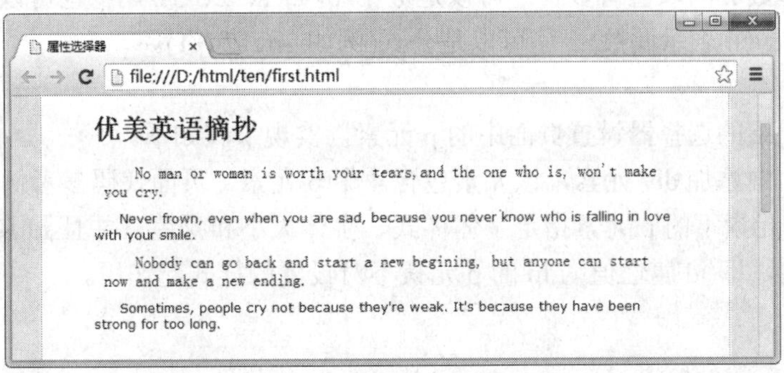

图 10-1　使用属性选择器

提示： 实际上，无论是本节介绍的属性选择器，还是后面介绍的其他选择器和属性，它们的用法都与 CSS 2 相同，本节以及后面小节只是演示其中的一种或者几种，并不会对所有的选择器和属性都一一举例，感兴趣的读者可以自己进行尝试。

10.1.2 常用的伪类选择器

CSS 3 中新增加了多种类型的伪类选择器，大体来说，可以将其分为目标伪类、否定伪类、结构化伪类以及 UI 元素状态伪类 4 种。

其中，目标伪类选择器是指 E:target，该选择器用于匹配相关 URL 指向的 E 元素。否定伪类是指 E:not(s)，该选择器用于匹配所有不匹配简单选择符 s 的元素，s 可以是元素，也可以是 id 属性值和 class 属性值。结构化伪类选择器包含多种，表 10-1 对这些选择器进行了详细的说明。

表 10-1　CSS 3 中新增的结构化伪类选择器

选择器名称	说　明
E:root	匹配文档的根元素。在 HTML 中，根元素永远是 html
E:nth-child(n)	匹配父元素中的第 n 个子元素 E
E:nth-last-child(n)	匹配父元素中的倒数第 n 个结构子元素 E
E:nth-of-type(n)	匹配同类型中的第 n 个同级兄弟元素 E
E:nth-last-of-type(n)	匹配同类型中的倒数第 n 个同级兄弟元素 E
E:last-child	匹配父元素中最后一个 E 元素
E:first-of-type	匹配同级兄弟元素中的第一个 E 元素
E:only-child	匹配属于父元素中唯一子元素的 E
E:only-of-type	匹配属于同类型中唯一兄弟元素的 E
E:empty	匹配没有任何子元素(包括 text 节点)的元素 E

表 10-1 中，对 E:nth-child(n)、E:nth-last-child(n)、E:nth-of-type(n)和 E:nth-last-of-type(n)选择器来说，参数 n 的取值有多种：可以是数字(例如 1、2、3、4)；也可以是关键字(例如 odd 表示奇数，even 表示偶数)；还可以是公式(例如 2n、2n+1)。

【例 10-2】

利用本节介绍的选择器设置页面中的 p 元素，实现步骤如下。

(1) 向页面中添加 div 元素，该元素包含 4 个 p 元素，页面代码参考例 10-1。

(2) 为 div 元素下的 p 元素指定字体样式、字体大小和颜色，并且 id 属性值为 lp 的 p 元素不包括在内，即 id 属性值为 lp 的 p 元素不对设置的样式起作用。

样式代码如下：

```
#content p:not(#lp) {
    margin:10px;
    color:blue;                          /*字体颜色*/
    font-family:"幼圆";                  /*字体类型*/
    font-size:16px;                      /*字体大小*/
}
```

(3) 在浏览器中运行上述代码，查看效果，如图 10-2 所示。

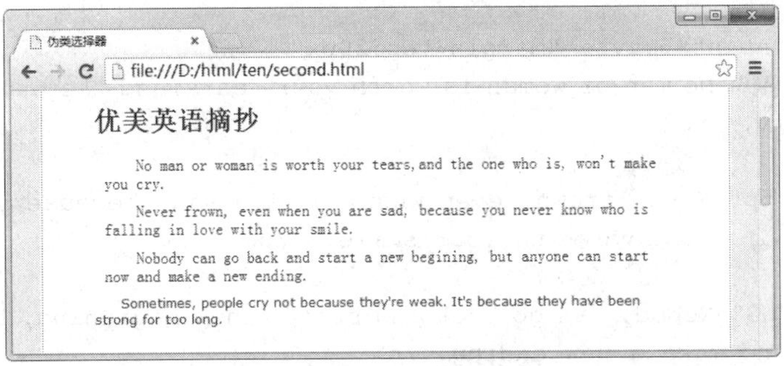

图 10-2　否定伪类选择器的使用

(4) 继续更改本例中的样式代码，通过 p:nth-child(odd)选择器设置奇数个的 p 元素的样式。odd 表示奇数个，即第 1 个、第 3 个、第 5 个、第 7 个等 p 元素。代码如下：

```
#content p:nth-child(odd) {
    margin:10px;
    color:green;                    /*字体颜色*/
    font-family:"隶书";             /*字体类型*/
    font-size:16px;                 /*字体大小*/
}
```

(5) 在浏览器中运行上述页面代码，查看效果，如图 10-3 所示。

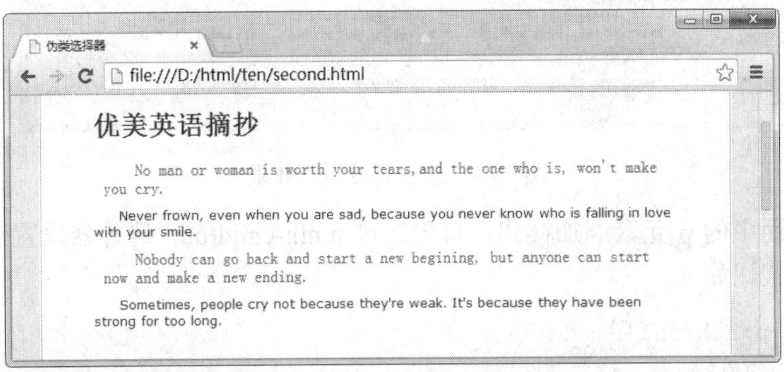

图 10-3　例 10-2 的页面运行效果

E:nth-last-child(n)、E:nth-of-type(n)和 E:nth-last-of-type(n)选择器的用法与 E:nth-child(n)相似，但是表现的意义有所不同。E:nth-child(n)和 E:nth-last-child(n)相比，E:nth-last-child(n)表示的是倒数第 n 个匹配的 E 元素。E:nth-child(n)与 E:nth-of-type(n)和 E:nth-last-of-type(n)相比，E:nth-of-type(n)表示的是同类型中的正数第 n 个匹配的 E 元素，E:nth-last-of-type(n)表示的是同类型中的倒数第 n 个匹配的 E 元素。

为了演示 E:nth-child(n)和 E:nth-of-type(n)的不同，下面通过例子进行简单说明。

【例 10-3】

本例分别通过 E:nth-child(n)和 E:nth-of-type(n)两个选择器的效果进行对比说明。实现效果如下。

(1) 向页面中添加一个 div 元素，该元素包含 4 个 p 元素，两个 p 元素之间通过一条分割线隔开，分割线通过<hr/>标记实现。页面代码如下：

```
<div id="content" style="margin-top:20px">
    <p id="p1">No man or woman is worth your tears,and the one who is, won't
make you cry.</p>
    <hr/>
    <p id="tp">Never frown, even when you are sad, because you never know
who is falling in love with your smile. </p>
    <hr/>
    <p id="p3">Nobody can go back and start a new beginning, but anyone can
start now and make a new ending.</p>
    <hr/>
    <p id="lp">Sometimes, people cry not because they're weak. It's because
they have been strong for too long.</p>
</div>
```

(2) 在浏览器中运行上述代码，查看效果，从效果图中可以发现，每个段落之间都有一条分隔线，如图 10-4 所示。

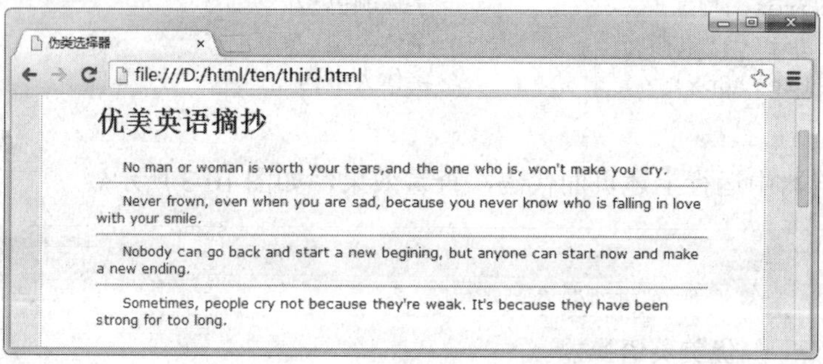

图 10-4　页面初始运行效果

(3) 为页面中的 p 元素添加样式，首先通过 p:nth-child(odd)选择器设置奇数个 p 元素的文本颜色。代码如下：

```
#content p:nth-child(odd) {
    color:red;
}
```

(4) 重新在浏览器中打开一个新的窗口，或者直接刷新页面，观察效果，此时的效果如图 10-5 所示。

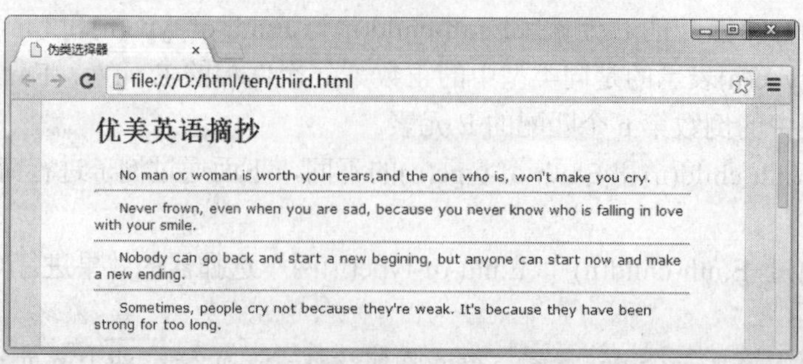

图 10-5　p:nth-child(odd)指定第奇数个 p 元素的样式

从图 10-4 中可以看出，图 10-5 中将 4 个段落元素的内容全部标记为红色，根据设置，应该只将第 1 段和第 3 段的内容标记为红色，那么，为什么会出现上述效果呢？这是因为 E:nth-child(n)和 E:nth-last-child(n)选择器在计算元素的第奇数个和第偶数个时，是连同父元素中的子元素一起计算的。

重新更改上述样式中的代码，通过 p:nth-of-type(n)进行设置。代码如下：

```
#content p:nth-of-type(odd) {
    color:red;
}
```

重新在浏览器中打开一个新的窗口，或者直接刷新页面，观察效果，如图 10-6 所示。从该图中可以发现，实现的效果与我们想要的效果是一致的。

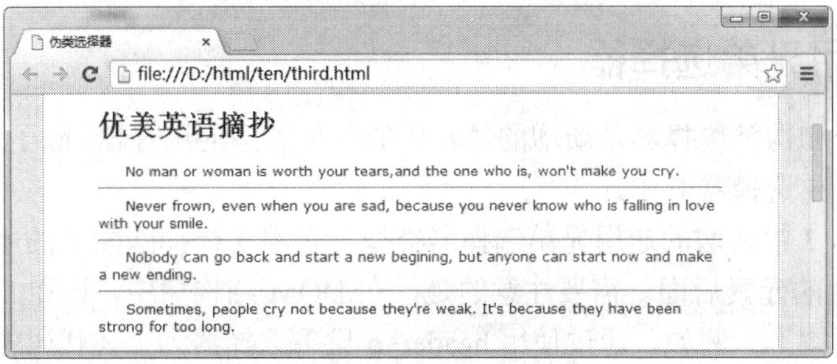

图 10-6　p:nth-of-type(n)指定第奇数个 p 元素的样式

10.1.3　UI 元素状态伪类选择器

UI 元素状态伪类选择器是伪类选择器的一种，CSS 3 中新增加了 4 种 UI 元素状态伪类选择器，具体说明如表 10-2 所示。

表 10-2　CSS 3 中新增的 UI 元素状态伪类选择器

选择器名称	说　明
E:enabled	匹配所有用户界面(form 表单)中处于可用状态的 E 元素
E:disabled	匹配所有用户界面(form 表单)中处于不可用状态的 E 元素
E:checked	匹配所有用户界面(form 表单)中处于选中状态的元素 E
E::selection	匹配 E 元素中被用户选中或处于高亮状态的部分

【例 10-4】

在上个例子的基础上添加新的代码，通过 p::selection 属性设置 p 元素中的内容选中时的字体颜色和背景颜色。代码如下：

```
#content p::selection {
    background-color:#0CC;    /*背景颜色*/
    color:white;              /*字体颜色*/
}
```

在浏览器中运行本例的代码，查看效果，全选 p 元素中的内容并观察效果，全选时的效果如图 10-7 所示。

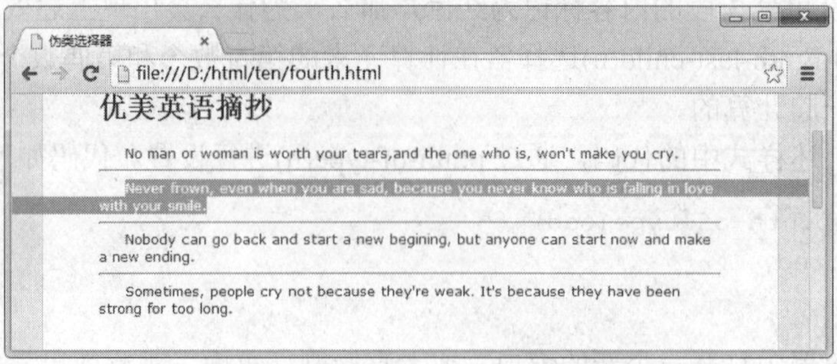

图 10-7　全选 p 元素中的内容并观察效果

10.1.4　通用兄弟选择器

属性选择器和伪类选择器是新增的最常用的两种类型的选择器，除了这两种选择器外，还有一种通用兄弟选择器 E~F。

E~F 是 CSS 3 中新增的通用兄弟选择器类型，它用于选择匹配 F 的所有元素，且匹配元素位于匹配 E 的元素后面。需要注意的是，在 DOM 结构树中，E 和 F 所匹配的元素应该位于同一级结构上。例如，通过使用 header~p 兄弟选择器为上述代码中的 p 元素指定字体颜色和大小，header~p 表示只为 header 元素之后的 p 元素添加样式。代码如下：

```
header~p {
    font-size:14px;
    color:#007DFB;
}
```

10.2　新增的颜色和文本

CSS 3 中新增加了一系列的属性，通过这些属性可以实现不同的功能。本节首先介绍 CSS 3 中新增加的颜色单位，然后介绍新增加的属性，最后介绍新增的@font-face 规则。

10.2.1　颜色单位

在上一章中介绍 CSS 2 时提到过颜色单位，包括英文颜色名称、十六进制颜色值和 RGB，实际上，CSS 3 中新增加了 3 个颜色单位，它们分别是 RGBA、HSL 和 HSLA。

1. RGBA

RGBA 是 RGB 的升级版，它是代表 Red(红色)、Green(绿色)、Blue(蓝色)和 Alpha 的色彩空间。虽然它有的时候被描述为一个颜色空间，但它其实仅仅是 RGB 模型附加了额外的信息。

可以像使用 RGB 那样使用 RGBA，只需要在它的最后传入一个与不透明度有关的参数即可。

基本语法如下：

```
rgba(r,g,b,alpha)
```

其中，将参数 r 设置为 0 或者 360 时表示红色，g 设置为 120 时表示绿色，b 设置为 240 时表示蓝色。一般情况下，会将 alpha 的值设置为 0.0 到 1.0 之间，0.0 表示完全透明，1.0 表示完全不透明，0.5 表示半透明。

【例 10-5】

重新为前面例子页面中的 p 元素指定样式，通过 RGBA 指定 color 属性的值，同时通过 font-size 属性指定字体大小。代码如下：

```
#content p {
    color:rgba(200,120,240,1);
    font-size:16px;
}
```

2. HSL

HSL 与 RGB、RGBA 色彩模式一样，都是行业中的一种颜色标准。HSL 是通过色调(Hue，H)、饱和度(Saturation，S)和亮度(Lightness，L)三个颜色通道的变化及相互之间的叠加得到各式各样的颜色。基本语法如下：

```
hsl(hue, saturation, lightness)
```

下面对上述语法的参数进行说明。

- hue：表示色调，取值为 0 或者 360 时表示红色，120 表示绿色，240 表示蓝色，也可以设置其他值确定其他的颜色。当值大于 360 时，实际值等于该值除以 360 之后的余数，例如色调设置为 600，则实际值是 600%360=240。
- saturation：饱和度的百分比，用于指定颜色被使用了多少，即颜色的深浅和鲜艳程度。它的取值在 0%～100%之间，其中 0%表示没有颜色(使用灰度)，100%表示饱和度最高(颜色最鲜艳)。
- lightness：高度的百分比，取值范围在 0% ~ 100%之间。其中，0%表示最暗，显示为黑色；100%表示最亮，显示为白色。

【例 10-6】

与例 10-5 一样，需要重新为页面中的 p 元素指定样式，使用 HSL 指定 color 属性的值，同时通过 font-size 属性指定字体大小。代码如下：

```
#content p {
    color:hsl(240,100%,40%);
    font-size:16px;
}
```

3. HSLA

HSLA 与 HSL 的关系，相当于 RGBA 与 RGB 的关系。HSLA 是指在 HSL 的基础上增加一个透明度的设置，它是 HSL 颜色值的扩展，带有一个 alpha 通道，alpha 指定了元素的不透明度。基本语法如下：

```
hsla(hue, saturation, lightness, alpha)
```

其中，hue、saturation 和 lightness 的取值与 HSL 语法的参数取值一样。alpha 参数定义不透明度，它的值是 0.0~1.0 之间的浮点数值，0.0 表示完全透明，1.0 表示完全不透明，0.5 表示半透明。

【例 10-7】

在上个例子的基础上添加新的代码，通过 hsla(240, 100%, 40, 0.4)来代替 hsl(240, 100%, 40%)。代码如下：

```
#content p {
    color:hsla(240,100%,40%,0.4);
    font-size:16px;
}
```

10.2.2 文本属性

CSS 3 中新增加了一系列的文本属性，通过这些属性，可以设置文本的轮廓、添加文本阴影，并且指定文本的换行规则。表 10-3 列出了 CSS 3 中的新增属性，并且对这些属性进行了说明。

表 10-3 CSS 3 中新增加的文本属性

属性名称	说 明
hanging-punctuation	指定标点字符是否位于线框之外
punctuation-trim	指定是否对标点字符进行修剪
text-align-last	设置如何对齐最后一行或紧挨着强制换行符之前的行
text-emphasis	向元素的文本应用重点标记以及重点标记的前景色
text-justify	指定当 text-align 设置为"justify"时所使用的对齐方法
text-outline	指定文本的轮廓
text-overflow	指定当文本溢出包含元素时发生的事情
text-shadow	向文本添加阴影
text-wrap	指定文本的换行规则
word-break	指定非中日韩文本的换行规则
word-wrap	允许对长的不可分割的单词进行分割并换行到下一行。默认值为 normal

虽然在表 10-3 中列出了多个属性，但是 text-shadow 属性最经常被用到。该属性的基本语法如下：

```
text-shadow: none | <length> none | [<shadow>, ] * <shadow> 或 none | <color>
  [, <color> ]*
```

也就是：

```
text-shadow:[颜色(Color)  x轴(X Offset) y轴(Y Offset) 模糊半径(Blur)],
```

```
  [颜色(color) x轴(X Offset) y轴(Y Offset) 模糊半径(Blur)]...
```

或者：

```
text-shadow:[x轴(X Offset) y轴(Y Offset) 模糊半径(Blur) 颜色(Color)],
  [x轴(X Offset) y轴(Y Offset) 模糊半径(Blur)  颜色(Color)]...
```

其中，<length>表示长度值，其值可以为负值，用来指定阴影的延伸距离。其中 X Offset 是水平偏移量，Y Offset 是垂直偏移量。X Offset 为正值时表示向右偏移，为负值时向左偏移；Y Offset 为正值时表示向下偏移，否则向顶部偏移。<color>表示指定的阴影颜色，也可以说是 RGBA 颜色。<shadow>表示阴影的模糊值，不可以是负值，用来指定模糊效果的作用距离，指定的值越大，模糊效果越强。

另外，从上述指定的语法中还可以看出：可以为一个元素应用一组或者多组阴影效果，多种效果使用逗号隔开。

【例 10-8】

从前面几个例子的效果图中可以发现，页面中包含一个标题，该标记通过 h1 元素来实现。本例重新为 h1 元素指定样式，并且实现标题的阴影效果。实现阴影效果时，指定水平偏移和垂直偏移量为 3 像素，模糊值为 8 像素，且颜色为红色。样式代码如下：

```
h1 {
    width: 440px;
    padding: 24px;
    font: bold 55px/100% "微软雅黑", "Lucida Grande", "Lucida Sans",
      Helvetica, Arial, Sans;
    color: #00F;
    text-shadow: 3px 3px 8px red;          /*阴影效果*/
}
```

在浏览器中运行本例的代码，查看效果，如图 10-8 所示。

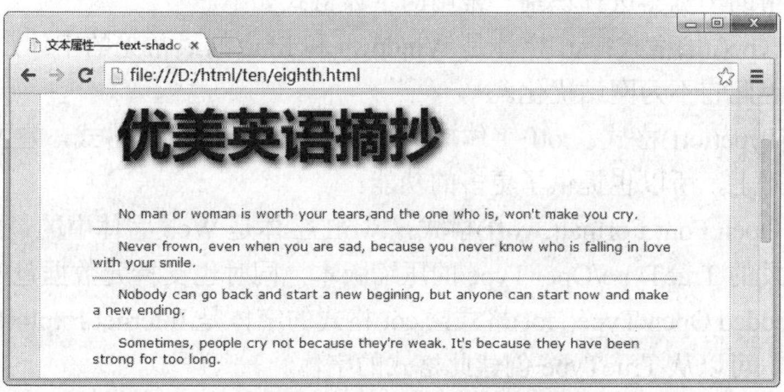

图 10-8　text-shadow 属性的效果

可以重新更改上述代码，为 h1 元素的内容设置多重阴影效果，代码如下：

```
text-shadow: 0 0 5px #fff, 0 0 10px #fff, 0 0 15px #fff, 0 0 40px #ff00de,
  0 0 70px #ff00de;
```

刷新页面，观察效果，此时的效果如图 10-9 所示。

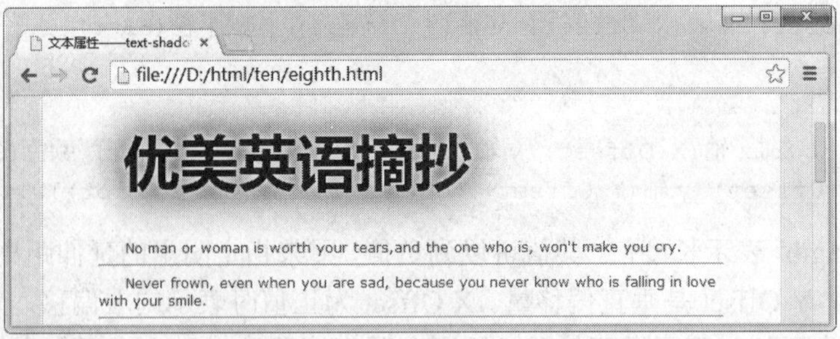

图 10-9　text-shadow 属性的多重阴影效果

10.2.3　@font-face 规则

@font-face 是 CSS 3 中的一个模块，它主要把自己定义的 Web 字体嵌入到网页中，随着@font-face 模块的出现，开发者不仅可以使用系统提供的 Web 安全字体，也可以自定义字体，即调用服务器端的字体。基本语法如下：

```
@font-face {
    font-family: <YourWebFontName>;
    src: <source> [<format>][,<source> [<format>]]*;
    [font-weight: <weight>];
    [font-style: <style>];
}
```

其中，font-family 属性和 src 属性是必需的，font-family 属性的值<YourWebFontName>是开发者自定义的字体名称，一般情况下，该属性的值是下载的默认字体，它被引用到元素中的 font-family 属性中。src 属性是指自定义的字体的存放路径，该路径是相对路径，也可以是绝对路径。src 属性的值中可以包含<source>和<format>，其中 format 是指自定义的字体格式，它帮助浏览器进行识别。常用的字体格式如下。

- TrueType(.ttf)格式：.ttf 字体是 Windows 和 Mac 的最常见的字体，是一种 RAM 格式，因此它不为网站优化。
- OpenType(.otf)格式：.otf 字体被认为是一种原始的字体格式，它内置在 TrueType 的基础上，所以也提供了更多的功能。
- Web Open Font Format(.woff)格式：.woff 字体是 Web 字体中的最佳格式，它是一个开发的 TrueType/OpenType 的压缩版本，同时也支持元数据包的分离。
- Embedded Open Type(.eot)格式：.eot 格式的字体是 Internet Explorer 浏览器的专用字体，可以从 TrueType 创建此格式的字体。
- SVG(.svg)格式：.svg 字体是基本 SVG 字体渲染的一种格式。

除了 font-family 属性和 src 属性外，@font-face 规则中可以包含其他的属性，例如 font-weight 和 font-style 等，其中 font-weight 定义字体是否为粗体，font-style 定义字体的样式，例如斜体。除了这两个属性外，还可以使用其他的属性，这里不再对它们进行详细解释，可以参考第 9 章中的字体和文本属性。

@font-face 规则虽然提供了可以浏览没有安装字体的显示效果，但是它要求必须将字体下载的到本地。一般情况下，获取字体有两种方法：一种是购买付费网站中的字体；另一种是找到免费网站下载字体，如下所示。

- Dafont：该网站的地址是 http://www.dafont.com/。
- Google Web Fonts：该网站的地址是 http://www.google.com/fonts/。
- Typekit：该网站的地址是 https://typekit.com/。
- Webfonts：该网站的地址是 http://www.fonts.com/web-fonts。

【例 10-9】

在本例中，我们首先从 Dafont 网站中下载需要的字体，并且将该字体应用到页面中。实现步骤如下。

(1) 在浏览器中输入 Dafont 网站的网址后，按下 Enter 键打开该网站，在该网站中找到想要下载的字体进行下载，如图 10-10 所示。如果需要下载，直接单击每条字体后的 Download 按钮即可，这里，我们下载图中的第 2 种字体。

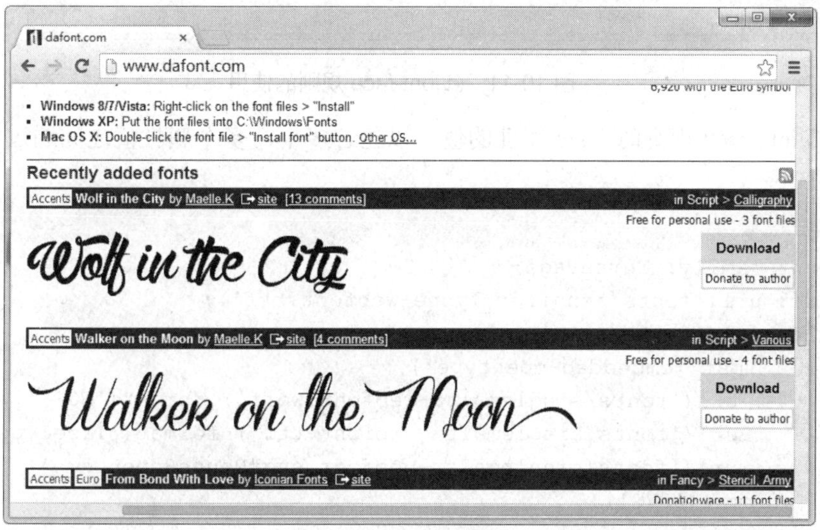

图 10-10　从 Dafont 网站下载字体

(2) 下载字体完毕后，找到文件路径，并解开压缩包，将解压后的文件夹以及内容粘贴到需要的项目中，这里粘贴到当前站点的根目录下。

(3) 向页面添加 h1 元素和 div 元素，h1 元素显示标题，div 元素包含 4 个 p 元素，每一个 p 元素之间通过<hr/>隔开。

(4) 通过@font-face 规则自定义字体，代码如下：

```
@font-face {
    font-family:moon;
    src:url('walker_on_the_moon/Walker on the Moon.otf');
}
```

(5) 为页面中的第奇数个 p 元素指定字体样式和字体大小。代码如下：

```
#content p:nth-of-type(odd) {
    font-family:moon;
    font-size:30px;
}
```

(6) 在浏览器中运行上述代码，观察效果，如图 10-11 所示。

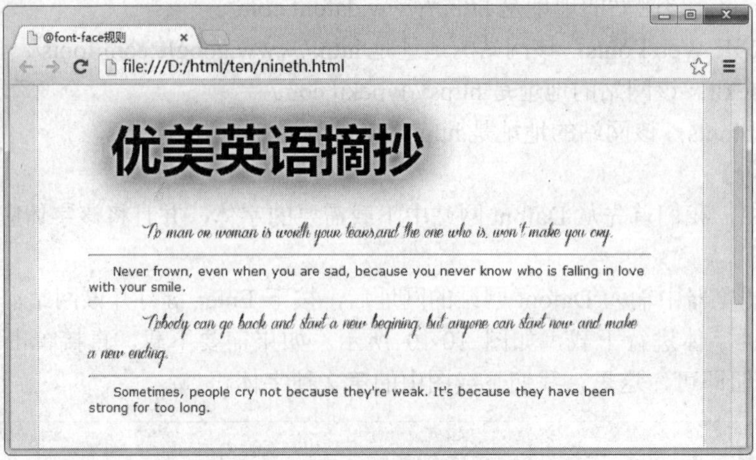

图 10-11　@font-face 规则的使用

使用@font-face 规则时，src 属性的值可以包含多个，多个属性值之间通过逗号隔开。示例代码如下：

```
@font-face {
    font-family: ThreePage;
    src: url('fonts/jennifer_lynne-webfont.ttf');
    src: url('fonts/singlemalta-webfont.eot?#iefix')
        format('embedded-opentype'),
            url('fonts/singlemalta-webfont.woff') format('WOFF'),
            url('fonts/singlemalta-webfont.ttf') format('TrueType'),
            url('fonts/singlemalta-webfont.svg#NeuesBauenDemo')
        format('SVG');
}
```

10.3　新增边框和背景

CSS 3 中，在原来的边框和背景基础上增加了新的属性，例如，增加了边框的圆角属性、阴影效果和背景图像，增加了背景的绘制区域、背景尺寸大小和绘制区域等。下面分别通过边框属性和背景属性两个小节进行介绍。

10.3.1　边框属性

CSS 2 中提供的边框属性只能设置单纯的线条颜色或者绘制简单的线条，CSS 3 中增加了多个边框属性，通过这些属性，可以绘制更加强大的边框样式，表 10-4 列出了 CSS 3 中的新增属性。

在表 10-4 列出的新增边框属性中，border-image、border-shadow 和 border-radius 属性经常被使用，其中 border-radius 属性最经常被用到。

表 10-4 CSS 3 中新增加的边框属性

属性名称	说 明
border-image	设置边框背景图像
border-image-outset	指定边框图像区域超出边框的量
border-image-repeat	图像边框平铺方式，包括 repeated(平铺)、rounded(铺满)和 stretched(拉伸)
border-image-slice	指定图像边框的向内偏移
border-image-source	指定用作边框的图片
border-image-width	指定图片边框的宽度
box-shadow	设置边框的阴影效果
border-radius	设置边框的圆角效果

border-radius 属性用于创建圆角，基本语法如下：

```
border-radius: [ <length> | <percentage> ] {1,4} [ / [ <length>
  | <percentage> ] {1,4} ]?
```

border-radius 属性的常用取值有两种：<length>表示使用长度值设置对象的圆角半径长度，不允许负值；<percentage>表示使用百分比设置对象的圆角半径长度，不允许负值。border-radius 提供了两个参数，参数之间通过“/”进行分隔，并且每个参数允许设置 1~4 个参数值。第 1 个参数表示水平半径，第 2 个参数表示垂直半径，如第 2 个参数省略，则默认等于第 1 个参数。

【例 10-10】

继续在前面示例的基础上添加新的代码，为页面中的每一个 p 元素添加圆角边框和边框的阴影。样式代码如下：

```
#content p:nth-of-type(1) {
    border:2px solid blue;
    margin:10px;
    padding:10px;
    border-radius:10px;
    box-shadow:5px 5px #FF80C0;
}
#content p:nth-of-type(2) {
    border:2px solid blue;
    margin:10px;
    padding:10px;
    border-radius:10px 20px;
    box-shadow:-5px -5px green;
}
#content p:nth-of-type(3) {
    border:2px solid blue;
    margin:10px;
    padding:10px;
    border-radius:10px 20px 30px;
    box-shadow:2px 2px 10px 5px #F60;
```

```
}
#content p:nth-of-type(4) {
    border:2px solid blue;
    margin:20px;
    padding:10px;
    border-radius:10px 20px 30px 40px;
    box-shadow:0 0 10px red, 2px 2px 10px 10px yellow, 4px 4px 12px 12px green;
}
```

在浏览器中运行上述代码，查看效果，如图 10-12 所示。

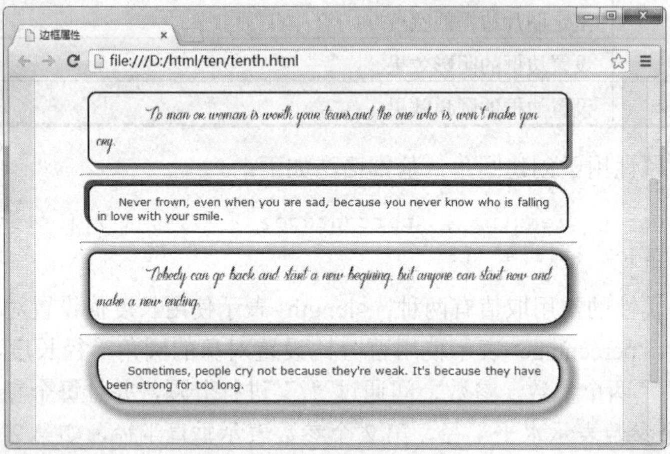

图 10-12　边框属性的使用

在该例子中，分别为 4 个 p 元素指定 box-radius 属性的值为 1 个、2 个、3 个和 4 个。当指定的属性值有 1 个时，表示左上角、右上角、右下角和左上角四个值相同；当指定的属性值有 2 个时，表示左上角和右下角相同，取第 1 个值，右上角和左下角相同，取第 2 个值；当指定的属性值有 3 个时，左上角取第 1 个值，右上角和左下角取第 2 个值，右下角取第 3 个值；当指定的属性值有 4 个时，左上角、右上角、右下角和左下角分别取不同的值。

border-radius 属性包含 4 个子属性，除了使用 border-radius 属性外，还可以使用这 4 个子属性设置边框圆角。这 4 个子属性分别是 border-top-left-radius、border-top-right-radius、border-bottom-right-radius 和 border-bottom-left-radius，它们分别定义左上角、右上角、右下角和左下角的圆角边框。

另外，在本例中还使用到了 box-shadow 属性，该属性与 text-shadow 属性一样，可以用来设置阴影效果，该属性适用于所有的元素。基本语法如下：

```
box-shadow: none | <shadow> [, <shadow> ]*
```

其中，none 表示默认值，表示没有阴影效果；<shadow>的值可以使用以下格式：

```
<shadow> = inset? && [ <length>{2,4} && <color>? ]
```

其中，inset 表示阴影的类型为内阴影，默认情况下为外阴影。<length>是由浮点数和单位标识符组成的长度值，可以取正值，也可以取负值。它的值可以有 4 个，第 1 个长度值用来设置对象的阴影水平(X 轴)偏移值；第 2 个长度值用来设置对象的阴影垂直(Y 轴)偏移值；第 3 个长度值用来设置对象的阴影模糊值；最后一个长度值则用来设置对象的阴影外延值。另外，<color>表示阴影的颜色。

总体来讲，box-shadow 属性的值可以有 6 个：阴影类型、X 轴位移、Y 轴位移、阴影大小、阴影扩展和阴影颜色，这 6 个参数值可以有选择地省略。阴影大小、阴影扩展和阴影颜色都是可选择的，默认为黑色实影。该属性必须设置阴影的位移量，否则不会显示任何效果。如果定义了阴影大小，此时定义阴影位移为 0 时，才可以看到阴影效果。

注意： 在 CSS 3 新增加的属性中，由于浏览器使用的渲染引擎不同，可能导致它们对新增属性的支持也不相同。如果浏览器不支持这些属性，可以为属性添加前缀。例如使用 WebKit 引擎的浏览器(例如 Chrome)需要为其添加-webkit-前缀；使用 Gecko 引擎的浏览器(例如 Firefox)需要为其添加-moz-前缀；使用 Presto 引擎的浏览器(例如 Opera)需要为其添加-o-前缀。

10.3.2 背景属性

CSS 3 中，对 CSS 2 已经存在的某些属性(例如 background 属性、background-repeat 属性)进行了更改，同时也增加了新的背景属性。通过这些背景属性，可以实现新的功能，说明如下。

1. background-origin 属性

background-origin 属性是一个 CSS 3 中新增加的属性，通过该属性，可以指定背景图片的定位区域。基本语法如下：

```
background-origin: <box> [, <box> ]*
<box> = border-box | padding-box | content-box
```

其中，第一行显示 background-origin 属性的基本语法，第二行表示<box>参数可以套用的公式。border-box 指定从 border 区域(含 border)开始显示背景图像；padding-box 指定从 padding 区域(含 padding)开始显示背景图像；content-box 指定从 content 区域开始显示背景图像。

2. background-size 属性

CSS 3 中新增加的 background-size 属性可以使 Web 开发者随心所欲地控制背景图像大小。基本语法如下：

```
background-size: <bg-size> [, <bg-size> ]*
<bg-size> = [ <length> | <percentage> | auto ]{1,2} | cover | contain
```

其中，第一行显示 background-size 的基本语法，第二行表示<bg-size>参数可用的公式。<length>用长度值指定背景图像的大小，不允许负值；<percentage>表示用百分比指定背景图像的大小，不允许负值；auto 表示背景图像的实际大小；cover 指定将背景图像等比缩放到完全覆盖容器，背景图像有可能超出容器；contain 表示将背景图像等比缩放到宽度或高度与容器的宽度或高度相等，背景图像始终被包含在容器内。

3．background-clip 属性

background-clip 属性指定对象的背景图像向外裁剪的区域，它适用于所有的元素。基本语法如下：

```
background-clip: <box> [, <box> ]*
<box> = border-box | padding-box | content-box | text
```

其中，padding-box 表示从 padding 区域(不含 padding)开始向外裁剪背景；border-box 表示从 border 区域(不含 border)开始向外裁剪背景；content-box 表示从 content 区域开始向外裁剪背景；text 表示从前景内容的形状(比如文字)作为裁剪区域向外裁剪，如此即可实现使用背景作为填充色之类的遮罩效果。

4．简单示例

前面简单了解了 CSS 3 中新增的 3 个属性的基本语法，下面通过一个例子来演示上述属性的使用。

【例 10-11】

在本例中，来演示新增的 background-size 属性和 background-clip 属性。步骤如下。

(1) 向页面中添加一个 div 元素，它包含一个 h1 元素和一个 p 元素，div 元素是一个容器，h1 元素显示标题，p 元素显示内容。代码如下：

```
<div id="content">
    <h1>爱莲说</h1>
    <p>水陆草木之花，可爱者甚蕃。晋陶渊明独爱菊。自李唐来，世人甚爱牡丹。予独爱莲之出淤泥而不染，濯清涟而不妖，中通外直，不蔓不枝，香远益清，亭亭净植，可远观而不可亵玩焉。</p>
    <p>予谓菊，花之隐逸者也；牡丹，花之富贵者也；莲，花之君子者也。噫！菊之爱，陶后鲜有闻。莲之爱，同予者何人？牡丹之爱，宜乎众矣！</p>
</div>
```

(2) 为上述步骤中的 div 元素、h1 元素和 p 元素添加样式。主要代码如下：

```
#content {
    height:400px;                              /* 高度 */
    margin:10%;                                /* 距离 */
    width:80%;                                 /* 整个宽度 */
    color:#00F;                                /* 字体颜色 */
    border:dotted 2px #00f;                    /* 边框样式 */
    background:url(bg.jpg) no-repeat;          /* 背景图像 */
    padding:20px;
}
#content p {
    margin:5%;                            /* 距左距离 */
    font-size:20px;                       /* 字体大小 */
    width:400px;                          /* 宽度 */
    padding:10px;
}
```

(3) 在浏览器中运行上述代码，查看效果，初始效果如图 10-13 所示。

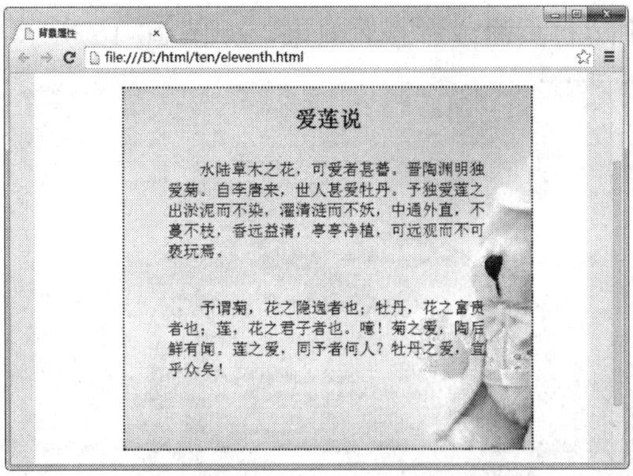

图 10-13　页面初始运行效果

(4)　向上述 id 属性值为 content 的 div 元素中添加新的样式，通过 background-size 属性指定背景图像的宽度为 500 像素，高度为 400 像素。代码如下：

```
background-size: 500px 400px;
-webkit-background-size: 500px 400px;
-moz-background-size: 500px 400px;
-o-background-size: 500px 400px;
```

在前面 10.3.1 小节中提到过，由于各个浏览器使用的渲染引擎不同，因此可能会导致对 CSS 3 中新增属性的支持度也不相同，因此，在使用时，需要为这些不同引擎的浏览器添加私有属性。

(5)　在浏览器中重新运行页面，或者刷新页面，查看效果，此时指定尺寸时的效果如图 10-14 所示。

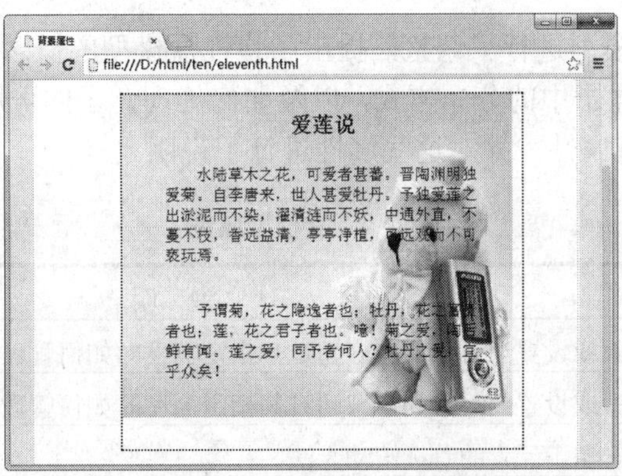

图 10-14　以 background-size 属性指定背景尺寸

(6)　继续为 div 元素添加样式，通过 background-clip 属性指定背景图像的定位区域。代码如下：

```
-o-background-clip: content-box;
-moz-background-clip: content-box;
-webkit-background-clip: content-box;
background-clip: content-box;
```

(7) 重新在浏览器中运行页面或者查看效果，如图 10-15 所示。

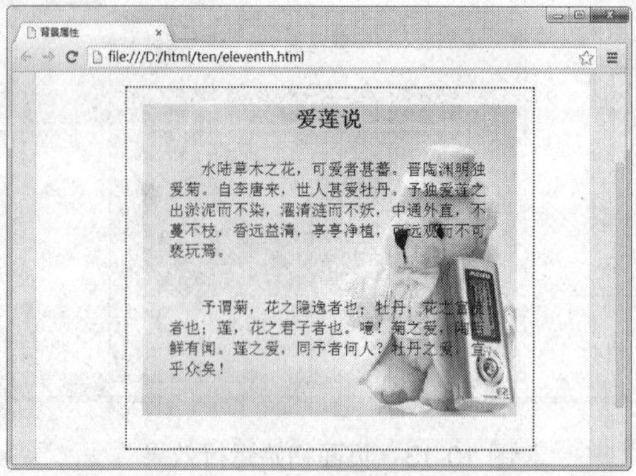

图 10-15　background-clip 属性的使用

10.4　新增的盒布局和多列布局

在设计网页时，能否控制好各个模块在页面中的位置是非常关键的。过去在使用 DIV + CSS 2 进行布局时，提出了盒子模型的概念，它指定了元素在页面上如何显示、显示的位置以及具有的交互功能。这时的盒子主要依赖于 float 属性和 position 属性。

CSS 3 在原来盒子模型的基础上提出了弹性模型，并提供了相关的属性支持。本节首先了解 CSS 3 中新增加的盒布局属性，然后再介绍多列类布局属性。

10.4.1　盒布局属性

CSS 3 对原来的盒模型进行了调整，提出了弹性盒模型的概念。新的弹性盒模型可以更加灵活地决定元素在盒子中的分布方式，以及如何处理盒子的可用空间。表 10-5 列出了 CSS 3 中新增加的盒模型属性，并对这些属性进行了说明。

表 10-5　盒模型属性

属性名称	说　明
overflow-x	检索或设置当对象的内容超过其指定宽度时如何管理内容
overflow-y	检索或设置当对象的内容超过其指定高度时如何管理内容
overflow-style	指定溢出元素的首选滚动方法
box-align	定义子元素在盒子内垂直方向上的空间分配方式
box-direction	定义盒模型中子元素排列顺序是否反转。取值包括 normal(默认值)和 reverse
box-flex	定义子元素在盒子内的自适用尺寸
box-flex-group	定义自适应子元素群组
box-lines	定义子元素分列显示。取值为 single 时表示所有子元素都单行或者单列显示；取值为 multiple 时表示所有子元素可以多行或者多列显示
box-ordinal-group	定义子元素在盒子内的显示位置

续表

属性名称	说　明
box-orient	定义盒模型中子元素的排序方式，取值如下所示。 horizontal：设置弹性盒模型对象中的子元素为水平排列，即盒子元素从左到右在一条水平线上显示它的子元素。 vertical：设置弹性盒模型对象的子元素为纵向排列，即盒子元素从上到下在一条垂直线上显示它的子元素。 inline-axis：盒子元素沿着内联轴显示它的子元素。 block-axis：盒子元素沿着块轴显示它的子元素
box-pack	定义子元素在盒子内水平方向的空间分配方式，取值说明如下所示。 start：所有子元素都在盒子的左侧，剩余的空间显示在盒子的右侧。 center：剩余的空间在盒子的两侧平均分配。 end：所有子元素都在盒子的右侧，剩余的空间显示在盒子的左侧。 justify：剩余的空间在子元素之间平均分配，在第一个子元素之前和最后一个子元素之后不分配空间

【例 10-12】

本例主要演示表 10-5 中各个属性的使用，并查看这些属性的效果图。

实现步骤如下。

(1) 向页面中添加 div 元素，并指定该元素的 id 属性为 content。然后向 div 元素内嵌入 3 个 p 元素，每一个 p 元素都包含一首五言绝句。

代码如下：

```
<div id="content">
    <p>床前明月光，疑是地上霜。<br/>举头望明月，低头思故乡。
    </p>
    <p>挽弓当挽强，用箭当用长。<br/>射人先射马，擒贼先擒王。
    </p>
    <p>白发三千丈，缘愁似个长。<br/>不知明镜里，何处得秋霜。
    </p>
</div>
```

(2) 为上述代码中的 p 元素指定样式，分别设置行高、边框和背景颜色等属性。代码如下：

```
#content p {
    margin: 10px;
    padding: 15px;
    line-height: 50px;
    text-align: center;
    border: 1px #000 solid;
    background-color: #F5F5F5;
}
```

(3) 在浏览器中运行上述代码，观察效果，如图 10-16 所示。

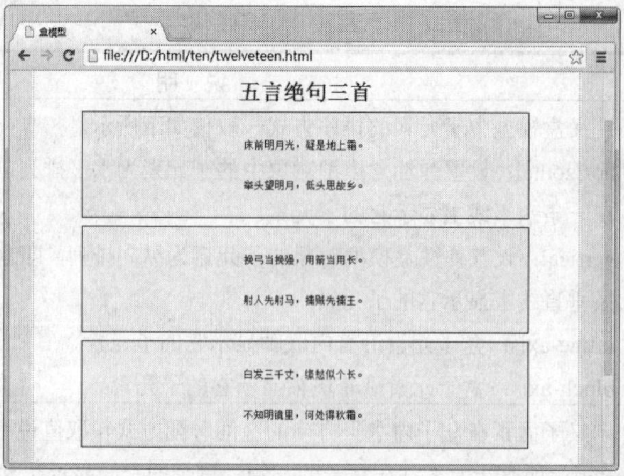

图 10-16　默认的垂直效果

(4) 为页面中的 div 父元素指定样式，在该样式中指定 box-orient 属性的值，在指定之前，需要将 display 属性的值设置为 box。根据各个渲染引擎，可以为属性添加私有前缀。代码如下：

```
#content {
    display: -webkit-box;
    -webkit-box-orient: horizontal;        /*WebKit 引擎*/
    display: -moz-box;
    -moz-box-orient: horizontal;           /*Gecko 引擎*/
    display: box;
    box-orient: horizontal;
}
```

(5) 重新刷新页面，或在浏览器打开一个新的窗口来运行页面，此时，子元素会水平显示，如图 10-17 所示。

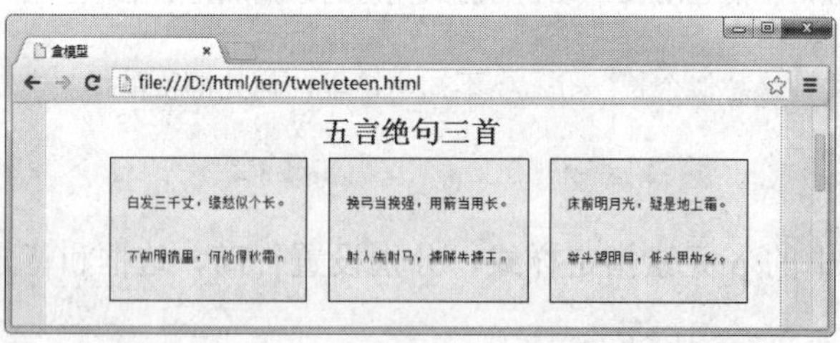

图 10-17　元素的水平显示效果

(6) 继续为 div 父元素添加样式，将 box-direction 属性值设置为 reverse，表示子元素反转显示。代码如下：

```
#content {
    /* 省略 box-orient 属性的设置 */
    -moz-box-direction:reverse;      /* Mozilla Gecko 引擎 */
    -webkit-box-direction:reverse;  /* WebKit 引擎 */
    box-direction:reverse;           /* 兼容标准 */
}
```

(7) 重新刷新页面，或在浏览器打开一个新的窗口来运行页面，此时，子元素会反转显示，如图 10-18 所示。

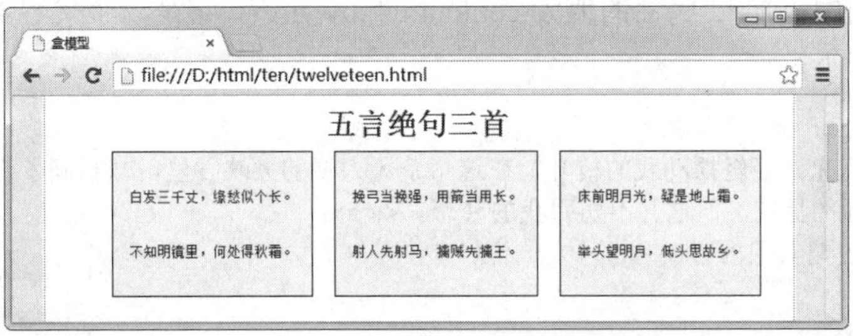

图 10-18　元素反转显示的效果

10.4.2　多列类布局属性

CSS 3 中新增加的多列类布局属性可以自动地将内容按照指定的数排列，非常适合报纸和杂志类网页布局。表 10-6 中列出了 CSS 3 中新增加的多列类布局属性，并对这些属性进行了说明。

表 10-6　CSS 3 中新增的多列类布局属性

属性名称	说　明
columns	可以同时定义多栏的数目和每栏宽度
column-width	可以定义每栏的宽度
column-span	定义元素可以在栏目上定位显示
column-rule	定义每栏之间边框的宽度、样式和颜色
column-rule-color	定义每栏之间边框的颜色
column-rule-width	定义每栏之间边框的宽度
column-rule-style	定义每栏之间边框的样式
column-gap	定义两栏之间的距离
column-fill	定义栏目的高度是否统一
column-count	可以定义栏目的数目
column-break-before	定义元素之前是否断行
column-break-after	定义元素之后是否断行

在表 10-6 中，columns 属性是一个组合属性，它是 column-width 属性和 column-count 属性的组合。基本语法如下：

```
columns: [column-width] || [column-count]
```

column-rule 属性也是一个组合属性，它是 column-rule-color、column-rule-width 和 column-rule-style 的组合。基本语法如下：

```
column-rule: [column-rule-width] | [column-rule-style]
  | [column-rule-color]
```

【例 10-13】

本例主要演示表 10-6 中的常用属性，并且查看这些属性的作用效果。实现步骤如下。

(1) 向页面中添加 id 属性的值为 content 的 div 元素，它是一个父容器，包含多个 p 元素。部分代码如下：

```
<div id="content">
    <p>风吹来，轻轻摆动我的枝叶，在这个荒无人烟的大峡谷里，却长满了奇异的花草，而我，只是一株普通的昙花，但这并不妨碍我的梦想。</p>
    <!-- 省略其他内容 -->
</div>
```

(2) 为上个步骤中的 div 元素指定 font-size 属性，将该属性的值设置为 14px。

(3) 在浏览器中运行本例的代码，查看效果，如图 10-19 所示。

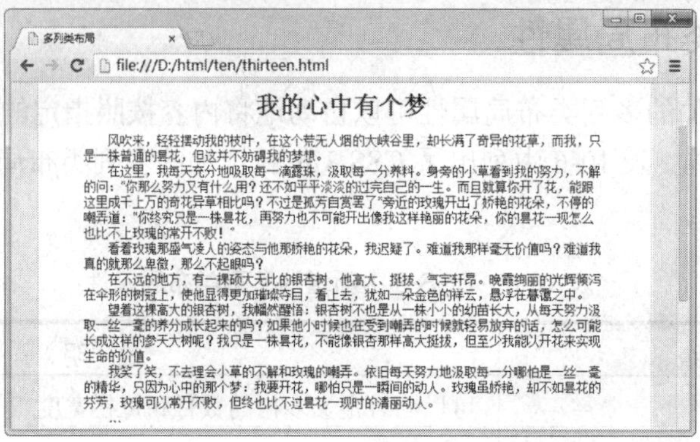

图 10-19　默认的显示效果

(4) 向 div 元素的样式中添加新的样式，指定 column 属性的值，每列宽度为 120 像素，分 3 列显示。代码如下：

```
#content {
    font-size: 14px;
    columns: 150px 3;
    -webkit-columns: 120px 3;
    /* 省略其他兼容设置 */
}
```

(5) 重新刷新页面，或在浏览器中打开一个新的窗口运行页面，效果如图 10-20 所示。

(6) 重新向第 4 步中添加新的样式属性，设置 column-gap 属性的值为 15px，column-rule 指定边框宽度为 2 像素、颜色为蓝色、样式为破折线。代码如下：

```
#content {
    /* 省略其他属性*/
    -webkit-column-gap: 15px;                    /* WebKit 引擎 */
    column-gap: 15px;
    -webkit-column-rule: 2px dashed blue;     /* 设置列与列之间的边框样式 */
    column-rule: 2px dashed blue;
    /* 省略属性的兼容设置 */
}
```

图 10-20　columns 属性的使用

(7) 重新刷新页面，或在浏览器中打开一个新的窗口运行页面，效果如图 10-21 所示。

图 10-21　column-gap 和 column-rule 属性的设置

10.5　用户界面属性

用户界面属性解决了用户界面之间的设置问题，表 10-7 对 CSS 3 中新增的用户界面属性进行了说明。

表 10-7　CSS 3 中新增的用户界面属性

属性名称	说　明
appearance	允许将元素设置为标准用户界面元素的外观
box-sizing	允许以确切的方式定义适应某个区域的具体内容。 取值包括 content-box 和 border-box
icon	为创作者提供使用图标化等价物来设置元素样式的能力
nav-down	指定在使用 arrow-down 导航键时向何处导航
nav-index	设置元素的 tab 键控制次序
nav-left	指定在使用 arrow-left 导航键时向何处导航
nav-right	指定在使用 arrow-right 导航键时向何处导航

续表

属性名称	说　明
nav-up	指定在使用 arrow-up 导航键时向何处导航
outline-offset	对轮廓进行偏移，并在超出边框边缘的位置绘制轮廓
resize	指定是否可由用户对元素的尺寸进行调整。size 属性适用于所有 overflow 属性不为 visible 的元素，各个取值说明如下。 none：不能调整元素的尺寸。 both：允许调整元素的宽度和高度。 horizontal：允许调整元素的宽度。 vertical：允许调整元素的高度
zoom	设置或检索对象的缩放比例。zoom 属性适用于所有元素，取值说明如下所示。 normal：表示使用对象的实际尺寸。 number：用浮点数来定义缩放比例，不允许负值。 percentage：用百分比来定义缩放比例，不允许负值

【例 10-14】

本例演示 zoom 属性和 resize 属性的使用。实现步骤如下。

(1) 向页面中添加 id 属性值为 content 的 div 元素，并向该元素内添加一个无序的图片列表。

代码如下：

```
<div id="content">
    <ul>
        <li><a href="#"><img src="imglist/1.jpg" title="图片 1"/></a></li>
        <li><a href="#"><img src="imglist/2.jpg" title="图片 2"/></a></li>
        <li><a href="#"><img src="imglist/3.jpg" title="图片 3"/></a></li>
    </ul>
</div>
```

(2) 为 div 父元素指定样式，包括 height、resize 和 background 等属性。代码如下：

```
#content {
    overflow:auto;
    height:auto;
    resize:both;
    -webkit-resize:both;
    /* 省略其他兼容设置 */
    background:#eee;      /*设置背景颜色*/
}
```

(3) 继续为页面中的 img 元素指定样式，并且指定鼠标悬浮时的效果，鼠标悬浮时图片放大 1.5 倍。

代码如下：

```
#content img {
    margin-left:15px;
```

```
    margin-top:10px;
    width:150px;               /* 图片宽度 */
    height:200px;              /* 图片高度 */
}
#content img:hover {
    zoom:1.5;
}
```

(4) 在浏览器中运行上述代码，查看效果，初始效果如图 10-22 所示。

图 10-22　页面初始效果

(5) 图 10-22 中，鼠标处表示可拖动标识符，拖动它可以更改宽度和高度，将鼠标放到图片上时的效果如图 10-23 所示。

图 10-23　图片放大效果

10.6　其他高级属性

实际上，除了前面几节介绍的属性外，CSS 3 中还增加了其他的属性，这些属性可以实现更加高级的特效。本节分别通过渐变的实现、新增的过渡、新增的转换和新增的动画四个方面介绍和说明。

10.6.1 渐变的实现

CSS 3 中的渐变是指从一种颜色过渡到另一种颜色的过程，渐变主要分为两种：线性渐变和径向渐变，这两种渐变都有一种特殊的形式，即线性重复渐变和径向重复渐变。本节简单了解一个线性渐变和径向渐变。

1. 线性渐变

线性渐变是沿着一根轴线(水平或垂直)改变颜色，从起点到终点颜色进行顺序渐变(从一边拉向另一边)。根据渲染引擎的不同，实现线性渐变效果的语法也有所不同。在 WebKit 引擎中，有以下两种语法指定线性渐变：

```
-webkit-gradient(<type>, <point> [, <radius>]?, <point> [, <radius>]?
  [, <stop>]*) //老式语法书写规则
-webkit-linear-gradient([<point> || <angle>,]? <stop>, <stop> [, <stop>]*);
  //Webkit 引擎
```

第一种语法是比较老的一种方法，type 的值为 linear 或者 radial，分别表示线性和径向两种。<point>用来定义渐变的起始点和结束点，即开始应用渐变的 X 轴和 Y 轴坐标。<radius>定义径向渐变时渐变的长度，该参数为一个数值。<stop>定义渐变色和步长，它包含 3 个类型值，即开始的颜色，通过 form(color)函数进行定义；结束的颜色通过 to(color value)函数进行定义；颜色步长通过 color-stop(value, color)函数进行定义，在该函数中，第一个参数表示数值(0~1 之间)或者百分比值(0% ~ 100%之间)，第二个参数表示任意的颜色值。

第二种语法是最经常被使用的一种，它通常需要传入 3 个或者更多的参数，第一个参数指定渐变的角度，即 top 是从上到下、left 是从左到右，如果定义成 left top，那就表示从左上角到右下角；第二个参数和第三个参数分别是起点颜色和终点颜色，还可以在它们之间插入多个参数，表示多种颜色的渐变。

在 Gecko 和 Presto 渲染引擎中，也需要为其指定私有属性，前者需要添加-moz-前缀，后者需要添加-o-前缀。语法如下：

```
-moz-linear-gradient([<point> || <angle>,]? <stop>, <stop> [, <stop>]*);
    //Gecko 引擎
-o-linear-gradient([<point> || <angle>,]? <stop>, <stop> [, <stop>]*);
    //Presto 引擎
```

从上述语法中可以看出，除了前缀不同，实际上它们的语法都是一致的，这里不再详细解释它们的参数。

【例 10-15】

在例 10-14 中，通过 background 属性设置背景颜色，指定的背景颜色为#eee。本例更改 background 属性的值，实现背景颜色从白色到蓝色的渐变。部分代码如下：

```
#content {
    /* 省略其他属性设置 */
    background:-webkit-linear-gradient(top,white,blue); /*Chrome 等浏览器*/
    /* 省略其他兼容设置 */
}
```

在浏览器中运行上述代码，查看效果，如图 10-24 所示。

图 10-24　背景颜色从白色到蓝色的渐变

继续更改上述代码，通过-webkit-linear-gradient 设置从白色到红色到绿色再到蓝色的多种颜色渐变，但是这里不再将方向指定为 top(即从上到下)，而指定为 left(即从左到右)。部分代码如下：

```
#content {
    /* 省略其他属性设置 */
    background:-webkit-linear-gradient(left,white,red,green,blue);
    /*Chrome 等浏览器*/
    /* 省略其他兼容设置 */
}
```

重新刷新页面，或者在浏览器中打开一个新的窗口，此时的渐变效果如图 10-25 所示。

图 10-25　从左到右实现颜色的渐变

2. 径向渐变

径向渐变是指从起点到终点、颜色从内到外进行圆形渐变(从中间向外拉)。在 WebKit 引擎下，有两种语法实现径向渐变，第一种方式可以参考线性渐变，将第一个参数传入 radial 即可。第二种语法如下：

```
-webkit-radial-gradient([<point>||<angle>,]?[<shape>||<size>,]?<stop>,
  <stop>[, <stop>]*);
```

在 Gecko 和 Presto 引擎实现径向渐变与上述语法相似，只是私有前缀不同。语法如下：

```
-moz-radial-gradient([<point> || <angle>,]? [<shape> || <size>,]? <stop>,
  <stop>[, <stop>]*);
-o-radial-gradient([<point> || <angle>,]? [<shape> || <size>,]? <stop>,
  <stop>[, <stop>]*);
```

在这里的语法中，<point>表示定义渐变的起始点；<angle>定义渐变的角度；<shape>定义渐变的形状，它的值包含 circle(圆)和 ellipse(椭圆，默认值)；<size>参数定义圆的半径，或者椭圆的轴长度，通过 closest-side、closest-corner、farthest-side、farthest-corner、contain 和 cover 等关键字定义；<stop>表示可以调用 color-stop()函数定义步长。

【例 10-16】

在该例中，首先向页面中添加一个 id 属性值为 content 的 div 元素，然后为该元素指定样式，背景颜色实现径向渐变，渐变形状为圆形，渐变的颜色是从绿色到黄色到蓝色再到绿色。样式代码如下：

```
#content {
    width:100%;
    height:300px;
    background:-webkit-radial-gradient(circle,green,yellow,blue,green);
    /* 省略其他兼容属性的设置 */
}
```

在浏览器中运行上述代码，查看效果，如图 10-26 所示。

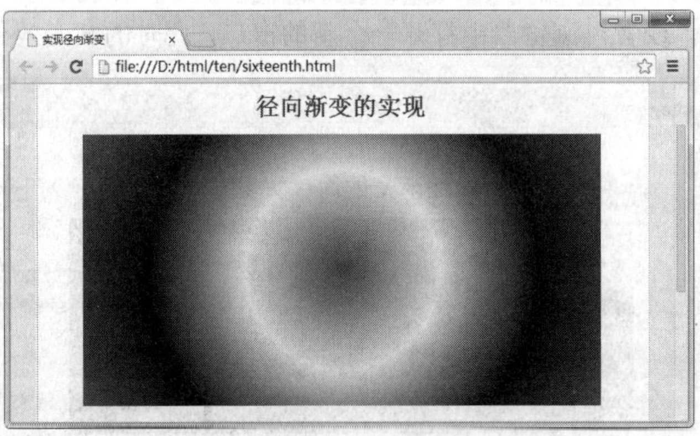

图 10-26　圆形径向渐变

提示：本例只是介绍了一种最常用的径向渐变，读者还可以实现其他的径向渐变，例如椭圆形的径向渐变，这里不再给出这些渐变的具体实现，读者可以亲自动手试一试。

10.6.2　新增的过渡

CSS 3 中新增加了过渡属性，实现时，必须指定作用的元素和作用的时长。这些过渡属性可以在不使用 Flash 动画或者 JavaScript 的情况下，将元素从一种样式逐渐改变为另一种样式效果。

CSS 3 中新增加的过渡属性包含 5 个，它们分别是 transition-property、transition-duration、transition-timing-function、transition-delay 和 transition 属性，其说明如表 10-8 所示。

表 10-8　CSS 3 中新增的过渡属性

属性名称	说　明
transition-property	指定应用过渡效果的 CSS 属性的名称。属性值为 none 时表示没有属性会获得过渡效果；属性值为 all 时表示所有属性都将获得过渡效果；属性值为 property 时定义应用过渡效果的 CSS 属性名称列表，列表以逗号分隔
transition-duration	指定过渡经过的时间，默认单位是秒或者毫秒。该属性值必须进行设置，否则不会有任何过渡效果
transition-timing-function	指定过渡效果的时间曲线
transition-delay	指定过渡效果何时开始，默认值为 0。单位是秒或者毫秒
transition	用于在一个属性中设置上面 4 个属性的组合属性

在表 10-8 中，transition 属性是一个组合属性，它的各个参数必须按照语法顺序进行定义，不可以颠倒。语法顺序如下：

```
transition: property duration timing-function delay;
```

transition-timing-function 属性指定过渡效果的时间曲线，它的属性值包含多个，具体如表 10-9 所示。

表 10-9　transition-timing-function 属性的取值

取　值	说　明
linear	默认值，指定切换效果以相同速度从开始到结束。将属性值设置为 linear 的效果等同于 cubic-bezier(0.0,0.0,1.0,1.0)
ease	指定一个缓慢的开始，然后加快，最后慢慢结束。属性值设置为 ease 的效果等同于 cubic-bezier(0.25,0.1,0.25,1.0)
ease-in	指定一个缓慢的开始，然后逐渐加速(淡入效果)。属性值设置为 ease-in 的效果等同于 cubic-bezier(0.42,0,1.0,1.0)
ease-out	指定一个缓慢的结束(淡出效果)。等同于 cubic-bezier(0,0,0.58,1.0)
ease-in-out	指定加速后再减速。等同 cubic-bezier(0.42,0,0.58,1)
cubic-bezier(n,n,n,n)	定义用于加速或者减速的贝塞尔曲线的形状，它们的值在 0~1 之间

【例 10-17】

在例 10-16 的基础上添加样式代码，实现 div 元素背景颜色的过渡。首先在 div 元素的样式中添加 transition-property、transition-duration、transition-timing-function 和 transition-delay 属性，指定元素过渡的属性名称值是 background，过渡时间是 10s，过渡类型是 ease-in-out，延迟时间是 1s。代码如下：

```
#content {
    /* 省略其他属性的设置 */
    -webkit-transition-property:background;
    -webkit-transition-duration:10s;
    -webkit-timing-function:ease-in-out;
    -webkit-transition-delay:1s;
    /* 省略其他兼容属性的设置 */
}
```

然后添加 div 元素悬浮时的样式效果，指定背景颜色从值 pink 到#F47920 再到#1D953F 的过渡。代码如下：

```
#content:hover {
    background:-webkit-radial-gradient(ellipse,pink,#F47920,#1D953F);
}
```

在浏览器中运行上述代码，查看效果，过渡之后的效果如图 10-27 所示。

图 10-27　过渡之后的颜色渐变效果

10.6.3　新增的转换

CSS 3 中新增加了与转换有关的属性和方法，通过这些属性和方法，可以对元素进行移动、缩放、转动、拉长或者拉伸等操作。例如，表 10-10 和表 10-11 分别为新增加的转换属性和转换方法。

表 10-10　CSS 3 新增的转换属性

属性名称	说　明
transform	向元素应用 2D 或 3D 转换
transform-origin	允许改变被转换元素的位置
transform-style	指定被嵌套元素如何在 3D 空间中显示
perspective	定义 3D 元素的透视效果
perspective-origin	定义 3D 元素的底部位置
backface-visibility	定义元素在不面对屏幕时是否可见

表 10-11 CSS 3 新增的转换方法

方法名称	说 明
matrix3d(n,n,n,n,n,n,n,n,n,n,n,n,n,n,n,n)	定义 3D 转换，使用 16 个值的 4×4 矩阵
translate3d(x,y,z)	定义 3D 转化
scale3d(x,y,z)	定义 3D 缩放转换
rotate3d(x,y,z,angle)	定义 3D 旋转
matrix(n,n,n,n,n,n)	定义 2D 转换，使用 6 个值的矩阵
translate(x,y)	定义 2D 转换，沿着 X 和 Y 轴移动元素
scale(x,y)	定义 2D 缩放转换，改变元素的宽度和高度
rotate(angle)	定义 2D 旋转，在参数中规定角度
skew(x-angle,y-angle)	定义 2D 倾斜转换，沿着 X 和 Y 轴

除了上述表中的方法外，还可以使用其他单个方法定义转换的坐标，例如 translateX(n)、translateY(n)、scaleX(n)和 scaleY(n)等。

【例 10-18】

在前面例子的基础上添加新的代码，显示页面效果时直接对图片进行放大和倾斜操作。首先为其添加指定的样式代码，图片放大 1.5 倍，并且沿着 X 轴旋转 30 度，沿着 Y 轴旋转 20 度。

代码如下：

```
#content img {
    margin-left:15px;
    margin-top:10px;
    width:150px;
    height:200px;
    transform:scale(1.5);
    -webkit-transform:scale(1.5);
    transform:skew(30deg,20deg);
    -webkit-transform:skew(30deg,20deg);
}
```

在浏览器中运行上述代码，查看效果，页面的初始效果如图 10-28 所示。

图 10-28 CSS 3 中新增的转换效果

10.6.4 新增的动画

动画是指让元素从一种效果逐渐改变为另外一种效果，在使用动画属性之前，需要先定义与动画相关的关键帧，关键帧通过@keyframes 定义。语法如下：

```
@keyframes animationname {
    keyframes-selector {css-styles;}
}
```

其中，animationname 参数是必需的，它定义关键帧的名称且将会作为引用时的唯一标识；keyframes-selector 参数是必需的，它指定当前关键帧应用到整个动画过程中的位置，其值可以为 from、to 或百分比值，其中 from 和 0%的效果相同，表示动画开始，to 和 100%的效果相同，表示动画结束；css-styles 参数是必需的，它可以定义一个或者多个合法的 CSS 样式属性，多个属性之间可以使用分号进行分隔。

定义关键帧后，可以通过各个属性定义动画的效果，与动画有关的属性包括以下几个。

1．animation-name 属性

animation-name 属性用来定义应用动画的名称，它的值是@keyframe 中绑定到选择器的关键帧的名称。如果值为 none，则指定没有动画，通常用于覆盖或取消动画。该属性的语法形式如下：

```
animation-name: animationname | none;
```

2．animation-duration 属性

animation-duration 属性定义动画完成一个周期需要多长时间，单位为秒(s)或毫秒(ms)。该函数的语法形式如下：

```
animation-duration: time;
```

3．animation-timing-function 属性

animation-timing-function 属性指定动画以哪种方式完成执行效果，该属性的值有与 transition-timing-function 属性的值相同。

animation-timing-function 属性的语法形式如下：

```
animation-timing-function: linear | ease | ease-in | ease-out | ease-in-out
  | cubic-bezier(n,n,n,n);
```

4．animation-delay 属性

animation-delay 属性定义在执行动画之前的延迟时间，单位是秒(s)或毫秒(ms)。该属性的值可以是负的，如果为负值，表示动画启动进入动画的周期。

其语法形式如下：

```
animation-delay:time;
```

5．animation-iteration-count 属性

animation-iteration-count 属性定义动画重复播放的次数，属性值是一个数值或 infinite，如果是数值，表示定义应该播放多少次动画，如果是 infinite，则指定动画循环(永远)播放。该属性的语法形式如下：

```
animation-iteration-count: number | infinite;
```

6．animation-direction 属性

animation-direction 属性定义当前动画播放的方向，即动画播放完成后是否逆向交替循环。其语法形式如下：

```
animation-direction: normal | alternate;
```

animation-direction 属性的值有两个：normal 是默认值，表示动画每次都会正常显示；alternate 表示交替逆向运动，即动画正向播放奇数次迭代，反向播放偶数次迭代。

7．animation-play-state 属性

animation-play-state 属性指定动画是否正在运行或已经停止，其语法形式如下：

```
animation-play-state: paused | running;
```

animation-play-state 属性的值有两个：paused 和 running。paused 表示暂停动画；running 指定动画正常运行。

8．animation-fill-mode 属性

animation-fill-mode 属性定义动画开始之前或者播放之后所进行的操作，该属性的语法格式如下：

```
animation-fill-mode: none | backwards | forwards | both;
```

上述语法中，animation-fill-mode 属性的值有 4 个，它们的具体说明如下。

- none：默认值，动画按照定义的顺序执行，且执行完成后返回到初始的关键帧。
- backwards：指定关键帧在动画开始前应用样式。
- forwards：指定关键帧在动画结束后才应用样式。
- both：同时应用 forwards 和 backwards 的效果。

9．animation 属性

与 transition 属性一样，animation 属性也是一个标记属性，通过它，也可以设置其他属性的值。其语法形式如下：

```
animation: animation-name animation-duration animation-timing-function
  animation-delay animation-iteration-count animation-direction;
```

使用 animation 属性时，必须将 animation-name 和 animation-duration 属性指定，否则持续的时间为 0，并且永远不进行播放。

【例 10-19】

下面通过一个简单的例子来演示动画的实现。首先，向页面中添加一个空白的 div 元素，并为该元素指定样式。代码如下：

```
div {
   width: 100px;
   height: 100px;
   background: red;
   animation: myfirst 5s;
   -moz-animation: myfirst 5s;
   -webkit-animation: myfirst 5s;
   -o-animation: myfirst 5s;
}
```

接着，通过@keyframes 定义关键帧，指定初始颜色和结束颜色。代码如下：

```
@keyframes myfirst {
   from {background:red;}
   to {background:yellow;}
}
@-webkit-keyframes myfirst {
   from {background:red;}
   to {background:yellow;}
}
```

在浏览器中运行上述代码，观察效果。

10.7 实验指导——设计直观大方的表单

本章详细介绍了 CSS 3 中新增加的选择器和属性，本节实验指导将结构化伪类选择器和动画属性结合起来，设计一个直观大方的表单页面。实现步骤如下。

(1) 向页面中添加表单元素，该元素包含一个多行两列的表格。

部分代码如下：

```
<form action="#" method="post">
   <table border="1" width="100%" cellpadding="0" cellspacing="0"
    bordercolor="#FF9999" bordercolordark="#0033FF"
    bordercolorlight="#CC99FF">
      <tr>
         <td align="right" height="30px">昵称：</td>
         <td><input name="nickname" type="text" /></td>
      </tr>
      <!-- 省略其他代码 -->
   </table>
</form>
```

(2) 表单提供用户的输入信息，包含昵称、姓名、密码、确认密码、密保问题、密保答案、年龄和联系电话等。

另外，还包含一个执行操作的链接按钮，按钮代码如下：

```
<td height="50px"><a href="" class="btn">提交信息</a></td>
```

(3) 为页面中的 td 元素指定背景颜色和字体颜色，通过 nth-of-type(odd)指定第奇数个元素的效果，nth-of-type(even)指定第偶数个元素的效果。

代码如下：

```
table td:nth-of-type(odd) {
   background:#AD8CF2;
   color:RGBA(0,0,120,0.5);
}
table td:nth-of-type(even) {
   background:#FFD2A6;
}
```

(4) 通过@keyframes 定义关键帧，指定动画开始、结束以及运行时的样式，包括背景颜色、阴影效果和字体颜色。

代码如下：

```
@-webkit-keyframes 'buttonLight' {
   from {
      background: rgba(96, 203, 27,0.5);
      -webkit-box-shadow: 0 0 5px rgba(255, 255, 255, 0.3) inset,
        0 0 3px rgba(220, 120, 200, 0.5);
      color: red;
   }
   25% {
      background: rgba(196, 203, 27,0.8);
      -webkit-box-shadow: 0 0 10px rgba(255, 155, 255, 0.5) inset,
        0 0 8px rgba(120, 120, 200, 0.8);
      color: blue;
   }
   50% {
      background: rgba(196, 203, 127,1);
      -webkit-box-shadow: 0 0 5px rgba(155, 255, 255, 0.3) inset,
        0 0 3px rgba(220, 120, 100, 1);
      color: orange;
   }
   75% {
      background: rgba(196, 203, 27,0.8);
      -webkit-box-shadow: 0 0 10px rgba(255, 155, 255, 0.5) inset,
        0 0 8px rgba(120, 120, 200, 0.8);
      color: black;
   }
   to {
      background: rgba(96, 203, 27,0.5);
      -webkit-box-shadow: 0 0 5px rgba(255, 255, 255, 0.3) inset,
        0 0 3px rgba(220, 120, 200, 0.5);
      color: green;
```

```
    }
}
```

(5) 为链接操作按钮添加样式，实现按钮的发光显示。这些样式包括背景颜色、字体大小、字体颜色、阴影效果和圆角效果等。

代码如下：

```
a.btn {
    background: #60cb1b;                         /* 背景颜色 */
    font-size: 16px;                             /* 字体大小 */
    padding: 10px 15px;                          /* 填充效果 */
    color: #fff;                                 /* 字体颜色 */
    text-align: center;                          /* 字体居中显示 */
    text-decoration: none;
    font-weight: bold;                           /* 加粗显示 */
    text-shadow: 0 -1px 1px rgba(0,0,0,0.3);            /* 文本阴影 */
    -moz-border-radius: 5px;
    -webkit-border-radius: 5px;
    border-radius: 5px;                          /* 圆角效果 */
    -moz-box-shadow: 0 0 5px rgba(255, 255, 255, 0.6) inset,
      0 0 3px rgba(220, 120, 200, 0.8);
    -webkit-box-shadow: 0 0 5px rgba(255, 255, 255, 0.6) inset,
      0 0 3px rgba(220, 120, 200, 0.8);
    box-shadow: 0 0 5px rgba(255, 255, 255, 0.6) inset,
      0 0 3px rgba(220, 120, 200, 0.8);
    -webkit-animation-name: "buttonLight";
      /*动画名称，需要跟@keyframes定义的名称一致*/
    -webkit-animation-duration: 5s;             /*动画持续的时长*/
    -webkit-animation-iteration-count: infinite;    /*动画循环播放的次数*/
}
```

(6) 在浏览器中运行上述代码，查看效果，初始效果如图 10-29 所示。仔细观察按钮的发光显示效果，实现动画时的效果如图 10-30 所示。

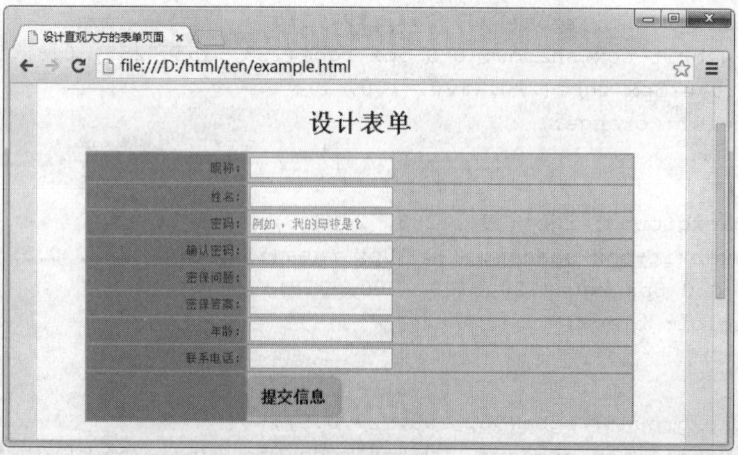

图 10-29　表单设计效果

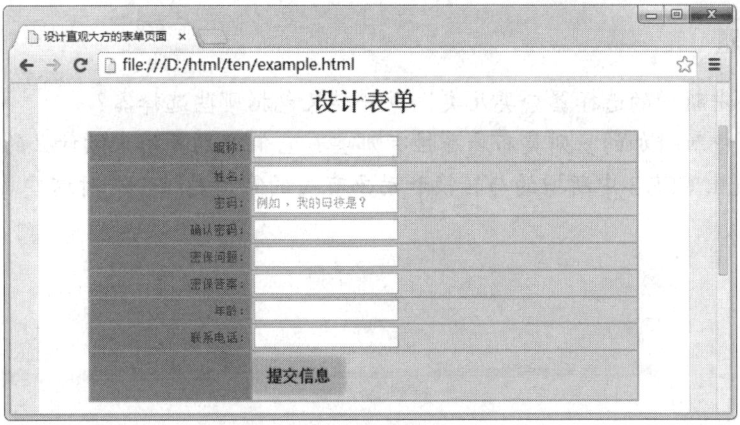

图 10-30　按钮的动画效果

10.8　习　　题

一、填空题

1. CSS 3 中新增的 3 种属性选择器分别是__________、E:[att$=val]和 E:[att=*val]。

2. __________是 CSS 3 中新增的通用兄弟选择器类型，它用于选择匹配 F 的所有元素，且匹配元素位于匹配 E 的元素后面。

3. 在 CSS 3 新增的文本属性中，__________属性用于向文本添加阴影效果。

4. 为边框添加阴影效果时需要使用__________属性。

二、选择题

1. __________选择器用于匹配属于父元素中唯一子元素的 E。

   A. E:only-of-type　　B. E:nth-of-type(n)
   C. E:only-child　　D. E:nth-child(n)

2. CSS 3 中新增加的颜色单位不包括__________。

   A. HSL　　B. HSLA　　C. RGB　　D. RGBA

3. __________属性指定对象的背景图像向外裁剪的区域，它适用于所有的元素。

   A. background-clip　　B. background-size
   C. background-origin　　D. background-image

4. 下面的选项中，__________不是一个组合属性。

   A. animation　　B. translate　　C. column-rule　　D. columns

5. resize 属性的值设置为__________时，表示允许调整元素的宽度。

   A. none　　B. both　　C. vertical　　D. horizontal

6. 下面的属性中，__________属性与定义的动画有关。

   A. transition　　B. animation　　C. transform　　D. columns

三、简答题

1. CSS 3 中新增的选择器分类几类，每一类又包括哪些选择器？
2. CSS 3 中新增加的多列类布局属性有哪些？它们分别是用来做什么的？
3. 分别说出 CSS 3 中新增的与转换和动画有关的常用属性，并对这些属性进行说明。

第 11 章　JavaScript 基础语法

对于传统的 HTML 语言来说，很难开发出具有动态和交互性的网页，而 JavaScript 可以实现这一点。用户可以将 JavaScript 嵌入普通的 HTML 网页中并由浏览器执行，从而实现动态实时的效果。从本章开始，将详细介绍与 JavaScript 有关的知识，包括基础语法、常用语句以及内置对象和函数等。本章主要包括 3 部分内容：变量、数据类型和常用运算符。在介绍这些内容之前，会了解一下 JavaScript 的基础知识。

本章学习目标如下：

- 了解 JavaScript 的特点。
- 掌握 JavaScript 代码的 3 种位置。
- 掌握 JavaScript 的注释代码。
- 掌握 JavaScript 中的数据类型。
- 掌握 JavaScript 中的变量。
- 掌握算术运算符和赋值运算符。
- 熟悉比较运算符和逻辑运算符。
- 了解位操作运算符。
- 掌握字符串运算符和三元运算符。
- 熟练编写 JavaScript 程序。

11.1　了解 JavaScript

JavaScript 是一种由 Netscape 的 LiveScript 发展而来的原型化、继承的、基于对象的、动态类型的、区分大小写的客户端脚本语言，当初的主要目的是为了解决服务器端语言(例如 Perl)遗留的速度问题，为客户提供更流畅的浏览效果。

本节介绍 JavaScript 的基础知识，包括它的概念、特点和基础示例等。

11.1.1　JavaScript 概述

JavaScript 语言的前身叫作 LiveScript，自从 Sun 公司推出著名的 Java 语言后，Netscape 公司引进了 Sun 公司有关 Java 的程序概念，对自己原有的 LiveScript 进行了重新设计，并改名为 JavaScript。

JavaScript 是一种基于对象(Object)和事件驱动(Event-driven)，并具有安全性的脚本语言。JavaScript 的编程与 C++、Java 相似，只是提供了一些专有的类、对象和函数，对于已经具备了 C++或者 C 语言，特别是 Java 语言编程基础的人来说，学习 JavaScript 脚本语言是一种很轻松的事情。

JavaScript 代码并不被编译为二进制代码文件，而是作为 HTML 文件的一部分，由浏览器解释执行，维护和修改起来非常方便，可以直接打开 HTML 文件来编辑修改 JavaScript

代码，然后通过浏览器立即看到新的效果。

JavaScript 与其他编程语言(例如 C#和 Java)最大的不同在于：它是一种弱类型(即宽松类型)的语言，这意味着开发者不必显式定义变量的数据类型。它的特点在于以下几个方面。

(1) 简单性

JavaScript 是一种脚本编程语言，采用小程序段的方式进行编程，它同时也是一种解释性语言，提供了一个简易的开发过程。JavaScript 的基本结构形式与 C++、VB 等类似，但是它不像这些语言一样需要先编译，而是在程序运行过程中被逐行地解释，它与 HTML 结合在一起，从而方便用户的操作。

(2) 动态性

JavaScript 是动态的，它可以直接对用户或者客户输入做出响应，无须经过 Web 服务程序。它对用户请求的响应是采用以事件驱动的方式进行的。

(3) 基于对象

JavaScript 是一种基于对象的语言，同时也可以看作是一种页面对象的语言，这意味着它能运用自己已经创建的对象。因此，许多功能可以来自于脚本环境中对象的方法与脚本的相互作用。

(4) 安全性

JavaScript 是一种安全性很高的语言，它不允许访问本地硬盘，也不能将数据存入服务器，不允许对网络文档进行修改和删除，只能通过浏览器实现信息浏览或者动态交互，从而能够有效地防止数据的丢失。

(5) 跨平台性

JavaScript 依赖于浏览器本身，与操作环境无关，只要计算机能运行支持 JavaScript 的浏览器，就可以正确执行。

11.1.2 JavaScript 代码的位置

JavaScript 代码可以在三个地方编写：一是在网页文件的<script></script>标记对中直接编写脚本程序代码，即直接调用；二是将脚本程序代码放置在一个单独的文件中，然后在网页文件中引用这个脚本文件，即外部连接调用；三是将脚本程序代码作为某个元素的事件属性值或超链接的 href 属性，即事件调用。

1. 直接调用

在 script 元素的开始标记<script>和结束标记</script>之间编写脚本程序代码是用得最多的情况。

<script></script>的位置并不是固定的，可以出现在<head></head>或者<body></body>中的任何地方。在一个 HTML 文档中，可以有多个<script></script>标记对来嵌入多段 JavaScript 代码，每段 JavaScript 代码可以相互访问，这与将所有的代码放在一对<script></script>之中的效果是一样的。

【例 11-1】

向<head></head>标记之间添加<script></script>标记，在该标记之间首先声明一个 number 变量，然后在<body></body>标记之间再次添加<script></script>标记，在此标记中弹出 number 变量的值。

代码如下：

```
<head>
    <meta charset="utf-8" />
    <title>无标题文档</title>
    <script>
        var number = 122;
    </script>
</head>
<body>
    <script>
        alert(number);
    </script>
</body>
```

上述代码与下面的 JavaScript 代码效果是一样的：

```
<script>
    var number = 122;
    alert(number);
</script>
```

注意： 旧版本的浏览器并不能识别 script 元素，会直接向用户显示其中的内容，而不是当作脚本语言解释和执行，为了让那些不支持 script 元素的浏览器忽略其内容，防止它们把 JavaScript 代码与 Web 页面的其他文本内容一起显示在屏幕上，可以将<script></script>标记对中的内容用 HTML 注释标记(<!--　-->)包围起来。

2. 外部连接调用

可以将脚本代码放置在一个单独的文件中，这个文件以“.js”为扩展名，称为 JavaScript 脚本文件。假设编写了一个全称为 mytest.js 的脚本文件，文件中弹出当前日期和时间。内容如下：

```
alert(new Date());
```

接着在同一个目录下编写一个 HTML 文件，向<script>标记中添加 src 属性，该属性设置为脚本文件的 URL 地址。代码如下：

```
<script src="mytest.js" language="javascript"></script>
```

提示： 在 HTML 文件中引入 JavaScript 文件，与将该文件中的所有内容直接插入到<script></script>的效果是一样的。如果脚本内容要在多个网页中被引用，可以将这些内容放在一个脚本文件中，然后由各个网页来引入该脚本文件，这样有利于实现网站的模块化设计。当修改网页中的脚本内容时，直接修改脚本文件一次即可。

3．事件调用

可以在 HTML 标记的事件中调用 JavaScript 程序，例如单击事件、鼠标移动事件和页面载入事件等。

JavaScript 扩展了标准的 HTML，为 HTML 标记增加了各种事件属性。例如，对于 Button 表单元素，可以设置一个新的属性 onClick，它的属性值就是一段 JavaScript 程序代码，当单击该按钮后，onClick 属性值中的 JavaScript 代码会被浏览器解析执行。代码如下：

```
<button onClick="javascript:alert(new Date())">Click Me</button>
```

11.1.3 JavaScript 注释代码

为程序添加注释，可以解释程序的某些部分的作用和功能，提高程序的可读性。假设当前 Web 开发者很轻松地编写了 100 多行代码，没有为这些代码添加任何注释，那么三个月以后，开发者不一定还能够轻松地读懂自己编写的程序代码。

另外，还可以使用注释暂时屏蔽某些程序语句，让浏览器暂时不要理会这些语句，等到需要时，只需简单地取消注释标记，这些程序语句就可以发挥作用了。

当在一个程序中出现了许多语句时，会变得很庞大，不容易修改和维护，这时，在程序中添加注释是很有必要的。

在 JavaScript 中有两种注释：第一种是单行注释，就是在注释内容前面加双斜线(//)；第二种是多行注释，就是在注释内容前面以单斜线加一个星形标记(/*)开头，并在注释内容末尾以一个星形加单斜线(*/)结束。两种注释的语法如下：

```
//这是单行注释
/*
   这是多行注释
   ....
*/
```

多行注释"/* ... */"中可以嵌套单行注释(//)，但是不能嵌套"/* ... */"。例如，下面的注释是非法的：

```
/*
   /*var c = 10;*/
*/
```

在上述代码中，第一个"/*"会以它后面第一次出现的"*/"作为与它匹配的结束注释符，这将会引起错误。

11.1.4 编写 JavaScript 程序

前面简单介绍了 JavaScript 代码的位置和注释语法，下面通过一个例子，编写一段 JavaScript 脚本程序。

【例 11-2】

本例采用最简单、最常用的直接调用方法，不过，要在调用方法上做一些修改。步骤如下。

(1) 向页面中添加一个 button 类型的 input 元素，并为该元素指定 value 属性和 onClick 事件属性。代码如下：

```
<input type="button" value="Click me" onClick="javascript:PrintMessage()"/>
```

(2) 向页面中添加一段 JavaScript 脚本，这段脚本向页面中输出两句话。

脚本内容如下：

```
<script>
   function PrintMessage() {
       document.write("输出 JavaScript 的第一行脚本<br/><hr>");
       document.write("输出 JavaScript 的第二行脚本");
   }
</script>
```

(3) 在浏览器中运行上述代码，查看效果即可。

编写 JavaScript 程序时，每条功能执行语句的最后可以用分号(;)结束。基本格式如下：

```
<语句>;
```

一个单独的分号也可以表示一条语句，这样的语句叫空语句，为了整齐美观而采取的对齐或者缩进文本的编排方式不是必需的。可以按自己的意愿任意编排，只要每个词之间用空格、制表符、换行符、大括号、小括号这样的分隔符隔开就行。

应当注意：JavaScript 语句尾部的分号是可以省略不写的。例如，在例 11-2 的第 1 步中，javascript:PrintMessage()后面就省略了分号(;)。

11.2　数据类型和变量

JavaScript 脚本语言与其他语言一样，有它本身的基本数据类型、表达式和算术运算符以及程序的基本框架结构。本节向读者介绍 JavaScript 的数据类型和变量这两部分内容。

11.2.1　数据类型

JavaScript 允许使用三种基本的数据类型，即整型、字符串和布尔值。另外，还支持两种复合的数据类型，即对象和数组，它们都是基本数据类型的集合。另外，JavaScript 还为特殊目的定义了其他特殊的对象类型，例如 Date 对象表示日期和时间类型。

表 11-1 列出了 JavaScript 常用的 6 种数据类型，并对这些数据类型进行了说明。

1. 数值类型

整数、浮点数、内部常量和特殊值都是数值类型。其中，整数可以包含正数、0 和负数，整数可以以十进制、八进制和十六进制作为基数来表示，八进制和十六进制可以是负数，但是不能是小数。浮点数可以包含小数点，也可以包含一个“e”(大小写均可，在科学计数法中表示“10 的幂”)，或者同时包含这两项。整数和浮点数不同，浮点数包含有小数部分，并且可以通过指数来表示精确度。浮点数由十进制整数、小数点和小数部分组成。

表 11-1　JavaScript 的数据类型

数据类型	说　明
number	数值类型
string	字符串类型
object	对象类型
boolean	布尔类型
null	空类型
undefined	未定义类型

为了方便数学计算，程序中需要引用一些数值和科学上的数学常量，这可以通过 Math 对象来实现，例如，Math.PI 表示常数 PI，Math.E 表示自然对数的底数，即 e。

2．字符串类型

字符串是由一对单引号('')或者双引号("")及引号中的内容构成的。一个字符串也是 JavaScript 中的一个对象，有专门的属性。例如：

```
"我的英文名字是 Lucy"  或者  '我的英文名字是 Lucy'
```

在上述代码中，引号中间的部分可以是任意多的字符，如果没有字符，则是一个空字符串。如果要在字符串中使用双引号，则应该将其包含在使用单引号的字符串中，使用单引号时则反之。另外，有些情况下，还需要在字符串中使用转义字符。例如：

```
var str = "<div id=\"div1\"></div>";
```

JavaScript 中包含特殊字符，在使用特殊字符时，JavaScript 提供了相应的转义字符与其匹配，如表 11-2 所示。

表 11-2　JavaScript 中的特殊字符

转义字符	说　明	转义字符	说　明
\b	退格键	\\	反斜线
\f	换页	\/	正斜线
\n	换行	\xxx	3 位八进制
\r	回车	\xx	2 位八进制
\t	制表符	\uxxxx	4 位十六进制表示的双字节字符

3．其他类型

boolean 是指布尔类型，它是一个逻辑值，用于表示两种可能的情况。逻辑真用 true 表示，逻辑假用 false 来表示。通常，使用 1 表示真，使用 0 表示假。

undefined 是一个未定义数据类型，它表示一个未定义的值。即在变量被创建后，未给该变量赋值。对于数值，未定义数值表示 NaN；对于字符串，未定义数值表示 Undefined；对于逻辑数值，未定义数值表示为假。

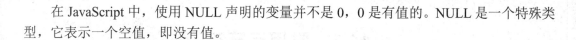

在 JavaScript 中，使用 NULL 声明的变量并不是 0，0 是有值的。NULL 是一个特殊类型，它表示一个空值，即没有值。

11.2.2 变量

在程序运行期间，程序可以向系统申请分配若干内存单元，用来存储各种类型的数据。系统分配的内存单元要使用一个标记符来标识，并且其中的数据是可以更改的，因此称为变量。标记内存单元的标记符就是变量名，内存单元中所装载的数据就是变量值。定义一个变量，系统就会为其分配一块内存，程序可以用变量名来表示这块内存中的数据。

由于 JavaScript 采用弱类型的变量形式，因此声明一个变量时不必确定类型，而是在使用或赋值时自动确定其数据类型。

在 JavaScript 中，声明变量需要使用 var 关键字。代码如下：

```
var name;
```

上述代码声明一个 name 变量，但是没有对它赋值，这时变量的值为 undefined，也可以在声明变量的同时为其赋值。例如：

```
var name = "Lucy";
```

这样，不仅定义了一个名称为 name 的变量，同时还对它赋予了一个字符串类型的值。还可以在程序运行过程中对已赋值的变量赋予一个其他类型的数据。例如：

```
name = 17;
```

JavaScript 中是严格区分大小写的。例如，在程序中定义一个小写的 computer 的同时，还可以定义一个大写的 Computer，它们是完全不同的两个内容。另外，变量名称的长度是任意的，但是必须遵守以下规则：

- 第一个字符必须是一个字母(大小写均可)、一个下划线(_)或者一个美元符($)。
- 后续的字符可以是字母、数字、下划线或者美元符。
- 变量名称不能是保留字。

与其他的编程语言一样，JavaScript 中也有许多保留关键字，这些保留字不能被当作名称使用，表 11-3 列出了这些保留字。

表 11-3 JavaScript 中的保留字

abstract	boolean	break	byte	case	catch
char	class	const	continue	default	do
double	else	final	finally	float	for
function	goto	if	implements	import	in
instanceof	long	native	extends	false	int
interface	new	null	package	private	protected
public	return	short	static	super	switch
synchronized	this	throw	throws	transient	true
try	var	void	while	with	

11.3 常用运算符

运算符是一种特殊符号，一般由 1~3 个字符组成，用于实现数据之间的运算、赋值和比较。本节介绍 JavaScript 程序中常用的运算符，包括算术运算符、赋值运算符、比较运算符、逻辑运算符和字符串运算符等。

11.3.1 算术运算符

算术运算符是最简单、最常用的运算符，它将给定数值(常量或者变量)进行给定的计算，并返回一个数值。例如，表 11-4 列出了一些常用的算术运算符，并对这些运算符进行了说明。

表 11-4 JavaScript 中的算术运算符

符 号	说 明	示 例	x 的值
+	加法运算符或正值运算符	var x = 2 + 4;	6
-	减法运算符或负值运算符	var x = 4 - 2;	2
*	乘法运算符	var x = 4 * 2;	8
/	除法运算符	var x = 9 / 7;	1
%	求模运算符，即算术中的求余	var x = 9 % 7;	2
++	将变量值加 1 后再将结果赋值给这个变量		
--	将变量值减 1 后再将结果赋值给这个变量		

表 11-4 中的“++”和“--”比较特殊，它们在使用时有两种用法。以“++”为例，即++a 或者 a++，前者是变量在参与其他运算之前先将自己加 1 后，再用新的值参与其他运算；而后者是先用原值参与其他运算后，再将自己加 1。例如，b = ++a 是 a 先自增，即 a 的值加 1 后，才赋值给 b；而 b = a++是先将 a 赋值给 b 后，a 再自增。

【例 11-3】

根据用户输入的数字和选择的运算符进行计算，实现步骤如下。

(1) 向页面的表单元素中添加一个 5 行 2 列的表格，第一行提供用户输入的第一个操作数，第二行提供用户选择的操作符，第三行提供用户输入的第二个操作数，第四行放置操作按钮，最后一行显示操作结果。

代码如下：

```
<table width="100%" align="center">
    <tr>
        <td align="right" height="30px">第一个数：</td>
        <td><input id="first"/></td>
    </tr>
    <tr>
        <td align="right">算术运算符：</td>
        <td>
```

```
            <select id="oper" style="width:155px;">
                <option value="+">+</option>
                <option value="-">-</option>
                <option value="*">*</option>
                <option value="/">/</option>
                <option value="%">%</option>
                <option value="0">first++</option>
                <option value="1">++first</option>
                <option value="2">first--</option>
                <option value="3">--first</option>
            </select>
        </td>
    </tr>
    <tr><td align="right">第二个数：</td><td><input id="second"/></td></tr>
    <tr>
        <td></td>
        <td><input type="button" value="提交"
              onClick="javascript:GetResult()"/></td>
    </tr>
    <tr><td></td><td><span id="result"></span></td></tr>
</table>
```

在上述代码中，select 元素中的 first++、++first、first--和--first 选项中 first 表示用户输入的第一个数值。

(2) 向<script></script>标记中添加自定义的 GetResult()函数，在该函数中获取用户输入的数值和选择的运算符，并对它们进行计算。部分代码如下：

```
function GetResult() {
    var first = document.getElementById("first").value;    //获取第一个数
    var second = document.getElementById("second").value;  //获取第二个数
    var oper = document.getElementById("oper").value;      //获取算术运算符
    var results = document.getElementById("result");
    var result;
    if(oper == "+") {
        result = parseInt(first) + parseInt(second);
    } else if(oper == "-") {
        result = parseInt(first) - parseInt(second);
    } else if(oper == "*") {
        result = parseInt(first) * parseInt(second);
    }
    /* 省略其他代码 */
    results.innerHTML = "计算结果是：" + result;      //向页面输出结果
}
```

上述代码通过 document 对象的 getElementById()方法获取指定 ID 的对象，value 属性用于获取对象的属性值。parseInt()方法表示将输入的字符串转换为 int 类型的数值，最后向页面中 id 值为 result 的元素中输出结果。

(3) 在浏览器中运行上述页面，查看效果，向页面中输入内容进行测试，计算结果如

图 11-1 所示。

图 11-1 算术运算符的使用

11.3.2 赋值运算符

赋值运算符的作用是将一个值赋给一个变量，最常用的赋值运算符是“=”，还可以由“=”赋值运算符和其他一些运算符组合，产生一些新的赋值运算符。

例如，为声明的变量赋值时，使用到的“=”就是一个赋值运算符。

在表 11-5 中列出了 JavaScript 常用的赋值运算符，并对这些运算符进行了说明。

表 11-5 JavaScript 中的赋值运算符

符 号	说 明	用法示例
=	将表达式的值赋予变量	变量=表达式
+=	将表达式的值与变量值执行“+”操作后赋给变量	变量+=表达式
-=	将表达式的值与变量值执行“-”操作后赋给变量	变量-=表达式
*=	将表达式的值与变量值执行“*”操作后赋给变量	变量*=表达式
/=	将表达式的值与变量值执行“/”操作后赋给变量	变量/=表达式
%=	将表达式的值与变量值执行“%”操作后赋给变量	变量%=表达式
<<=	对变量按表达式的值向左移	变量<<=表达式
>>=	对变量按表达式的值向右移	变量>>=表达式
>>>=	对变量按表达式的值向右移，空位补 0	变量>>>=表达式
&=	将表达式的值与变量值执行&操作后赋给变量	变量&=表达式
|=	将表达式的值与变量值执行|操作后赋给变量	变量|=表达式
^=	将表达式的值与变量值执行^操作后赋给变量	变量^=表达式

【例 11-4】

直接向<script></script>标记中添加代码，首先声明两个名称是 x 和 y 的变量，并且将 x 和 y 的值相加后赋给 x 变量，最后通过 alert()弹出两个变量的结果。代码如下：

```
<script>
    var x=100, y=50;
    x += y;
    alert("x=" + x + ", y=" + y);
</script>
```

11.3.3　比较运算符

比较运算符用于对运算符左右侧的两个表达式进行比较，然后返回 boolean 类型的值。例如，在例 11-3 中使用 if 语句判断时的“==”就是一个比较运算符。

表 11-6 中列出了常用的比较运算符，并对它们进行了说明。

表 11-6　JavaScript 中的比较运算符

符　号	说　明	用法示例
==	判断左右两边的表达式是否相等	表达式 1==表达式 2
!=	判断左边的表达式是否不等于右边的表达式	表达式 1!=表达式 2
>	判断左边的表达式是否大于右边的表达式	表达式 1>表达式 2
>=	判断左边的表达式是否大于等于右边的表达式	表达式 1>=表达式 2
<	判断左边的表达式是否小于右边的表达式	表达式 1<表达式 2
<=	判断左边的表达式是否小于等于右边的表达式	表达式 1<=表达式 2

【例 11-5】

首先向脚本中声明 x、y、z 三个变量，前两个是整数，后一个是字符串，然后分别通过表 11-6 中的比较运算符对它们进行比较。代码如下：

```
var x=100, y=50, z="100";
var spans = document.getElementById("result");
spans.innerHTML = "x==z 的结果是：" + (x==z) + "<br/>";
spans.innerHTML += "x!=z 的结果是：" + (x!=z) + "<br/>";
spans.innerHTML += "x>y 的结果是：" + (x>y) + "<br/>";
spans.innerHTML += "x>=z 的结果是：" + (x>=z) + "<br/>";
spans.innerHTML += "x&lt;y 的结果是：" + (x<y) + "<br/>";
spans.innerHTML += "x<=y 的结果是：" + (x<=y) + "<br/>";
```

在浏览器中运行上述代码，观察输出结果，如图 11-2 所示。

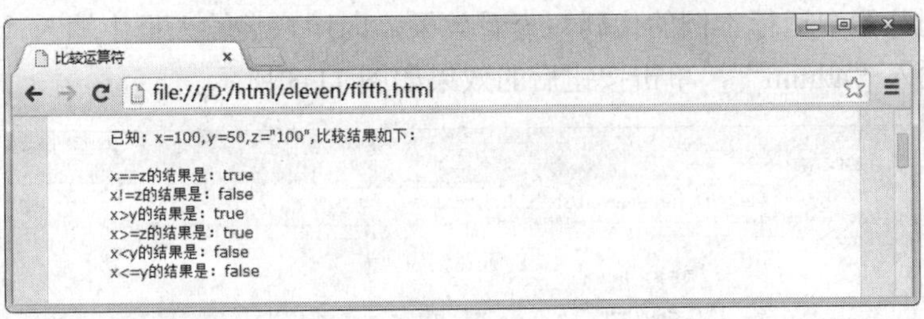

图 11-2　使用比较运算符

11.3.4　逻辑运算符

逻辑运算符通常用于执行布尔运算，它们常与比较运算符一起使用，来表示复杂的比较运算，这些运算涉及的变量通常不止一个，而且常用于 if、while 和 for 语句中。

例如，表 11-7 列出了三种逻辑运算符。

表 11-7　JavaScript 中的逻辑运算符

符　号	说　明	用法示例
&&	如果表达式两边的值都为 true，则返回 true。任意一个值为 false，则返回 false	表达式 1 && 表达式 2
||	只有表达式的值都为 false 时，才返回 false	表达式 1 || 表达式 2
!	求反。如果表达式的值为 true，则返回 false，否则返回 true	!表达式

【例 11-6】

本例模拟实现用户登录的效果，实现步骤如下。

(1)　向页面的表单元素中分别添加用户名和密码以及操作按钮，为用户名和密码输入框指定 id 属性，并且为按钮添加 onClick 事件属性。有关代码如下：

```
<input type="text" id="loginname" />
<input type="password" id="loginpass" />
<input type="submit" onClick="CheckLogin()" value="提 交"/>
```

(2)　向<script></script>标记中添加 CheckLogin()函数，在该函数中，首先获取页面中用户输入的内容，然后进行判断，用户名或者密码只要有一个为 admin，那么就算用户登录成功。函数代码如下：

```
function CheckLogin() {
    var name = document.getElementById("loginname").value;
    var pass = document.getElementById("loginpass").value;
    if(name=="admin" || pass=="admin") {
        alert("恭喜，登录成功");
    } else {
        alert("登录失败");
    }
}
```

(3)　在浏览器中运行本例的代码，查看效果，向用户名输入框中输入“hello”，向密码输入框中输入“admin”，单击按钮后的效果如图 11-3 所示。

图 11-3　“||”运算符的使用

(4)　重新更改上述代码，将 CheckLogin()函数中的逻辑运算符“||”替换成“&&”。此时的代码如下：

```
function CheckLogin() {
    var name = document.getElementById("loginname").value;
    var pass = document.getElementById("loginpass").value;
    if(name=="admin" && pass=="admin") {
        alert("恭喜，登录成功");
    } else {
        alert("登录失败");
    }
}
```

(5) 重新刷新页面，在浏览器的窗口页面中输入用户名和密码，此时的效果如图 11-4 所示。只有用户名和密码同时等于 admin，才会弹出“恭喜，登录成功”的提示。

图 11-4　“&&”运算符的使用

11.3.5　字符串运算符

JavaScript 中支持使用字符串运算符“+”和“+=”对两个或者多个字符串进行连接操作，它们的使用很简单。例如，下面动态创建一个两行两列的表格，表格的 border 属性值为 1，width 属性值为 100%：

```
var str = "<table border=\"1\" width=\"100%\">";
str += "<tr><td>用户名</td><td>密码</td></tr><tr><td>Lucy</td><td>LucyMe
      </td></tr>";
str += "</table>";
document.getElementById("show").innerHTML = str;
```

11.3.6　位操作运算符

位操作运算符用于对数值的位进行操作，例如向左或者向右移位等。表 11-8 列出了 JavaScript 支持的位操作运算符。

表 11-8　JavaScript 中的位操作运算符

符　号	说　明	用法示例
&	当两个表达式的值都为 true 时返回 1，否则返回 0	表达式 1 & 表达式 2
|	当两个表达式的值都为 false 时返回 0，否则返回 1	表达式 1 | 表达式 2
^	两个表达式中有且只有一个为 false 时返回 0，否则为 1	表达式 1 ^ 表达式 2
<<	将表达式 1 向左移动表达式 2 指定的位数	表达式 1 << 表达式 2

续表

符　号	说　明	用法示例
>>	将表达式 1 向右移动表达式 2 指定的位数	表达式 1 >> 表达式 2
>>>	将表达式 1 向右移动表达式 2 指定的位数，空位补 0	表达式 1 >>> 表达式 2
~	将表达式的值按二进制逐位取反	~表达式

11.3.7　三元运算符

JavaScript 支持 Java、C 和 C++中都有的条件表达式运算符“? :”，这个运算符是个三元运算符。

三元运算符包含三部分：一个计算真假的条件和两个根据真假结果返回的不同值。

基本语法如下：

```
var b = 条件? 值1 : 值2;
```

在上述语法中，如果条件为真，那么 b 等于值 1；如果条件为假，那么 b 等于值 2。

【例 11-7】

向<script></script>标记中添加代码，首先声明 x、y、z 三个变量，然后通过三元运算符判断 x 和 y、x 和 z 的值，并且将比较结果保存到 str 变量中，最后弹出 str 变量的内容。代码如下：

```
var x=120, y=150, z=38;
str = (x<y && x<z)? "满足条件" : "不满足条件";
alert(str);
```

11.4　实验指导——字符围绕鼠标动态改变

JavaScript 的功能非常强大，通过 JavaScript 可以完成许多漂亮的动画。本节实验指导完成一个鼠标特效，字符将跟随鼠标的移动而改变。

本节实验指导的实现步骤如下。

(1) 向页面中添加 id 属性值为 content 的 div 元素，并向该元素中添加 header 和 article 子元素。部分代码如下：

```
<div id="content">
    <header>
        <h1>实际上最遥远的距离</h1>
    </header>
    <article>
        <p>世界上最遥远的距离 不是生与死的距离 而是我站在你面前 你却不知道我爱你
        </p>
        !-- 省略其他内容 -->
    </article>
</div>
```

(2) 向<body></body>中添加 script 元素，首先声明 cx、cy、val 三个变量，分别表示

横坐标、纵坐标和默认值。代码如下：

```
var cx = 0;
var cy = 0;
var val = 0;
```

(3) 添加鼠标滑过时的事件，该事件调用 locate()函数，这是一个自定义的函数。代码如下：

```
function locate() {
    cx = window.event.x;                    //横坐标
    cy = window.event.y;                    //纵坐标
}
document.onmousemove = locate;
```

(4) 创建自定义的 follow()函数，向该函数中传入一个参数。代码如下：

```
function follow(i) {
    var x;
    if(i<4) x = cx-50+i*10;
    else x = cx-25+i*10;
    var y = cy-20+Math.floor(Math.random()*40);
    w = eval("word" + i);
    with(w.style) {
        left = x.toString() + "px";
        top = y.toString() + "px";
    }
}
```

(5) 创建自定义的 show()函数，向该函数中传入一个参数。代码如下：

```
function show(i) {
    var w = eval("word" + i);
    with(w.style) {
        visibility = "visible";
        s = parseInt(fontSize);
        if(s>=200)
            s -= 100;
        else if(s>90 && s<=100) {
            s -= 85;
            clearInterval(val);
            if(i<7)
                val = setInterval("show("+(i+1)+")",20);
        }
        fontSize = s;
    }
}
```

(6) 创建自定义的 start()函数，代码如下：

```
function start() {
    for(i=1; i<=7; i++) {
```

```
        val = setInterval("show(1)", 20);
        setInterval("follow(" + i + ")", 100);
    }
}
```

(7) 创建一个新的<script></script>标记，在该标记中首先声明一个数组，然后为数组中的每一个元素赋值，最后向页面循环输出这些字符。代码如下：

```
<script>
var word = new Array(7);
word[1] = "w";
word[2] = "e";
word[3] = "l";
word[4] = "c";
word[5] = "o";
word[6] = "m";
word[7] = "e";
for(i=1; i<=7; i++)
    document.write("<div id='word" + i + "'
      style='width:20px;height:20px;position:absolute; font-size:1000;
      visibility:hidden'><font face = 'Forte' color='#cc0000'>"
        + word[i] + "</font></div>");
start();
</script>
```

(8) 在浏览器中运行上述代码，查看最终的实现效果，如图 11-5 所示。

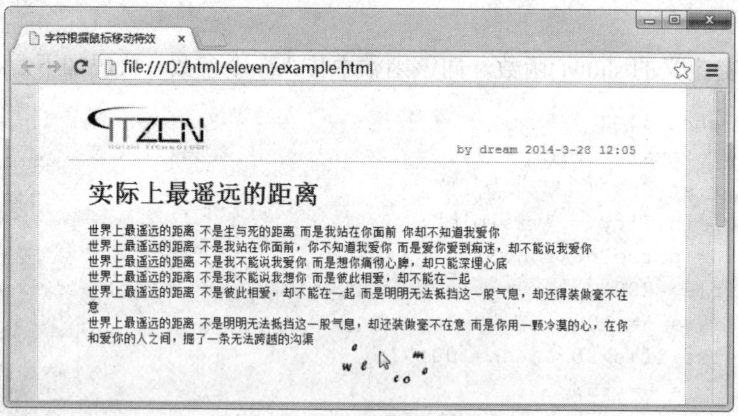

图 11-5　字符围绕鼠标移动

11.5 习　　题

一、填空题

1. JavaScript 中声明变量时可以使用__________关键字。
2. JavaScript 代码中的多行注释以__________开始，以“*/”结束。

3. JavaScript 允许使用三种基本的数据类型，即整型、__________和布尔值。
4. 运行下面这段 JavaScript 代码，最终 result 变量的输出的值是__________。

```
var result = 12;
result++;
--result;
document.write(result);
```

5. JavaScript 中的三元运算符是指__________。

二、选择题

1. 关于<script></script>标记的使用，下面选项__________是不正确的。

A.

```
<head>
    <script src="js/mytest.js" language="javascript"></script>
</head>
```

B.

```
<script src="js/mytest.js" language="javascript">
    alert(new Date());
</script>
<!DOCTYPE HTML>
<html>
</html>
```

C.

```
<head>
    <script>
        alert(new Date());
    </script>
</head>
```

D.

```
<body>
    <script>
        alert(new Date());
    </script>
</body>
```

2. 下面声明变量的选项中，__________的声明是合法的。

A. var -hello-name;　　B. var new_name;

C. var var;　　D. var new;

3. 下面的选项中，__________不是算术运算符。

A. +　　B. -　　C. =　　D. *

4. JavaScript 中的逻辑运算符包括__________。

A. &、|和^　　　　B. &、|和!

C. &、&&、|、||和!　　　　D. &&、||和!

5. 运行下面的代码，最终的输出结果是________。

```
var x=100, y=200, c=20;
document.write(x>y?(x>c?x:c):(y>c?y:c));
```

A. 200　　　　B. 100

C. 20　　　　D. 页面中什么也不会输出

6. 下面一段代码中，一定没有使用到________。

```
var name="admin", pass="123456";
name += "123";
if(name=="admin123" && pass=="123456") {
    alert("Right");
} else {
    alert("Wrong")
}
```

A. 赋值运算符　　　　B. 比较运算符

C. 逻辑运算符　　　　D. 位操作运算符

三、简答题

1. JavaScript 有哪些特点，试说明(至少 3 点)。
2. JavaScript 中的数据类型有哪几类，分别说明。
3. 说出常用的 JavaScript 运算符，并举例说明。

第 12 章　JavaScript 的常用语句

在第 11 章中提到过，一个单独的分号表示一条语句，这样的语句叫作空语句。实际上，JavaScript 中包含多种语句，最经常说的就是流程控制语句和异常处理语句。例如，Lucy 决定明天到公司附近的超市去买些日用品，但是，如果明天下雨，就直接回家不去超市，这就需要通过流程控制语句来实现。再如，计算两个数值的加法运算时，如果输入的数值不合法，那么就需要抛出异常信息提示。

本章主要介绍 JavaScript 中的流程控制语句和异常处理语句。通过本章的学习，读者不仅可以熟练地掌握这些语句，还可以使用这些语句实现不同的功能。

本章学习目标如下：

- 掌握 if 语句的使用。
- 掌握 switch 语句的使用。
- 掌握 for 循环语句的使用。
- 熟悉 for in 循环语句的使用。
- 掌握 while 和 do while 语句的使用。
- 掌握 break 和 continue 语句的使用。
- 熟悉 return 语句的使用。
- 了解 with 语句的使用。
- 掌握异常处理语句。

12.1 顺序语句

顾名思义，顺序语句就是程序从上到下按顺序一行一行执行的结构，这是所有流程的最基本结构，一个程序中的大部分代码采用的都是顺序结构。

【例 12-1】

如下所示的代码定义了一段顺序结构，首先声明两个变量，接着将两个变量相加，最后弹出变量的值，这些都是按照顺序进行的。代码如下：

```
<script>
    var name="Lucy", age=12;
    var result = name + "今年" + age + "岁了。";
    alert(result);
</script>
```

12.2 选择语句

选择语句首先判断一个表达式的结果真假，然后根据返回的结果判断执行哪个语句块。

JavaScript 中的选择语句分为 if 语句和 switch 语句两种，if 语句的选择分支只有 3 个，而每个 switch 语句的选择分支可以为 1 个或多个，下面将详细介绍。

12.2.1 基本的 if 语句

if 语句是使用最为普遍的条件选择语句，每一种编程语言都有一种或者多种形式的 if 语句。在编程中总是避免不了要用到它，if 语句有多种选择分支，if 是最基本的分支。基本语法如下：

```
if (条件语句) {
    执行语句;
}
```

其中，条件语句可以是任何一种逻辑表达式，如果条件语句的返回结果为 true，则程序先执行后面大括号对{}中的执行语句，然后按顺序执行它后面的其他代码。如果条件语句的返回结果为 false，则程序跳过条件语句后面的执行语句，直接去执行程序后面的其他代码。大括号的作用就是将多条语句组合成一个复合语句，作为一个整体来处理，如果大括号中只有一条语句，这对大括号{}就可以直接省略。

【例 12-2】

如下代码演示了基本的 if 语句：

```
var number = 120;
if(number > 50) {
    alert("number 变量的值大于 50");
}
```

上面的条件语句首先判断 number 的值是否大于 50，如果条件成立，则弹出“number 变量的值大于 50”的对话框提示，否则什么也不做。由于 number 的值等于 120，所以会弹出对话框提示。上述代码只有一条语句，因此可以省略大括号对。等价于以下代码：

```
var number = 120;
if(number > 50)
    alert("number 变量的值大于 50");
```

12.2.2 if else 语句

if else 组合是 if 语句的扩展，在 JavaScript 中使用它来控制两个执行语句块。完整的语法格式如下：

```
if (条件语句) {
    执行语句块 1;
} else {
    执行语句块 2;
}
```

这是在 if 语句的后面添加的 else 从句，在 if 条件语句的返回结果为 false 时，执行 else 后面的从句，即执行语句块 2。

【例 12-3】

向 JavaScript 脚本中声明值为 HELLO 的 str 变量，然后判断该变量的值是否等于 hello。如果等于，则弹出“字符串等于 hello”的对话框提示，否则弹出“字符串不等于 hello”的对话框提示。代码如下：

```
var str = "HELLO";
if(str=="hello") {
    alert("字符串等于 hello");
} else {
    alert("字符串不等于 hello");
}
```

由于定义的字符串为大写 HELLO，判断时，与小写 hello 进行比较，因此，这时会执行 else 语句后面的内容，弹出“字符串不等于 hello”的对话框提示。

对于上述的 if else 语句，还有一种更简单的写法，即使用三元运算符表示。基本语法如下：

```
变量 = 布尔表达式? 语句 1 : 语句 2;
```

【例 12-4】

重新更改例 12-3 中的代码，通过三元运算符的形式弹出 str==“hello”表达式的结果。代码如下：

```
var str = "HELLO";
alert(str=="hello"? "字符串等于 hello" : "字符串不等于 hello");
```

12.2.3 if else if else 语句

通常情况下，if 语句的主要功能是给程序提供一个分支。然而，有时候，程序中仅仅多一个分支是远远不够的，甚至有时候程序的分支会很复杂，这就需要使用多分支的 if else if else 语句。if else if else 语句并不是单独的语句，而是由多个 if else 语句组合而成的。基本语法如下：

```
if(条件语句 1) {
    执行语句块 1;
} else if(条件语句 2) {
    执行语句块 2;
}
...
else if(条件语句 n) {
    执行语句块 n;
} else {
    执行语句块 n+1;
}
```

使用 if else if else 语句时，依次判断表达式的值，当某个分支的条件表达式的值为 true 时，则执行该分支对应的语句块，然后跳到整个 if 语句之外继续执行程序。如果所有的表达式均为 false，则执行语句块 n+1，然后继续执行后续程序。

图 12-1 给出了 if else if else 语句的执行流程。

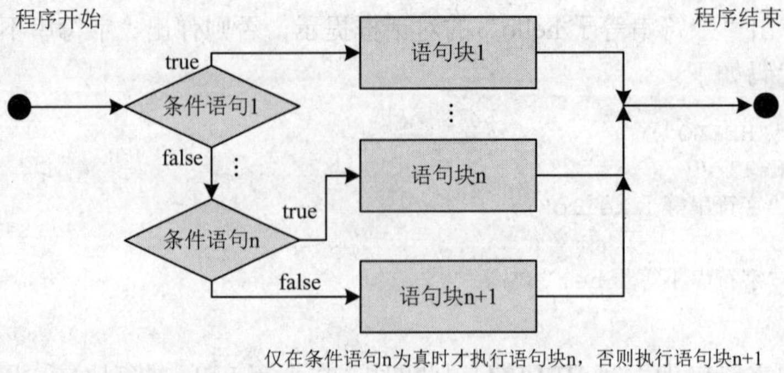

图 12-1　if else if else 语句的执行流程

【例 12-5】

向 HTML 页面中添加 select 元素，它向用户提供一系列的天气选择列表。代码如下：

```
<select style="width:200px;" id="weather"
  onChange="ChangeWeather(this.value)">
    <option value="-1" selected>---请选择---</option>
    <option value="晴朗">晴朗</option>
    <option value="多云">多云</option>
    <option value="小雨">小雨</option>
    <option value="中雨">中雨</option>
    <option value="暴雨">暴雨</option>
    <option value="大雪">大雪</option>
    <option value="雨夹雪">雨夹雪</option>
</select>
```

从上述代码可以看出，select 元素包含一个 onChange 事件属性，当用户选择天气时会自动触发 Change 事件调用 ChangeWeather()函数，并向该函数中传入用户选择的天气。在该函数中通过 if else if else 语句进行判断，代码如下：

```
function ChangeWeather(value) {
    if(value=="晴朗") {
        alert("晴朗");
    } else if(value=="多云") {
        alert("多云");
    } else if(value=="小雨") {
        alert("小雨");
    } else if(value=="中雨") {
        alert("中雨");
    } else if(value=="暴雨") {
        alert("暴雨");
    } else if(value=="大雪") {
        alert("大雪");
    } else if(value=="雨夹雪") {
        alert("雨夹雪");
```

```
    } else {
        alert("您还没有选择天气，快来选择吧");
    }
}
```

在浏览器中运行本例的页面代码，选择下拉列表项中的天气进行测试，测试的效果如图 12-2 所示。

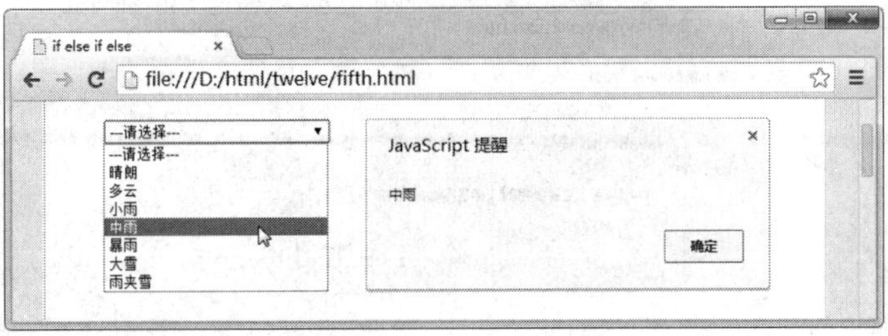

图 12-2　if else if else 语句的使用

12.2.4　if 语句的嵌套

if 语句还可以嵌套使用，当 if 语句(或者其他语句)的从句部分的内容是另外一个完整的 if 语句(或其他语句)时，外层的 if 语句(或其他语句)的从句部分的大括号对也可以省略。但是，为了确定嵌套语句之间的层次关系，建议使用大括号对。

【例 12-6】

判断闰年的一般规律为“四年一闰、百年不闰、四百年再闰”。因此判断闰年时有两种方法：能被 4 整除而不能被 100 整除或者能直接被 400 整除。向 HTML 页面中添加一个输入框和操作按钮，输入完毕后单击按钮判断输入的年份是否为闰年。步骤如下。

(1)　向页面中添加一个输入框和一个操作按钮，并为按钮添加 Click 事件。代码如下：

```
请输入您要判断的年份：<input type="text" id="myvalue"/>  
<input type="button" value="提 交" onclick="CheckYear()" />
```

(2)　创建自定义的 CheckYear()函数，在该函数中首先获取页面中的输入框对象，接着判断输入的值能否被 400 整除，如果不能，则执行 else 语句中的代码。在 else 语句中，首先通过 if 语句判断输入的值能否被 4 整除，如果能，则再次嵌套 if else 语句，判断输入的值能否被 100 整除。代码如下：

```
function CheckYear() {
    var obj = document.getElementById("myvalue");//获取页面中指定的输入框对象
    if(obj.value%400==0) {
        alert(obj.value + "是闰年，它能直接被 400 整除");
    } else {
        if(obj.value%4==0) {
            if(obj.value%100!=0) {
                alert(obj.value + "是闰年，它能被 4 整除，但是不能被 100 整除");
            } else {
                alert(obj.value + "不是闰年，它不满足条件");
```

```
                }
            }
        }
    }
```

(3) 在浏览器中运行本例的代码，输入内容进行测试，测试效果如图 12-3 所示。

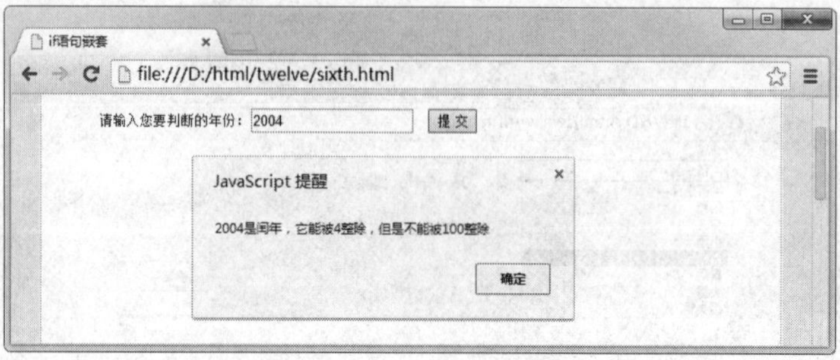

图 12-3 if 语句的嵌套 - 判断闰年

12.2.5 switch 语句

switch 语句用于将一个表达式的结构与多个值进行比较，并且根据比较结果来选择执行的语句。

基本语法如下：

```
switch(表达式)
{
    case 取值1:
        语句块1;
        break;
    case 取值2:
        语句块2;
        break;
        ...
    case 取值n:
        语句块n;
        break;
    default:
        语句块n+1;
        break;
}
```

case 语句只是相当于定义了一个标记位置，程序根据 switch 条件表达式的结果，直接跳转到第一个匹配的标记位置处，开始顺序执行后面的所有程序代码，包括后面的其他 case 语句下的代码，直至遇到 break 语句或者函数返回语句为止。default 语句是可选的，它匹配上面所有的 case 语句定义的值以外的其他值，通俗地讲，就是谁也不要的都归它。例如，图 12-4 显示了 switch 语句的执行流程。

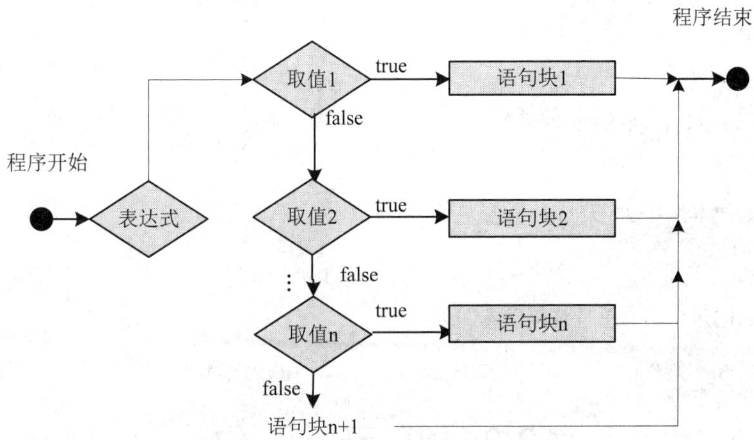

图 12-4　switch 语句的执行流程

【例 12-7】

更改例 12-5 中的代码，在 ChangeWeather()函数中通过 switch 语句进行判断。

代码如下：

```
function ChangeWeather(value) {
    switch(value) {
        case "晴朗":
            alert("晴朗");
            break;
        case "多云":
            alert("多云");
            break;
        /* 省略其他的 case 语句判断 */
        case "雨夹雪":
            alert("雨夹雪");
            break;
        default:
            alert("其他");
            break;
    }
}
```

在上述代码中，最后的匹配语句有没有 break，其效果都是一样的。case 语句之后的 break 语句不能省略，如果省略，就会继续执行后面的所有程序代码，包括后面的其他 case 语句下的代码，直到找到其他的 break 语句。假设省略 case “多云”之前的 break 语句，那么当用户选择的天气是“晴朗”时，会弹出两个对话框提示。

同一段语句可以用来处理多个 case 条件，这只需要将多个 case 语句合并起来。

【例 12-8】

一年有 12 个月，其中 1 月、3 月、5 月、7 月、8 月、10 月、12 月有 31 天，4 月、6 月、9 月、11 月有 30 天。通过 switch 语句判断月份，部分代码如下：

```
case 1:
```

```
case 3:
case 5:
case 7:
case 8:
case 10:
case 12:
    alert("本月有 31 天");
    break;
default:
    alert("我不知道本月有多少天");
    break;
```

12.3 循环语句

循环语句也称为迭代语句，让程序重复执行某个程序块，直到某个特定表达式的结果为假时，结束循环。

在 JavaScript 中，循环语句有 for 循环、for in 循环、while 和 do while 循环。

12.3.1 for 语句

for 语句是在程序执行前先判断条件表达式是否为真的循环语句。如果表达式的结果为假，那么，与之对应的语句块就不会去执行。for 语句通常使用在知道循环次数的循环中，基本语法如下：

```
for(初始化表达式; 循环条件表达式; 循环后的操作表达式)
{
    执行语句块;
}
```

【例 12-9】

下面通过 for 循环语句求 10 以内(不包括 10)的整数的值：

```
var sum = 0;
for(var i=1; i<10; i++) {
    sum += i;
}
alert("1 到 9 相加的结果是: " + sum);
```

从上述代码可以看出，for 后面的小括号中的内容被分号(;)分隔成三部分：第一部分是为 i 赋一个初始值，只在刚进入 for 语句时执行一次；第二部分 i<10 是一个条件判断语句，条件满足就进入 for 循环，循环体中的代码执行完后，又会回来执行这一条件判断语句，直到条件不成立时结束循环；第三部分 i++是对变量 i 的操作，每次循环体代码执行完，即将进入下一轮条件判断前执行。

执行上述代码，查看弹出的对话框提示，其提示内容为“1 到 9 相加的结果是：45”。

for 语句可以使用下面的特殊语法格式：

```
for(;;) {
    ...
}
```

上述语法是一个无限循环语句，需要使用 break 语句跳出循环。例如，前面使用 for 循环的程序代码，还可以修改成下面的代码：

```
var sum = 0;
var i = 1;
for(;;) {
    if(i >= 10) {
        break;
    }
    sum += i;
    i++;
}
```

12.3.2 for in 语句

for in 语句用于对数组或者对象的属性进行循环操作。for in 循环中的代码每执行一次，就会对数组的元素或者对象的属性进行一次操作。基本语法如下：

```
for (变量 in 对象)
{
   执行语句
}
```

其中，“变量”用来指定变量，指定的变量可以是数组元素，也可以是对象的属性。

【例 12-10】

本例通过 for in 语句演示 for in 循环语句的使用。实现步骤如下。

(1) 向页面中添加一个 span 元素，该元素显示对象的属性及其属性值。为 span 元素指定字体大小、字体样式和粗细程度。代码如下：

```
<span id="show"
  style="font-size:18px; font-family:'仿宋'; font-weight:bold">
</span>
```

(2) 向 JavaScript 中添加代码，首先定义 Book 对象，并向该对象中添加 bookName、bookTypeName 和 bookPrice 三个属性，然后用 for in 语句取出每个属性的名称和该属性名称对象的值，并将它们连接成一个字符串后显示到页面。代码如下：

```
function Book() {
    this.bookName = "致青春";
    this.bookTypeName = "青春文学";
    this.bookPrice = "32.9";
}
var book = new Book();
var str = "";
for(var obj in book) {
```

```
    str += "Person 对象中 " + obj + " 属性的值是: " + book[obj] + "\n<br/>";
}
document.getElementById("show").innerHTML = str;
```

在上述代码的 for in 语句中，obj 表示取出的属性，book[obj]表示该属性对应的属性值。

(3) 运行页面查看运行结果，页面的输出结果如图 12-5 所示。

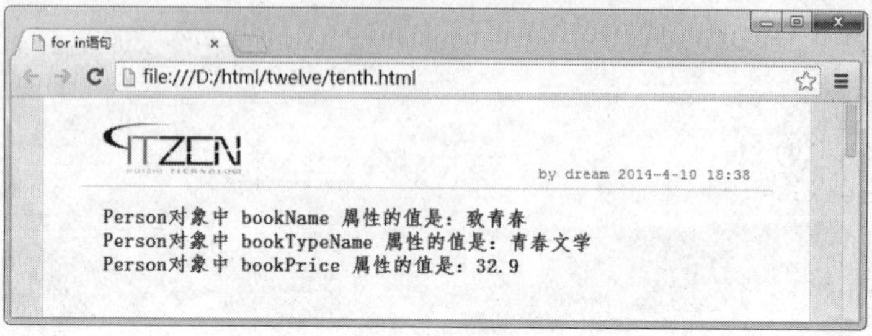

图 12-5 for in 语句的使用

12.3.3 while 语句

while 语句是循环语句，也是条件判断语句，它与 for 语句一样，如果一个测试条件的值为真，则 while 控制的一条或几条语句执行。而与 for 语句不同的是，while 语句的用途是执行重复数量未定的循环。

基本语法如下：

```
while(条件表达式语句)
{
    //执行语句块
}
```

当条件表达式的返回值为 true 时，就执行大括号中的语句块，当执行完语句块的内容后，再次检测条件表达式的返回值，如果返回值还为 true，则重复执行大括号中的语句块，如此反复，直到返回值为 false 时，结束整个循环过程，接着往下执行 while 代码段后的程序代码。

【例 12-11】

在 JavaScript 中，通过 while 语句计算 10 以内(不包括 10)数字的总和。代码如下：

```
var i=1, sum=0;
while(i<10) {
     sum += i;
     i++;
}
alert(sum);
```

上述代码首先声明 i 和 sum 两个变量，接着通过 while 语句循环 i 变量，指定的条件是 i<10，在 while 语句块中，将 sum 和 i 的值相加，并保存到 sum 变量中，然后将 i 的值加 1。遍历结束后，通过 alert()弹出 sum 变量的值。

注意： while 表达式的括号一定不要加分号(;)，如果添加分号，一条空语句将被作为 while 从句，而大括号中的代码不再是 while 语句的一部分，while 语句将进入无限循环，即死循环。

将 while 循环语句中的条件表达式指定为 true 时，也能实现无限循环。代码如下：

```
while(true) {
    语句块
}
```

12.3.4 do while 语句

do while 语句的功能和 while 语句差不多，但它是在执行完第一次循环之后才检测条件表达式的值，这意味着包含在大括号中的代码块至少要被执行一次。另外，do while 语句结尾处的 while 条件语句的括号后有一个分号(;)。基本语法如下：

```
do
{
    执行语句块
} while(条件表达式语句);
```

【例 12-12】

下面演示 do while 循环语句的用法，该循环语句至少会执行一次，即使条件为 false。代码块会在条件被测试前执行：

```
do {
    x=x + "The number is " + i + "<br>";
    i++;
} while(i<5);
```

12.4 其他语句

在使用选择语句和循环语句时，可能还需要借助于其他的内容，例如 switch 语句中使用到的 break 关键字，可以将其称为 break 语句。下面介绍 JavaScript 中的其他语句，如 break 语句、continue 语句、return 语句和 with 语句等。

12.4.1 break 语句

只有循环条件表达式的值为 false 时，循环语句才能结束循环，如果想提前中断循环，可以在循环体语句块中添加 break 语句，也可以在循环体语句块中添加 continue 语句，跳过本次循环要执行的剩余语句，然后开始下一次循环。

break 语句可以中止循环体中的执行语句和 switch 语句。一个无标号的 break 语句会把控制传递给当前循环(while、do while、for 或者 switch)的下一条语句。如果有标号，控制会被传递给当前方法中带有这一标号的循环语句。

【例 12-13】

通过 for 循环语句计算 1~100 之间的整数的和，如果当前的数能够被 5 整除，则跳出当前循环。代码如下：

```
var sum = 0;
for(i=1; i<=100; i++) {
    if(i%5 == 0)
        break;
    sum += i;
}
alert(sum);
```

在上述代码的 for 语句中，当 i 的值分别取 1、2、3、4 时，会将这些值相加，当 i 的取值为 5 时，则跳出当前的循环，不再执行该循环。因此，对话框弹出的提示结果为 10，这是将 1、2、3、4 相加的结果。

【例 12-14】

在 while 循环语句中嵌套一个 while 循环语句，指定外层循环语句的标号为 st。

代码如下：

```
st:while(true) {
    while(true) {
        break st;
    }
}
```

在上述代码中，执行完 break st;语句后，程序会跳出外面的 while 循环，如果不使用 st 标号，程序只会跳出里面的 while 循环。

12.4.2 continue 语句

continue 语句只能出现在循环语句(while、do while 和 for)的循环体语句块中，无标号的 continue 语句的作用是跳过当前循环的剩余语句，接着执行下一次循环。

【例 12-15】

重新更改例 12-13 中的代码，将代码中的 break 使用 continue 替换。如果当前的数字能够被 5 整除，则跳出当前的循环，执行下一次循环。代码如下：

```
var sum = 0;
for(i=1; i<=100; i++) {
    if(i%5 == 0)
        continue;
    sum += i;
}
alert(sum);
```

运行上述代码，查看弹出效果，这时可以发现，对话框的提示为 4000。

这是因为，当 i 的值为 5 的倍数(即 5、10、15、20 等)时，不再执行 sum=+i 语句，因此不会再将它们相加。

12.4.3 return 语句

开发者可以自定义函数，也可以使用系统中提供的内置函数。自定义函数时，函数是可以有返回值的，返回值使用 return 语句来实现。在使用 return 语句时，函数会停止执行，并返回指定的值。

【例 12-16】

根据用户输入的登录名和密码判断是否登录成功。实现步骤如下。

(1) 向页面的表单元素中添加 3 行 2 列的表格，第一行表示用户登录名，第二行表示登录密码，第三行表示操作。部分主要代码如下：

```
<input type="text" id="loginname" />
<input type="password" id="loginpass" />
<input type="button" onclick="CheckInfo()" value="登 录" />
```

(2) 上个步骤中的 CheckInfo()函数判断用户登录是否成功。在该函数中，首先获取用户输入的登录名和密码，然后调用 CheckMyInfo()函数获取判断结果，并将结果保存到 result 变量中，最后弹出结果。代码如下：

```
function CheckInfo() {
    var n = document.getElementById("loginname").value;
    var p = document.getElementById("loginpass").value;
    var result = CheckMyInfo(n,p);
    alert(result);
}
```

(3) CheckMyInfo()函数需要传入两个参数，第一个参数表示登录名，第二个参数表示登录密码，在该函数中判断登录名是否为 admin，登录密码是否为 123456。如果登录成功，返回“登录成功”字符串，如果登录失败，返回“登录失败”字符串。代码如下：

```
function CheckMyInfo(name,pass) {
   if(name=="admin" && pass=="123456") {
      return "登录成功";
   } else {
      return "登录失败";
   }
}
```

(4) 运行上述代码，查看页面效果，向页面中输入内容进行测试，测试失败时的效果如图 12-6 所示。

图 12-6 测试失败时的效果

12.4.4 with 语句

with 为一组语句创建默认的对象。在这一组语句中，任何不指定对象的属性引用都将被认为是默认对象的。基本语法如下：

```
with(object) {
    执行语句块;
}
```

其中，object 为语句指定要使用的默认对象名称，两边必须有小括号。如果一段连续的程序代码中多次使用到了某个对象的许多属性或者方法，那么只要在 with 后面的小括号中写出这个对象的名称，然后就可以在随后的大括号中执行语句里直接引用该对象的属性名或者方法名，不必再在每个属性和方法名前都加上对象实例名和点(.)了。

【例 12-17】

假设要获取系统当前的日期，通过 new Date()实例化对象 current_time，然后调用该对象的 getFullYear()方法、getMonth()方法和 getDate()方法获取年、月、日。

代码如下：

```
var current_time = new Date();
var str = current_time.getFullYear() + "年";
str += current_time.getMonth() + "月";
str += current_time.getDate() + "日";
alert(str);
```

除了年、月、日外，还可以获取系统的当前时间，即时、分、秒。每次获取这些信息时，都需要通过“current_time.”进行获取，这显得非常麻烦，可以直接使用 with 语句。更改上述代码，内容如下：

```
var current_time = new Date();
with(current_time) {
    var str =
      getFullYear() + "年" + getMonth() + "月" + current_time.getDate() + "日";
}
alert(str);
```

12.5 异常处理语句

程序中不可避免存在无法预知的反常情况，这种反常称为异常。JavaScript 为处理在程序执行期间可能出现的异常提供了内置支持，由正常控制流之外的代码来处理。

异常处理语句是一个强大的、多用途的错误处理和恢复系统。本节介绍常用的两种异常处理语句，即 try catch 语句和 try catch finally 语句。

12.5.1 try catch 语句

try catch 语句是经常使用到的一种处理语句。基本语法如下：

```
try {
    语句块，可能出现异常的代码;
} catch(e) {
    出现异常时执行的语句块;
}
```

try 语句和 catch 语句是成对存在的。其中，try 语句包含一组语句块，在这组语句块中包含可能会发生异常的代码；catch 子句定义了如何处理错误。

【例 12-18】

根据页面输入的内容进行判断，如果输入的内容不等于 10，则抛出一个异常提示。实现步骤如下。

(1) 向页面中添加一个输入文本框和一个操作按钮。相关代码如下：

```
<input type="text" id="number" />
<input type="button" onclick="CheckNum()" value="测 试" />
```

(2) 创建自定义的 CheckNum()函数，首先获取页面中文本框输入的值，然后在 try 语句中添加代码，判断 number 的值是否等于 10，如果是，直接向页面输出内容，否则通过 throw 抛出一个异常，并且用 catch 语句捕获异常，弹出提示对话框。

代码如下：

```
function CheckNum() {
    var number = document.getElementById("number").value;
    try {
        number = parseInt(number);
        if(number == 10) {
            document.write("恭喜您，真聪明，我心里想的数字是 10");
        } else {
            throw "很抱歉，距离我心里所想的数字还有一定的差距";
        }
    } catch(e) {
        alert(e);
    }
}
```

(3) 运行上述代码，向页面中输入内容后，单击按钮进行测试，效果如图 12-7 所示。

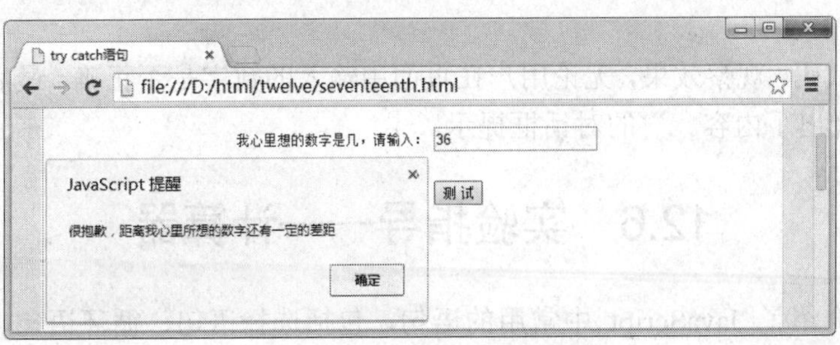

图 12-7 try catch 语句的使用

12.5.2 try catch finally 语句

除了 try catch 语句外，还经常会使用 try catch finally 语句，finally 块中包含了始终被执行的代码。一般来说，代码要执行一组语句块，如果没有执行成功，就会跳转到 catch 语句块。如果没有错误发生，就会跳过 catch 语句块，finally 子句在 try 和 catch 子句执行完毕后发生。基本语法如下：

```
try {
   语句块;
} catch(e) {
   语句块
} finally {
   语句块;
}
```

在 try catch finally 语句中，catch 语句是可选的，如果没有这个 catch 块，那么异常处理语句将没有意义。

【例 12-19】

重新更改例 12-18 中的代码，在 try catch 语句之后添加 finally 语句块，该语句块中弹出一个对话框提示。代码如下：

```
function CheckNum() {
   var number = document.getElementById("number").value;
   try {
      number = parseInt(number);
      if(number == 10) {
         document.write("恭喜您，真聪明，我心里想的数字是 10");
      } else {
         throw "很抱歉，距离我心里所想的数字还有一定的差距";
      }
   } catch(e) {
      alert(e);
   } finally {
      alert("在 finally 语句块弹出了内容。");
   }
}
```

运行上述代码，观察效果，无论用户在页面中输入的数字是否正确，最后都会弹出"在 finally 语句块弹出了内容。"的对话框提示。

12.6 实验指导——计算器

本章详细介绍了 JavaScript 中常用的语句，包括选择语句、循环语句、break 语句、continue 语句和异常处理语句等。本节将本章以及先前的内容结合起来，模拟实现一个计算器的功能。

在计算器功能中，用户向页面中输入两个数字，并且单击不同的按钮进行加、减、乘、除、求余的计算。实现步骤如下。

(1) 向页面的表单元素中添加 4 行 2 列的表格，前两行提供用户输入的内容，第三行提供操作按钮，最后一行显示结果。部分代码如下：

```
<table align="center" height="120px" width="80%">
    <tr>
        <td align="right">请输入第一个数字：</td>
        <td><input type="text" id="first" /></td>
    </tr>
    <tr>
        <td align="right">请输入第二个数字：</td>
        <td><input type="text" id="second" /></td>
    </tr>
    <tr>
        <td colspan="2" align="center">
        <input type="button" onclick="GetNumResult('+')" value="相加" />
        <input type="button" onclick="GetNumResult('-')" value="相减" />
        <input type = "button" onclick="GetNumResult('*')" value="相乘" />
        <input type="button" onclick="GetNumResult('/')" value = "相除" />
        <input type="button" onclick="GetNumResult('%')" value="求余" />
        </td>
    </tr>
    <tr><td></td><td>计算结果：<output id="optresult" /></td></tr>
</table>
```

(2) 创建自定义的 GetNumResult()函数，在该函数中首先获取用户输入的两个数字，并通过 parseFloat()将其转换为 float 类型。然后通过 isNaN()判断输入的内容是否为数字，如果不是，弹出对话框提示，如果是，通过 switch 语句判断用户单击的按钮操作。

代码如下：

```
function GetNumResult(oper) {
    var one = parseFloat(document.getElementById("first").value);
    var two = parseFloat(document.getElementById("second").value);
    var result = 0.00;
    if(!isNaN(one) && !isNaN(two)) {
        try {
            switch(oper) {
                case "+":
                    result = one + two;
                    break;
                /* 省略其他代码 */
                case "%":
                    if(two == 0) {
                        throw "被除数不能为0";
                    } else {
                        result = one % two;
                    }
```

```
                    break;
                }
            } catch(e) {
                alert(e);
            } finally {
                document.getElementById("optresult").value = result;
            }
        } else {
            alert("数字的内容只能为数字");
        }
    }
```

在上述代码中，如果用户执行除法或者求余操作，需要判断被除数(即第二个数字)是否为0，如果为0，则抛出异常并弹出对话框提示。

(3) 在浏览器中运行本次实验指导的代码，查看效果，向页面中输入内容后，单击按钮进行测试，测试成功和失败时的效果如图12-8和12-9所示。

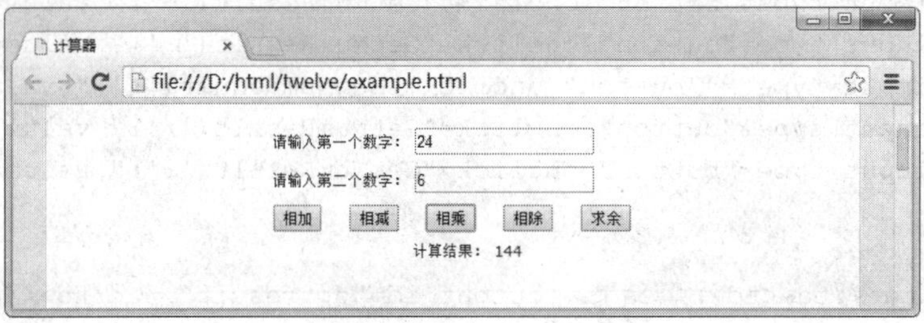

图12-8 测试成功时的效果

图12-9 测试失败时的效果

12.7 习　　题

一、填空题

1. 运行下面的脚本代码，页面输出的结果是__________。

```
var name = "lucy";
if(name=="Lucy") {
```

```
        document.write("equal");
    } else {
        document.write("not equal");
    }
```

2. JavaScript 中的选择语句可以分为 if 语句和__________语句两种。

3. 在 JavaScript 的循环语句中，__________语句用于对数组或者对象的属性进行循环操作。

4. 自定义函数时，如果函数有返回值，那么需要通过__________来实现。

5. 运行下面的代码，最终对话框中弹出的提示结果是__________。

```
var num=5, result=0;
do {
    num++;
    result += num;
} while(num<10);
alert(result);
```

二、选择题

1. 运行下面的代码，页面的输出结果是__________。

```
var output = "";
for(var x=1; x<10; x++) {
    if(x%2 == 0) {
        continue;
    }
    output += x + "\t";
}
document.write(output);
```

A. 1 2 4 6 8　　B. 1 3 5 9　　C. 2 4 6 8　　D. 1 3 5 7 9

2. JavaScript 中，通过__________为一组语句创建默认的对象。

A. continue　　B. with　　C. break　　D. return

3. 运行下面的代码，当 number 的值为 2 时，页面的输出内容是__________。

```
switch(number) {
    case 2:
        document.write("冬天来了\n");
    case 3:
    case 4:
    case 5:
        document.write("春天来了\n");
        break;
    default:
        document.write("请选择其他数字");
        break;
}
```

A. 冬天来了　　　　　　　　　　　　B. 春天来了
C. 冬天来了 春天来了　　　　　　　D. 什么也不会输出

4. 在 JavaScript 的异常处理语句中，__________块中包含了始终被执行的代码。无论是否有异常，该语句块中的所有内容都会被执行。

A. try　　　B. catch　　　C. finally　　　D. try finally

三、简答题

1. JavaScript 中常用的选择语句有哪些？
2. JavaScript 中的循环语句有哪些？举例说明。
3. break 语句和 continue 语句有什么区别？举例说明。

第 13 章　系统对象和函数

JavaScript 语言不是面向对象的，但它是基于对象的。之所以是“基于对象”的语言，是因为它没有提供抽象、继承、重载等有关面向对象语言的功能，而是把其他语言所创建的复杂对象统一起来，从而形成一个非常强大的对象系统。通俗地说，对象就是描述一类事件的若干变量的集合体，同时还提供对这些变量进行操作的函数。对象中所包含的变量就是对象的属性，对象中所包含的对属性进行操作的函数就是对象的方法，对象的属性和方法都叫对象的成员。

本章介绍 JavaScript 的对象和函数，包括对象的组成、对象属性和方法的获取、浏览器对象、内置对象、自定义对象、系统函数以及自定义函数等多个内容。

本章学习目标如下：

- 熟悉对象的组成和对象属性的获取。
- 掌握 window 对象的常用属性和方法。
- 熟悉 navigator 和 location 对象。
- 掌握 document 对象的常用属性和方法。
- 了解 history 对象和 screen 对象。
- 掌握 String 和 Array 对象的使用。
- 掌握 Date 对象的方法和使用。
- 熟悉 Math 对象的方法和使用。
- 掌握如何自定义和使用对象。
- 掌握如何自定义和使用函数。

13.1　对 象 概 述

对象是人们对客观世界中的单个物体在脑中的映像，是人意识的一种反映，可以将现实世界中的每一个物体都作为一个对象来看。

例如，一台电视机就是一个对象，电视机的尺寸、类型、颜色和价格都可以作为电视机的特点，打开或者关闭可以作为电视机的行为。

13.1.1　对象的组成

每一个对象都至少由两个元素组成：一组包含数据的属性，例如人的名字、书的价格和手机型号等；允许对属性中所包含的数据进行操作的方法。

JavaScript 中的对象由属性和方法两个基本元素构成。属性是对象在实施其所需要行为的过程中实现的信息存储，通常与变量相关联；方法是指对象能够按照开发者的意图而被操作，通常与特定的函数相关联。一个对象在被引用之前必须存在，否则引用将毫无意义，而且还会出现错误信息。

引用对象的途径可以包括以下几种：

- 引用 JavaScript 内置对象。
- 由浏览器环境提供。
- 创建新对象。

13.1.2 获取对象的属性

JavaScript 中获取对象的属性有 3 种方式：通过点(.)运算符获取、通过对象的下标实现引用、通过字符串的形式实现。

1. 通过点(.)运算符获取属性

这种方式获取属性的一般语句如下：

```
对象.属性名
```

【例 13-1】

获取 Person 对象中的 Name 属性、Birthday 属性和 Phone 属性，并为这些属性赋值。代码如下：

```
Person.Name = "Lucy";
Person.Birthday = "1988-10-10";
Person.Phone = "13828390098";
```

2. 通过下标获取属性

通过数组的形式访问对象，索引从 0 开始。如果要获取 myCity 数组中的第 1 个元素值，则使用 myCity[0]，获取数组中第 2 个元素值，则使用 myCity[2]。

3. 通过字符串获取属性

在数组的下标中使用字符串进行标识，而不再是索引。例如，通过 myCity[“first”]获取数组中名称是 first 的值。

13.1.3 引用对象方法

在 JavaScript 中引用对象的方法是很简单的，语法如下：

```
objName.methods()
```

实际上，methods()方法是一个函数。例如，引用 Person 对象中的 SayHello()方法，并向页面输出结果。代码如下：

```
document.write(Person.SayHello());
```

13.2 浏览器对象

HTML 网页使用 JavaScript 的好处是可以控制 Web 文档及其内容，JavaScript 脚本可以把一个新页面载入浏览器，操作浏览器的窗口和文档、打开新窗口以及动态修改页面的内容等。本节将详细介绍 JavaScript 中常用的、与浏览器有关的对象，包括 window、navigator、document 和 location 等。

13.2.1　window 对象

window 对象在客户端 JavaScript 中扮演着重要的角色，它是客户端程序的全局(默认)对象，也是客户端对象层次的根。除了这些特殊的作用外，window 本身也是一个重要的对象。每个浏览器窗口以及窗口的框架都是由 window 对象表示的。简单地说，该对象代表浏览器的整个窗口，开发者可以利用该对象控制浏览器窗口的各个方面。例如，改变状态栏上的显示文字、弹出对话框、移动窗口的位置等。

提示： 在 JavaScript 中，对 window 对象的属性和方法的引用，可以省略“window.”前缀，例如，前面两章使用过的 alert()弹出对话框提示的方法，实际上就是 window.alert()。

window 对象提供了多个属性和方法，这些属性和方法在 JavaScript 编程时会经常用到。例如，表 13-1 和 13-2 分别列出了该对象的常用属性和方法。

表 13-1　window 对象的常用属性

属性名称	说　明
closed	一个布尔值，当窗口关闭时此属性为 true。否则为 false
defaultStatus、status	一个字符串，用于设置在浏览器状态栏中显示的文本
document	对 document 对象的引用
frames[]	window 对象的数组，代表窗口的各个框架
history	对 history 对象的引用
innerHeight、innerWidth、outerHeight、outerWidth	它们分别表示窗口的内外尺寸
location	对 location 对象的引用
locationbar、menubar、scrollbars、statusbar 和 toolbar	对窗口中各种工具栏的引用，例如地址栏、工具栏、菜单栏和滚动条等。这些对象分别用来设置浏览器窗口中各个部分的可见性
name	窗口的名称，可被 HTML 的<a>标记的 target 属性引用
operer	返回打开当前窗口的那个 window 对象
pageXOffset、pageYOffset	在窗口中滚动到右边和下边的数量
parent	如果当前窗口是框架，它就是对窗口中包含这个框架的引用
self	自引用属性，是对当前对象的引用，与 window 属性相同
top	如果当前窗口是一个框架，那么它就是对包含这个框架顶级窗口的 window 对象的引用。注意，对于嵌套在其他框架中的框架来说，top 不等同于 parent
window	自引用属性，是对当前 window 对象的引用，与 self 属性相同

表 13-2　window 对象的常用方法

方法名称	说　明
alert()	弹出一个只包含“确定”按钮的对话框
confirm()	弹出一个包含“确定”和“取消”按钮的对话框，要求用户做出选择。如果用户单击“确定”按钮，则返回 true；如果单击“取消”按钮，则返回 false
close()	关闭窗口
find()、home()、print()、stop()	执行浏览器查找、弹出主页、打印和停止按钮的功能
focus()、blur()	请求或者放弃窗口的键盘焦点。focus()方法还将把窗口置于最上层，使窗口可见
open()	打开新的窗口，可以指定新窗口的各种属性。例如 URL
setInterval()、clearInterval()	设置或者取消重复调用的函数，该函数在两次调用之间有指定的延迟
setTimeout()、clearTimeout()	设置或者取消在指定的若干秒后调用一次函数
resizeBy()、resizeTo()	调整窗口大小
moveBy()、moveTo()	移动窗口

在表 13.2 中，open()方法打开一个新的窗口，在该方法的参数列表中指定要载入的 URL 资源、窗口的名称和主要特性。基本语法如下：

```
open(<URL 字符串>, <窗口名称字符串>, <参数字符串>);
```

其中，<URL 字符串>指定新窗口中要打开网页的 URL 地址，如果为空，则不打开任何网页。<窗口名称字符串>指定被打开新窗口的名称，可以使用_top 和_blank 等内置名称。<参数字符串>指定被打开窗口的外观，如果只打开一个普通窗口，则该字符串留空；如果要指定新的窗口，需要写入一个或多个参数，参数之间通过逗号分隔。

【例 13-2】

下面调用 window.open()方法打开一个宽度为 800、高度为 600 的普通窗口：

```
window.open("", "_blank", "width=800, height=600, menubar=no, toolbar=no,
  location=no, directories=no, status=no, scrollbars=yes, resizable=yes");
```

其中，menubar 指定窗口是否有菜单；toolbar 指定窗口是否有工具栏；location 指定窗口是否有地址栏；directories 指定窗口是否有链接区；status 指定窗口是否有状态栏；scrollbars 指定是否有滚动条；resizable 指定是否可以调整大小，这些取值都是 yes 或 no。

【例 13-3】

向页面中添加一个 button 类型的 input 元素，并为该元素添加 onClick 事件属性，调用 CloseWindow()函数关闭窗口。在该函数中，通过 window.confirm()方法进行判断，如果确定关闭窗口，则调用 window.close()方法关闭。代码如下：

```
function CloseWindow() {
    if(window.confirm("您确定要关闭当前的窗口吗？")) {
        window.close();
    } else {
```

```
        window.status = "您选择不关闭窗口";
    }
}
```

在浏览器中运行本例的代码，查看效果，confirm()方法的提示效果如图 13-1 所示。

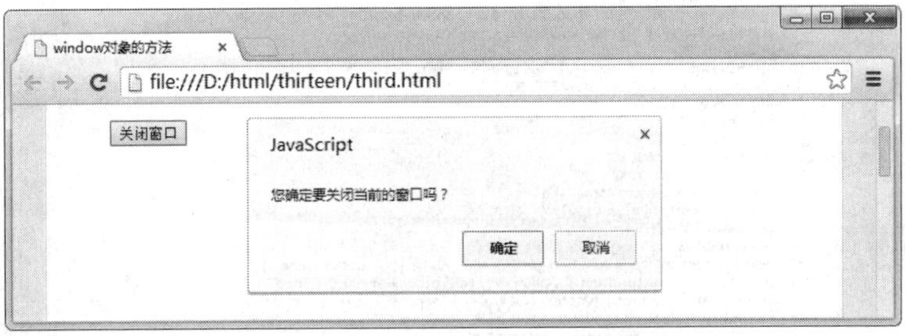

图 13-1　window 对象方法的使用

13.2.2　navigator 对象

window 对象的 navigator 属性是对 navigator 的引用，navigator 对象包含 Web 浏览器全局信息。该对象的常用属性只有 6 个，说明如表 13-3 所示。

表 13-3　navigator 对象的常用属性

属性名称	说　明
appName	浏览器的简称
appVersion	浏览器的版本号和其他版本信息，这个值是内部版本号，因为它可能与显示用户的版本号一致
userAgent	浏览器在它的 USER_AGENT HTTP 题头中发送的字符串，这个值通常包含 appName 和 appVersion 中的所有信息
appCodeName	浏览器的代码名称，Netscape 使用 Mozilla 作为属性值，IE 为了保持兼容性，也使用这种方式
platform	运行浏览器的硬件平台
javaEnabled	一个布尔值，测试是否启动了 Java 特性，默认值为 false

【例 13-4】

实际上，navigator 对象的属性远远要比表 13-3 中列出的多。首先向页面中添加 ol 元素，该元素内包含一个 id 属性值为 info 的 span 元素。在 JavaScript 脚本中通过 for in 循环语句遍历 navigator 对象的属性，并获取每个属性对应的值。代码如下：

```
for(var itemName in navigator) {
    document.getElementById("info").innerHTML  +=
     "<li><b>" + itemName + "</b>: " + navigator[itemName] + "</li>";
}
```

在浏览器中运行上述代码，查看效果，如图 13-2 所示。

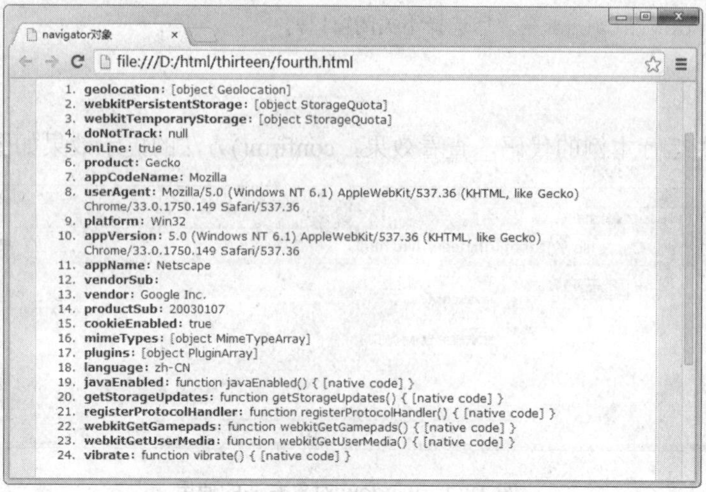

图 13-2　查看 navigator 对象的属性

13.2.3　document 对象

每一个 window 对象都有 document 属性，该属性引用表示在窗口中显示的 HTML 文件的 document 对象。document 对象非常重要，它是 JavaScript 中使用最多的一个对象，在前面的章节中已经多次使用到了该对象的 getElementById()方法和 write()方法。

提示： 几乎所有启用了 JavaScript 的浏览器都能实现 document 对象。如果是较新的浏览器，则它实现了完整的文档对象模型，它使 JavaScript 能完全访问和控制文档的所有内容。

1. document 的常用属性

document 对象包含多个属性，表 13-4 对常用的属性进行了说明。

表 13-4　document 对象的常用属性

属性名称	说　明
alinkColor、linkColor、vlinkColor	这些属性描述超链接的颜色。alinkColor 指被激活的链接颜色；linkColor 指未访问过的链接的正常颜色；vlinkColor 指访问过的链接颜色。它们分别对应于 HTML 文档中<body>标记的属性：alink、link 和 vlink
bgColor、fgColor	文档的背景色和前景色
cookie	一个特殊属性，允许 JavaScript 脚本读写 HTTP Cookie
forms[]	Form 对象的一个数组，该对象代表文档中<form>标记的集合
images[]	Image 对象的一个数组，该对象代表文档中<img>标记的集合
links[]	Link 对象的一个数组，该对象代表文档的链接<a>标记的集合
location	等价于属性 URL
title	当前文档的标题，即<title>和</title>之间的文本

在表 13-4 中，forms[]返回的是 HTML 文档中<form>标记的集合，即多个 form 对象的集合。form 对象最主要的功能就是能够直接访问 HTML 文档中的 form 表单，一个 Web 页面可以有一个或者多个表单，使用 forms[]可以访问到各个表单。

表单中存放的元素可以是普通按钮、提交按钮、重置按钮、单行文本输入框、多行文本输入框、下拉列表、复选框以及单选按钮等。大多数情况下，可以通过 form 表单对象获取表单中的元素，获取表单中的元素时，不能直接通过“document .元素的 name 值”获取，而是通过 form[]属性获取。

【例 13-5】

向表单元素中分别添加两个输入框和一个提交按钮，并且为按钮添加 onClick 事件属性。代码如下：

```
<form>
   Name:<input type="text" name="loginName" /><br/><br/>
   Pass:<input type="password" name="loginPass" /><br/><br/>
   <input type="button" value="提交" onClick="CheckInfo()" />
</form>
```

创建 CheckInfo()函数，在该函数中通过 document.form[0]获取页面中的表单对象，并保存到 form 变量中，通过 form[“loginName”]获取表单中 name 属性值为 loginName 的元素，通过 form[“loginPass”]获取表单中 name 属性值为 loginPass 的元素。代码如下：

```
function CheckInfo() {
   var form = document.forms[0];
   var name = form["loginName"].value;
   var pass = form["loginPass"].value;
   alert("您提交的用户名和密码分别是：" + name + "," + pass);
}
```

在浏览器中运行上述代码，向页面中输入内容后，单击按钮进行查看，效果如图 13-3 所示。

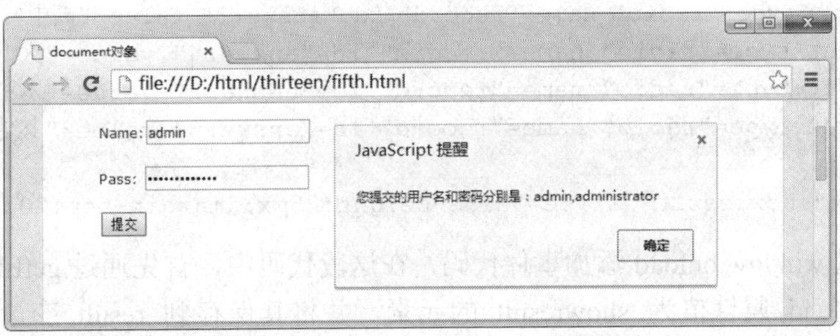

图 13-3　获取表单中的元素内容

如果为该例中的表单指定了 name 属性，那么也可以直接通过 document.form[“name 属性值”]获取指定的表单元素。

2. document 的常用方法

document 对象中包含数十个方法，通过这些方法，可以获取不同的内容。表 13-5 对

document 常用的方法进行了说明。

表 13-5 document 对象的常用方法

方法名称	说 明
close()	关闭或者结束 open()方法打开的文档
open()	产生一个新文档，并清除已有文档的内容
write()	输入文本到当前打开的文档
writeln()	输入文本到当前打开的文档，并添加一个换行符
createElement(Tag)	创建一个 HTML 标记对象
getElementById()	根据指定的 ID 属性值获取对象
getElementsByName()	获取指定 Name 值的对象
getElementsByTagName()	获取指定标记值的对象

【例 13-6】

本例演示 getElementById()、getElementsByName()和 getElementsByTagName()方法的使用。步骤如下。

(1) 向页面的表单元素中添加两组单选按钮，第一组单选按钮的 name 属性值均为 chooseword，第二组单选按钮的 name 属性值均为 record。添加完毕后，在表单外部添加一个 div 元素，代码如下：

```
<form>
    <br/>英文单词 science 的意思是:
    <input type="radio" name="chooseword" id="answerA" value="科学" checked />科学
    <input type="radio" name="chooseword" id="answerB" value="教育" />教育
    <input type="radio" name="chooseword" id="answerC" value="社会" />社会
    <br/><br/>您的学历是:
    <input type="radio" name="record" id="answer1" value="小学" />小学
    <input type="radio" name="record" id="answer2" value="初中" />初中
    <input type="radio" name="record" id="answer3" value="高中" checked/>高中
    <input type="radio" name="record" id="answer4" value="大专" />大专
    <input type="radio" name="record" id="answer5" value="本科" />本科
    <input type="radio" name="record" id="answer6" value="其他" />其他
</form>
<div id="showresult" style="line-height:25px; margin-top:20px"></div>
```

(2) 通过 window.onload 添加事件代码，在这段代码中，首先通过 getElementById()方法获取页面中 id 属性值为 showresult 的元素，并将其保存到 result 变量中，然后通过 innerHTML 属性进行赋值。然后通过 getElementsByName()方法获取文档中所有 name 值为 chooseword 的元素，并通过 for 语句进行遍历，choosewordlist.length 表示获取到的列表总数。最后通过 getElementsByTagName()方法获取文档中所有的 input 标记，并遍历标记的 value 属性值。代码如下：

```
window.onload = function() {
    var result =
      document.getElementById("showresult");      //获取页面中指定 ID 的对象
```

```
    result.innerHTML =
      "遍历获取到的 name 属性值为 chooseword 的元素的 value 值: ";
    var choosewordlist = document.getElementsByName("chooseword");
    for(var i=0; i<choosewordlist.length; i++) {    //遍历获取到的元素
       result.innerHTML += choosewordlist[i].value + "\t";
    }
    result.innerHTML += "<br/>遍历获取到的 input 标记 value 值: <br/>";
    var inputlist = document.getElementsByTagName("input");
    for(var j=0; j<inputlist.length; j++) {
       result.innerHTML += inputlist[j].value + "\t";
    }
}
```

(3) 在浏览器中运行上述代码，查看效果，如图 13-4 所示。

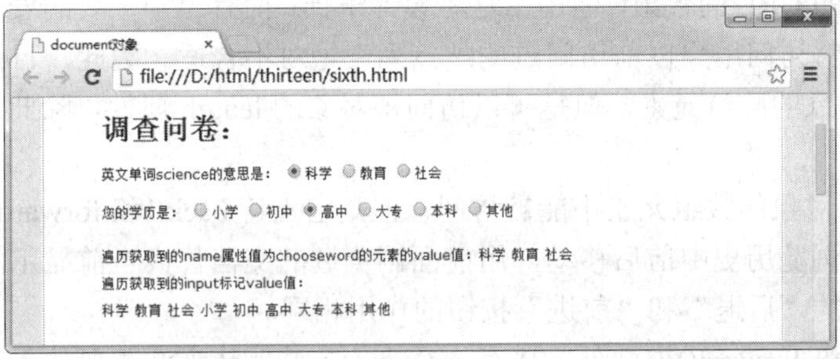

图 13-4　document 对象方法的使用

13.2.4　location 对象

window.location 引用的是 location 对象，该对象代表窗口当前显示的文档的 URL，并把浏览器重定向到新的页面。

开发者可以像遍历 navigator 那样查看对象的全部属性，如图 13-5 所示。

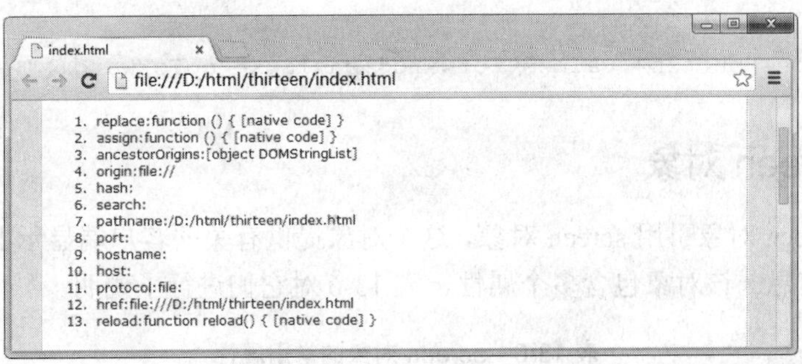

图 13-5　location 对象的属性

从图 13-5 中可以看到，location 对象一共包含 13 个属性，并不是所有的属性都经常被用到。其中，hostname 属性返回 Web 主机的域名；pathname 返回当前页面的路径和文件名；port 属性返回 Web 主机的端口(80 或 443)；protocol 属性返回所使用的 Web 协议(http://或 https://)；href 属性返回当前页面的 URL 地址。

【例 13-7】

下面通过 assign()方法加载一个新的文档：

```
<script>
function newDoc() {
   window.location.assign("http://www.baidu.com")
}
</script>
<input type="button" value="加载新文档" onclick="newDoc()">
```

13.2.5 history 对象

window.history 引用的是窗口的 history 对象，该对象最初是用来把窗口的浏览历史构造成近来访问过的 URL 的数组，但由于这种设计笨拙，而且出于重要的安全性和隐私性的考虑，使脚本能够访问用户以前访问过的站点列表绝对不合适。因此，目前，脚本不能真正访问 history 对象的数组元素，但是可以访问该对象的 length 属性，除此之外，它不能提供任何信息。

尽管 history 对象的数组元素不能被访问，但是它支持 back()和 forward()方法，可以在窗口或者框架的浏览历史中前后移动，用前面浏览过的文档替换当前显示的文档，这与用户单击浏览器上的“后退”和“前进”按钮的作用相同。

除了 back()和 forward()方法外，还有一个 go()方法，该方法需要传入一个整数参数，可以在历史列表中向前或者向后跳过多个页面。例如，history.go(4)表示向后跳过 4 个页面，history.go(-1)表示向前跳过 1 个页面。

【例 13-8】

单击页面中的 Forward 按钮使页面前进，代码如下：

```
function goForward() {
   window.history.forward()
}
</script>
<input type="button" value="Forward" onclick="goForward()">
```

13.2.6 screen 对象

window.screen 对象引用 screen 对象，这个对象提供有关的客户端显示器的大小和可用的颜色数量的信息。该对象包含多个属性，表 13-6 对它们进行了说明。

表 13-6 screen 对象的常用属性

属性名称	说 明
width、height	指定显示器的分辨率，以像素为单位
availWidth、availHeight	指定实际可用的显示器大小，是去除了像任务栏等这些布局后所占有的空间。可以使用这个属性确定要加入文档的图像的大小，或者在创建多个浏览器窗口的应用中确定要创建的窗口大小

续表

属性名称	说　明
colorDepth	指定显示的颜色数，这个值是以 2 为底的对数
screenTop	屏幕顶端离活动窗口中正文的顶端的距离，随窗口在屏幕上的位置而改变
screenLeft	屏幕左端离活动窗口中正文的左端的距离，随窗口在屏幕上的位置而改变
offsetWidth	对象的可见宽度，包括滚动条等边线，随窗口的显示大小而改变
offsetHeight	对象的可见高度，包括边线高度，随窗口的显示大小而改变
clientWidth	对象可见的宽度，不包括滚动条等边距，随窗口的显示大小而改变
clientHeight	对象可见的高度，不包括边框高度，随窗口的显示大小而改变
scrollWidth	对象的实际内容的宽，不包括边框宽度，随对象中内容的多少而改变(可能会影响实际宽度)
scrollHeight	对象的实际内容的高，不包括边框高度，随对象中内容的多少而改变(可能会影响实际高度)

通常 colorDepth 的值与显示器所使用的每个像素和位数相同。例如，一个 8 位显示器可以显示的颜色数是 256，如果所有颜色对浏览器来说都是可用的，那么 screen.colorDepth 属性的值就是 8。但是在某些环境中，浏览器可能对自身有所限制，可以显示的是可用颜色的子集，这时会出现 screen.colorDepth 的值小于屏幕的每个像素的位数的情况。

13.3　内置对象

在 JavaScript 提供的浏览器对象中，window 和 document 两个对象经常被使用到。除了这些属性外，JavaScript 中还提供了一些常用的内置对象和方法。

13.3.1　String 对象

String 对象就是用来处理字符串的，它是 JavaScript 的核心对象之一，也是在编程过程中使用最多的一个对象。当用户在脚本中声明一个变量并赋予字符串类型的值时，实际上已经创建了一个 String 对象。例如下面的代码：

```
var str = "我爱中国";
```

上述代码声明了一个 str 变量，并为该变量赋值，将一个字符串对象分配给这个变量。从对象的角度来看，所有的字符串都存储在一个对象中。

除了直接声明和赋值方法外，还有一种方式可以创建 String 对象，这种创建方法需要使用 new 关键字。例如下面的代码：

```
var str = new String("我爱中国");
```

任何一个字符串常量都是一个 String 对象，可以将其直接作为对象来使用，这与使用 new String()创建对象的区别在于：typeof 的返回值不同，一个是 String，另一个是 Object。

1. String 对象的属性

String 对象提供了 length 和 prototype 两个常用属性。length 属性是一个只读的整数，用于获取字符串对象中字符的数量，该对象中的最后一个字符的索引为 length-1；prototype 属性允许开发者为 JavaScript 的内置对象添加属性和方法。

【例 13-9】

下面通过 prototype 属性为 String 对象添加了一个 Trim()方法，该方法去除字符串左右两侧的空格。代码如下：

```
String.prototype.Trim = function() {
    return this.replace(/(^\s*)|(\s*$)/g, "");
}
```

2. String 对象的方法

除了属性外，String 对象中还提供了多个用于处理字符串及其字符的方法，表 13-7 对这些方法进行了说明。

表 13-7 String 对象的常用方法

方法名称	说　明
charAt(int)	返回字符串中 index 处的字符
indexOf(searchValue, [fromIndex])	在字符串中寻找第一次出现的 searchValue。如果指定 fromIndex 的值，则从字符串内该位置处开始搜索，当 searchValue 找到后，返回该串第一个字符的位置
lastIndexOf(searchValue, [fromIndex])	从字符串的尾部向前搜索 searchValue，并报告找到的第一个实例
substring(indexA, indexB)	获取自 indexA 到 indexB 的子串
toLowerCase()	将字符串中的所有字符全部转换成大写
toUpperCase()	将字符串中的所有字符全部转换成小写

【例 13-10】

向页面中添加输入框和操作按钮，并为操作按钮添加 Click 事件，该事件调用 GetStringInfo()函数。页面代码如下：

```
<form>
    随便输入点内容：
    <input type="text" name="search" id="search"
      placeholder="英文搜索内容" />   
    <input type="button" value="提 交" onClick="GetStringInfo()"/>
</form>
```

GetStringInfo()函数处理用户输入的内容，包括 indexOf()方法、substring()方法、toUpperCase()方法和 toLowerCase()方法的使用。代码如下：

```
function GetStringInfo() {
```

```
    var mysearch = document.forms[0]["search"].value;  //获取用户输入的值
    var info = document.getElementById("showresult");  //获取 div 对象
    info.innerHTML = "小写字母 z 出现索引的位置:" + mysearch.indexOf("z");
    info.innerHTML  +=
      "<br/>小写字母 z 出现的最后索引位置: " + mysearch.indexOf("z");
    info.innerHTML +=
      "<br/>截取用户输入的第 2 位和第 3 位内容: " + mysearch.substring(1,3);
    info.innerHTML +=
      "<br/>输入的内容转换为大写字母: " + mysearch.toUpperCase();
    info.innerHTML +=
      "<br/>输入的内容转换为小写字母: " + mysearch.toLowerCase();
}
```

在浏览器中运行上述代码，查看效果，输入内容后单击按钮进行测试，如图 13-6 所示。

图 13-6　String 对象方法的使用

13.3.2　Array 对象

数组提供了一种理想的方法来存储、操作、排序和获取数据集，它被定义为一组有某种共同特性的元素和类型的集合，集合中的所有元素之间由一个特殊的标识符来区分，该标识符通常被称为键(Key)或者下标。在 JavaScript 中，以 Array 表示数组对象，即对数组对象进行操作。

1. 创建 Array 对象

在 JavaScript 中，创建数组有两种方式。

第一种方式是通过 new 创建一个空数组，然后为数组的元素进行赋值。语法如下：

```
var 数组名 = new Array();
数组名[<下标>] = 值;
```

【例 13-11】

创建一个空数组，然后向该数组中添加 3 个元素，分别使用下标 0、1、2 表示。代码如下：

```
var scores = new Array();
scores[0] = 85;
scores[1] = 98;
scores[2] = 90;
```

上述语法中的中括号是不可以省略的，因为数组的下标表示方法是用中括号括起来的。如果要在定义数组时直接初始化数据，可以使用第二种方式。语法如下：

```
var 数组名 = new Array(元素1, 元素2, 元素3, ...);
```

更改例 13-11 中的代码，更改后的等价代码如下：

```
var scores = new Array(85, 98, 90);
```

注意： 如果元素列表中只有一个元素，而这个元素又是一个正整数，这将定义一个包含<正整数>个空元素的数组。

2. Array 对象的属性

Array 对象和其他对象(例如 String)一样，也包含了属性和方法，表 13-8 对一些常用的属性进行了说明。

表 13-8　Array 对象的常用属性

属性名称	说　明
index	字符在字符串中的匹配位置，如果找不到则返回-1
input	指定匹配正则表达式的原始字符串
length	返回数组的长度，即数组中有多少个元素。它等于数组中最后一个元素的下标加 1，其数值会随着数组元素的增减而自动改变
prototype	所有 JavaScript 对象的共同属性，与 String 对象的 prototype 属性一样，其作用是将新定义的属性或方法添加到 Array 对象中，然后，该对象的实例就可以调用该属性或者方法了

【例 13-12】

声明并初始化一个数组对象 namelist，接着获取页面中 id 属性值为 showresult 的对象，并指定该对象的显示内容。其中，length 属性用于获取数组的原始长度以及添加元素之后的长度，最后通过 for 循环语句进行遍历。代码如下：

```
var namelist =
  new Array("Lucy", "Jack", "Lily", "Rose", "李非", "徐冉冉", "陈杨东");
var result = document.getElementById("showresult");
result.innerHTML = "<br/>数组长度：" + namelist.length;
result.innerHTML += "<br/>增加一个值为 Han Meimei 的元素：";
namelist[namelist.length] = "Han Meimei";
result.innerHTML += "<br/>数组长度：" + namelist.length;
for(var item in namelist) {
    result.innerHTML +=
      "Key 值：" + item + " 对应的 Value 值：" + namelist[item] + "<br/>";
}
```

在 for 语句遍历数组中的元素时，item 表示遍历的键值，即 Key 的值，namelist[item] 则获取 Value 值，即键所对应的值。

在浏览器中运行上述脚本，查看页面的输出结果，效果如图 13-7 所示。

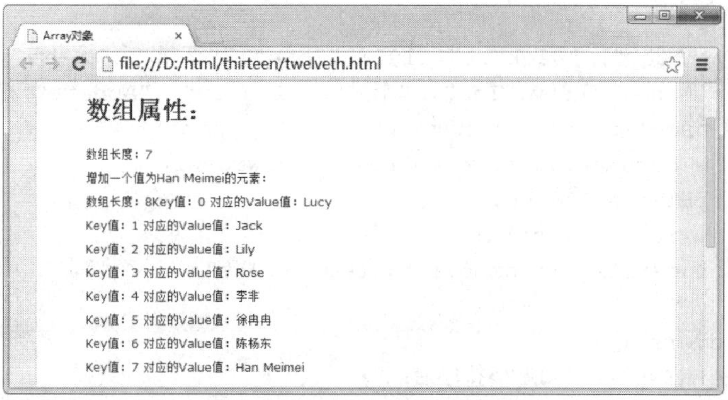

图 13-7　使用 Array 对象的属性

3．Array 对象的方法

Array 对象中包含一系列的方法，通过这些方法，可以对数组中的元素进行操作。表 13-9 对常用的方法进行了说明。

表 13-9　Array 对象的常用方法

方法名称	说　明
concat()	返回一个新数组，这个新数组是由两个或更多数组组合而成的
join()	返回字符串值，其中包含了连接到一起的数组的所有元素，元素由指定的分隔符分隔开来
pop()	从数组中移除最后一个元素并将该元素返回，如果该数组为空，则返回 undefined
push()	将新元素按出现的顺序追加。如果参数是数组，则该数组将作为单个元素添加到数组中
shift()	将数组中的第一个元素移除并返回它
unshift()	将这些元素插入到一个数组的开头，以便它们按其在参数表中的次序排列
reverse()	将数组元素按照与原来相反的方向重排
sort()	返回排序后的 Array 对象，默认元素将按 ASCII 字符顺序的升序进行排序
splice()	通过移除从 start 位置开始的指定个数的元素，并插入新元素来修改数组。返回值是一个由所移除的元素组成的新 Array 对象
toString()	返回表示对象的字符串
valueOf()	返回指定对象的原始值

【例 13-13】

首先在 JavaScript 中声明两个数组对象 namelist 和 nameapp，接着调用 namelist 对象的 concat()方法，将 nameapp 对象追加到该对象之后，并将追加后的全部元素保存到 namelist 对象中。然后通过两个 for 语句遍历 namelist 对象中的元素，第一个 for 语句遍历排序前的元素，第二个 for 语句遍历排序后的元素，在第一个语句之后、第二个语句之前还需要调用 sort()方法排序。代码如下：

```
var namelist =
  new Array("Lucy", "Jack", "Lily", "Rose", "李非", "徐冉冉", "陈杨东");
var nameapp = new Array("Zoe", "李封", "Angela", "Abbott");
namelist = namelist.concat(nameapp);
var result = document.getElementById("showresult");
result.innerHTML = "排序前：";
for(var item in namelist) {
    result.innerHTML += namelist[item] + "\t";
}
namelist.reverse();
result.innerHTML += "<br/>排序后：";
for(var item in namelist) {
    result.innerHTML += namelist[item] + "\t";
}
```

在浏览器中运行上述代码，查看效果，排序前后的元素如图 13-8 所示。

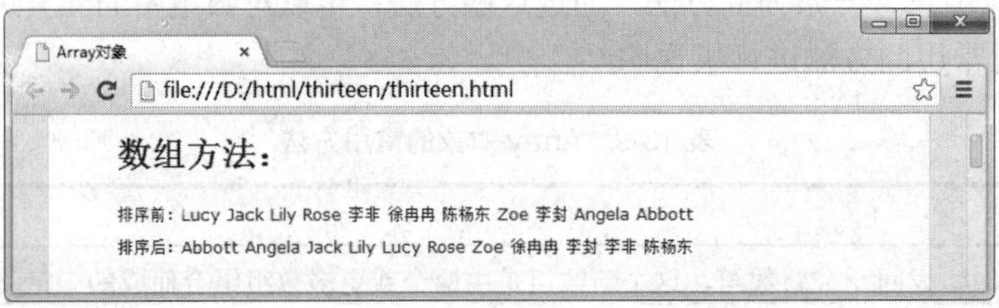

图 13-8　对象数组中的元素排序

重新更改上述代码，将“排序前”和“排序后”分别使用“反转前”和“反转后”来代替，并且使用 reverse()方法代替 sort()方法。更改完毕后，刷新页面或重新运行页面，此时的反转效果如图 13-9 所示。

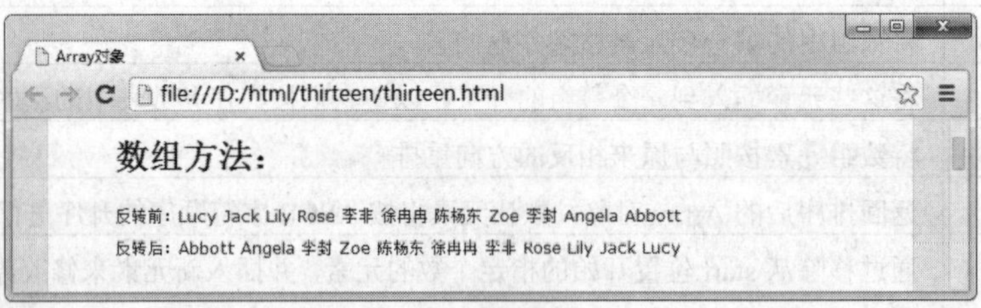

图 13 0　对数组中的元素反转

13.3.3　Date 对象

Date 对象用于表示日期和时间，在计算机内部只有数值，没有真正的日期类型及其他各种类型，平常使用的日期本质上就是一个数值，它是从 1970 年 1 月 1 日 0 点 0 分 0 秒起相对某个日期时间的以毫秒为单位的数值，通过这个数值，能够推算出其对应的具体日期时间。例如，如果指定为 150 秒，则 JavaScript 将该数值重新定义为 2 分 30 秒。

1. 构造方法

创建 Date 对象与其他对象一样，直接使用 new Date()进行创建。除了这种创建方式外，还可以使用其他的构造方法进行创建，如下所示：

```
new Date();      //默认的构造方法
new Date(dateString);
new Date(year, month, day);
new Date(year, month, day, hours, minutes, seconds);
```

其中，dateString 参数指定日期创建 Date 的实例，其格式是“month day,year hours:minutes:seconds”。

【例 13-14】

通过 4 种方式创建 Date 对象：

```
var dt1 = new Date();
var dt2 = new Date("12 30,2014 12:59:59");
var dt3 = new Date(2014,12,12);
var dt4 = new Date(2014,12,12,15,59,50);
```

2. 常用方法

创建 Date 对象后，可以调用该对象的方法获取或设置日期和时间信息，表 13-10 对 Date 对象的常用方法进行了说明。

表 13-10　Date 对象的常用方法

方法名称	说　明
getDate()	返回 Date 对象是当月的第几天
getDay()	返回 Date 对象对应本周的星期几
getHours()	返回 Date 对象的小时数
getMinutes()	返回 Date 对象的分钟数
getMonth()	返回 Date 对象的月份
getSeconds()	返回 Date 对象的秒
getTime()	返回 Date 对象的时间
getTimeZoneOffset()	返回 Date 对象的时区偏差(以分钟为单位)
getYear()	返回 Date 对象的年份
parse()	返回自本地时间 1970 年 1 月 1 日以来的毫秒数
setDate(data)	设置 Date 对象的当月的第几天
setFullYear(year, month, date)	设置 Date 对象的完整时间，包含年、月、日
setHours(hours, minutes, seconds, ms)	设置 Date 对象的小时数
setMilliseconds(ms)	设置 Date 对象的毫秒数
setMinutes(minutes, seconds, ms)	设置 Date 对象的分钟数
setMonth(month, date)	设置 Date 对象的月份

续表

方法名称	说　明
setSeconds(seconds, ms)	设置 Date 对象的秒数
setTime(value)	设置 Date 对象的时间

【例 13-15】

创建获取当前系统日期和时间的对象，接着分别调用 getDate()、getDay()和 getHours()等方法获取信息，然后再根据指定的年、月、日创建一个日期对象，并调用 getMonth()方法获取月份，获取之后通过 setMonth()方法设置月份，最后再次输出月份。

代码如下：

```
var dt = new Date();
var result = document.getElementById("showresult");
result.innerHTML = "获取系统日期和时间：" + dt;
result.innerHTML += "<br/>getDate()的值：" + dt.getDate();
result.innerHTML += "<br/>getDay()的值：" + dt.getDay();
result.innerHTML += "<br/>getHours()的值：" + dt.getHours();
result.innerHTML += "<br/>getTime()的值：" + dt.getTime();
result.innerHTML += "<br/>==========设置日期和时间：2014-2-1===========";
dt = new Date(2014, 2, 1);
result.innerHTML += "<br/>getMonth()的值：" + dt.getMonth();
dt.setMonth(5);
result.innerHTML += "<br/>getMonth()的值：" + dt.getMonth();
```

在浏览器中运行上述代码，查看效果，如图 13-10 所示。

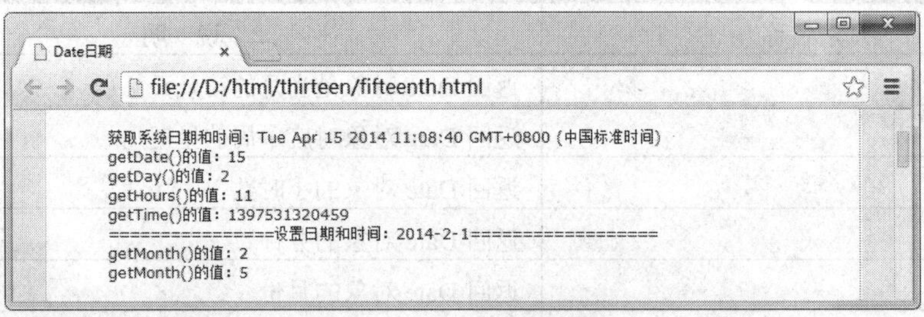

图 13-10　Date 对象的使用

13.3.4　Math 对象

Math 对象的作用是执行数学计算，它提供了标准的数学常量和函数库，将常量定义为 Math 的属性，函数定义为 Math 的方法，而且在使用这个对象前，不需要创建实例，因为 Math 是内置对象而不是对象类型。

1. 常用属性

Math 对象可以直接调用属性和方法获取信息，它提供了 8 个常用的属性，这些属性及其说明如表 13-11 所示。

表 13-11　Math 对象的常用属性

属性名称	说　明	属性名称	说　明
Math.E	常数	Math.PI	圆周率
Math.SQRT2	2 的平方根	Math.SQRT1_2	1/2 的平方根
Math.LN2	2 的自然对数	Math.LN10	10 的自然对数
Math.LOG2E	以 2 为底的 e 的对数	Math.LOG10E	以 10 为底的 e 的对数

2．常用方法

Math 对象提供了一系列的方法，通过这些方法，可以获取指定的数值，例如求正弦值、余弦值、绝对值、相反数和平方根等。表 13-12 对常用的方法进行了说明。

表 13-12　Math 对象的常用方法

方法名称	说　明	方法名称	说　明
abs(x)	返回 x 的绝对值	acos(x)	返回 x 的余弦值(余弦值等 x 的角度)，用弧度表示
asin(x)	返回 x 的反正弦值	atan(x)	返回 x 的反正切值
cos(x)	返回 x 的余弦值	sin(x)	返回 x 的正弦值
tan(x)	返回 x 的正切值	sqrt(x)	返回 x 的平方根
round(x)	返回 x 四舍五入后的值	random()	返回大于 0 小于 1 的一个随机数
max(a, b)	返回 a、b 中较大的数	min(a, b)	返回 a、b 中较小的数
log(x)	返回 x 的自然对数(ln x)	floor(x)	返回小于等于 x 的最大整数
exp(x)	返回 e 的 x 幂	pow(n, m)	返回 n 的 m 幂

【例 13-16】

下面的代码演示了表 13-12 中 Math 对象的常用方法：

```
var result = document.getElementById("showresult");
result.innerHTML = "max(10,12)的返回值是：" + Math.max(10, 12);
result.innerHTML += "<br/>min(10,12)的返回值是：" + Math.min(10, 12);
result.innerHTML += "<br/>round(12.9)的返回值是：" + Math.round(12.9);
result.innerHTML += "<br/>floor(12.9)的返回值是：" + Math.floor(12.9);
result.innerHTML += "<br/>random()的随机生成数是：" + Math.random();
```

在浏览器中运行上述代码，查看效果，如图 13-11 所示。

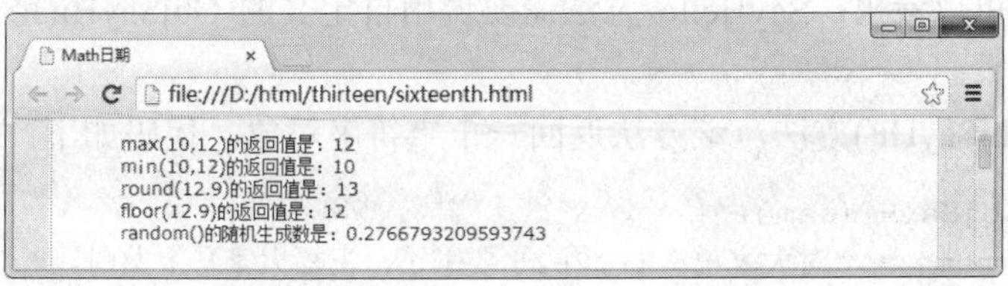

图 13-11　Math 对象方法的使用

13.4 自定义对象

虽然 JavaScript 语言不是面向对象的，而是基于对象的，但是它多少还是有一些面向对象的特征的。如果 JavaScript 中提供的内置对象不能满足开发者的需求，开发者也可以根据自己的需要自定义对象，增强开发功能。

在 JavaScript 中自定义对象很简单，首先必须定义一个对象。基本语法如下：

```
function Object([属性表]) {
    this.prop1 = value1;
    this.prop2 = value 2;
    ...
    this.meth1 = FunctionName1;
    this.meth2 = FunctionName2;
}
```

自定义对象时，可以为其指定对象的属性和方法，通过属性和方法构成一个实例。

上述代码中，prop1、prop2 指定对象的属性，value1 和 value2 分别对应属性的值。this.meth1=FunctionName1 用来定义对象的方法，实际上，对象的方法是一个函数名称，通过它来实现开发者的意图。

定义对象完毕后，就是要使用一个对象，需要创建该对象的一个实例。语法如下：

```
var obj = new Object();
```

【例 13-17】

本例演示自定义对象的创建和使用，实现步骤如下。

(1) 创建名称是 Article 的对象，并向该对象中传入 4 个参数，第一个参数表示标题，第二个参数表示作者，第三个参数表示日期，最后一个参数表示 URL 地址。在该对象中定义 4 个属性和一个方法，属性名称分别是 Title、Author、CreateDate、Url，方法名是 SayHello。代码如下：

```
function Article(title,author,date,url) {
    this.Title = title;
    this.Author = author;
    this.CreateDate = date;
    this.Url = url;
    this.SayHello = ObjSayHi(name);
}
```

从上述代码可以看出，SayHello 方法需要调用自定义的 ObjSayHi()函数，并且该函数需要传入一个参数。

(2) 创建 ObjSayHi()方法，该方法返回一个字符串对象。代码如下：

```
function ObjSayHi(name) {
    return name + "对大家说：Hi,2015 要来了，祝福大家马上发财。";
}
```

(3) 创建 Article 对象，在创建时向该对象中分别传入 4 个参数，然后调用对象的 ObjSayHi()方法，并将方法的返回结果保存到 say 变量中，最后弹出 say 的值。

代码如下：

```
var article =
  new Article("黑与白", "咪咪", "2014-10-10", "http://www.baidu.com");
var say = ObjSayHi(article.Author);
alert(say);
```

(4) 在浏览器中运行本例的代码，查看效果。

13.5　系 统 函 数

函数对任何一种计算机语言来说都是相当重要的，它是用来扩展语言功能的基本工具和方式。通过函数可以返回适合程序继续执行的值，因此函数经常用于执行重复的步骤，并返回不同的值。

JavaScript 中提供了大量的系统函数，这些函数通常又被称为内部方法或者内置函数。系统函数可以直接使用，而不需要创建任何实例。通俗地说，系统函数不需要创建，用户可以在任何需要的地方调用它，如果函数有参数，还需要在括号中指定传递的值。例如，开发者通过 window.alert()方法弹出一个对话框，也可以直接使用 alert()函数进行弹出，这时就将其称为 alert()函数。

下面在表 13-13 中列出了 JavaScript 中常用的一些系统函数，并对这些系统函数进行了说明。仔细观察该表，可以发现，有些方法已经在前面的对象中提到过，甚至使用过。

表 13-13　JavaScript 中常用的系统函数

系统函数	说　明
eval()	返回字符串表达式中的值
parseInt()	返回不同进制的数，默认是十进制
parseFloat()	返回实数
escape()	返回字符的编码
encodeURI()	返回一个对 URI 字符串编码后的结果
decodeURI()	将一个已编码的 URI 字符串解码成最原始的字符串返回
unEscape()	返回字符串 ASCII
isNaN()	检测 parseInt()和 parseFloat()函数的返回值是否为非数值型。如果是则返回 true，否则返回 false
abs(x)	返回 x 的绝对值
sin(x)	返回 x 的正弦值
cos(x)	返回 x 的余弦值
tan(x)	返回 x 的正切值
sqrt(x)	返回 x 的平方根

续表

系统函数	说　明
max(a, b)	返回 a、b 中较大的数
min(a, b)	返回 a、b 中较小的数
random()	返回大于 0 小于 1 的一个随机数

【例 13-18】

创建一个字符串对象并将其保存到 number 变量中，调用 isNaN()判断 number 的值是否是非数值型，如果是，则弹出“这怎么不是一个数值呢”的对话框提示，如果不是，则弹出“这真的是一个数值啊”的对话框提示。

代码如下：

```
var number = "lucy";
if(isNaN(number)) {
    alert("这怎么不是一个数值呢");
} else {
    alert("这真的是一个数值啊");
}
```

13.6 自定义函数

在多种情况下，Web 开发者仅仅使用 JavaScript 的系统函数是不够的，这时允许他们自定义函数。在前面的例子中，已经多次使用到了自定义的函数，本节将详细了解一下自定义函数的创建和调用。

13.6.1 函数语法

自定义函数与自定义对象很相似，它们都需要使用 function 关键字。自定义函数的基本语法如下：

```
function 函数名称([参数]) {
    //函数体，实现语句
    [return 值;]
}
```

其中 function 声明创建的是函数，之后紧跟的是函数名称，与变量的命名规则一样。即函数名称只包含字母、数字、下划线或者美元符号，以下划线或者美元符或者字母开始，不能与保留字重复等。在括号中定义了一串传递到函数中的某种类型的值或者变量，多个参数之间通过逗号进行分隔，声明后的两个大括号是必需的，其中包含了需要让函数执行的功能，为了使用函数的执行结果，JavaScript 提供了 return 语句，使用时将返回值放在 return 的后面。

注意：如果使用了 return 语句，后面却没有指明数值或者不使用 return 语句，那么函数的返回值为不确定值。

【例 13-19】

创建用于向页面输出一句话的 InputResult()函数。在该函数中，首先获取文本框中用户输入的内容，然后再调用 document.write()方法输出。代码如下：

```
function InputResult() {
   var content = document.getElementById("search").value;
   document.write("您输入的内容是：" + content);
}
```

【例 13-20】

创建用于计算两个数值结果的 GetInputResult()函数。在该函数中，需要向参数中传入两个数值，然后计算相加运算，通过 return 返回结果。代码如下：

```
function GetInputResult(x, y) {
   var result = x + y;
   return result;
}
```

13.6.2　调用函数

创建函数就是为了调用，如果函数没有返回值或者调用程序不关心函数的返回值，可以使用下面的格式调用自定义的函数：

```
函数名(传递给函数的参数 1, 传递给函数的参数 2, ...);
```

例如，针对例 13-19，直接调用 InputResult()函数，而不需要传入任何参数。

如果调用程序需要函数的返回结果(如例 13-20)，需要使用下面的格式来调用自定义的函数：

```
变量 = 函数名(传递给函数的参数 1, 传递给函数的参数 2, ...);
```

【例 13-21】

针对例 13-20，调用 GetInputResult()函数，分别向该函数中传入参数值 3 和 4，然后调用 alert()函数弹出结果。代码如下：

```
var add = GetInputResult(3, 4);
alert(add);
```

对于有返回值的函数调用，也可以在程序中直接使用返回的结果。例如，例 13-21 中的代码等价于以下代码：

```
alert(GetInputResult(3, 4));
```

13.6.3　全局变量和局部变量

根据变量的作用范围，可以将变量分为全局变量和局部变量。全局变量是在所有函数之外的脚本中定义的变量，其作用范围是这个变量定义之后的所有语句，包括其后定义的函数中的程序代码和它后面的其他<script></script>标记中的程序代码。局部变量是定义在函数代码之内的变量，只有在该函数中且位于这个变量定义之后的程序代码可以使用这个局部变量。局部变量对其后的其他函数和脚本代码来说，都是不可见的。如果在其后的其他函数和脚本代码中使用了与这个局部变量同名的变量，在那些地方使用的变量与这个局部变量将是毫无关系的。

如果函数中定义了与全局变量同名的局部变量，则在该函数中且位于这个变量定义之后的程序代码使用的是局部变量，而不是全局变量，即局部变量覆盖了全局变量。

【例 13-22】

定义名称是 MyShow 的函数，在函数外部声明一个 msg 变量，该变量的值是“我是一个全局变量，欢迎使用”。在 MyShow()函数内部使用 msg 变量，并再次为其赋值。

完整代码如下：

```
var msg = "我是一个全局变量，欢迎使用";
function MyShow() {
   msg = "局部变量";
}
alert(msg);
MyShow();
alert(msg);
```

alert()函数分别弹出不同的对话框提示，在调用 MyShow()函数后弹出的提示是“局部变量”，这是由于在 show 函数中使用的是前面定义的全局变量 msg，并将这个变量的值进行了更改。

【例 13-23】

重新更改上述代码，在 MyShow()函数中重新定义一个 msg 变量。代码如下：

```
var msg = "我是一个全局变量，欢迎使用";
function MyShow() {
   var msg;
   msg = "局部变量";
}
alert(msg);
MyShow();
alert(msg);
```

这时再运行页面，可以看到，弹出的结果都是“我是一个全局变量，欢迎使用”，这是因为在 MyShow()函数中重新定义了 msg 变量，而在外部调用 msg 时指的就是全局变量，无论调用多少次。

13.6.4 动态函数

在 C 语言中，可以定义指向函数的指针，也就是可以定义一个指针变量来指向某个函数，以后就可以用这个指针变量来调用它所指向的函数了。在 JavaScript 中，也提供了类似的技术，称为动态创建的函数。创建一个动态函数需要使用 Function 对象，基本语法格式如下：

```
var varName = new Function(argument1, ..., lastArgument);
```

创建动态函数时，所有的参数都必须是字符串类型的，最后的参数是这个动态函数的功能程序代码。

【例 13-24】

如下代码创建了一个简单的动态函数：

```
var result = new Function("x", "y", "var sum;sum=x*x+y*y; return sum");
alert(result(3, 2));
```

在上述代码中，通过 new Function("x", "y", "var sum;sum=x*x+y*y; return sum");创建了一个动态函数，这个函数接收两个参数，即 x 和 y。接着，将这个动态创建的函数赋值给一个名为 result 的变量，以后就可以像调用普通函数一样的方式来使用 result 变量，调用动态函数的执行代码了。

13.7　实验指导——创建日历生成器

JavaScript 的功能非常强大，利用它可以完成简单或者复杂的功能，本节实验指导利用前面介绍的内容实现一个日历生成器。创建日历生成器的基本步骤如下。

(1)　向页面的表单元素中创建表格，主要代码如下：

```
<form name="frmCalendar" method="post" action="">
   <table border="1" align="center" bordercolor="blue">
      <tr>
         <td>
            <select name="tbSelMonth"
              onchange='fUpdateCal(frmCalendar.tbSelYear.value,
              frmCalendar.tbSelMonth.value)'>
                <option value="1">一月</option>
                <!-- 省略其他选项 -->
            </select>
            <select name="tbSelYear"
              onchange='fUpdateCal(frmCalendar.tbSelYear.value,
              frmCalendar. tbSelMonth.value)'>
                <option value="2014">2014</option>
                <!-- 省略其他选项 -->
            </select>
         </td>
      </tr>
      <tr>
         <td>
            <script language="JavaScript">
            var dCurDate = new Date();
            fDrawCal(dCurDate.getFullYear(), dCurDate.getMonth()+1, 30,
              30, "12px", "bold", 1);
            </script>
         </td>
      </tr>
   </table>
```

```
</form>
```

(2) 在上个步骤中，更改选项时会调用 fUpdateCal()函数，显示日期和时间时用到了 fDrawCar()函数。

我们开始向 JavaScript 中添加代码，下面分为多个步骤一点点介绍，包括前面提到的函数。

首先创建 Date 对象的实例，获取系统的当前日期和时间，然后分别调用 getMont()、getDate()、getFullYear()方法。代码如下：

```
var dDate = new Date();                    //创建系统的当前日期和时间
var dCurMonth = dDate.getMonth();          //获取当前的月份
var dCurDayOfMonth = dDate.getDate();      //返回当月的第几天
var dCurYear = dDate.getFullYear();        //获取完整格式的年份，即 2013
var objPrevElement = new Object();
```

(3) 创建自定义的 fToggleColor()函数，该函数用于更改鼠标悬浮到日历上时的背景颜色。在该函数中首先判断传入的 id 的值是 calDateText 还是 calCell，不同的值执行不同的操作。代码如下：

```
function fToggleColor(myElement) {
    var toggleColor = "#ff0000";
    if (myElement.id == "calDateText") {
        if (myElement.color == toggleColor) {
            myElement.color = "";
        } else {
            myElement.color = toggleColor;
        }
    } else if (myElement.id == "calCell") {
        for (var i in myElement.children) {
            if (myElement.children[i].id == "calDateText") {
                if (myElement.children[i].color == toggleColor) {
                    myElement.children[i].color = "";
                } else {
                    myElement.children[i].color = toggleColor;
                }
            }
        }
    }
}
```

(4) 创建自定义的 fSetSelectedDay()函数，在该函数中判断传入的元素的值，如果传入的值为 calCell，那么调用 isNaN()方法判断选择的内容是否为数字，如果是，则更改选中时的背景颜色。代码如下：

```
function fSetSelectedDay(myElement) {
   if (myElement.id == "calCell") {
      if (!isNaN(parseInt(myElement.children["calDateText"]
       .innerText))) {
        myElement.bgColor = "#c0c0c0";
```

```
            objPrevElement.bgColor = "";
            objPrevElement = myElement;
        }
    }
}
```

(5) 根据选择的年份和月份获取天数，创建自定义的 fGetDaysInMonth()函数。代码如下：

```
function fGetDaysInMonth(iMonth, iYear) {
    var dPrevDate = new Date(iYear, iMonth, 0);
    return dPrevDate.getDate();
}
```

(6) 创建动态生成日历表头的 fBuildCal()函数，在该函数中传入 3 个参数。代码如下：

```
function fBuildCal(iYear, iMonth, iDayStyle) {
    var aMonth = new Array();
    aMonth[0] = new Array(7);
    aMonth[1] = new Array(7);
    aMonth[2] = new Array(7);
    aMonth[3] = new Array(7);
    aMonth[4] = new Array(7);
    aMonth[5] = new Array(7);
    aMonth[6] = new Array(7);
    var dCalDate = new Date(iYear, iMonth-1, 1);
    var iDayOfFirst = dCalDate.getDay();
    var iDaysInMonth = fGetDaysInMonth(iMonth, iYear);
    var iVarDate = 1;
    var i, d, w;
    if (iDayStyle == 2) {
        aMonth[0][0] = "Sunday";
        aMonth[0][1] = "Monday";
        //省略其他代码
    } else if (iDayStyle == 1) {
        aMonth[0][0] = "Sun";
        aMonth[0][1] = "Mon";
        //省略其他代码
    } else {
        aMonth[0][0] = "Su";
        aMonth[0][1] = "Mo";
        //省略其他代码
    }
    for (d = iDayOfFirst; d < 7; d++) {
        aMonth[1][d] = iVarDate;
        iVarDate++;
    }
    for (w=2; w<7; w++) {
        for (d=0; d<7; d++) {
            if (iVarDate <= iDaysInMonth) {
```

```
                aMonth[w][d] = iVarDate;
                iVarDate++;
            }
        }
    }
    return aMonth;
}
```

上述代码首先创建一个数组对象，接着指定数组中的每一个元素，每一个数组元素又是一个新的数组对象。然后调用 fGetDaysInMonth()函数，并且判断当前函数中传入的 iDayStyle 参数的值，最后分别通过两个 for 语句循环输出内容。

(7) 创建生成日历的多行多列表格的 fDrawCal()函数，在该函数中分别传入 iYear、iMonth、iCellWidth、iCellHeight、sDateTextSize、sDateTextWeight 和 iDayStyle 七个参数。部分代码如下：

```
function fDrawCal(iYear, iMonth, iCellWidth, iCellHeight, sDateTextSize,
  sDateTextWeight, iDayStyle) {
    var myMonth;
    myMonth = fBuildCal(iYear, iMonth, iDayStyle);
    document.write("<table border='1'>")
    document.write("<tr>");
    document.write("<td align='center'
      style='FONT-FAMILY:Arial;FONT-SIZE:12px;FONT-WEIGHT: bold'>"
      + myMonth[0][0] + "</td>");
    document.write("<td align='center'
      style='FONT-FAMILY:Arial;FONT-SIZE:12px;FONT-WEIGHT: bold'>"
      + myMonth[0][1] + "</td>");
    //省略其他输出代码
    document.write("</tr>");
    for (w=1; w<7; w++) {
        document.write("<tr>")
        for (d=0; d<7; d++) {
            document.write("<td align='left' valign='top' width='"
              + iCellWidth + "' height='" + iCellHeight
              + "' id=calCell style='CURSOR:Hand'
              onMouseOver='fToggleColor(this)'
              onMouseOut= 'fToggleCol or(this)'
              onclick= fSetSelectedDay(this)>");
            if (!isNaN(myMonth[w][d])) {
                document.write("<font id=calDateText
                  onMouseOver='fToggleColor(this)'
                  style='FONT-FAMILY:Arial;FONT-SIZE:" + sDateTextSize
                  + ";FONT-WEIGHT:" + sDateTextWeight
                  + "' onMouseOut='fToggleColor(this)'
                  onclick=fSetSelectedDay(this)>"
                  + myMonth[w][d] + "</font>");
            } else {
                document.write("<font id=calDateText
```

```
                onMouseOver='fToggleColor(this)'
                style='FONT-FAMILY:Arial;FONT-SIZE:" + sDateTextSize
                + ";FONT-WEIGHT:" + sDateTextWeight
                + "' onMouseOut='fToggleColor(this)'
                onclick=fSetSelectedDay(this)></font>");
            }
            document.write("</td>")
        }
        document.write("</tr>");
    }
    document.write("</table>")
}
```

(8) 用户选择年份或者月份时，需要重新加载该年该月的日历，这时，需要使用到 fUpdateCal()函数，在该函数中传入表示年份和月份的两个参数。代码如下：

```
function fUpdateCal(iYear, iMonth) {
    myMonth = fBuildCal(iYear, iMonth);
    objPrevElement.bgColor = "";
    document.all.calSelectedDate.value = "";
    for (w=1; w<7; w++) {
        for (d=0; d<7; d++) {
            if (!isNaN(myMonth[w][d])) {
                calDateText[((7*w)+d)-7].innerText = myMonth[w][d];
            } else {
                calDateText[((7*w)+d)-7].innerText = " ";
            }
        }
    }
}
```

(9) 上面所有的代码编写完毕后，再将下面的这段代码加入到<body></body>标记中：

```
var dCurDate = new Date();
frmCalendar.tbSelMonth.options[dCurDate.getMonth()].selected = true;
for (i=0; i<frmCalendar.tbSelYear.length; i++)
    if (frmCalendar.tbSelYear.options[i].value == dCurDate.getFullYear())
        frmCalendar.tbSelYear.options[i].selected = true;
```

(10) 在浏览器中运行上述代码，查看效果，光标悬浮到日期时的效果如图 13-12 所示。

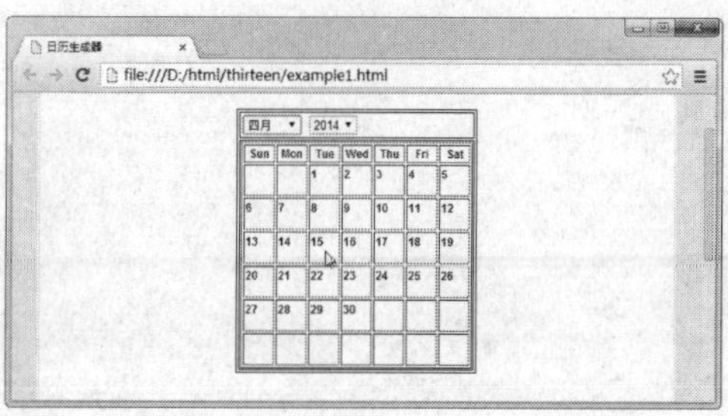

图 13-12　日历生成器

13.8 习 题

一、填空题

1. ________对象是客户端对象层次的根。

2. navigator对象的________属性表示浏览器的简称。

3. 如果要使用document对象向页面输出一句话(不使用换行符)，可以调用________方法。

4. 如果要截取String对象中指定的字符串，可以使用________方法。

5. Array对象的________属性返回数组的长度，即数组中有多少个元素。

6. 无论是自定义函数还是自定义对象，都需要使用到________关键字。

二、选择题

1. document对象的________方法获取指定标记值的对象。

   A. getElementById()　　B. getElementsByName()

   C. getElementsByTagName()　　D. B和C都可以

2. history对象的方法不包括________。

   A. open()　　B. go()　　C. back()　　D. forward()

3. ________对象提供有关的客户端显示器的大小和可用的颜色数量的信息。

   A. location　　B. screen　　C. navigator　　D. window

4. Date对象的________方法返回当前日期是本月的第几天。

   A. getDate()　　B. getDay()　　C. getTime()　　D. getFullYear()

5. Math对象的________属性表示圆周率。

   A. E　　B. PI　　C. LN2　　D. LOG2E

三、简答题

1. 请简述window对象的常用属性和方法。

2. document对象的常用方法有哪些？它们分别是用来做什么的？请举例说明。

3. 如何创建一个数组对象？创建后如何遍历数组对象中的元素，并获取元素的值？

第 14 章　正则表达式

在 JavaScript 中，经常会使用到正则表达式。通过正则表达式来检测用户输入的某些内容是否合法。

本章将向读者介绍如何在 JavaScript 中使用正则表达式。通过本章的介绍，读者一定会对正则表达式的匹配规则和 RegExp 类的使用有更深刻的了解。

本章学习目标如下：

- 熟悉正则表达式的概念和实现功能。
- 掌握正则表达式中的定位符和限定符。
- 熟悉正则表达式中的选择匹配符。
- 熟悉正则表达式中的字符匹配符。
- 了解正则表达式中的原义字符和特殊字符。
- 掌握常用的一些正则表达式匹配。
- 掌握 RegExp 对象的创建。
- 熟悉 RegExp 对象的属性和方法。
- 掌握支持正则表达式的 String 对象的方法。

14.1　正则表达式概述

正则表达式是从英文词 Regular Expression 翻译而来的，英文形式比中文更能体现其含义，就是符合某种规则的表达式。正则表达式的功能和概念类似于“*”和“?”通配符所实现的功能和概念，但是它的功能更加强劲，而且更加灵活。

正则表达式通常又被称为正规表示法、常规表示法，它使用单个字符串来描述、匹配一系列符合某个句法规则的字符串。在很多文本编辑器中，正则表达式通常被用来检索、替换那些符合某个模式的文本。可以将正则表达式理解为一种对文字进行模糊匹配的语言，它用一些特殊的符号(称为元字符)来代表具有某种特征(例如，某一个字符必须是数字字符)的一组字符以及指定匹配的次数，含有元字符的文本不再表示某一具体的文本内容，而是形成了一种文本模式，它可以匹配符合这种模式的所有文本字符串。

在程序中，使用正则表达式可以完成以下几个主要功能。

(1) 测试字符串是否匹配某个模式，从而实现数据格式的有效性验证。

这是正则表达式经常实现的一个功能。例如，对用户输入的信用卡号(只能由个数固定的数字字符组成)进行格式确认；对用户在 Web 表单中输入的电子邮件地址格式进行确认(必须包含@和.字符)；对用户在网站论坛上发表的言论进行检查，确保其中不包含被禁止的词语。

(2) 将一段文本中的满足某一正则表达式模式的文本内容替换为别的内容或删除。

例如，将一段文本中的所有 19xx 年的内容替换为 20xx 年，其中 xx 部分是两个任意的数字，不会被替换，但是不能简单地用 20 替换 19，否则，1919 将会被替换为 2020。

(3) 在一段文本中搜索具有某一类型特征的文本内容。

在通常的搜索和替换操作中，必须提供要查找的确切文本，这种精确搜索缺乏灵活性。精确搜索和正则表达式的模式搜索最大的区别在于：精确搜索是搜索一个具体的文本，而模式搜索是搜索具有某一类型特征的文本。

14.2 匹配规则

要灵活地使用正则表达式，必须了解其中各种元字符的功能。元字符就是指那些在正则表达式中具有特殊意义的专用字符，可以用来指定各种匹配关系。本节简单地介绍一些正则表达式中的匹配规则，即一些常见的或者常用的元字符。

14.2.1 定位符

定位符表示指定匹配模式在目标字符串中的出现位置。例如，只能出现在开头或者结尾处，这对文本格式的验证十分有用。在 JavaScript 正则表达式中包含 4 个常用的定位符，下面对这些定位符进行简单说明。

1. 用于匹配目标字符串开始位置的“^”符号

简单地说，就是指定匹配必须发生在目标字符串的开头处，^必须出现在正则表达式模式文本的最前面，才具有定位符的作用。例如，“^h”与 hello 中的 h 匹配，但是不与 ahead 中的 h 匹配。

如果设置了 RegExp 对象实例的 Multiline 属性，^还会与行首匹配，即与“\n”或者“\r”之后的位置匹配。

2. 用于匹配目标字符串的结尾位置的“$”符号

简单地说，就是指定匹配必须发生在目标字符串的结尾处，$必须出现在正则表达式模式文本的最后面，才具有定位符的作用。例如，“d$”与 ahead 中的 d 匹配，但是不与 admin 中的 d 匹配。

如果设置了 RegExp 对象实例的 Multiline 属性，^还会与行首匹配，即与“\n”或者“\r”之前的位置匹配。

3. 匹配一个字边界的“\b”符号

“\b”包含字与空格间的位置，以及目标字符串的开始和结束位置等。例如，“er\b”与 never work 中的 er 匹配，但是不与 never 中的 er 匹配。

4. 匹配一个字边界的“\B”符号

“\B”用于匹配非字边界。例如，“er\B”不会再与 never work 中的 er 匹配，而是与 never 中的 er 匹配。

【例 14-1】

用户在登录或者注册时，通常会要求提供电子邮箱，验证用户输入的电子邮箱是否合法时，可以使用以下的正则表达式模式文本：

```
/[a-zA-Z0-9_-]+@[a-zA-Z0-9_-]+(\.[a-zA-Z0-9_-])+/
```

使用上述代码，可以匹配正则表达式的内容是否正确，例如“hello@163.com”就是一个合法的电子邮箱地址。

但是，如果要对用户在网页的表单中填写中的电子邮箱地址进行确认，就不能再使用上述的正则表达式模式文本了。因为在类似于“@,163.comhello@163.com”的文本中也包含着与上述正则表达式模式匹配的部分。这时，需要在上面正则表达式的基础上添加一些内容，分别在文本的两端添加“^”和“$”定位符。代码如下：

```
/^[a-zA-Z0-9_-]+@[a-zA-Z0-9_-]+(\.[a-zA-Z0-9_-])+$/
```

14.2.2 限定符

限定符用于指定其前面的字符或者组合项连续出现多少次。下面对 JavaScript 中正则表达式的一些常用限定符进行说明。

1. {n}限定符

{n}指定前面的元素或者组合项连续出现 n 次，其中 n 是非负整数。例如，“l{2}”表示字母 l 连续出现两次，可以与字符串“hello”中的两个 l 匹配，但不能与“line”中的 l 匹配。

2. {n,}限定符

{n,}限定符指定前面的元素或者组合项至少连续出现 n 次，其中 n 是非负整数。例如“l{2,}”表示 l 字母至少要连续出现两次。

3. {n,m}限定符

{n,m}限定符指定前面的元素或者组合项至少连续出现 n 次，最多连续出现 m 次。其中 m 和 n 都是非负整数，n 的值要小于等于 m 的值。在{n,m}限定符中，逗号和数字之间不能有空格。

4. +限定符

+限定符指定前面的元素或者组合项必须出现一次或者连续多次。例如，“zo+”与字符串“zo”和“zoo”等在字母 z 后面连续出现一个或者多个字母 o 的字符串匹配，但是与一个单独的 z 不匹配。+限定符的效果等价于{1,}限定符。

5. *限定符

*指定前面的元素或者组合项可以出现零次或者连续多次。*限定符的效果等价于{0,}限定符。例如，“zo*”与“z”和“zoo”都能匹配。

6．?限定符

?指定前面的元素或者组合项出现零次或者一次。?限定符的效果等价于{0,1}限定符。例如，“zo?”与z和zo匹配，与zoo中的zo部分匹配，但是不能匹配整个zoo。

默认情况下，正则表达式使用最长(也叫贪婪)匹配原则。例如，要将字符串“zoom”中匹配“zo?”的部分替换成r字母，根据最长匹配原则，替换后的结果是“rom”而非“room”；如果要将zoom中匹配“zo*”的部分替换成r，替换后的结果是“rm”，不是“rom”或者“room”。

当字符“?”紧跟在任何其他限定符(*、+、?、{n}、{n,}、{n,m})之后时，匹配模式变成使用最短(也叫非贪婪)匹配原则。例如，在字符串“fooooood”中，“fo+?”只匹配fo部分，而“fo+”则匹配“fooooooo”部分。

14.2.3 选择匹配符

在JavaScript中的选择匹配符仅有一个，即“|”字符。“|”用于选择匹配两个选项之中的任意一个，它的两个选项是“|”字符两边的尽可能最大的表达式。

例如，“article | section 1”用于匹配字符串“article”或者“section 1”，而不是“article 1”或者“section 1”。如果要匹配“chapter 1”或者“section 1”，那么需要使用括号创建子表达式，即“(article | section)1”。

14.2.4 字符匹配符

字符匹配符用于指定该符号部分可以匹配多个字符中的任意一个。例如，下面对JavaScript中的一些常用字符匹配符进行了说明。

1．[...]匹配符

[...]表示字符集合，用于匹配中括号中包含的字符集中的任意一个字符。例如，“[abc]”可以与“a”、“b”和“c”三个字符中的任意一个字符匹配，它匹配字符串“plain”中的字符“a”。

在[...]匹配符中使用特殊字符时，只有反斜线(\)保持其特殊含义，用于转义字符，其他特殊字符(星号、加号、各种符号)都将作为普通字符。脱字符^如果出现在首位，则表示负值字符集合；如果出现在字符串中间，就仅作为普通字符。连字符-如果出现在字符串中间，表示字符范围描述，如果出现在首位，则仅作为普通字符。

2．[^...]匹配符

[^...]匹配符中将脱字符放在了首位，整个匹配符的含义是：匹配中括号中未包含的任何字符。例如，“[^abc]”表示可以匹配“a”、“b”、“c”三个字符之外的任意一个字符，它匹配字符串“plain”中的“plin”。

3．[a-z]匹配符

[a-z]表示字符范围，用于匹配指定范围内的任何字符。例如，“[a-z]”表示可以匹配a

到 z 范围内的任意小写字母字符；“[1-9]”表示可以匹配 1 到 9 之间的任何数字字符。如果要在中括号表达式中包括字面意义的连字符(-)，可以使用反斜杠(\)将它标记为原义字符，例如“[a\-z]”。也可以将连字符(-)放在中括号的开始或者结尾处，例如“[-a-z]”或者“[a-z-]”匹配所有小写字母和连字符。

4. [^a-z]匹配符

[^a-z]表示排除型的字符范围，用于匹配任何不在指定范围内的任意字符。例如，“[^a-z]”可以匹配任何不在“a”到“z”范围内的任意字符。

5. \d 和\D 匹配符

\d 用于匹配一个数字字符，效果等价于[0-9]匹配符。\D 用于匹配一个非数字字符，效果等价于[^0-9]匹配符。

6. \s 和\S 匹配符

\s 用于匹配任何空白字符，包括空格、制表符和换页符等，效果等价于[\f\n\r\t\v]匹配符。\S 用于匹配任何非空白字符，它是\s 的逆运算，效果等价于[^\f\n\r\t\v]匹配符。

7. \w 和\W 匹配符

\w 用于匹配包括下划线的任何单词字符。换句话说，就是匹配任何英文字母和数字类字符以及下划线。\w 的效果等价于[A-Za-z0-9_]匹配符。

\W 用于匹配任何非单词字符。换句话说，就是匹配任何非英文字母和数字类字符，但不包括下划线，为\w 的逆运算。\W 的效果等价于[^A-Za-z0-9_]匹配符。

8. “.”匹配符

“.”匹配除“\n”之外的任何单个字符。如果要匹配包括“\n”在内的任何字符，可以使用“\s\S”、“\d\D”或“[\w\W]”的模式。如果要匹配“.”字符本身，需要使用“\.”。

14.2.5　原义字符

在正则表达式中用到的一些元字符不再表示它原来的字面意义，如果要匹配这些具有特殊意义的元字符的字面意义，必须使用反斜杠(\)将它们转义为原义字符，即把反斜杠字符(\)放在它们前面。

需要进行转义的字符包括“$”、“(”、“)”、“*”、“+”、“.”、“[”、“]”、“?”、“\”、“/”、“^”、“{”、“}”和“|”。其中“\”在正则表达式中的作用是将下一字符标记为特殊字符、原义字符、反向引用或者八进制字符，所以要匹配字面意义上的“\”需要使用“\\”来表示。

提示： 由于在程序中创建 RegExp 对象实例的一种方式是将正则表达式模式文本嵌套在一对“/”中。因此，在正则表达式模式文本中，要表示字面意义的“/”也需要使用“\”进行转义。

14.2.6 特殊字符

正则表达式中使用多种方式来表示非打印字符和原义字符，这些方式都是以反斜杠(\)字符后紧跟其他转义字符序列来表示的，其中的一些方式也可以表示普通字符。例如，下面介绍了几个 JavaScript 中的特殊字符。

1. \xn 字符

正则表达式中可以使用 ASCII 编码，\xn 匹配 ASCII 码值等于 n 的字符，这里的 n 必须是两位的十六进制数。例如，“\x41”匹配字符“A”。“\x041”则等价于“\x04&1”，其意义是“\x04”所表示的字符后跟字符“1”。

2. \n 字符

\n 标识一个八进制转义值或一个向后引用。如果\n 之前至少有 n 个获取的子表达式，则\n 表示向后引用。否则，如果 n 为八进制数字(0-7)，则 n 为一个八进制转义值。

3. \nm 字符

\nm 标识一个八进制转义值或一个向后引用。如果\nm 之前至少有 nm 个获得子表达式，则\nm 表示向后引用。如果\nm 之前至少有 n 个获取，则 n 为一个后跟文字 m 的向后引用。如果前面的条件都不满足，若 n 和 m 均为八进制数字(0-7)，则\nm 将匹配八进制转义值 nm。

4. \nml 字符

如果 n 为八进制数字(0-3)，且 m 和 l 均为八进制数字(0-7)时，则匹配八进制转义值 nml。

5. \un 字符

\un 匹配 Unicode 编码等于 n 的字符，其中 n 必须是一个四位的十六进制数。例如，\u00A9 匹配版权符号(©)。

6. \cx 字符

\cx 匹配由 x 指定的控制字符。例如，\cM 匹配 Ctrl+M 表示的控制字符，也就是回车符。x 的值必须在 A~Z 或者 a~z 之间，否则，c 就是字符意义上的字符“c”本身。

14.2.7 其他匹配符

除了前面介绍的匹配符号外，JavaScript 中还包含其他的一些匹配符，本节只是对分组组合符和反向引用符进行了解。分组组合符就是将正则表达式中的某一部分内容组合起来的符号，反向引用符则是用于匹配前面的分组组合所捕获到的内容的标识符号。

1. (pattern)

匹配 pattern 并获取这一匹配的子字符串，该子字符串用于向后引用。所获取的匹配可以从产生的 Matches 集合得到，在 VBScript 中使用 SubMatches 集合，在 JavaScript 中则使用$0...$9 属性。如果要匹配圆括号字符，需要使用“\(”和“\)”。

2．(?:pattern)

(?:pattern)用于匹配 pattern，但是不获取匹配的子字符串，也就是说，这是一个非获取匹配，不存储匹配的子字符串用于向后引用。(?:pattern)在使用或字符“|”来组合一个模式的各个部分时很有用。例如“industr(?:y|ies)”就是一个比“industry|industries”更简略的表达式。

3．(?=pattern)

(?=pattern)通常会被称为“正向肯定预查”，在任何匹配 pattern 的字符串开始处匹配查找字符串。这是一个非获取匹配，也就是说，该匹配不需要获取供以后使用。例如，“Windows(?=95|98|NT|2000)”能匹配字符串“Windows 2000”中的“Windows”，但不能匹配“Windows 3.1”中的“Windows”。

预查不消耗字符，也就是说，在一个匹配发生后，在最后一次匹配之后立即开始下一次匹配的搜索，而不是从包含预查的字符之后开始。

4．(?!pattern)

(?!pattern)通常被称为“正向否定预查”，在任何不匹配 pattern 的字符串开始处匹配查找字符串。这是一个非获取匹配，也就是说，该匹配不需要获取供以后使用。例如“Windows(?!95|98|NT|2000)”能匹配字符串“Windows 3.1”中的“Windows”，但不能匹配“Windows 2000”中的“Windows”。

5．(?<=pattern)

(?<=pattern)通常被称为“反向肯定预查”，与“正向肯定预查”类似，只是它们的方向相反。例如，“(?<=95|98|NT|2000)Windows”能匹配“2000Windows”中的“Windows”，但不能匹配“3.1Windows”中的“Windows”。

6．(?<!pattern)

(?<!pattern)通常被称为“反向否定预查”，与“正向否定预查”类似，只是它们的方向相反。例如“(?<!95|98|NT|2000)Windows”能匹配“3.1Windows”中的“Windows”，但不能匹配“2000Windows”中的“Windows”。

7．\num

\num 匹配编号为 num 的缓冲区所保存的内容，这里的 num 是一个标识特定缓冲区的一位或者两位十进制正整数，这种方式称为子匹配的反向引用，在有些资料上会将其称为向后引用。

14.3　常用的正则表达式

正则表达式用于字符串处理、表单验证等多个场合，实用性非常高。下面列出一些常用的正则表达式，这些正则表达式多是 Web 开发者所需要的。

14.3.1 匹配特定数字

匹配特定数字是指匹配特定的数字内容，例如只匹配正整数或者负整数或者非负整数等。匹配特定数字时的正则表达式代码如下：

```
^[1-9]\d                              //匹配正整数
^-[1-9]\d*$                           //匹配负整数
^-?[1-9]\d*$                          //匹配整数
^[1-9]\d*|0$                          //匹配非负整数(正整数 + 0)
^-[1-9]\d*|0$                         //匹配非正整数(负整数 + 0)
^[1-9]\d*\.\d*|0\.\d*[1-9]\d*$                    //匹配正浮点数
^-([1-9]\d*\.\d*|0\.\d*[1-9]\d*)$                 //匹配负浮点数
^-?([1-9]\d*\.\d*|0\.\d*[1-9]\d*|0?\.0+|0)$       //匹配浮点数
^[1-9]\d*\.\d*|0\.\d*[1-9]\d*|0?\.0+|0$           //匹配非负浮点数(正浮点数 +0)
^(-([1-9]\d*\.\d*|0\.\d*[1-9]\d*))|0?\.0+|0$      //匹配非正浮点数(负浮点数 +0)
```

14.3.2 匹配特定字符串

匹配特定字符串的常用规则如下：

```
^[A-Za-z]+$                 //匹配由 26 个英文字母组成的字符串
^[A-Z]+$                    //匹配由 26 个英文字母的大写组成的字符串
^[a-z]+$                    //匹配由 26 个英文字母的小写组成的字符串
^[A-Za-z0-9]+$              //匹配由数字和 26 个英文字母组成的字符串
^\w+$                       //匹配由数字、26 个英文字母或者下划线组成的字符串
```

14.3.3 匹配其他内容

可以使用正则表达式匹配中文字符，代码如下：

```
[\u4e00-\u9fa5]
```

通过正则表达可以计算字符串的长度，一个双字节字符长度计 2，ASCII 字符计 1。匹配双字节字符(包括汉字在内)的代码如下：

```
[^\x00-\xff]
```

匹配 HTML 标记的正则表达式如下(只能匹配部分标记，对于复杂的嵌套标记不适用)：

```
<(\S*?)[^>]*>.*?</\1>|<.*? />
```

在表单验证时，需要匹配 E-mail 地址、URL 地址和账号，匹配规则如下：

```
\w+([-+.]\w+)*@\w+([-.]\w+)*\.\w+([-.]\w+)*
[a-zA-z]+://[^\s]*
^[a-zA-Z][a-zA-Z0-9_]{4,15}$     //字母开头，允许 5~16 个字节，允许字母数字下划线
```

匹配国内电话号码(格式如 0511-4405222 或 021-87888822)，代码如下：

```
\d{3}-\d{8}|\d{4}-\d{7}
```

匹配中国邮政编码，邮政编码为 6 位数字。代码如下：

```
[1-9]\d{5}(?!\d)
```

【例 14-2】

在 HTML 5 新增的表单类型中，提供了 email 类型，用于验证用户输入的电子邮箱地址是否正确。本例不使用 email 类型进行验证，而是验证普通的输入框。步骤如下。

(1) 向页面分别添加一个输入框和一个操作按钮，并为操作按钮指定 Click 事件。代码如下：

```
请输入 Email 邮箱地址：<input type="text" id="pemail" />  
<input type="button" onClick="Check()" value="验 证"/>
```

(2) 创建自定义的 Check()函数，在函数中获取用户输入的内容，并调用 checkEmail()函数，判断输入的内容是否合法：

```
function Check() {
    var email = document.getElementById("pemail").value;
    if(checkEmail(email)) {
        alert("您输入的 Email 地址符合格式");
    };
}
```

(3) checkEmail()函数用于检查输入的 E-mail 邮箱格式是否正确，该函数需要传入一个字符串参数，最终的返回结果是 true 或者 false。代码如下：

```
function checkEmail(strEmail) {
   var emailReg = /^[\w-]+(\.[\w-]+)*@[\w-]+(\.[\w-]+)+$/;
   if (emailReg.test(strEmail) ) {
      return true;
   }
   else {
      alert("您输入的 Email 地址格式不正确！");
      return false;
   }
};
```

(4) 运行网页，输入内容后单击按钮进行测试，失败时的效果如图 14-1 所示。

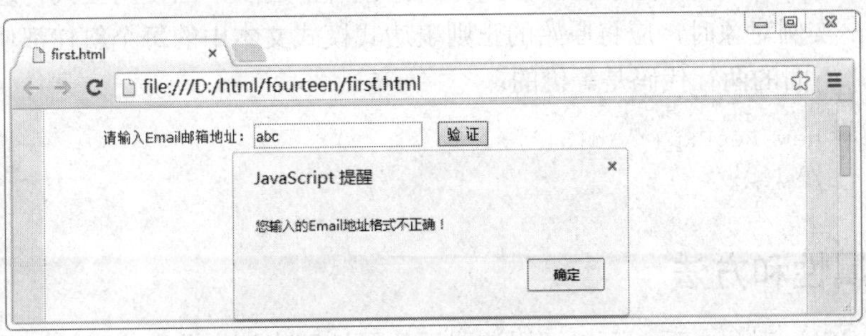

图 14-1　通过正则表达式验证 E-mail 邮箱地址

14.4 RegExp 对象

JavaScript 中提供了一个名称为 RegExp 的对象来完成有关正则表达式的操作和功能，每一条正则表达式模式都对应一个 RegExp 对象实例。

14.4.1 创建 RegExp 对象

使用 RegExp 对象时，必须先创建该对象的实例，在 JavaScript 中有两种方式创建该对象的实例。第一种方式是使用显式构造函数，即通过 new 创建；第二种方式是隐式构造函数，即采用纯文本格式。语法格式如下：

```
new RegExp("pattern"[, "flags"])                          //显式构造函数
/pattern/[flags]                                          //隐式构造函数
```

无论是显式还是隐式，都需要两个参数，其中 pattern 参数是必须的，指定正则表达式的模式或者其他正则表达式。在显式构造函数中，pattern 部分以 JavaScript 字符串的形式存在，需要使用双引号或者单引号引起来；在隐式构造函数中，pattern 部分嵌套在两个“/”字符之间，不能使用引号引起来。

flags 是一个可选的参数，设置正则表达式模式的标志信息。如果设置了 flags 部分，在显式构造函数中，它以字符串的形式存在，在隐式构造函数中，它以文本的形式紧接在最后一个“/”字符之后。flags 可以是 g、i 和 m 标志字符的组合，这 3 个标志符的说明如下。

- 全局标志 g：如果设置这个标志，使用这个正则表达式模式对某个文本执行搜索和替换操作时，将对文本中所有匹配的部分起作用。如果没有设置这个标志，则仅搜索和替换文本中的最早匹配的那部分内容。
- 忽略大小写标志 i：如果设置该标志，进行匹配比较时将会忽略大小写。
- 多行标志 m：如果没有设置该标志，那么元字符“^”只与整个被搜索字符串的开始位置相匹配，而元字符“$”只与整个被搜索字符串的结束位置相匹配。如果设置该标志，那么“^”还可以与被搜索字符串中的“\n”或者“\r”之后的位置(即下一行的行首)相匹配，而“$”还可以与被搜索字符串中的“\n”或者“\r”之前的位置相匹配。

由于 JavaScript 字符串中的斜杠(\)是一个转义字符，因此，当使用显式构造函数的方式创建 RegExp 实例对象时，应将原始的正则表达式模式文本中的每个斜杠都使用双斜杠来替换。例如，下面的两行代码是等价的：

```
var re = new RegExp(*\\d{5}*);
var re = /\d{5}/;
```

14.4.2 属性和方法

创建 RegExp 对象之后，可以调用该属性的属性和方法，获取或者检测某些信息。例如，表 14-1 和 14-2 分别列出了 RegExp 对象的常用属性和常用方法。

表 14-1　RegExp 对象的常用属性

属性名称	说　明
global	只读属性，指定 RegExp 对象是否具有标志 g，如果有，则返回 true，否则返回 false。false 为默认值
ignoreCase	只读属性，指定 RegExp 对象是否具有标志 i，如果有，则返回 true，否则返回 false。false 为默认值
lastIndex	一个整数，表示开始下一次匹配的字符位置
multiline	只读属性，指定 RegExp 对象是否具有标志 m，如果有，则返回 true，否则返回 false。false 为默认值
source	正则表达式的源文本

表 14-2　RegExp 对象的常用方法

方法名称	说　明
test(str)	检查一个字符串中是否存在创建 RegExp 对象实例时所指定的正则表达式模式。如果存在，返回 true，否则返回 false
exec(str)	使用创建 RegExp 对象实例时所指定的正则表达式模式对一个字符串执行搜索，并返回一个包含搜索结果的数组
compile("pattern"[, "flags"])	可以更换 RegExp 对象实例所使用的正则表达式模式，并将新的正则表达式模式编译为内部格式

【例 14-3】

本例演示 exec()方法的使用，将全局检索字符串中的 BaiDu。代码如下：

```
var str = "Visit BaiDu";
var patt = new RegExp("BaiDu", "g");
var result;
while ((result = patt.exec(str)) != null) {
    document.write(result);
    document.write("<br />");
    document.write(patt.lastIndex);
}
```

运行上述代码，查看效果，页面的输出内容如下：

```
BaiDu
11
```

14.5　实验指导——验证手机号码和电话号码

上一节简单地了解了 RegExp 对象，该对象的 test()方法最经常被使用到，本节实验指导利用该方法验证用户输入的手机号码和电话号码是否正确。

验证页面中的手机号码和电话号码，实现步骤如下。

(1) 向页面的表单元素中添加三行两列的表格，第一行向用户提供手机号码输入框；第二行向用户提供电话号码输入框；第三行显示提交按钮。代码如下：

```
<form id="form1" action="#" method="post">
    <table align="center" width="90%" height="100">
        <tr>
            <td align="right">
              请输入手机号码：</td> <td><input type="text" id="mobile" />
            </td>
        </tr>
        <tr>
            <td align="right">
              请输入固定电话：</td><td><input type="text" id="phone" />
            </td>
        </tr>
        <tr>
            <td></td>
            <td>
               <input type="button" onClick="CheckInfo()" value="提 交"/>
            </td>
        </tr>
    </table>
</form>
```

(2) 当用户单击页面中的操作按钮时，会触发按钮的 Click 事件，调用 CheckInfo()函数。在该函数中，首先获取用户输入的手机号码和固定电话，接着通过 if else 语句判断输入的内容是否合法。代码如下：

```
function CheckInfo() {
    var mobile = document.getElementById("mobile").value;
    var phone = document.getElementById("phone").value;
    if(!checkMobile(mobile)) {      //如果手机号码不合法
        alert("您输入的手机号码不正确呢，请输入其他的号码试试吧");
    } else {                        //如果手机号码合法，验证固定电话
        checkPhone(phone);          //判断输入的固定电话是否不合法
    }
}
```

在上述代码中，通过 if 语句调用 checkMobile()方法，判断输入的手机号码是否合法，如果不合法，通过 alert()函数弹出信息提示。如果合法，则在 else 语句中调用 checkPhone()函数判断固定电话是否合法。

(3) checkMobile()函数检查输入手机号码是否正确，需要向该函数中传入一个字符串参数。如果通过验证，则返回 true，否则返回 false。代码如下：

```
function checkMobile(strMobile) {
   var regu = /^[1][3|5|8][0-9]{9}$/;
   var re = new RegExp(regu);
   if (re.test(strMobile)) {
```

```
            return true;
        } else {
            return false;
        }
    };
```

(4) checkPhone()函数检查输入的电话号码格式是否正确，需要向该函数中传入一个字符串参数。如果通过验证，则返回 true，否则返回 false。代码如下：

```
    function checkPhone(strPhone)
    {
        var phoneRegWithArea = /^[0][1-9]{2,3}-[0-9]{5,10}$/;
        var phoneRegNoArea = /^[1-9]{1}[0-9]{5,8}$/;
        var prompt = "您输入的电话号码不正确!";
        if (strPhone.length > 9) {
            if (phoneRegWithArea.test(strPhone)) {
                return true;
            } else {
                alert(prompt);
                return false;
            }
        }
        else {
            if (phoneRegNoArea.test(strPhone)) {
                return true;
            }
            else
            {
                alert(prompt);
                return false;
            }
        }
    };
```

(5) 在浏览器中运行本次实验指导的页面，向页面的输入框中输入内容后单击按钮进行测试，图 14-2 和图 14-3 分别显示了验证手机号码和固定电话时的效果。

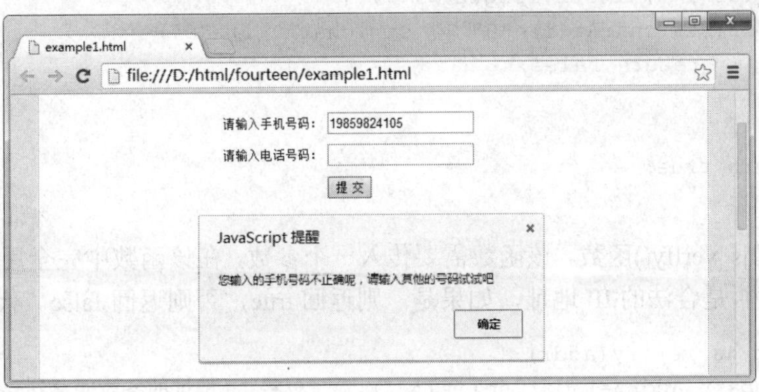

图 14-2　验证手机号码

图 14-3　验证电话号码

在图 14-2 中，虽然用户输入的手机号码是 11 位，但是并不符合要求，因为在本节实验指导中，用户输入的手机号码必须以 13、15 或者 18 开头。图 14-3 中，虽然用户输入的是一系列的数字并且有连字符，但是并不符合要求，电话号码是 6 位或者 9 位的以 1 开头的数，也可以是以“0**-”或者“0****-”开头的其他数。

14.6　实验指导——验证 IP 地址是否合法

一个合法的 IP 地址必须是由点(.)分隔的 4 个数值组成的，每个数值都必须位于 0~255 之间，即 0.0.0.0 到 255.255.255.255 之间的形式。本节实验指导通过三种方式验证用户输入的 IP 地址是否合法：第一种方式是完全使用程序代码进行判断，第二种方式将正则表达式与程序代码结合起来，最后一种方式是完全使用正则表达式。

通过不同的方式判断 IP 地址是否合法，实现步骤如下。

(1)　创建 JavaScript 脚本代码，首先创建 isNumeric()函数，该函数判断一个字符串中的内容是否全是数字字符，如果是，则返回 true，否则返回 false。代码如下：

```
function isNumeric(str) {
    if(str.length == 0) {
        return false;
    }
    for(var i=0; i<str.length; i++) {
        if(str.charAt(i)<"0" || str.charAt(i)>"9") {
            return false;
        }
    }
    return true;
}
```

(2)　创建 js_verify()函数，该函数需要传入一个参数，在该函数中完全用程序代码判断一个字符串是否是合法的 IP 地址，如果是，则返回 true，否则返回 false。代码如下：

```
function js_verify(addr) {
    var part_addr = addr.split('.');     //将 IP 地址的各段保存到一个数组中
    if(part_addr.length != 4) {
```

```
            return false;
        } else {
            var part;
            for(part in part_addr) {  //将part_addr中的元素索引号逐个赋值给part
                if(isNumeric(part_addr[part])) {
                    if(parseInt(part_addr[part])<0
                     || parseInt(part_addr[part])>255) {
                       return false;
                    }
                } else {
                    return false;
                }
            }
        }
        return true;
    }
```

(3) 创建 jsreg_verify()函数，向该函数中传入一个字符串参数。该函数结合 JavaScript 程序代码和正则表达式模式来判断一个字符串是否是合法的 IP 地址，如果是，则返回 true，否则返回 false。代码如下：

```
function jsreg_verify(addr) {
    var reg = /^(\d{1,3})\.(\d{1,3})\.(\d{1,3})\.(\d{1,3})$/;
    if(reg.exec(addr) != null) {
        //下面直接用字符串与数值比较，字符串将先转换成数值
        if(RegExp.$1<0 || RegExp.$1>255) return false;
        if(RegExp.$2<0 || RegExp.$1>255) return false;
        if(RegExp.$3<0 || RegExp.$1>255) return false;
        if(RegExp.$4<0 || RegExp.$1>255) return false;
    } else {
        return false;
    }
    return true;
}
```

(4) 创建 reg_verify()函数，该函数需要传入一个字符串参数。在该函数中，其代码完全通过正则表达式判断一个字符串是否是合法的 IP 地址。代码如下：

```
function reg_verify(addr) {
    var reg =
/^(\d{1,2}|1\d\d|2[0-4]\d|25[0-5])\.(\d{1,2}|1\d\d|2[0-4]\d|25[0-5])\.
(\d{1,2}|1\d\d|2[0-4]\d|25[0-5])\.(\d{1,2}|1\d\d|2[0-4]\d|25[0-5])$/;
    if(addr.match(reg)) {
        return true;
    } else {
        return false;
    }
}
```

(5) 向页面的表单元素中添加三行两列的表格，第一行提供用户要执行的验证方式，

第二行提供输入框，第三行提供操作按钮。代码如下：

```
<table align="center" width="90%" height="100">
    <tr>
        <td align="right" width="30%">验证方式：</td>
        <td>
           <input type="radio" name="mytype" value="1"/>程序代码验证
           <input type="radio" name="mytype" value="2"/>
             程序代码和正则表达式验证
           <input type="radio" name="mytype" value="3"/>正则表达式验证
        </td>
    </tr>
    <tr>
        <td align="right">请输入当前 IP 地址：</td>
        <td><input type="text" id="ip" /></td>
    </tr>
    <tr>
        <td></td>
        <td><input type="button" onClick="CheckIP()" value="验 证"/></td>
    </tr>
</table>
```

(6) 创建 CheckIP()函数，在该函数中获取用户选择的验证方式和输入的 IP 地址，并且根据验证方式调用不同的函数进行测试。代码如下：

```
function CheckIP() {
    var value;
    var ck = document.getElementsByName("mytype");
    for(var i=0; i<ck.length; i++) {
        if(ck[i].checked)
            value = ck[i].value;
    }
    var ip = document.getElementById("ip").value;
    if(value==1) {
        if(!js_verify(ip)) {
            alert("您输入的 IP 地址不合法，请重新输入。");
        } else {
            alert("IP 地址验证正确");
        }
    } else if(value==2) {
        //省略代码
    } else if(value==3) {
        //省略代码
    } else {
        alert("您还没有选择怎么验证呢，先选择吧")
    }
}
```

(7) 运行上述代码，向页面中输入内容后单击按钮进行测试，如图 14-4 所示。

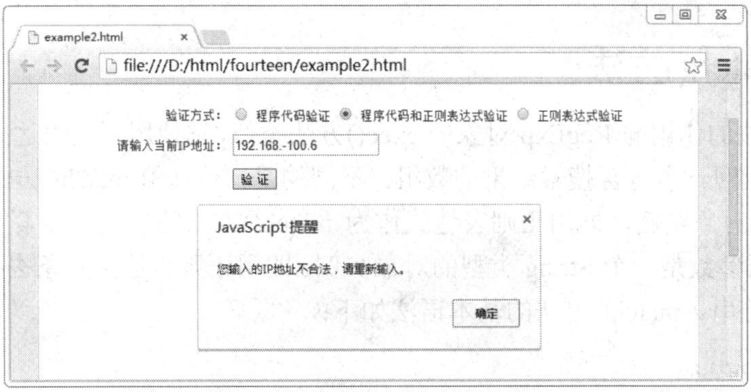

图 14-4　验证 IP 地址是否合法

14.7　支持正则表达式的 String 对象的方法

String 是 JavaScript 的内置对象，该对象中也有一些方法要用到 RegExp 对象实例作为参数，下面简单了解一下这些方法。

14.7.1　search()方法

String 对象的 search()方法检索与正则表达式相匹配的值。当使用 search()方法时，该方法返回使用正则表达式搜索时，第一个匹配的字符串在整个被搜索的字符串中的位置。基本语法如下：

```
search(rgExp);
```

其中 rgExp 参数是需要在 String 对象中检索的子串，也可以是需要检索的 RegExp 对象。如果执行忽略大小写的检索，需要追加 i 标志。

【例 14-4】

创建一个字符串对象并赋值，然后通过 search()方法检索该对象中指定的子符串 comes 的索引位置。代码如下：

```
var str = "If winter comes,can spring be far behind?"
document.write("检索 comes 的位置：" + str.search(/comes/));
document.write("<br/>检索 Comes 的位置：" + str.search(/Comes/));
var reg = new RegExp("Comes", "i");
document.write("<br/>检索 Comes 的位置：" + str.search(reg));
```

执行上述代码，查看页面的效果，输出内容如下：

```
检索 comes 的位置：10
检索 Comes 的位置：-1
检索 Comes 的位置：10
```

在该例子中调用了三次 search()方法，第一次检索 comes 的位置；第二次检索 Comes 的位置，由于不忽略大小写，因此这里检测到的索引位置为-1；第三次检索 Comes 的位置，由于指定忽略大小写，因此这里检测到的索引位置与第一次的一样，都是 10。

14.7.2 match()方法

match()方法的作用与 RegExp 对象的 exec()方法类似，它使用正则表达式模式对字符串执行搜索，并返回一个包含搜索结果的数组。不同的是：传递给 match()方法的参数是一个 RegExp 类型的对象实例，即用正则表达式作为 match()方法的参数去搜索字符串；而传递给 exec()方法的参数是一个 String 类型的对象实例，即用正则表达式对象去搜索作为 exec()方法参数的字符串。match()方法的基本语法如下：

```
match(rgExp);
```

【例 14-5】

创建一个字符串对象并赋值，调用 match()方法检索 world 子字符串。代码如下：

```
var str = "Hello world!";
document.write(str.match("world") + "<br />");
document.write(str.match("World") + "<br />");
document.write(str.match("worlld") + "<br />");
document.write(str.match("world!"));
```

运行上述代码，查看输出结果，内容如下：

```
world
null
null
world!
```

【例 14-6】

还可以使用 match()方法来检索一个正则表达式的匹配。例如，下面的代码使用全局匹配的正则表达式检索字符串中的所有数字：

```
var str = "1 plus 2 equal 3";
document.write(str.match(/\d+/g));
```

运行上述代码查看输出结果，内容如下：

```
1,2,3
```

14.7.3 replace()方法

String 对象的 replace()方法用于在字符串中用一些字符替换另一些字符，或替换一个与正则表达式匹配的子串。基本语法如下：

```
stringObject.replace(regexp/substr, replacement);
```

其中，regexp/substr 是必需的，指定子字符串或者要替换的模式的 RegExp 对象。如果该参数的值是一个字符串，则将它作为要检索的文本模式直接量，而不是首先被转换为 RegExp 对象。replacement 也是一个必需的参数，是一个字符串值，指定了替换文本或生成替换文本的函数。

replace()方法的返回值是一个新的字符串，是用 replacement 参数替换了 regexp 的第一个匹配或者所有匹配之后得到的。

【例 14-7】

下面创建一个字符串对象，该对象的值是“If winter comes, can spring be far behind?”。使用 replace()方法将 can 替换为 Can。代码如下：

```
var str = "If winter comes, can spring be far behind?";
document.write(str.replace(/can/, "Can"));
```

运行上述代码，页面的输出结果如下：

```
If winter comes, Can spring be far behind?
```

【例 14-8】

假设一个字符串对象中包含多个字符串，如果进行全局替换呢？很简单，通过 g 标志。新声明一个字符串，该对象中将一句话重复 3 次，然后通过 replace()方法进行全局替换。每当 can 被找到，它就被替换为 Can。代码如下：

```
var str = "If winter comes, can spring be far behind?"
str+="<br/>If winter comes, can spring be far behind?"
str+="<br/>If winter comes, can spring be far behind?"
document.write(str.replace(/can/g, "Can"));
```

重新运行上述代码，输出内容如下：

```
If winter comes, Can spring be far behind?
If winter comes, Can spring be far behind?
If winter comes, Can spring be far behind?
```

在 replace()方法的基本语法中，replacement 可以是字符串，也可以是函数。如果它是字符串，那么每个匹配都将由字符串替换。但是 replacement 中的$字符具有特定的含义，如表 14-3 所示，它说明从模式匹配的字符串将用于替换。

表 14-3　replacement 中的$字符的含义

字　符	替换文本
$1、$2、...、$99	与 regexp 中的第 1~99 个子表达式相匹配的文本
$&	与 regexp 相匹配的子字符串
$`	位于匹配子串左侧的文本
$'	位于匹配子串右侧的文本
$$	直接量符号

【例 14-9】

创建值为“Doe, John”的字符串对象，将值转换为“John, Doe”的形式，然后将结果输出。代码如下：

```
var name = "Doe, John";
document.write(name.replace(/(\w+)\s*, \s*(\w+)/, "$2 $1"));
```

【例 14-10】

创建一个字符串对象，该对象中包含 Jack 和 Lucy 两个值，将所有的花括号都替换为直引号。代码如下：

```
var name = '"Jack", "Lucy"';
name.replace(/"([^"]*)"/g, "'$1'");
```

14.7.4 split()方法

String 对象的 split()方法用于把一个字符串分割成字符串数组。基本语法如下：

```
split(separator, howmany)
```

其中，separator 参数是一个必需的字符串或者正则表达式，从该参数指定的地方分割对象。howmany 是一个可选参数，该参数可以指定返回的数组的最大长度。如果设置了该参数，返回子字符串不会多于这个参数指定的数组；如果没有设置该参数，整个字符串都会被分割，不考虑它的长度。

split()方法返回一个字符串数组，该数组是通过在 separator 指定的边界处将字符串分割成子字符串创建的。返回的数组中的字符串不包括 separator 自身。但是，如果 separator 是包含子表达式的正则表达式，那么返回的数组中包括与这些子表达式匹配的字串(但不包括与整个正则表达式匹配的文本)。

提示： 如果把空字符串("")用作 separator，那么字符串对象中的每个字符之间都会被分割。String.split()执行的操作与 Array.join()执行的操作是相反的。

【例 14-11】

创建一个字符串对象，然后调用 split()方法，通过不同的方式进行分割。代码如下：

```
var str = "How are you doing today?";
document.write(str.split(" ") + "<br />");
document.write(str.split("") + "<br />");
document.write(str.split(" ", 3));
```

运行上述代码，页面输出内容如下：

```
How,arc,you,doing,today?
H,o,w, ,a,r,e, ,y,o,u, ,d,o,i,n,g, ,t,o,d,a,y,?
How,are,you
```

14.8 习　题

一、填空题

1. 在正则表达式中，使用__________定位符匹配目标字符串的开始位置。
2. 在正则表达式中，使用__________定位符匹配目标字符串的结束位置。
3. 选择匹配符__________用于匹配一个数字字符，它的效果等价于[0-9]匹配符。

4. 创建 RegExp 对象时，通过设置__________标志符，匹配比较时会自动忽略大小写。

5. RegExp 对象常用的 3 个方法包括__________、exec()和 compile()方法。

6. String 对象的__________方法表示使用正则表达式模式对字符串执行搜索，并返回一个包含搜索结果的数组。

二、选择题

1. 在 JavaScript 的正则表达式中，限定符__________的效果等价于{0,}。

   A. {1}　　B. +　　C. *　　D. ?

2. [^a-z]的含义是__________。

   A. 匹配任何空白字符
   B. 匹配除“\n”之外的任何单个字符
   C. 匹配任何不在指定范围内的任意字符
   D. 匹配指定范围内的任何字符

3. RegExp 对象的__________属性表示开始下一次匹配的字符位置。

   A. global　　B. lastIndex　　C. source　　D. multiline

4. String 对象中支持正则表达式的方法不包括__________。

   A. match()　　B. replace()　　C. split()　　D. test()

三、简答题

1. 正则表达式中常用的定位符和限定符有哪些？
2. 简单描述 RegExp 对象的属性和方法。
3. 支持正则表达式的 String 对象的方法有哪些？这些方法分别是用来做什么的？

第 15 章 JavaScript 的事件处理

事件是浏览器响应用户交互操作的一种机制，JavaScript 的事件处理机制可以改变浏览器响应用户操作的方式，这样就可以开发出具有交互性，更具响应性和易于使用的网页。浏览器为了响应某个事件而进行的处理过程，叫作事件处理。

在前面的章节中，已经多次使用到了事件，例如 Click 事件、Load 事件、Change 事件等。本章将向读者介绍 JavaScript 中的事件处理，包括事件的触发途径和使用途径、原始事件模型、标准事件模型和常用事件等多个内容。

本章学习目标如下：

- 了解事件的概念和触发事件的途径。
- 掌握将事件源指定到事件处理者的三种方法。
- 熟悉原始事件模型的事件类型。
- 掌握如何使用事件的返回值。
- 熟悉如何使用 this 关键字。
- 掌握标准事件模型中事件传播的三个阶段。
- 掌握 addEventListener()方法的使用。
- 了解事件的模型和类型。
- 熟悉常用接口的对象和属性。
- 了解 IE Event 对象和事件传播。

15.1 事件概述

事件是对象化编程的一个重要环节，没有了事件，程序就会变得僵硬，缺乏灵活性。下面从事件简介和指定事件两个方面对事件进行概述。

15.1.1 事件简介

事件是浏览器响应用户交互操作的一种机制，事件的处理过程是“发生事件→启动事件处理程序→事件处理程序做出响应”。如果要启动事件处理程序，就必须告诉对象“如果发生了什么事情就要启动什么处理程序”，否则这个流程就不能进行下去。事件的处理程序可以是任意的 JavaScript 语句，但是一般使用特定的自定义函数来进行处理。

1. 事件的概念

事件是基于对象的。基于对象的基本特征，就是采用事件驱动。它是在用户图形界面的环境下，使得一切输入变得简单化。通常鼠标或者热键的动作称为事件；由鼠标或者热键引发的一连串程序的动作，称为事件驱动；而对事件进行处理的程序或者函数，称为事件处理程序。

2. 触发事件的途径

事件不仅可以在用户交互过程中产生，而且浏览器自己的一些动作也可以产生事件。例如，当载入一个页面时会触发 load 事件，卸载一个页面时会发生 unload 事件。

概括起来，触发事件有以下几途径：

- 对由用户引发或者 JavaScript 引发的动作进行响应时，由浏览器隐式触发。
- 由 JavaScript 使用 DOM 方法显式触发，例如 document.forms[0].submit()。
- 使用诸如 IE 浏览器的 fireEvent()这样的方法来显式触发。
- 由 JavaScript 使用 DOM 2 的 dispatchEvent()方法显式触发。

3. 使用事件的途径

事件定义了用户与页面交互时产生的各种操作，使用事件有以下几种途径：

- 使用传统的 XHTML 事件处理器属性，例如<form onsubmit="myFunction();">。
- 关联至某个对象，如 document.getElementById("myForm").onsubmit = myFunction。
- 使用诸如 IE 浏览器的 attEvent()这样的私有方法。
- 使用 DOM 2 方法，如使用一个节点的 addEventListener()方法来设置事件监听器。

15.1.2 指定事件

事件处理程序一般分为事件源和事件处理者。事件源即触发事件的源头，每一个 HTML 标记都可以成为触发事件的条件；事件处理者处理事件的 JavaScript 脚本程序，即处理对该事件做出响应的语句。当移动鼠标或者敲击键盘时，都可能触发事件，将一个事件源指定到事件处理者可以通过如下三种方法。

1. 直接在 HTML 的标记中指定

将事件源指定到事件处理者时，直接在 HTML 标记中指定事件源是使用得最普遍的一种方式。基本语法如下：

```
<标记 事件="事件处理程序" [事件="事件处理程序"] ...]>
```

【例 15-1】

向页面中的 body 标记指定 onLoad 事件属性和 onUnload 事件属性。在页面读取完毕时弹出“网页读取完成，欢迎光临！”的对话框提示；在用户退出文件、关闭窗口或者到另一个页面时，弹出“谢谢，下次再见”的对话框提示。代码如下：

```
<body onLoad="alert('网页读取完成，欢迎光临！')"
  onUnload="alert('谢谢，下次再见')">
```

2. 在 JavaScript 结构中说明

这种方法也会被使用到，基本语法如下：

```
<事件主角 - 对象>.<事件> = <事件处理程序>;
```

其中，“事件处理程序”是真正的代码，而不是字符串形式的代码。

【例 15-2】

本例将 getHelloSay()函数定义为 window 对象的 onload 事件的处理程序，它的效果是页面加载完毕后判断传入的参数名是否为 admin。代码如下：

```
function getHelloSay(name) {
    if(name=="admin") {
        alert("right");
    } else {
        alert("wrong");
    }
}
window.onload = getHelloSay("admin");
```

如果事件处理程序是一个自定义函数，如果没有使用参数的需要，就不需要加小括号(即())。代码如下：

```
window.onload = function() {
    alert("hello");
}
```

3. 编写特定对象、特定事件的 JavaScript 脚本

这种方式使用得少，但是在某些场合下会被使用到。基本语法如下：

```
<script language="JavaScript" for="对象" event="事件">
    //事件处理程序代码
</script>
```

【例 15-3】

本例完成页面加载时弹出一个对话框提示的效果。代码如下：

```
<script language="javascript" for="window" event="onload">
    alert("欢迎光临，请访问");
</script>
```

15.2 原始事件模型

原始事件模型是最简单的一种事件处理方式，即基本事件处理。实际上，在前面的章节中已经多次被使用到。例如，实现计算器功能时，单击按钮时触发的 Click 事件处理程序就是在单击时触发。其实具有该事件的还有 HTML 中的 a 标记、body 标记和 img 标记等。它们都是原始事件模型，本节将详细了解一下 JavaScript 中的原始事件模型。

15.2.1 事件类型

客户端 JavaScript 支持大量的事件类型，在原始事件模型中，事件是浏览器内置的，JavaScript 代码不能直接操作事件。原始事件模型中的事件类型是指响应事件调用的处理程序名称。在这种模型中，使用 HTML 标记的属性设置事件处理代码。

在原始事件模型中，具有大量不同的事件处理程序属性，即事件属性。例如，表 15-1 中列出了常用的事件属性，并对这些属性的触发条件和支持标记进行了介绍。

表 15-1　常用的事件属性

事件名称	触发事件	支持的标记
onabort	图像装载被中断时	<img>
onblur	标记失去焦点时	<button>、<input>、<label>、<select>、<textarea>、<body>
onchange	选择<select>标记中的选项或者其他表单标记失去了焦点，并且由于它获得了焦点而使值发生了改变时	<input>、<label>、<select>、<textarea>
onclick	鼠标按下并释放，发生在 mouseup 事件后。如果返回 false，则可以取消默认动作	大多数标记
ondbclick	双击鼠标时	大多数标记
onerror	在装载图像的过程中发生了错误时	<img>
onfocus	标记得到输入焦点时	<button>、<input>、<label>、<select>、<textarea>、<body>
onkeydown	键盘被按下时，如果返回 false 则可以取消默认动作	表单元素、<body>
onkeypress	键盘键被释放时，如果返回 false 则可以取消默认动作	表单元素、<body>
onkeyup	键盘键被释放时，如果返回 false 则可以取消默认动作	表单元素、<body>
onload	文件加载完成时	<body>、<frameset>、<img>、<iframe>、<object>
onmousedown	按下鼠标左键时	大多数标记
onmousemove	鼠标移动时	大多数标记
onmouseout	鼠标离开标记时	大多数标记
onmouseover	鼠标移动到标记上。如果用于 a 元素，返回 true，则可以防止 URL 出现在状态栏中	大多数标记
onmouseup	释放鼠标左键时	大多数标记
onreset	表单请求被重置时，如果返回 false 则阻止重置	<form>
onresize	调整窗口大小时	<body>、<frameset>
onselect	选中文本时	<input>、<textarea>
onsubmit	请求提交表单时，如果返回 false 则阻止提交	<form>
onunload	卸载(关闭)文件或者框架集时	<body>、<frameset>

大体上，可以将表 15-1 列出的事件属性分为输入事件和语义事件两种类型。

1．输入事件

输入事件有时会被称为原始事件，这些事件是在用户移动鼠标、单击鼠标或者键盘时触发的。这些输入事件只描述用户的动作，没有其他含义。

2．语义事件

语义事件的含义比较复杂，通常只有在特定的环境中才会被触发。例如，当用户单击了 submit 按钮时，会触发 3 个输入事件，依次是 onmousedown、onmouseup 和 onclick，作为鼠标单击的结果，包含该按钮的 HTML 表单将生成 onsubmit 事件。

15.2.2 事件处理

在原始事件模型中，处理事件时有两种方式，第一种方式是将 JavaScript 代码作为 HTML 属性值，第二种方式是将事件处理程序作为 JavaScript 属性。

1．将 JavaScript 代码作为 HTML 属性值

简单地说，事件处理程序作为 HTML 的属性值被设置为 JavaScript 脚本。如下内容为<input>标记指定 onClick 事件属性，单击按钮时弹出一个“谢谢”的对话框提示：

```
<input type="button" id="btnMessage" value="确定" onClick="alert('谢谢')" />
```

如果处理程序由多个 JavaScript 语句组成，事件处理程序的属性值可以是任意的 JavaScript 脚本，那么必须在各个语句之间使用分号分隔。

【例 15-4】

下面为 type 属性值为 button 的<input>标记添加 onClick 事件属性，该属性包含两个 JavaScript 语句。代码如下：

```
<input type="button" id="btnSubmit" value="提 交"
  onClick="document.write('谢谢您的投票'); alert('谢谢')" />
```

注意：HTML 中的标记不区分大小写，因此可以选择多种方式来确定事件处理属性的大小写。例如，onclick、onClick、OnClick 都是触发的 Click 事件。通常采用大小写混合的形式，即前缀小写为 on，例如 onClick、onLoad 和 onMouseOver 等。

2．将事件处理程序作为 JavaScript 属性

文件中的每一个 HTML 标记在文档树(DOM)中都有一个相应的 JavaScript 对象，这个 JavaScript 对象的属性对应于那个 HTML 标记的属性。在 JavaScript 1.1 及其后续版本中，同样适用于事件处理属性，因此，如果一个<input>标记具有 onClick 属性，那么该表单元素对象的 onClick 属性就可以引用它包含的事件处理程序。

提示：无论作为 HTML 性质的 JS 代码还是作为 JS 属性的事件处理程序，其本身的属性都是函数“function”。

【例 15-5】

下面通过一个简单的例子演示将事件处理程序作为 JavaScript 属性时的例子。首先向页面中添加一个表单元素，该元素包含一个<input>标记。代码如下：

```
<form name="f1">
   <input name="b1" type="button" value="Click Me"/>
</form>
```

向<script></script>标记中添加下面的代码：

```
<script>
document.f1.b1.onclick=function() {
   alert("thanks");
};
</script>
```

上述代码中，document.f1 根据 name 属性值获取页面中的指定表单，document.f1.b1 用于获取表单中的指定<input>标记，document.f1.b1.onclick 表示为指定的<input>标记添加 onclick 事件属性。以上代码等价于下面的代码：

```
document.f1.b1.onclick = GetInfo;
function GetInfo() {
   alert("thanks");
}
```

把事件处理程序作为 JavaScript 脚本有以下几个两个好处。

第一，减少了 HTML 和 JavaScript 脚本的混合，增强了代码的模块性，使代码更加简洁，也更加容易维护。

第二，使事件处理函数进行动态处理。与 HTML 的属性不同的是，它是文件的一个静态部分。HTML 属性只有在创建文件时才能对它处理，而 JavaScript 的属性可以在任何时候改变。在复杂的交互过程中，动态地改变注册到 HTML 标记的事件处理程序有时也非常有用。

15.2.3　使用事件返回值

事件的返回值通常是由事件处理程序提供的，但是 JavaScript 中并不要求所有的事件都有返回值。如果事件处理程序没有返回值，浏览器会以默认的情况来进行处理。不过，Web 开发者可以通过事件的返回值来判断事件处理程序是否正确处理了程序。在这种情况下，事件的返回值通常是布尔值。如果事件的返回值为 true，则浏览器会采用默认的操作，如果事件的返回值为 false，则浏览器会阻止默认的操作。

【例 15-6】

以提交表单为例，当用户通过单击提交表单时，浏览器会将表单内容提交到<form>标记的 action 属性值所指定的 URL 上，这是浏览器默认的操作。在用户单击提交按钮时，将会触发按钮事件。如果按钮事件返回 false，则浏览器会阻止默认的操作，即不提交表单数据。实现步骤如下。

(1)　向页面中添加表单元素，在表单中创建一个输入框、两个密码框和一个提交按钮。

(2) 当单击提交按钮时，会触发按钮的 submit 事件，触发该事件时调用 checkDate()函数处理事件。页面相关代码如下：

```
<form name="myForm" action="submit.html" onsubmit="return checkDate()"
  style="text-align:center">
    姓     名:
      <input type="text" name="myName"><br><br>
    密     码:
      <input type="password" name="myPassword1"><br><br>
    重复密码: <input type="password" name="myPassword2"><br><br>
    <input type="submit" value="注 册">
</form>
```

在上述代码中，将 onsubmit 属性的值设置为 return checkDate()，这说明要从 checkDate()函数中获取返回值。如果该函数的返回值为 false，则阻止提交操作。否则，将数据提交到 submit.html 网页中。

(3) 创建 checkDate()函数，在该函数中获取表单中的用户名、密码和确认密码框的内容，如果它们的值为空，则弹出提示信息，并且返回 false；如果输入框和密码框中都输入了内容，则返回 true。代码如下：

```
function checkDate() {
    if (myForm.myName.value=="") {
        alert("请输入姓名");
    } else if (myForm.myPassword1.value=="") {
        alert("请输入密码");
    } else if (myForm.myPassword2.value=="") {
        alert("请重复密码");
    } else if (myForm.myPassword1.value!=myForm.myPassword2.value) {
        alert("两次密码输入不一致，请重新输入");
    } else {
        return true;
    }
    return false;
}
```

(4) 在浏览器中运行上述页面，向页面的输入框中输入部分内容，然后单击“注册”按钮进行测试，如图 15-1 所示。

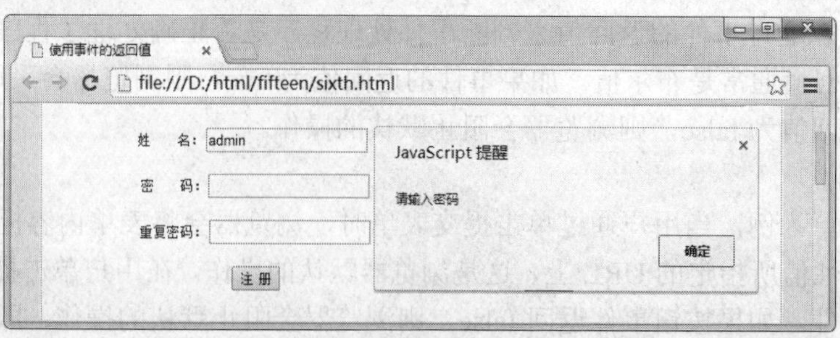

图 15-1 使用事件的返回值

15.2.4 使用 this 关键字

在面向对象编程语言中，人们对于 this 关键字是很熟悉的。例如 C++、C#和 Java 等都提供了这个关键字。JavaScript 中也提供了 this 关键字，使用 this 关键字不仅容易理解，而且很有效。大体来说，JavaScript 中的 this 关键字有以下三种使用方法。

1. 在 HTML 元素的事件属性中以 inline 方式使用

在 HTML 元素事件属性中使用 this 关键字，一般常用的方法是使用 EventHandler(this)这样的形式，但是其实可以是任何合法的 JavaScript 语句。例如，向<input>标记中添加了一个 onClick 事件属性，当单击输入框时，弹出当前输入框的 value 值。通过 this.value 属性获取当前输入框中的值。代码如下：

```
<input type="button" value="Click" onClick="alert(this.value)" />
```

2. 用 DOM 方式在事件处理函数中使用 this 关键字

用 DOM 方式在事件处理函数中使用 this 关键字也会被经常使用到。如下所示为一段示例代码：

```
<div id="elmtDiv">division element</div>
<script language="javascript">
    var div = document.getElementById('elmtDiv');
    div.attachEvent('onclick', EventHandler);
    function EventHandler()
    {
        //在此使用 this
    }
</script>
```

可以在上述代码的 EventHandler()方法中使用 this 关键字，指示的对象是 IE 的 window 对象。这是因为 EventHandler 只是一个普通的函数，至于 attachEvent()，脚本引擎对它的调用和 div 对象本身没有任何关系。如果要在这个 EventHandler()中获得 div 对象引用，应该使用 this.event.srcElement 代码。

3. 用 DHTML 方式在事件处理函数中使用 this 关键字

可以使用 DHTML 方式在事件处理函数中使用 this 关键字。

如下所示为一段示例代码：

```
<div id="elmtDiv">division element</div>
<script language="javascript">
    var div = document.getElementById('elmtDiv');
    div.onclick = function()
    {
        //在此使用 this
    };
</script>
```

在上述代码的 onClick 事件中使用 this 关键字时，它指示的内容是 div 元素对象实例，在脚本中使用 DHTML 方式直接为 div.onclick 赋值一个 EventHandler 的方法，等于为 div 对象实例添加一个成员方法。

这种方式与第一种方法的区别是，第一种方法是使用 HTML 方式，而这里是 DHTML 方式，后者的脚本解析引擎不会再生成匿名方法。

15.3 标准事件模型

前面介绍的事件处理方法都是 0 级 DOM 的一部分，即所有启用 JavaScript 的浏览器都支持标准 API，2 级 DOM 标准定义了高级事件处理的 API，它与 0 级有很大的不同，而且功能更加强大，但是由于 2 级标准没有把现有的 API 集成到 DOM 标准中，因此对于基本的事件处理任务，应该继续使用简单的 API。

标准事件模型即是 DOM 2 事件模型或者 2 级 DOM 事件模型，本节简单了解一下与其有关的知识。

15.3.1 事件传播

在原始事件模型中，浏览器把事件指派给发生事件的文件标记。如果某个对象具有适合的事件处理程序，就运行这个程序。除此之外，不用执行其他的程序。但是在 2 级 DOM 事件模型中，事件处理程序比较复杂，当事件发生时，目标节点的事件处理程序就会被触发执行，而目标节点的父节点也有机会来处理这个事件。

一般情况下，事件的传播分为 3 个阶段：捕捉阶段、事件阶段和起泡阶段。

(1) 捕捉阶段：在捕捉阶段中，事件从 Document 对象沿着 DOM 树向下传播到目标节点，如果目标的任何一个父节点注册了捕捉事件的处理程序，那么事件在传播的过程中就会首先运行这个程序。

(2) 事件阶段：事件阶段是事件传播的第二个阶段，它发生在目标节点本身，直接注册在目标上的适合事件处理程序将运行，这与 0 级事件模型提供的事件处理方法类似。

(3) 起泡阶段：起泡阶段是最后一个阶段，在这个阶段，事件将从目标节点向上传播或起泡回 Document 对象的文件层次。虽然所有事件都受事件传播捕捉阶段的支配，但是并非所有类型的事件都起泡。例如，把提交事件从<form>标记向上传播到控制它的文件标记没有任何意义。

注意： 在 IE 浏览器中，没有捕捉阶段，但是有起泡阶段。

在事件传播过程中，任何事件处理程序都可以调用表示那个事件的 Event 对象的 stopPropagating()方法来停止事件传播。有些事件还会触发浏览器执行相关的默认动作。例如，在单击<a>标记时，浏览器的默认动作是执行超链接，这样的默认动作只在事件传播的 3 个阶段完成之后才会执行，事件传播过程中调用的任何处理程序都能通过调用 Event 对象的 preventDefault()方法阻止默认动作的发生。在 IE 浏览器中，就是把 cancelBubble 的值设置为 true。

15.3.2 注册事件处理程序

在原始事件模型的 0 级 API 中，通过在 HTML 中设置属性或者在 JavaScript 脚本中设置对象的属性来注册事件处理程序。

但是在标准事件模型中，可以调用对象的 addEventListensr()方法为特定标记注册事件处理程序。基本语法如下：

```
EventTarget.addEventListensr(
  String type, EcentListener listener, blooean useCapure)
```

从上述语法可以看出，addEventListensr()方法需要传入 3 个参数，参数说明如下。

- type：要注册处理程序的事件类型名称，这个名称应该是包含小写 HTML 属性的字符串，而且没有前缀“on”。例如 click、mouseover 和 keydown 等。
- listener：处理函数，在指定类型的事件发生时调用该函数。在调用这个函数时，传递给它的唯一参数是 Event 对象，这个对象存放了有关事件(例如鼠标按钮被按下或者移动)的详情，并定义了 stopPropagation()方法。
- useCapure：该参数的值是一个布尔值，它决定注册程序在传播的哪一个过程被调用。如果该参数值为 true，则指定的事件处理程序将在事件传播的捕捉阶段用于捕捉事件。如果该参数的值为 false，则事件处理程序就是常规，当事件直接发生在对象上，或发生在标记的父节点上，又向上起泡到该标记时，该处理程序将被触发。

【例 15-7】

如下代码简单地调用了 addEventListener()方法：

```
document.addEventListener("mousemove", moveHandler, true);
```

上述代码表示在 mousemove 事件发生的时候调用 moveHandler 函数，并且可以捕捉这个事件。

可以用 addEventListener 为一个事件注册多个事件处理的程序，那么当该类型的事件在这个对象上发生时，所有被注册的函数都将被调用。但是这些函数的执行顺序是不确定的，并不像 C#那样按照注册的顺序执行。

提示： 在 Mozilla Firefox 中用 addEventListener 注册一个事件处理程序的时候，this 关键字就表示调用事件处理程序的文档元素，但是其他浏览器并不一定是这样，因为这不是 DOM 标准，正确的做法是用 currentTarget 属性来引用调用事件处理程序的文档元素。

与 addEventListener()方法对应的是 removeEventListener()方法，这两个方法都是由 EventTarget 接口定义的。在支持 2 级 DOM Event API 的浏览器中，所有 Document 节点都实现了这个接口。

使用 removeEventListener()方法时，需要传入 3 个参数，参数的含义与 addEventListener()方法中的相同，不过 removeEventListener()方法的作用是从对象中删除事件处理函数，而不是添加。通常在实际应用时，临时注册一个事件处理函数，用过后再快速删除它。

【例 15-8】

如下代码演示了 removeEventListener()方法的使用：

```
document.removeEventListener("mouseup", handleMouseUp, true);
```

【例 15-9】

本例演示一个比较完整的示例，在该示例中演示 addEventListener()方法的使用。完整代码如下：

```
<html>
    <head>
        <meta content="text/html; charset=Big5" http-equiv="content-type">
        <script type="text/javascript">
            window.addEventListener('load', function() {
                function handler() {
                    document.getElementById('console').innerHTML =
                      'Who\'s clicked: ' + this.id;
                }
                document.getElementById('btn1').addEventListener(
                  'click', handler, false);
                document.getElementById('btn2').addEventListener(
                  'click', handler, false);
            }, false);
        </script>
    </head>
    <body>
        <button id="btn1">按鈕一</button><br>
        <button id="btn2">按鈕二</button><br>
        <div id="console"></div>
    </body>
</html>
```

在上述代码中，在事件处理器中使用 this 关键字获取当前触发事件的元素，虽然目前多数遵守 2 级 DOM 的浏览器都会如此操作，但是这并不是 2 级 DOM 标准的规范，在 2 级 DOM 标准中，可以从 Event 的 currentTarget 属性来获取触发事件的元素。

15.3.3 事件的模块和类型

2 级 DOM 标准是模块化的，Event API 就是一个模块，可以通过 hasFeature()方法检测浏览器是否支持这个模块。

代码如下：

```
document.implementation.hasFeature("Events", "2.0");
```

Event 模块只支持基本事件处理基础结构的 API，它一般包括 HTMLEvents 模块、MouseEvents 模块、UIEvents 模块和 MutationEvent 模块。

例如，在表 15-2 中列出了事件模块、模块的事件接口以及事件类型。

表 15-2　事件模块、接口和类型

事件模块	事件接口	事件类型
HTMLEvents	Event	abort、blur、change、error、focus、load、reset、resize、scroll、select、submit、unload
MouseEvents	MouseEvent	click、mousedown、mousemove、mouseout、mouseover、mouseup
UIEvents	UIEvent	DOMActivate、DOMFocusIn、DOMFocusOut
MutationEvents	MutationEvent	DOMAttrMofified、DOMCharacterDataModified、DOMNodeInserted、DOMNodeInsertedIntoDocument、DOMNodeRemovedFromDocument、DOMNodeRemoved、DOMSubtreeModified

在表 15-2 中列出 4 种不同的事件模型和 4 种不同的事件接口，这 4 个接口彼此相关，构成了一个层次。Event 接口是这个层次的根，所有事件对象实现了这个最基本的事件接口；UIEvent 是 Event 接口的子接口，实现了 UIEvent 接口的事件对象也实现了 Event 接口的所有方法和属性；MouseEvent 接口是 UIEvent 接口的子接口。这意味着，传递给 Click 事件的事件处理程序的事件对象实现了 MouseEvent 接口、UIEvent 接口和 Event 接口定义的所有方法和属性。最后，MutationEvent 接口同样是 Event 接口的子接口。

15.3.4　常用接口概述

前面对表 15-2 中的接口进行了简单介绍，下面了解一下这个接口中的属性和方法。

1．Event 接口

HTMLEvent 模块定义事件类型使用的 Event 接口，其他事件类型都用该接口的子接口。这表示所有的事件对象都实现了 Event 接口，并提供了适用于所有事件类型的详细信息。

Event 事件中包含多个属性，表 15-3 列出了这些属性，并进行了简单的说明。

表 15-3　Event 接口的属性

属性名称	说　明
type	发生的事件类型，该属性的值是事件类型的名称，与注册事件处理程序时使用的字符串相同
target	发生事件的节点，可能与 currentTarget 不同
currentTarget	发生当前正在处理的事件的节点(例如当前正在运行事件处理程序的节点)。如果在传播过程的捕捉阶段或者起泡阶段处理事件，这个属性的值与 target 属性的值不同
eventPhase	一个数字，指定了当前所处理的事件传播过程的阶段。它的值是常量，可能包含 Event.CAPTURING_PHASE、Event.AT_TARGET 或者 Event.BUBBLING_PHASE
timestamp	一个 Date 对象，声明了事件何时发生
bubbles	一个布尔值，声明该事件(及这种类型的事件)是否在文档中起泡
cancelable	一个布尔值，声明该事件是否具有能用 preventDefault()方法取消的默认动作

除了表 15-3 中列出的属性外，Event 接口还提供了两个常用的方法，所有的事件对象都实现了它们。

- stopPropagating(): 该方法声明 stopPropagation()方法可以阻止事件从当前正在处理它的节点处传播。
- preventDefault(): 任何事件处理程序都可以调用 preventDefault()方法阻止浏览器执行与事件相关的默认动作。在 2 级 DOM API 中，可以调用该方法，它与 0 级事件模型中返回 false 一样。

2. UIEvent 接口

UIEvent 接口是 Event 接口的子接口，它定义事件对象类型要传递给 DOMFocus、DOMFocusOut 和 DOMActivate 类型的事件，这些事件类型并不常用。关于 UIEvent 接口，更重要的是：它是 MouseEvent 接口的父接口，除了 Event 接口定义的属性外，该接口还定义了 view 和 detail 两个属性。

- view：发生事件的 window 对象。
- detail：一个数值，提供事件的额外信息。对于 click 事件、mousedown 事件和 mouseup 事件，这个属性表示单击的次数，1 表示单击，2 表示双击，3 表示连续单击 3 次。对于 DOMActivate 事件，这个值为 1 时表示普通激活；为 2 时表示特殊激活，例如双击鼠标或者同时按 Shift 键和 Enter 键。

提示： 每次单击生成一个事件，但是如果多次单击的间隔比较短，就可以使用 detail 值来说明它。即 detail 值为 2 的鼠标事件，前面总是有一个 detail 为 1 的鼠标事件。

3. MouseEvent 接口

MouseEvent 接口继承 Event 接口和 UIEvent 接口的所有属性和方法，除了前面列出的属性外，它还定义了其他的属性。表 15-4 对 MouseEvent 接口中的属性进行了简单说明。

表 15-4 MouseEvent 接口的属性

属性名称	说 明
button	一个数字，声明在 mouscdown、mouseup 和 click 事件中，表示哪个鼠标键改变了状态。1 表示左键，2 表示右键。这个属性只有鼠标状态改变时使用，例如，在 mousedown 事件中，它不能用来检测左键是否被按下
altKey、ctrlKey、metaKey、shiftKey	这 4 个布尔值声明在鼠标事件发生时，是否按住了 Alt 键、Ctrl 键、Meta 键或 Shift 键。与 button 属性不同，这些键盘属性对任何事件类型都有效
clientX、clientY	这两个属性声明鼠标指针相对于客户端或者浏览器窗口的 X 坐标和 Y 坐标
screenX、screenY	这两个属性声明鼠标指针相对于客户端显示器的左上角的 X 坐标和 Y 坐标
relatedTarget	该属性引用与事件的目标节点相关的节点。对于 mouseover 事件来说，它是鼠标移到目标上时所离开的那个节点；对于 mouseout 事件来说，它是离开目标时，鼠标进入的节点

4．MutationEvent 接口

MutationEvent 接口是 Event 接口的子接口，用于为 MutationEvents 模块定义的事件类型提供事件的详细信息。MutationEvent 事件并不被经常使用，因此，这里不再详细介绍它的额外属性。

15.4 实验指导——实现视频的多种操作

在上一节中，介绍了标准事件模型有关的信息，本节实验指导通过一个完整的例子，来演示视频的操作。实现视频操作的步骤如下。

(1) 向页面中添加一个 video 元素，代码如下：

```
<video id="video" width="100%" controls autoplay loop>
    <source src="video.mp4" />
    <source src="video.rmvb" />
    <source src="video.webm" />
    您的浏览器不支持 HTML 5 视频文件
</video>
```

(2) 向上述代码之后添加多个操作按钮，代码如下：

```
<div id="buttonDiv">
    <button id="btnPlay" onclick="PlayOrPause()" disabled/>播放</button>
    <button id="btnSpeedUp" onclick="SpeedUp()" disabled/>加速播放</button>
    <button id="btnSpeedDown" onclick="SpeedDown()" disabled/>减速播放
    </button>
    <button id="btnMute" onclick="setMute()" disabled/>静音</button>
    <button id="btnVolumeUp" onclick="VolumeUp()" disabled/>增大音量
    </button>
    <button id="btnVolumeDown" onclick="VolumeDown()" disabled/>降低音量
</button>
</div>
```

(3) 向 JavaScript 脚本中添加代码，首先声明不同的变量，分别表示当前视频的播放速率、声音大小和是否静音。然后获取页面中用于显示视频和播放时间的 video 对象，最后判断页面是否支持 video 对象的 canPlayType()函数，如果支持，通过 addEventListener()方法注册事件。代码如下所示：

```
var speed = 1;
var volume = 1;
var muted = false;
var video = document.getElementById("video");
var functionId;
if(video.canPlayType) {
    video.addEventListener("loadedmetadata", loadedmetadata, false);
    video.addEventListener("ended", videoEnded, false);
    video.addEventListener("play", videoPlay, false);
    video.addEventListener("pause", videoPause, false);
```

```
    video.addEventListener("error", catchError, false);
}
```

从上述代码中可以看出，当视频元素触发 loadedmetadata、ended、play、paurse 和 error 事件时，分别调用不同的函数，即 loadedmetadata()、videoEnded()、videoPlay()、videoPause() 和 catchError()。

(4) 浏览器获取完毕媒体的时间长和字节数时，触发 loadedmetadata 事件，调用 loadedmetadata()函数。在该函数代码中更改页面中 btnPlay 元素的 innerHTML 属性，重新设置链接文本，然后调用 play()方法播放视频。代码如下：

```
function loadedmetadata() {
    var btnPlay = document.getElementById("btnPlay");
    btnPlay.innerHTML = "暂停";
    btnPlay.disabled = "";
    video.play();
    var buttonDiv = document.getElementById("buttonDiv");
    buttonDiv.style.display = "block";
}
```

(5) 视频文件播放完毕后触发 ended 事件，调用 videoEnded()函数，在该函数中重新指定 video 对象的 currentTime 属性的值，并且暂停播放视频文件。代码如下：

```
function videoEnded(ev) {
    video.currentTime = 0;
    this.pause();
}
```

(6) 单击视频文件自带的控制条中的播放和暂停按钮时，会分别触发 play 事件和 pause 事件，它们分别调用 videoPlay()函数和 videoPause()函数。在 videoPlay()函数中重新更改播放按钮的文本内容为“暂停”，然后指定其他按钮的 disabled 属性的值为空，这表示其他按钮可以正常使用。videoPause()函数正好与 videoPlay()函数相反，它更改播放按钮的文本内容为“播放”，然后指定其他按钮的 disabled 属性的值为“disabled”，这表示其他按钮暂时不可用，并且在最后调用 clearInterval()函数清除相关的内容。

以 videoPlay()函数为例，代码如下：

```
function videoPlay(ev) {
    var btnPlay = document.getElementById("btnPlay");
    btnPlay.innerHTML = "暂停";
    document.getElementById("btnSpeedUp").disabled = "";
    document.getElementById("btnSpeedDown").disabled = "";
    document.getElementById("btnSlowPlay").disabled = "";
    document.getElementById("btnMute").disabled = "";
    document.getElementById("btnVolumeUp").disabled = "";
    document.getElementById("btnVolumeDown").disabled = "";
    document.getElementById("btnPlayBack").disabled = "";
    if(direction==-1)
        functionId = setInterval(playBack1, 200);
}
```

(7) 浏览器加载视频过程中，只要出现错误，就会触发 error 事件，调用 catchError()函数，在该函数中获取错误代码，然后通过 switch 语句进行判断。

代码如下：

```
function catchError() {
    var error = video.error;
    switch(error.code) {
        case 1:
            alert("视频的下载过程被中止。");
            break;
        case 2:
            alert("网络发生故障，视频的下载过程被中止。");
            break;
        case 3:
            alert("解码失败。");
            break;
        case 4:
            alert("媒体资源不可用或媒体格式不被支持。");
            break;
    }
}
```

(8) 为页面添加捕捉事件完毕后，下面主要是对页面中的按钮添加处理事件代码。首先为文本是“暂停”或者“播放”的按钮添加代码，在代码中判断视频文件的状态，如果是暂停播放，则分别指定 playbackRate 属性、muted 属性和 volume 属性的值，否则直接调用 pause()方法暂停播放。

代码如下：

```
function PlayOrPause() {
    if(video.paused) {
        video.play();
        video.playbackRate = speed;
        video.muted = muted;
        video.volume = volume;
    }
    else
        video.pause();
}
```

(9) 单击页面中的“加速播放”和“减速播放”按钮时，分别调用 SpeedUp()函数和 SpeedDown()函数。

以 SpeedUp()函数为例，代码如下：

```
function SpeedUp() {                        //加速播放视频文件
    video.playbackRate += 1;
    speed = video.playbackRate;
}
```

(10) 单击静音按钮，调用 setMute()函数，在该函数中判断当前视频文件的 muted 属性的值是否为 true，如果不是，则将属性值指定为 true，并更改按钮的文本。

代码如下：

```
function setMute() {
    if(!video.muted) {
        video.muted = true;
        document.getElementById("btnMute").innerHTML = "取消静音";
    } else {
        video.muted = false;
        document.getElementById("btnMute").innerHTML = "静音";
    }
    muted = video.muted;
}
```

(11) 单击页面中的“增大音量”和“降低音量”按钮，分别调用 VolumeUp()函数和 VolumeDown()函数。前者需要判断音量是否小于 1，如果是，那么每次单击时，都会将 video 元素的 volume 属性的值加 0.1；后者需要判断音量是否大于 0，如果是，那么每次单击时都会将 volume 属性的值减 0.1。

以 VolumeUp()函数为例，代码如下：

```
function VolumeUp() {
    if(video.volume < 1)
        video.volume += 0.1;
    volume = video.volume;
}
```

(12) 运行上述代码，查看效果，页面初始效果如图 15-2 所示。

图 15-2　页面的初始效果

(13) 单击图中的“静音”按钮进行测试，测试视频的音量是否为 0，即静音状态，如图 15-3 所示。读者可以观察标题之后的效果，图 15-2 中，标题之后有一个音量图标，当设置为静音时，该图标不再显示。

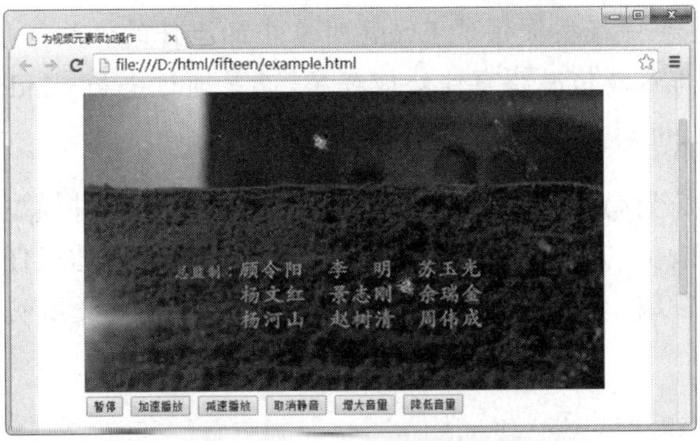

图 15-3 设置静音效果

15.5 IE 事件模型

IE 事件模型包括 Event 对象，该对象提供发生事件的详细情况，但是 Event 对象不是传递给事件处理函数的，而是作为 window 对象的属性。IE 模型支持起泡形式的事件传播，但不支持 DOM 模型的捕捉形式的事件传播。

15.5.1 IE Event 对象

与标准的 2 级 DOM 事件模型一样，IE 事件模型提供了在 Event 对象属性中发生的每个事件的详细情况。由标准模型定义的 Event 对象是由 IE Event 对象进行模型化的。因此，IE Event 对象与 DOM Event、UIEvent、MouseEvent 对象有许多属性都相似，表 15-5 为一些常用的属性。

表 15-5 IE Event 对象的常用属性

属性名称	说 明
type	一个字符串，声明发生的事件的类型
srcElement	发生事件的文件标记，与 DOM Event 对象的 target 属性相同
button	一个整数，声明被按下的鼠标键。1 表示左键，2 表示右键，4 表示中间键。如果按下多个键，则为这些值的和。例如，如果左键和右键一起按下，值为 3
clientX、clientY	这两个整数属性声明事件发生时鼠标的坐标，与 2 级 DOM 中的 MouseEvent 对象的同名属性相同
fromElement、toElement	fromElement 声明 mouseover 事件中鼠标移动过的文件标记，toElement 声明 mouseover 事件中鼠标移到的文件标记。它们等价于 2 级 DOM 中的 MouseEvent 对象的 relatedTarget 属性
cancelBubble	一个布尔属性，设置为 true 可以阻止当前事件进一步起泡到容器层次的标记，与 2 级 DOM 的 Event 对象的 stopPropagation()方法相同
returnValue	一个布尔属性，设置为 false 可以阻止浏览器执行与事件相关的默认动作，与 2 级 DOM 的 Event 对象的 preventDefault()方法相同

注意： 虽然 IE 事件模型提供了 Event 对象中的事件的详细信息，但它不会把 Event 对象作为参数传递给事件处理程序，而是通过全局 window 对象的 Event 属性访问 Event 对象。

虽然 Event 事件是全局变量，但它与标准的 2 级 DOM 事件模型不兼容，使用时需要用一行代码避免这种情况。也可以通过编写一个事件处理函数适应任何一种模型，在这个函数中可以传递一个参数。如果没有传递给它参数，就用全局变量初始化参数。

代码如下：

```
function proEventHandler(e) {
    if(!e)
        e = window.event;                    //获取 IE 事件的细节
    //编写程序的主体代码
}
```

15.5.2 IE 的事件传播

在 15.3.1 节中介绍事件传播时提到过，在 IE 浏览器中没有捕捉阶段，但是它可以沿着容器层次向上起泡，就像 2 级 DOM 模型中的一样。IE Event 对象中没有 DOM Event 对象具有的 stopPropagation()方法，因此要阻止事件起泡或者制止它在容器层次中进行传播。

IE 事件处理程序必须把 Event 对象的 cancelBubble 属性设置为 true。设置代码如下：

```
window.event.cancelBubble = true;
```

在 IE 4 及先前的版本中，注册事件处理程序的方法与原始 0 级模型使用的方法相同，即把它们设置为 HTML 属性，或者把函数赋予文件标记的事件处理程序属性。唯一的区别在于：IE 4 允许访问文件中的所有标记，而不仅限于 0 级 DOM 可以访问的表单、图像或者链接标记。

在 IE 5 及其后续版本中引入了 attachEvent()方法和 detachEvent()方法，它们提供了为指定对象事件类型注册多个函数的方法。

这两个方法与 addEventListensr()和 removeEventListensr()方法相似。由于 IE 事件模型中不支持事件捕捉，因此使用 attachEvent()方法和 detachEvent()方法时，需要传入两个参数，即事件类型和处理函数。

15.6 习　　题

一、填空题

1. 大体来分，可以将事件分为两种，即原始事件和__________。

2. 在事件传播的__________阶段中，事件从 Document 对象沿着 DOM 树向下传播到目标节点，如果目标的任何一个父节点注册了捕捉事件的处理程序，那么事件在传播的过程中就会首先运行这个程序。

3. 在标准事件模型中，注册事件处理程序需要使用__________方法。

4．标准事件模型中，可以将模块分为__________、MouseEvents、UIEvents 和 MutationEvents 四个。

二、选择题

1. 图像装载被中断时触发__________事件。
   A. onload　B. onunload　C. onabort　D. onclick
2. 事件传播的 3 个阶段不包括__________。
   A. 起泡阶段　B. 冒泡阶段　C. 捕捉阶段　D. 事件阶段
3. MouseEvent 接口包含哪两个接口的所有属性和方法？__________
   A. Event 和 UIEvent　B. Event 和 MutationEvent
   C. UIEvent 和 MutationEvent　D. Event 和 HTMLEvent
4. Event 接口的属性不包括__________。
   A. detail　B. type　C. currentTarget　D. target
5. 在 IE 的事件传播中，IE 事件处理程序必须把__________属性的值设置为 true。
   A. srcElement　B. returnValue　C. type　D. cancelBubble

三、简答题

1. 原始事件模型的事件类型有哪两种，试简单说明。
2. 标准事件模型中的事件传播包含哪 3 个阶段，每个阶段都是做什么的？

第 16 章　综合案例实践

在本章之前，本书主要介绍了 3 部分内容，即 HTML、CSS 和 JavaScript，将 HTML、CSS 和 JavaScript 结合使用是构建网页最常用的一种形式。

本章主要利用 HTML、CSS 和 JavaScript 实现 3 个完整的小案例，搭建一个音乐网页和制作两个小游戏。

本章学习目标如下：

- 掌握如何使用 HTML 标记设计网页。
- 掌握 audio 和 canvas 元素的使用。
- 掌握 placeholder 和 autocomplete 属性的使用。
- 掌握 ID 选择器的使用。
- 掌握属性选择器的使用。
- 掌握 box-shadow 和 border-radius 属性的使用。
- 掌握新增的属性选择器的使用。
- 熟悉 CSS 中常用的一些属性。
- 掌握 transform 属性的使用。
- 掌握 document 对象的常用方法。
- 掌握如何自定义类。
- 熟悉贪吃蛇游戏的实现过程。
- 熟悉俄罗斯方块的实现过程。

16.1　设计音乐网页

如今，越来越多的用户喜欢上网做事，例如购物、玩游戏和听音乐等，本节的案例中，我们来设计一个音乐网页，下面介绍该网页具体是如何实现的。

16.1.1　网页效果

在本节实现的综合案例中，使用 HTML 和 CSS 构建一个简单的页面，该页面包含头部和主体两部分内容，图 16-1 展示了完整页面的实现效果。

从该图中可以看出，网页的实现很简单，头部显示信息和音乐类型链接，主体部分包括中间的搜索区域和专辑查看区域两部分。

在实现网页设计之前，首先搭建网页的整体框架。先向 body 元素中添加 class 属性和 id 属性，页面代码：

```
<body class="sloggato" id="homePage">
</body>
```

图 16-1　网页的最终设计效果

为上述代码中的 body 元素添加 CSS 样式代码，相关代码如下：

```
body, html {
    height:100%;
    max-height:100%;
}
body {
    background:#0e0808 url("images/body.jpg") center top fixed no-repeat;
    font-family:Helvetica, Arial, sans-serif;
    color:#FFFFFF;
}
```

运行上述代码，查看页面效果，如图 16-2 所示。从图 16-2 中可以看出，当前的网页中只包含一张背景颜色图片，而没有添加任何文本内容。

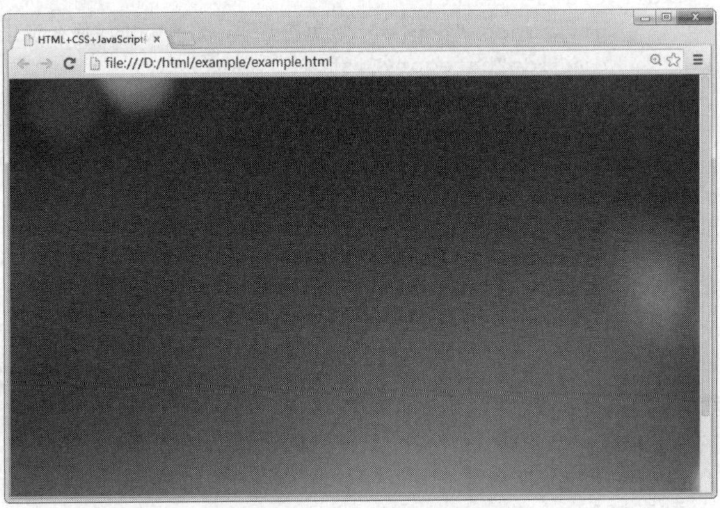

图 16-2　搭建外部框架

16.1.2 设计头部区域

头部区域内容非常简单，下面从效果显示和实现代码两部分进行介绍。从图 16-1 中可以看出，头部区域只包含一个详细图标和一行语句，当鼠标悬浮到图标时，可以查看效果信息，其实现效果如图 16-3 所示。

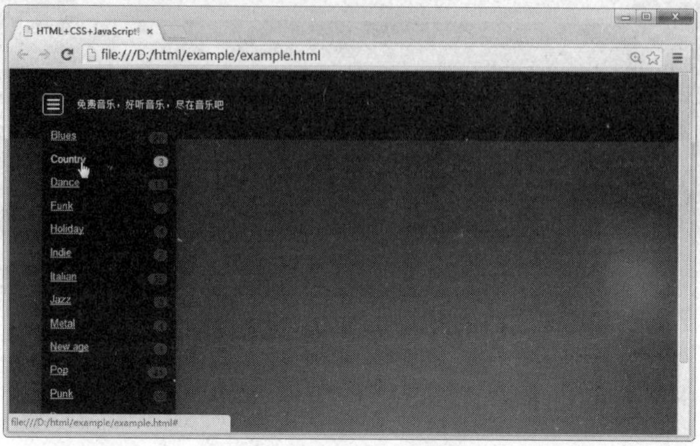

图 16-3　头部区域实现的效果

根据图 16-3 中的实现效果添加实现代码，完整的实现步骤如下。

(1) 首先向页面的 body 部分添加一个 div 元素，它是一个父容器。指定 div 元素的 style 属性和 id 属性。接着向该 div 容器中添加多个具有层次结构的子 div 元素，实现代码如下：

```
<div id="topBar" style="background-color: rgba(0, 0, 0, 0.8); margin-top:
  0px; top: 0px; padding: 15px 0px; background-position: initial initial;
  background-repeat: initial initial;">
    <div class="center">
        <div class="topLeft">
            <div class="center">
                <div class="topLeft">免费音乐，好听音乐，尽在音乐吧</div>
                <div id="categoryList">
                    <!-- 省略其他代码 -->
                </div>
            </div>
        </div>
    </div>
</div>
```

(2) 设计上个步骤中各个 div 元素的样式，部分样式代码如下：

```
#topBar {                          /* id 属性值为 topBar 的 div 元素的样式 */
    background: rgba(0, 0, 0, 0.3);
    height: 50px;
    line-height: 50px;
    color: #FFFFFF;
    font-size: 12px;
```

```
    text-shadow: 0 0 8px rgba(0, 0, 0, 0.3);
    position: fixed;
    top: 0;
    width: 100%;
    z-index: 10000;
}
.center {                           /* class 属性值为 center 的 div 元素的样式 */
    width: 960px;
    margin: 0 auto;
    position: relative;
}
.topLeft {                          /* class 属性值为 topLeft 的 div 元素的样式 */
    margin-left: 40px;
}
#categoryList {                     /* id 属性值为 categoryList 的 div 元素的样式 */
    height: 28px;
    overflow: hidden;
    width: 28px;
    position: absolute;
    z-index: 10000;
    padding: 0 0 0 20px;
    top: 13px;
    left: -20px;
    text-align: left;
}
```

(3) 向最内层的 div 元素中添加代码，这段代码表示一系列的分类列表信息。列表信息通过 ul 和 li 元素来实现，每一个 li 元素中可以嵌套子 ul、li 元素，也可以不进行嵌套。部分代码如下：

```
<ul>
    <li class="cat-item cat-item-82">
        <a href="#">Blues<span class="count">20</span></a>
        <ul class="children">
            <li class="cat-item cat-item-83">
                <a href="#">Blues rock<span class="count">4</span></a>
            </li>
            <li class="cat-item cat-item-169">
                <a href="#">Gospel<span class="count">1</span></a>
            </li>
            <li class="cat-item cat-item-94">
                <a href="#">
                    Rhythm and blues<span class="count">14</span>
                </a>
            </li>
            <li class="cat-item cat-item-73">
                <a href="#">Soul<span class="count">7</span></a>
            </li>
        </ul>
```

```
    </li>
    <li class="cat-item cat-item-33">
        <a href="#">Country<span class="count">3</span></a>
    </li>
    <!-- 省略其他代码 -->
</ul>
```

(4) 为上述步骤中的父 ul、li 元素以及子 ul、li 元素分别添加代码。以父 ul、li 元素为例，部分代码如下：

```
ol, ul {
    list-style: none;
}
#categoryList ul {
    width: 160px;                                          /* 宽度 */
    border-radius: 4px;                                    /* 圆角效果 */
    opacity: 0;
    box-shadow: 0 0 1px rgba(0, 0, 0, 0.8), 0 10px 25px rgba(0, 0, 0, 0.4);
      /* 阴影效果 */
}
#categoryList:hover ul {
    opacity: 1;
}
#categoryList li {
    width: 140px;
    height: 26px;
    line-height: 26px;
    padding: 0 10px;
    display: block;
    position: relative;
    font-size: 12px;
    border-bottom: 1px solid rgba(0, 0, 0, 0.2);
    background: rgba(0, 0, 0, 0.9);
}
#categoryList li a {
    display: block;
    color: #CCCCCC;
}
```

(5) 当鼠标悬浮到不同的分类列表项时，父 ul、li 元素和子 ul、li 元素的第一个子元素和最后一个子元素的效果不同。相关代码如下：

```
#categoryList li:first-child {                   /* 父 ul 元素的第一个 li 子元素 */
    border-radius: 4px 4px 0 0;
    padding-top: 4px;
}
#categoryList li:last-child {                    /* 父 ul 元素的最后一个 li 子元素 */
    border-radius:  0 0 4px 4px;
    padding-bottom: 4px;
}
```

```
#categoryList li ul li:first-child {          /* 子 ul 元素的第一个 li 子元素 */
    border-radius: 0 4px 0 0;
    padding-top: 4px;
}
#categoryList li ul li:last-child {           /* 子 ul 元素的最后一个 li 子元素 */
    border-radius:  0 0 4px 0px;
    padding-bottom: 4px;
}
```

在上述代码中，通过 border-radius 属性设置圆角效果，padding-bottom 设置底部填充的间距大小。

(6) 当鼠标悬浮到子 li 元素首个和最后一个 a 元素时，字体的颜色效果不同，首个 a 元素的字体为红色，最后一个 a 元素的字体为蓝色。代码如下：

```
#categoryList li ul li:first-child a {
    color: red;
}
#categoryList li ul li:last-child a {
    color: blue;
}
```

(7) 重新运行有关的代码，查看效果，鼠标悬浮时的效果如图 16-4 所示。

图 16-4　鼠标悬浮时的效果

16.1.3　实现主体内容

主体部分是一个网页最重要的内容，它通常会表现为一系列的列表信息。

读者从图 16-1 中可以看出，该网页实现的主体内容很简单，这里分别通过搜索部分和列表显示部分进行介绍。

1. 搜索部分的实现

搜索部分的内容很简单，向用户提供一个搜索框，可以向该搜索框中输入想要搜索的专辑或者歌手名。实现步骤如下。

(1) 向页面中添加 id 属性值为 header、class 属性值为 center 的 div 元素，该元素下包含 3 个子 div 元素。代码如下：

```
<div id="header" class="center">
    <div class="int"><h1 class="titolo">音乐</h1></div>
    <div id="search">
        <div class="sf_container" id="">
            <!-- 省略其他代码 -->
        </div>
    </div>
    <div class="clear"></div>
</div>
```

(2) 为上个步骤中的 div 元素添加 CSS 样式，部分样式代码如下：

```
#header {                                        /* id属性值为div的元素 */
    position: relative;
    padding: 80px 0 27px 0;
}
.int {                                           /* class属性值为int的div元素 */
    float: left;
    width: 180px;
    height: 80px;
    margin-top: 10px;
    text-align: left;
    position: relative;
}
#search {                                        /* id属性值为search的div元素 */
    float: right;
    width: 460px;
    margin: 16px 0 0 0;
    display: block;
    position: relative;
}
.clear {
    clear: both;
}
```

(3) 向 id 属性值为 header 的 div 中的第二个子 div 元素中添加 form 元素，该元素包含一个搜索框。代码如下：

```
<form role="" method="" id="" class="" action="">
    <div>
        <label class="screen-reader-text" for="s">Search for:</label>
        <div class="sf_search" style="width:760px; border:0px solid #">
            <span class="sf_block">
                <input class="sf_input" autocomplete="off" type="search"
                  placeholder="输入搜索" name="" container="">
            </span>
        </div>
    </div>
</form>
```

(4) 为上个步骤中的搜索框指定样式，包括圆角效果、字体大小、宽度和背景位置等多个属性的设置。当鼠标光标定位到搜索框时，更改该搜索框的背景颜色。

部分相关代码如下：

```
.sf_search {
   width: 100%!important;
}
#homePage.sloggato #search .sf_input {
   border-radius: 32px;
   font-size: 20px;
   padding: 18px 20px 12px 65px;
   width: 670px;
   background-position: -740px -125px;
}
#homePage.sloggato #search .sf_input:focus {
   border-radius: 32px;
   font-size: 20px;
   padding: 18px 20px 12px 65px;
   width: 670px;
   background-position: -740px -125px;
   background-color: #099;
   width: 670px;
}
```

(5) 运行上述代码，查看效果，图 16-5 为鼠标光标定位到搜索框，并且向搜索框中输入内容时的效果。

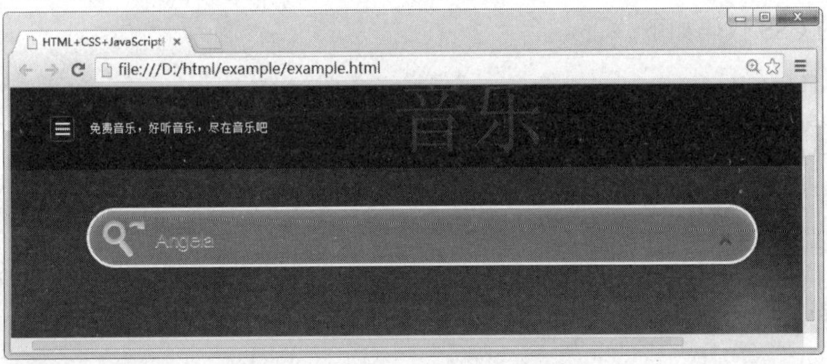

图 16-5　搜索部分的实现效果

2. 列表部分实现

列表部分是整个网页中最重要的部分，本网页中显示了一系列的列表信息，其实现过程也并不复杂。主要步骤如下。

(1) 向页面中继续添加 HTML 代码和 CSS 代码，相关页面代码如下：

```
<div id="container" class="center">
    <div id="content">
        <div class="album200 animation post">
```

```
            <span class="cdAlbum"></span>
            <a class="coverAlbum" href="#">
                <span class="patina"></span>
                <img width="200" height="200" src ="index_files/mypic4.jpg"
                  class="attachment-duecento wp-post-image" alt="" title="">
            </a>
            <h2 class="nameAlbum">
                <a href="#" title="Link permanente Quiet Nights">
                    The wings of the physical
                </a>
            </h2>
            <span class="artistAlbum">
                <a href="#" rel="tag">Angela Zhang</a>
            </span>
        </div>
        <!-- 省略其他的列表代码 -->
        <div style="clear: both;"></div>
        <div style="clear: both;"></div>
        <div style="clear: both;"></div>
        <a style="background:url(images/myfirst.png); height:164px;
          width:69px; position:fixed; top:150px; right:0px; z-index:10002"
          target ="_blank" href="#">
        </a>
    </div>
</div>
```

(2) 为 id 属性值为 container 的 div 元素添加样式，它是页面主体部分显示列表的父容器。相关的 CSS 代码如下：

```
#container {
    position: relative;
    z-index: 10;
    margin-bottom: 20px;
}
```

(3) 为 class 属性值是 album200 animation post 的 div 元素添加样式，它包含 album200、animation 和 post 三个样式。以 album200 样式的代码为例，内容如下：

```
.album200 {
    height: 265px;                        /* 高度 */
    width: 200px;                         /* 宽度 */
    margin: 0 0 35px;
    padding: 0px 20px 0;                  /* 填充间距 */
    color: #FFFFFF;                       /* 字体颜色 */
    text-align: center;                   /* 文本居中 */
    float: left;                          /* 靠左浮动 */
    letter-spacing: -0.2px;               /* 字体间距 */
    position: relative;
}
```

(4) 为 class 属性值是 album200 animation post 的 div 元素添加样式代码，部分样式代码如下：

```
.album200 .cdAlbum {
    position: absolute;
    top: 0px;
    left: 20px;
    height: 200px;
    width: 200px;
    background-position: -200px 0px;
}
.album200 .coverAlbum {
    background-color: rgba(48, 48, 48, 0.90);
    height: 200px;
    width: 200px;
    box-shadow: 0 0 8px rgba(0, 0, 0, 0.3);
    border-radius: 2px;
    overflow: hidden;
    display: block;
    position: relative;
    margin-top: 0px;
    top: 0px;
    left: 0;
    z-index: 300px;
}
.artistAlbum {
    font-size: 11px;
    margin-top: 6px;
    display: block;
    z-index: 200px;
}
```

(5) 当鼠标悬浮时需要的代码：

```
.album200.animation:hover .cdAlbum {
    top: -34px;
    -webkit-transform: rotate(-180deg);
}
.album200.animation:hover .coverAlbum {
    margin-top: 34px;
}

.twitterBird, .buttonList, .facebookInvite, .facebookLogin,
  .ywp-btn-next, .ywp-btn-prev, .ywp-btn-play, .ywp-btn-pause,
  .fbButton0, .twButton0, .sf_input,
  #related_posts_thumbnails a:last-child, .diskIcon, .patina,
  .post-edit-link, .logo, .sf_button, .cdAlbum, .facebookConnect,
  .socialConnect, .ywp-page-btn-play, .ywp-page-btn-pause, .buttonLover,
  .buttonLover .wpfp-link, .listLover .count em {
   background-color: transparent;
```

```
    background-image: url("images/sprite.png") !important;
    background-repeat: no-repeat;
}
```

提示：本章案例只是使用 HTML 和 CSS 构建一个简单的网页，读者可以在该网页的基础上添加新的实现代码，扩充该页面的功能，这里不再对其他的内容进行详细的解释和说明。

16.2 贪吃蛇游戏

贪吃蛇是一款经典的手机游戏，既简单又耐玩。通过控制蛇头方向吃蛋，使得蛇变长，从而获得积分。其玩法是：用游戏把子上下左右控制蛇的方向，寻找吃的东西，每吃一口就能得到一定的积分，而且蛇的身子会越吃越长，身子越长玩的难度就越大，不能碰墙，更不能咬自己的尾巴和身体，等到了一定的分数，就能过关，然后继续下一关。

本节小案例完成一个简单的贪吃蛇游戏，在本节中并没有计算用户玩游戏时的分数，但是可以通过单击按钮控制贪吃蛇的速度。

16.2.1 设计页面

在介绍 JavaScript 代码之前，首先设计网页代码。向当前页面添加一个空白的 table 元素，然后在该元素之前添加 4 个 button 类型的<input>标记，它们分别执行不同的操作。页面代码如下：

```
<table id="main" border="1" cellspacing="0" cellpadding="0"></table>
<input type="button" id="btn" value="开始/暂停" />
 点左边按钮或按 Enter 开始/暂停游戏<br />
<input type="button" id="reset" value="重新开始" /><br />
<input type="button" id="upSpeed" value="加速" />
 点左边按钮或按 Ctrl + ↑加速<br />
<input type="button" id="downSpeed" value="减速" />
 点左边按钮或按 Ctrl + ↓减速
```

为上述表格元素和表格中的单元格设计样式，部分样式代码如下：

```
table {
    border-collapse: collapse;
    border: solid #333 1px;
}
td {
    height: 10px;
    width: 10px;
    font-size: 0px;
}
.filled {
    background-color: blue;
}
```

16.2.2　JavaScript 代码

JavaScript 是实现贪吃蛇游戏最重要的一个环节，这里分为多项内容进行介绍。

1．自定义$()函数

首先自定义一个$()函数，该函数传入一个表示对象 id 属性的值，并且返回获取到页面的对象。代码如下：

```
function $(id) {
    return document.getElementById(id);
}
```

2．贪吃蛇类

贪吃蛇类是本节案例最重要的组成部分，在该类中定义了一系列的变量和方法。完整的实现步骤如下。

(1)　创建名称是 Snake 的贪吃蛇类，首先定义多个变量。部分代码如下：

```
var Snake = {
    tbl: null,
    body: [],
    direction: 0,       //移动方向，取值 0,1,2,3 分别表示向上、右、下、左。
                        //按键盘方向键可以改变它
    timer: null,        //定时器
    speed: 250,         //速度
    paused: true,       //是否已经暂停
    rowCount: 35,       //行数
    colCount: 35,       //列数
    /* 省略其他代码 */
}
```

上述代码中，body 表示蛇身，数组存放蛇的每一节，其数组结构是{x:x0, y:y0, color:color0}，其中 x 和 y 分别表示横坐标和纵坐标，color 表示颜色。direction 控制蛇的移动方向，它的可取值为 0、1、2、3，分别表示上、右、下、左 4 个方向，按键盘键可以进行控制。timer 和 speed 分别表示定时器和速度。paused 表示蛇是否暂停移动。rowCount 和 colCount 分别表示表格生成的行和列。

(2)　继续向蛇类中添加代码，首先定义名称是 init 的初始化方法，在该方法中为 color、tbl、x、y、colorIndex 以及 direction 变量赋值，然后通过一个 for 循环语句动态构造 rowCount 和 colCount 列的表格。代码如下：

```
init: function() {   //初始化
    var colors =
      ['red','orange','yellow','green','blue','purple','pink','#ccc'];
    this.tbl = $("main");
    var x = 0;               //当前横坐标
    var y = 0;               //当前纵坐标
```

```
    var colorIndex = 0;
    this.direction = Math.floor(Math.random()*4);  //产生初始移动方向
    for(var row=0; row<this.rowCount; row++) {       //动态构造 table
        var tr = this.tbl.insertRow(-1);
        for(var col=0; col<this.colCount; col++) {
            var td = tr.insertCell(-1);
        }
    }
    /* 省略其他代码 */
}
```

(3) 向上个步骤中添加代码，通过 for 循环语句产生 20 个松散的节点，在 for 循环语句中，重新为 x、y 和 colorIndex 变量赋值。代码如下：

```
for(var i=0; i<10; i++) {                //产生 20 个松散节点
    x = Math.floor(Math.random()*this.colCount);
    y = Math.floor(Math.random()*this.rowCount);
    colorIndex = Math.floor(Math.random()*7);
    if(!this.isCellFilled(x,y)) {
        this.tbl.rows[y].cells[x].style.backgroundColor =
          colors[colorIndex];
    }
}
```

(4) 向上个步骤之后添加代码，通过 while 语句产生一个蛇头，该蛇头的背景颜色为黑色。代码如下：

```
while(true) {   //产生蛇头
    x = Math.floor(Math.random()*this.colCount);
    y = Math.floor(Math.random()*this.rowCount);
    if(!this.isCellFilled(x,y)) {
        this.tbl.rows[y].cells[x].style.backgroundColor = "black";
        this.body.push({x:x,y:y,color:'black'});
        break;
    }
}
```

(5) 向上个步骤之后添加代码，将 paused 的值设置为 true。

然后通过 document.onkeydown 添加键盘事件，通过 switch 语句判断 e.keyCode、e.which 或者 charCode 的值。

代码如下：

```
this.paused = true;
document.onkeydown= function(e) {  //添加键盘事件
    if (!e) e = window.event;
    switch(e.keyCode | e.which | e.charCode) {
        case 13: {                   //Enter
            if(Snake.paused) {
                Snake.move();
                Snake.paused = false;
```

```
            } else {  //如果没有暂停，则停止移动
                Snake.pause();
                Snake.paused = true;
            }
            break;
        }
        case 37: {                         //left
            //阻止蛇倒退走
            if(Snake.direction==1) {
                break;
            }
            Snake.direction = 3;
            break;
        }
        case 38: {                         //up
            if(event.ctrlKey) {   //快捷键在这里起作用
                Snake.speedUp(-20);
                break;
            }
            if(Snake.direction==2) { //阻止蛇倒退走
                break;
            }
            Snake.direction = 0;
            break;
        }
        case 39: {                         //right
            if(Snake.direction==3) { //阻止蛇倒退走
                break;
            }
            Snake.direction = 1;
            break;
        }
        case 40: {                         //down
            if(event.ctrlKey) {
                Snake.speedUp(20);
                break;
            }
            if(Snake.direction==0) { //阻止蛇倒退走
                break;
            }
            Snake.direction = 2;
            break;
        }
    }
}
```

(6)　在 init()方法之后创建 move()方法，这是移动贪吃蛇时的方法，在该方法中需要设置 timer 的值。time 的值需要通过 setInterval()内置函数进行设置，在其内部调用自定义的 3

个函数，这 3 个函数，会在后面进行详细介绍。代码如下：

```
move: function() {
    this.timer = setInterval(function() {
        Snake.erase();              //调用 erase()方法
        Snake.moveOneStep();        //调用 moveOneStep()方法
        Snake.paint();              //调用 paint()方法
    }, this.speed);
}
```

(7) moveOneStep()表示移动一节的身体，在该方法中，首先判断蛇的身体是否碰墙，当值为-1 时表示碰墙。如果碰墙，则调用 clearInterval()内置函数清除 timer 的值，并且调用 alert()弹出对话框提示。代码如下：

```
moveOneStep: function() {
    if(this.checkNextStep()==-1) {
        clearInterval(this.timer);
        alert("游戏结束！请重新单击按钮开始游戏。");
        return;
    }
    if(this.checkNextStep()==1) {
        var _point = this.getNextPos();
        var _x = _point.x;
        var _y = _point.y;
        var _color = this.getColor(_x, _y);
        this.body.unshift({x:_x, y:_y, color:_color});
        this.generateDood();              //因为吃了一个食物，所以再产生一个食物
        return;
    }
    var point = this.getNextPos();
    var color = this.body[0].color;     //保留第一节的颜色
    for(var i=0; i<this.body.length-1; i++) {     //颜色向前移动
        this.body[i].color = this.body[i+1].color;
    }
    this.body.pop();    //蛇尾减一节，蛇尾加一节，呈现蛇前进的效果
    this.body.unshift({x:point.x, y:point.y, color:color});
}
```

(8) 创建 pause()方法，代码如下：

```
pause: function() {
    clearInterval(Snake.timer);
    this.paint();
}
```

(9) 创建获取下一个位置的 getNextPos()方法，代码如下：

```
getNextPos: function() {
    var x = this.body[0].x;
    var y = this.body[0].y;
    var color = this.body[0].color;
```

```
    if(this.direction==0) {                    //向上
        y--;
    } else if(this.direction==1) {             //向右
        x++;
    } else if(this.direction==2) {             //向下
        y++;
    } else {                                   //向左
        x--;
    }
    return {x:x, y:y};                    //返回一个坐标
}
```

(10) 创建名称是 checkNextStep 的方法，该方法表示检查将要移动到的下一步是什么。代码如下：

```
checkNextStep: function() {
    var point = this.getNextPos();
    var x = point.x;
    var y = point.y;
    if(x<0 || x>=this.colCount || y<0 || y>=this.rowCount) {
        return -1;                    //触边界，游戏结束
    }
    for(var i=0; i<this.body.length; i++) {
        if(this.body[i].x==x && this.body[i].y==y) {
            return -1;                //碰到自己的身体，游戏结束
        }
    }
    if(this.isCellFilled(x,y)) {
        return 1;                     //有东西
    }
    return 0;                         //空地
}
```

(11) 分别创建名称是 erase 和 paint 的方法，它们分别表示擦除蛇身和绘制蛇身。代码如下：

```
erase: function() {      //擦除蛇身
    for(var i=0; i<this.body.length; i++) {
        this.eraseDot(this.body[i].x, this.body[i].y);
    }
}
paint: function() {      //绘制蛇身
    for(var i=0; i<this.body.length; i++) {
        this.paintDot(this.body[i].x,this.body[i].y,this.body[i].color);
    }
}
```

(12) 分别创建名称是 eraseDot 和 paintDot 的方法，它们分别表示擦除一节蛇身和绘制一节蛇身。代码如下：

```
eraseDot: function(x,y) {             //擦除一节蛇身
    this.tbl.rows[y].cells[x].style.backgroundColor = "";
}
paintDot: function(x,y,color) {       //绘制一节蛇身
    this.tbl.rows[y].cells[x].style.backgroundColor = color;
}
```

(13) 分别创建名称是 getColor 和 toString 的方法，它们分别表示得到一个坐标上的颜色和用于调试。代码如下：

```
getColor: function(x,y) {                     //得到一个坐标上的颜色
    return this.tbl.rows[y].cells[x].style.backgroundColor;
}
toString: function() {                        //用于调试
    var str = "";
    for(var i=0; i<this.body.length; i++) {
        str += "x:" + this.body[i].x + " y:" + this.body[i].y
          + " color:" + this.body[i].color + " - ";
    }
    return str;
}
```

(14) 创建 isCellFilled()方法，如果坐标点有没有被填充，如果没有被填充则返回 false，否则返回 true。代码如下：

```
isCellFilled: function(x,y) {
    if(this.tbl.rows[y].cells[x].style.backgroundColor == "") {
        return false;
    }
    return true;
}
```

(15) 创建 restart()方法，它表示重新绘制贪吃蛇。代码如下：

```
restart: function() {
    if(this.timer) {
        clearInterval(this.timer);
    }
    for(var i=0; i<this.rowCount; i++) {
     this.tbl.deleteRow(0);
    }
    this.body = [];
    this.init();
    this.speed = 250;
}
```

(16) 创建表示加速的 speedUp()方法，代码如下：

```
speedUp: function(time) {
    if(!this.paused) {
        if(this.speed+time<10 || this.speed+time>2000) {
            return;
```

```
        }
        this.speed += time;
        this.pause();
        this.move();
        }
    }
```

(17) 创建用于产生食物的 generateDood()方法，在该方法中重新定义 colors、x、y 和 colorIndex 等变量并赋值。

代码如下：

```
generateDood: function() {
    var colors = ['red','orange','yellow','green','blue','purple','pink','#ccc'];
    var x = Math.floor(Math.random()*this.colCount);
    var y = Math.floor(Math.random()*this.rowCount);
    var colorIndex = Math.floor(Math.random()*7);
    if(!this.isCellFilled(x,y)) {
        this.tbl.rows[y].cells[x].style.backgroundColor = colors[colorIndex];
    }
}
```

(18) 至此，贪吃蛇类的代码已经完全完成。向 body 元素中添加 onLoad 事件属性，它调用 Snake 类的 init()方法。

代码如下：

```
<body onLoad="Snake.init();">
```

(19) 运行上述代码，查看效果，初始效果如图 16-6 所示。直接按 F5 刷新页面或者重新载入页面时，食物的生成位置不确定，如图 16-7 所示。

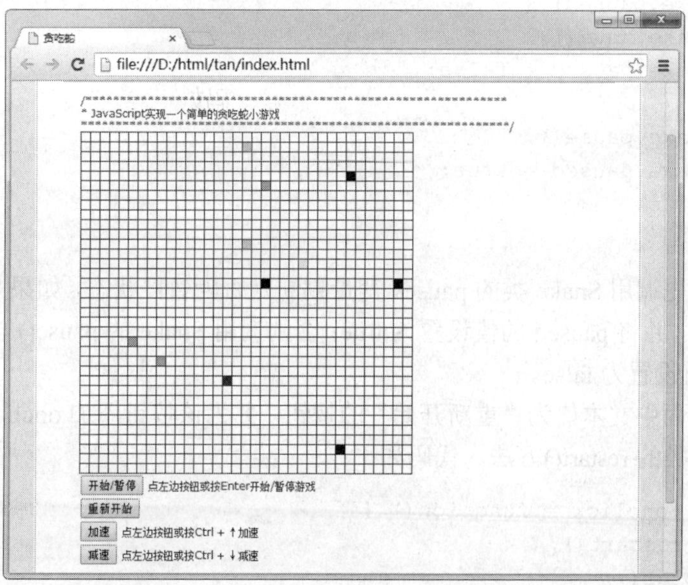

图 16-6　贪吃蛇初始效果 1

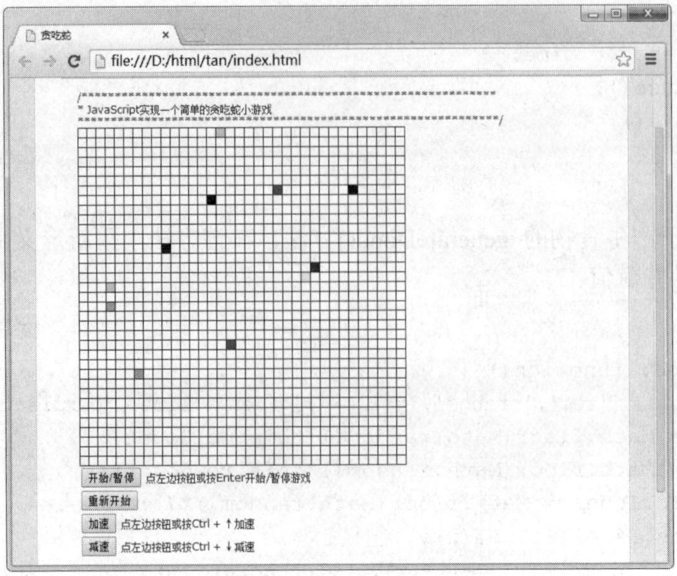

图 16-7　贪吃蛇初始效果 2

3．添加按钮事件的脚本代码

在设计页面时，向页面中添加了 4 个按钮，单击这些按钮时执行不同的操作。实现步骤如下。

(1)　获取页面中文本值为“开始/暂停”的按钮，并为该按钮添加 onclick 事件。代码如下：

```
$('btn').onclick = function() {
    if(Snake.paused) {
        Snake.move();
        Snake.paused = false;
    } else {
        Snake.pause();
        Snake.paused = true;
    }
};
```

上述代码首先调用 Snake 类的 paused 变量判断是否为暂停状态，如果是则调用 move()方法移动贪吃蛇，并将 paused 的值设置为 true；否则调用 Snake 的 pause()方法暂停贪吃蛇，并且 paused 的值设置为 false。

(2)　获取页面中文本值为“重新开始”的按钮，并为该按钮添加 onclick 事件，在该事件中调用 Snake 类的 restart()方法。代码如下：

```
$("reset").onclick = function() {
    Snake.restart();
    this.blur();
};
```

(3)　获取页面中文本值为“加速”和“减速”的按钮，并为这两个按钮添加 onclick 事件，在该事件中调用 Snake 类的 speedUp()方法。代码如下：

```
$("upSpeed").onclick = function() {
    Snake.speedUp(-20);
};
$("downSpeed").onclick = function() {
    nake.speedUp(20);
};
```

(4) 重新运行页面，单击页面中的“开始/暂停”按钮或者按下 Enter 键开始游戏，游戏移动过程中的效果如图 16-8 所示，游戏结束时的效果如图 16-9 所示。

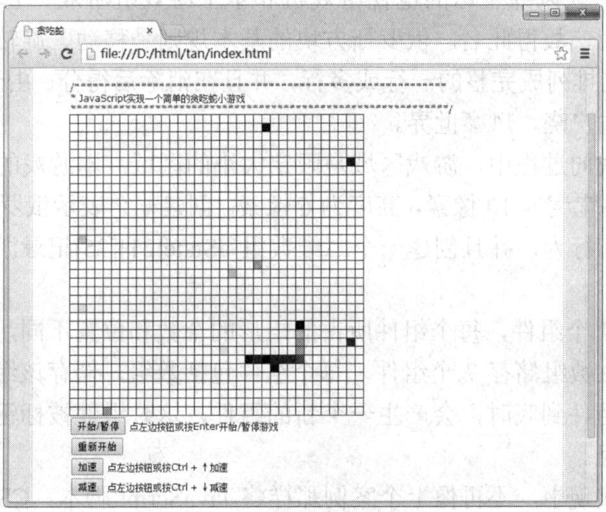

图 16-8　贪吃蛇移动时的效果

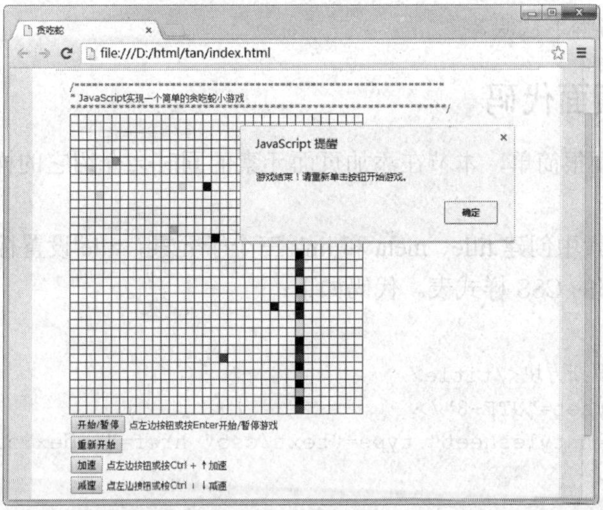

图 16-9　贪吃蛇碰墙的效果(游戏结束)

16.3 俄罗斯方块游戏

除了贪吃蛇游戏外，还有许多游戏都很常见。例如俄罗斯方块、天天酷跑、爸爸是小偷以及水果忍者等。本节案例通过 HTML、CSS 和 JavaScript 完成一个俄罗斯方块游戏，并且可以查看游戏得分。

16.3.1 了解俄罗斯方块游戏

俄罗斯方块是一款风靡全球的电视游戏机和掌上游戏机游戏，它由俄罗斯人阿列克谢·帕基特诺夫发明，故得此名。俄罗斯方块的基本规则是移动、旋转和摆放游戏自动输出的各种方块，使之排列成完整的一行或多行，并且在消除后得分。由于该游戏上手简单、老少皆宜，因而家喻户晓，风靡世界。

在本节案例实现的过程中，游戏区域是限定大小的区域，本游戏的游戏区域有 21×25 个矩形，每个矩形的宽度为 10 像素，高度为 6 像素。创建一个表示俄罗斯方块的 RusBlock 类包含相应的数据和行为，并且创建一个二维数组 aState[21][25]记录游戏区域中被标记的矩形。

俄罗斯方块有 7 个组件，每个组件所占的矩形的个数和位置不同，因此需要建立相关的组件类，然后建立数组储存 7 个组件，每个组件包括数组，储存该组件所占矩形的个数和位置。当下落的组件到底时，会产生一个新的组件，这时组件被标记的矩形就会重新赋值给游戏区域的数组。

在本节实例的实现中，不再像上个案例那样将 JavaScript 脚本、CSS 代码和 HTML 标记代码放在一个页面中，而是分开存放。index.html 主要存放 HTML 代码以及引入的 CSS 和 JavaScript 脚本代码；index.css 存放与 index.html 页面元素有关的样式代码；index.js 存放 index.html 页面的脚本代码。

16.3.2 设计页面代码

HTML 5 的页面很简单，本节在添加页面元素的同时会介绍它的样式代码。实现步骤如下。

(1) 向 head 元素中创建 title、meta 和 link 三个子元素，title 设置标题，meta 设置编码格式，link 导入外部的 CSS 样式表。代码如下：

```
<head>
    <title>俄罗斯方块</title>
    <meta charset="UTF-8"/>
    <link rel="stylesheet" type="text/css" href="index.css">
</head>
```

(2) 首先为 body 元素指定 onkeyup 事件属性，然后向 body 元素中首先添加 3 个 audio 元素，它们表示实现俄罗斯方块时的音乐效果。代码如下：

```
<body onkeyup="Action(event)">
    <audio loop="loop" id="Background-AudioPlayer" preload="auto">
```

```
        <source src="audio/background.mp3" type="audio/mp3"/>
    </audio>
    <audio id="GameOver-AudioPlayer" preload="auto">
        <source src="audio/gameover.ogg" type="audio/ogg">
    </audio>
    <audio id="Score-AudioPlayer" preload="auto">
        <source src="audio/score.mp3" type="audio/mp3"/>
    </audio>
    <!-- 省略其他代码 -->
</body>
```

(3) 继续在上个步骤的基础上添加新的代码，首先创建“开始”和“结束”两个按钮，接着向 form 元素中创建下拉列表框，然后创建 canvas 元素，最后创建显示得分的元素。代码如下：

```
<div id="Game-Area">
    <div id="Button-Area">
        <h1 id="Game-Name">方块游戏</h1>
        <button id="Button-Game-Start" onclick="GameStart()">开始</button>
        <button id="Button-Game-End" onclick="GameEnd()">结束</button>
        <form id="Form-Game-Level">
            <select id="Select-Game-Level">
                <option value="500" selected="selected">简单</option>
                <option value="300">一般</option>
                <option value="200">困难</option>
            </select>
        </form>
    </div>
    <canvas id="Game-Canvas"></canvas>
    <div id="Score-Area">
        <h2>得分</h2>
        <p id="Game-Score">0</p>
    </div>
</div>
```

(4) 为上个步骤中的元素添加 CSS 样式，相关代码如下：

```
h1#Game-Name {
    background-color: white;
    width: 100%;
    font-size: x-large;
}
h2,#Game-Score {
    font-size: x-large;
    background-color: white;
}
#Button-Area, #Score-Area {
    width: 10%;
    height: 100%;
    float: left;
```

```
}
#Button-Game-Start, #Button-Game-End, #Button-Game-Share,
  #Select-Game-Level {
    width: 100%;
    height: 10%;
    font-size: larger;
    border-right-width: 3px;
    background-color: white;
}

#Select-Game-Level {
    width: 100%;
    height: 100%;
    font-size: x-large;
    border-color: gray;
}
```

(5) 在 body 元素的结束标记之前添加 script 元素，指定 src 属性引入 index.js 文件。代码如下：

```
<script type="text/javascript" src="index.js"></script>
```

16.3.3 JavaScript 脚本实现

JavaScript 脚本是实现俄罗斯方块游戏很重要的一部分，index.js 文件中包含了本案例的所有的脚本代码。步骤如下。

(1) 首先声明多个变量，包括横向和纵向格子、每格的宽度和高度、组件数、游戏分数和游戏难度等。代码如下：

```
var nHNumber = 21;              //横向 21 格
var nVNumber = 25;              //纵向 25 格
var nSizeWidth = 10;                 //每格宽度
var nSizeHeigth = 6;                 //每格高度
var nMaxCom = 7;                //组件数
var nScore = 0;                 //游戏分数
var nGameLevel = 500;           //游戏难度
```

(2) 获取 HTML 页面中的 id 属性值分别为 Game-Canvas、Background-AudioPlayer、Score-AudioPlayer 和 GamcOver-AudioPlayer 的元素。代码如下：

```
var GameCanvas = document.getElementById("Game-Canvas");   //游戏区域画布
var GameCanvasContext = GameCanvas.getContext("2d");
var BackgroundAudioPlayer =
  document.getElementById("Background-AudioPlayer");    //背景音乐
var ScoreAudioPlayer =
  document.getElementById("Score-AudioPlayer");         //得分特效音
var GameOverAudioPlayer =
  document.getElementById("GameOver-AudioPlayer");      //游戏结束特效音
```

(3) 创建 RusBlock 类的实例对象，然后声明 nGamesStatus 变量并赋值为 1，表示游戏处于开始状态。代码如下：

```
var rushBlock = new RusBlock();
var nGameStatus = 1; //游戏处于开始状态
```

(4) 创建游戏开始时调用的 GameStart()函数，在该函数中首先调用 Canvas API 的 clearRect()方法清除指定的区域，接着调用 RusBlock 实例对象的其他方法进行操作，然后获取页面中选择的游戏难度，并且调用相关对象的方法。代码如下：

```
function GameStart() {
    GameCanvasContext.clearRect(
      0, 0, nHNumber*nSizeWidth, nVNumber*nSizeHeigth);
    nGameStatus = 1;
    rushBlock.NewNextCom();                  //产生新的下一组件
    rushBlock.NextComToCurrentCom();         //将下一组件的数据转移到当前下落的组件上
    rushBlock.NewNextCom();
    nGameLevel =
      document.getElementById("Select-Game-Level").value; //获取游戏难度
    BackgroundAudioPlayer.load();
    GameOverAudioPlayer.pause();
    BackgroundAudioPlayer.play();
    GameTimer();
}
```

(5) 创建游戏结束时调用的 GameEnd()函数，代码如下：

```
function GameEnd() {
    BackgroundAudioPlayer.pause();
    GameOverAudioPlayer.load();
    GameOverAudioPlayer.play();
    nGameStatus = 0;
     for(var i=0; i<nHNumber; i++) {
         for(var j=0; j<nVNumber; j++) {
             rushBlock.aState[i][j] = 0;
         }
     }
}
```

(6) 创建 GameTimer()函数，完整的代码如下：

```
function GameTimer() {
    var nDimension = rushBlock.CurrentCom.nDimesion;
    if (rushBlock.CanDown(1)) {
        rushBlock.InvalidateRect(rushBlock.ptIndex, nDimension);  //擦除
        rushBlock.ptIndex.Y++;                                   //下落
    } else {
        for (var i=0; i<nDimension*nDimension; i++) {
            if (rushBlock.CurrentCom.ptrArray[i] == 1) {
                var xCoordinate = rushBlock.ptIndex.X + i%nDimension;
                var yCoordinate =
```

```
                rushBlock.ptIndex.Y + (i - (i%nDimension))/nDimension;
            rushBlock.aState[xCoordinate][yCoordinate] = 1;
        }
    }
    rushBlock.InvalidateRect();
    rushBlock.Disappear();                        //消去行
    if (rushBlock.CheckFail()) {                  //游戏结束
        rushBlock.nCurrentComID = -1;
        GameEnd();                                //游戏结束
    } else {
        rushBlock.NextComToCurrentCom();
        rushBlock.NewNextCom();                   //产生新部件
    }
  }
  DrawGame();
  if (nGameStatus)
      setTimeout("GameTimer()", nGameLevel);
}
```

在上述函数代码中，首先通过 rushBlock.CurrentCom.nDimesion 获取当前下落组件 ID 的维度值，然后调用 CanDown()函数判断当前组件是否还可以下落，根据返回的结果进行处理。处理完毕后，调用 DrawGame()函数绘制游戏图形，最后判断 nGameStatus 变量的状态值。

(7) 创建 DrawGame()函数，在该函数中首先画分界线，接着画不能移动的部分，然后画当前下落部分，最后画下一个组件。代码如下：

```
function DrawGame() {
    GameCanvasContext.moveTo(nHNumber*nSizeWidth, 0);    //画分界线
    GameCanvasContext.lineTo(nHNumber*nSizeWidth, nVNumber*nSizeHeigth);
    GameCanvasContext.stroke();
    GameCanvasContext.fillStyle = "pink";    //画不能移动的部分
    for (var i=0; i<nHNumber; i++) {
        for (var j=0; j<nVNumber; j++) {
            if (rushBlock.aState[i][j] == 1) {
                GameCanvasContext.fillRect(
                  i*nSizeWidth, j * nSizeHeigth, nSizeWidth, nSizeHeigth);
            }
        }
    }
    GameCanvasContext.fillStyle = "#1E90FF";
    if (rushBlock.CurrentCom.nComID >= 0) {    //画当前下落部分
        var nDimension = rushBlock.CurrentCom.nDimesion;
        for (var i=0; i<nDimension*nDimension; i++) {
            if(rushBlock.CurrentCom.ptrArray[i] == 1) {
                var xCoordinate = rushBlock.ptIndex.X + i % nDimension;
                var yCoordinate =
                  rushBlock.ptIndex.Y + (i - (i%nDimension))/nDimension;
                GameCanvasContext.fillRect(xCoordinate*nSizeWidth,
```

```
                yCoordinate*nSizeHeigth, nSizeWidth, nSizeHeigth);
            }
        }
    }
    //画下一个部件
    var nNextComDimenion = rushBlock.NextCom.nDimesion;
    GameCanvasContext.clearRect((nHNumber + 3) * nSizeWidth, 10 * nSizeHeigth,
      4*nSizeWidth, 4*nSizeHeigth);
    for (var i=0; i<nNextComDimenion*nNextComDimenion; i++) {
        if (rushBlock.NextCom.ptrArray[i] == 1) {
            var xCoordinate = nHNumber + i % nNextComDimenion+3;
            var yCoordinate = 10 + (i - i % nNextComDimenion) / nNextComDimenion;
            GameCanvasContext.fillRect(xCoordinate * nSizeWidth,
              yCoordinate*nSizeHeigth, nSizeWidth, nSizeHeigth);
        }
    }
}
```

(8) 创建 tagComponet()函数，它包含 3 个变量，分别为组件的 ID 号、存储组件所需的数组维数和指向存储该组件的数组。代码如下：

```
function tagComponet() {
    this.nComID = null;                      //组件的 ID 号
    this.nDimesion = null;                   //存储该组件所需的数组维数
    this.ptrArray = null;                    //指向存储该组件的数组
}
```

(9) 创建表示俄罗斯方块的 RusBlock 类，该类中包含多行代码，下面通过多个步骤对该类的代码进行介绍。首先指定 nCureentComID 和 aState 变量的值，然后通过 for 循环语句向 aState 变量中添加内容：

```
function RusBlock() {
    this.nCurrentComID = null;                 //当前下落部件的 ID
    this.aState =
      new Array(nHNumber); //aState[21][25]: 存储游戏区域状态的数组
    for (var i=0; i<nHNumber; i++) {
        this.aState[i] = new Array(nVNumber);
        for (var j=0; j<nVNumber; j++)
            this.aState[i][j] = 0;
    }
    /* 省略其他代码 */
}
```

(10) 初始化 7 个组件，并为每一个组件的 nComID、nDimesion 和 ptrArray 等变量赋值。以前两个组件为例，相关代码如下：

```
//所以部件的内部表示
this.aComponets = new Array(nMaxCom);
for (var i=0; i<nMaxCom; i++)
    this.aComponets[i] = new tagComponet();
```

```
this.aComponets[0].nComID = 0;              //初始化 7 个组件
this.aComponets[0].nDimesion = 2;
this.aComponets[0].ptrArray = new Array(4);
for(var i=0; i<4; i++) {
    this.aComponets[0].ptrArray[i] = 1;
}
this.aComponets[1].nComID = 1;
this.aComponets[1].nDimesion = 3;
this.aComponets[1].ptrArray = new Array(9);
this.aComponets[1].ptrArray[0] = 0;
this.aComponets[1].ptrArray[1] = 1;
this.aComponets[1].ptrArray[2] = 0;
this.aComponets[1].ptrArray[3] = 1;
this.aComponets[1].ptrArray[4] = 1;
this.aComponets[1].ptrArray[5] = 1;
this.aComponets[1].ptrArray[6] = 0;
this.aComponets[1].ptrArray[7] = 0;
this.aComponets[1].ptrArray[8] = 0;
```

(11) 接着，在上个步骤的基础上添加新的代码，首先指定 CurrentCom、NextCom 和 ptIndex 的值，然后创建 NextCom()方法，它表示产生一个新的组件到 NextCom 中。

代码如下：

```
this.CurrentCom = new tagComponet(); //当前的部件
this.NextCom = new tagComponet();
this.ptIndex = new Point(0,0); //部件数组在全局数组中的索引
this.NewNextCom = function () {      //产生一个新部件到 NextCom
    var nComID = Math.round(Math.random() * 6); //产生随机数
    this.NextCom.nComID = nComID;
    var nDimension = this.aComponets[nComID].nDimesion;
    this.NextCom.nDimesion = nDimension;
    this.NextCom.ptrArray = new Array(nDimension * nDimension);
    for (var i=0; i<nDimension*nDimension; i++) {
        this.NextCom.ptrArray[i] = this.aComponets[nComID].ptrArray[i];
    }
}
```

(12) 创建 NextComToCurrentCom()方法，该方法表示将下一组件的数据转移到当前下落的组件上。代码如下：

```
this.NextComToCurrentCom = function () {
    this.CurrentCom.nComID = this.NextCom.nComID;
    this.nCurrentComID = this.CurrentCom.nComID;
    this.CurrentCom.nDimesion = this.NextCom.nDimesion;
    var nDimension = this.CurrentCom.nDimesion;
    this.CurrentCom.ptrArray = new Array(nDimension * nDimension);
    for (var i=0; i<nDimension*nDimension; i++) {
        this.CurrentCom.ptrArray[i] = this.NextCom.ptrArray[i];
    }
    this.ptIndex.X = 9;
```

```
    this.ptIndex.Y = -1;
    if (this.CanNew()==false) {//检查是否有足够的空位置显示新的部件，否则游戏结束
        this.nCurrentComID = -1;
        GameEnd();
    }
}
```

(13) 创建 CanDown()方法，该方法判断当前组件是否还可以下落，返回的结果是一个布尔值，即 true 或者 false。代码如下：

```
//是否可以下落
this.CanDown = function(nNumber) {
    var bDown = true;
    var ptNewIndex = new Point(this.ptIndex.X, this.ptIndex.Y);
    ptNewIndex.Y += nNumber;
    var nDimension = this.CurrentCom.nDimesion;
    for (var i=0; i<nDimension*nDimension; i++) {
        if (this.CurrentCom.ptrArray[i] == 1) {//找出部件对应的整体数组中的位置
            var xCoordinate = ptNewIndex.X + i % nDimension;
            var yCoordinate = ptNewIndex.Y + (i - (i % nDimension)) / nDimension;
            if (yCoordinate >= nVNumber
              || this.aState[xCoordinate][yCoordinate] == 1) {
                bDown = false;
            }
        }
    }
    ptNewIndex = null;
    return bDown;
}
```

(14) 创建 Left()方法，该方法表示当前组件是否向左移动，其返回的结果也是一个布尔值。代码如下：

```
this.Left = function () {
    var bLeft = true;
    var nDimension = this.CurrentCom.nDimesion;
    var ptNewPoint = new Point(this.ptIndex.X, this.ptIndex.Y);
    ptNewPoint.X--;
    for (var i=0; i<nDimension*nDimension; i++) {
        if (this.CurrentCom.ptrArray[i] == 1) {
            var xCoordinate = ptNewPoint.X + i % nDimension;
            var yCoordinate = ptNewPoint.Y + (i - (i % nDimension)) / nDimension;;
            if (xCoordinate <0
              || this.aState[xCoordinate][yCoordinate] == 1) {
                bLeft = false;
            }
        }
    }
    ptNewPoint = null;
    if (bLeft)
```

```
        this.ptIndex.X--;
    }
```

(15) 创建 Right()方法，该方法表示当前组件是否向右移动，它的代码与 Left()方法相似，这里不再详细给出。

(16) 创建当前组件是否顺时针旋转的 Rotate()方法，在该方法中首先声明一个表示返回结果的 bRotate 变量，接着为 nDimension、ptNewIndex、ptrNewCom 变量赋值，然后通过 for 循环语句进行遍历，将 nDimension*nDimension 的结果作为条件表达式，最后通过 if 语句进行判断。代码如下：

```
this.Rotate = function() {
    var bRotate = true;
    var nDimension = this.CurrentCom.nDimesion;
    var ptNewIndex = new Point(this.ptIndex.X, this.ptIndex.Y);
    var ptrNewCom = new Array(nDimension * nDimension);
    for(var i=0; i<nDimension*nDimension; i++) {
        var row = (i-i%nDimension) / nDimension;        //行
        var column = i % nDimension;                     //列
        var newIndex = column * nDimension + (nDimension - row - 1);
        ptrNewCom[newIndex] =
          rushBlock.CurrentCom.ptrArray[i]; //目标[列][维数-行-1]=源[行][列]
        if (ptrNewCom[newIndex] == 1) {
            var xCoordinate = ptNewIndex.X + newIndex % nDimension;
            var yCoordinate =
              ptNewIndex.Y +(newIndex - newIndex%nDimension)/nDimension;
            if (xCoordinate<0 || this.aState[xCoordinate][yCoordinate]==1
              || xCoordinate >= nHNumber || yCoordinate >= nVNumber) {
                bRotate = false;
            }
        }
    }
    if (bRotate) {                //如果可以旋转
        for (var i=0; i<nDimension*nDimension; i++) {
            this.CurrentCom.ptrArray[i] = ptrNewCom[i];
        }
    }
    ptNewIndex = null;
    ptrNewCom = null;
}
```

(17) 创建 Acceleratet()方法，它是当前组件向下加速时调用的函数。代码如下：

```
this.Accelerate = function() {
    if (this.CanDown(3)) {
        this.ptIndex.Y += 3;
    }
}
```

(18) 创建 CanNew()方法，该方法检查是否有足够的空位显示新的组件，否则游戏将会结束。代码如下：

```
this.CanNew = function() {
    var bNew = true;
    var nDimension = this.CurrentCom.nDimesion;
    var ptNewIndex = new Point(this.ptIndex.X, this.ptIndex.Y);
    for (var i=0; i<nDimension*nDimension; i++) {
        if (this.CurrentCom.ptrArray[i] == 1) {
            var xCoordinate = ptNewIndex.X + i%nDimension;
            var yCoordinate = ptNewIndex.Y +( i - i%nDimension)/nDimension;
            if (this.aState[xCoordinate][yCoordinate] == 1) { //被挡住
                bNew = false;
            }
        }
    }
    ptNewIndex = null;
    return bNew;
}
```

(19) 创建 Disappear()方法，该方法消除一行的方块，并且修改得分内容。代码如下：

```
this.Disappear = function() {
    var nLine = 0;
    for (var i=nVNumber-1; i>=0; i--) {
        var bLine = true;
        for (var j=0; j<nHNumber; j++) {
            if (this.aState[j][i] == 0)
                bLine = false;
        }
        if (bLine) {                    //行可以消去
            nLine++;
            for (var j=i; j>0; j--) {
                for (var k=0; k<nHNumber; k++) {
                    this.aState[k][j] = this.aState[k][j - 1];
                }
            }
            for (var j=0; j<nHNumber; j++) {
                this.aState[j][0] = 0;
            }
            i++;
            GameCanvasContext.clearRect(
             0, 0, nHNumber*nSizeWidth, nVNumber*nSizeHeigth);
        }
    }
    if (nLine) {                        //更改得分
        ScoreAudioPlayer.play();
        nScore += nLine * 21;
        document.getElementById("Game-Score").innerText = nScore;
    }
}
```

(20) 分别创建 InvalidateRect()和 CheckFail()方法，前者用于刷新当前部件的区域，后者表示判断是否游戏结束。代码如下：

```
this.InvalidateRect = function () {
    GameCanvasContext.clearRect(this.ptIndex.X*nSizeWidth-1,
      this.ptIndex.Y*nSizeHeigth-1,
      (this.CurrentCom.nDimesion)*nSizeWidth+1.5,
      (this.CurrentCom.nDimesion)*nSizeWidth+1);
}
this.CheckFail = function() {        //判断游戏是否结束
    var bEnd = false;
    for (var i=0; i<nHNumber; i++) {
        if (this.aState[i][0] == 1) {
            bEnd = true;
        }
    }
    return bEnd;
}
```

(21) 截止到这里，RusBlock 类的内容已经完成，最后还需要添加两个函数。Point()方法指定当前的坐标位置。代码如下：

```
function Point(x, y) {
    this.X = x;
    this.Y = y;
}
```

(22) Action()函数需要传入一个参数，在该函数中判断用户按下的操作键，并且通过 for 循环显示新的位置。代码如下：

```
function Action(event) {
    var nDimension = rushBlock.CurrentCom.nDimesion;
    rushBlock.InvalidateRect();
    switch (event.keyCode) {
        case 37:      //left
            rushBlock.Left();
            break;
        case 38:      //up->rotate 顺时针旋转
            rushBlock.Rotate();
            break;
        case 39:      //right
            rushBlock.Right();
                break;
        case 40:      //Down
            rushBlock.Accelerate();
            break;
    }
    GameCanvasContext.fillStyle = "#1E90FF";
    for (var i=0; i<nDimension*nDimension; i++) {     //显示新位置
        if (rushBlock.CurrentCom.ptrArray[i] == 1) {
```

```
            var xCoordinate = rushBlock.ptIndex.X + i % nDimension;
            var yCoordinate =
              rushBlock.ptIndex.Y + (i - i%nDimension)/nDimension;
            GameCanvasContext.fillRect(xCoordinate*nSizeWidth,
              yCoordinate*nSizeHeigth, nSize Width, nSizeHeigth);
        }
    }
}
```

(23) 运行 index.html 页面，查看效果，页面的初始效果如图 16-10 所示。

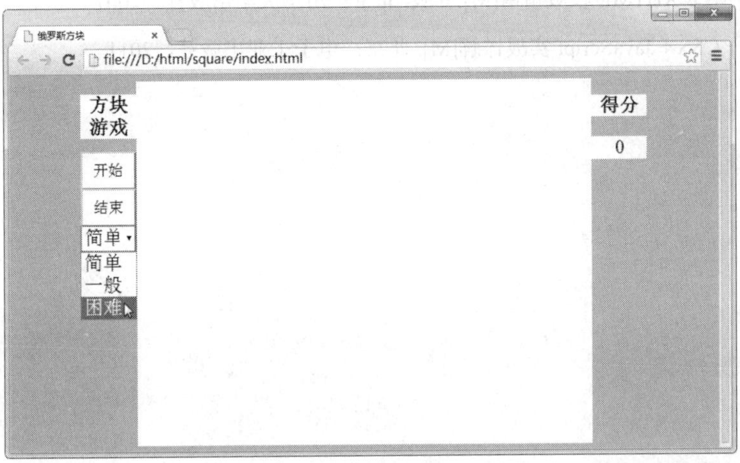

图 16-10　游戏页面的初始效果

(24) 单击页面左侧的“开始”按钮，开始游戏，游戏开始时的效果如图 16-11 所示。

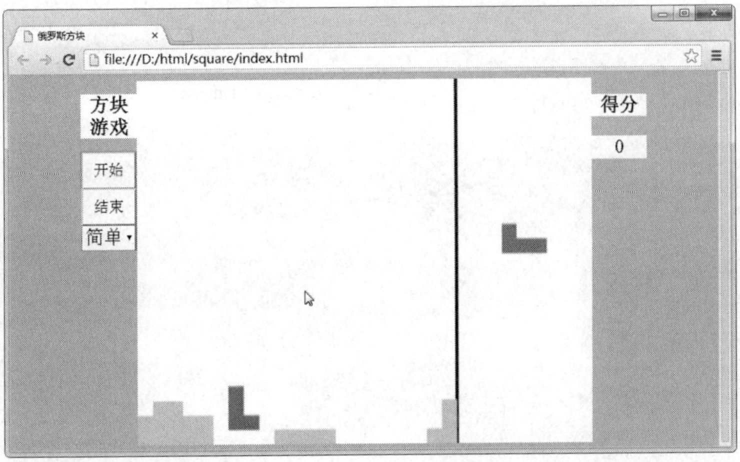

图 16-11　游戏开始时的效果

如果要结束游戏，可以单击“结束”按钮，当然，也可以更改游戏的难度后再进行操作，这里不再显示具体的细节。

参 考 文 献

[1] 刘增杰. 精通 HTML 5 + CSS 3 + JavaScript 网页设计[M]. 北京：清华大学出版社，2012

[2] 梁胜民等. CSS + XHTML + JavaScript 完全学习手册[M]. 北京：清华大学出版社，2008

[3] 陈剑瓯. HTML XHTML CSS 基础教程[M]. 6 版. 北京：人民邮电出版社，2008

[4] 张银鹤等. JavaScript 完全学习手册[M]. 北京：清华大学出版社，2009

[5] 张洪涛等. HTML&XHTML 权威指南[M]. 6 版. 北京：清华大学出版社，2007

[6] 叶青. HTML + CSS + JavaScript 实战详解[M]. 北京：电子工业出版社，2011